智能系统与技术丛书

U0162694

Python
深度学习
基于PyTorch
第2版

吴茂贵 郁明敏 杨本法 李 涛 张粤磊◎著

Deep Learning
with Python and PyTorch
Second Edition

机械工业出版社
China Machine Press

图书在版编目（CIP）数据

Python 深度学习：基于 PyTorch / 吴茂贵等著 . —2 版 . —北京：机械工业出版社，
2022.11（2024.10 重印）
（智能系统与技术丛书）
ISBN 978-7-111-71880-2

I. ① P… II. ①吴… III. ①机器学习 IV. ① TP181

中国版本图书馆 CIP 数据核字（2022）第 196813 号

Python 深度学习：基于 PyTorch 第 2 版

出版发行：机械工业出版社（北京市西城区百万庄大街 22 号 邮政编码：100037）
责任编辑：孙海亮   责任校对：龚思文 张 薇
印　　刷：北京铭成印刷有限公司   版　　次：2024 年 10 月第 2 版第 5 次印刷
开　　本：186mm×240mm 1/16   印　　张：25.5
书　　号：ISBN 978-7-111-71880-2   定　　价：109.00 元

客服电话：（010）88361066 68326294

前　　言

第 2 版说明

自本书第 1 版第 1 次于 2019 年 10 月印刷至今，已累计印刷了 9 次。在这 3 年的时间里，深度学习的发展可谓日新月异，其应用范围得到进一步拓展，同时出现了很多新的框架、新的方向。

在众多创新中，注意力机制是一个典型代表。注意力机制，尤其是以 Transformer 为基础的一些模型，在自然语言处理（NLP）领域取得了目前最好的效果（如 SOTA），近几年研究人员把这种模型（如 ViT 模型、Swin-T 模型等）应用到计算机视觉领域，也取得了巨大成功。

为此，本书第 2 版增强了注意力机制的相关内容，把注意力机制单独列为一章（即第 8 章），同时增加了注意力机制的应用实例，详细内容请参考第 14 章。

人工智能广泛应用于图像、视频、语音等诸多领域，比如人工智能在目标检测、语义分割等任务中的应用日益受到大家的关注，所以在第 2 版中我们增加了这方面的内容，具体可参考第 9 章和第 15 章。

除了这些新增内容外，第 2 版对很多原有内容进行了补充和完善，如 PyTorch 基础、优化算法、视觉处理基础、自然语言处理基础等内容。

读者对象

❑　对机器学习、深度学习感兴趣的高校学生及工程师。

❑　对 Python、PyTorch、TensorFlow 等感兴趣并希望进一步提升水平的高校学生及工程师。

如何阅读本书

本书[⊖]分为三部分，共 19 章。

第一部分（第 1～4 章）为 **PyTorch 基础**，这是本书的基础部分，能为后续学习打好坚实基础。第 1 章介绍 Python 和 PyTorch 的基石——NumPy；第 2 章介绍 PyTorch 基础知识；第 3 章和

⊖　本书使用环境：Python 3.7+、PyTorch 1.5+、TensorFlow 2.4+，GPU 或 CPU。系统为 Linux 或 Windows。

第 4 章分别介绍 PyTorch 神经网络工具箱和数据处理工具箱等内容。

第二部分（第 5～10 章）为**深度学习基础**，这也是本书的核心部分。第 5 章为机器学习基础，也是深度学习基础，其中包含很多机器学习经典理论、算法和方法等内容；第 6 章为视觉处理基础，介绍卷积神经网络的相关概念、原理及架构等内容，并用 PyTorch 实现多个视觉处理实例；第 7 章介绍自然语言处理基础，重点介绍循环神经网络的原理和架构，同时介绍了词嵌入等内容，然后用 PyTorch 实现多个自然语言处理、时间序列方面的实例；第 8 章介绍注意力机制；第 9 章介绍目标检测与语义分割；第 10 章介绍生成式深度学习的相关内容，具体包括编码器 - 解码器模型、带注意力的编码器 - 解码器模型、生成式对抗网络及多种衍生生成器，同时使用 PyTorch 实现多个生成式对抗网络实例。

第三部分（第 11～19 章）为**深度学习实战**，即前面两部分知识的具体应用。这部分在介绍相关原理、架构的基础上，使用 PyTorch 实现多个深度学习的典型应用实例，最后介绍了强化学习、深度强化学习等内容。第 11 章用 PyTorch 实现人脸检测与识别；第 12 章用 PyTorch 实现迁移学习；第 13 章用 PyTorch 实现中英文互译；第 14 章使用 ViT 进行图像分类；第 15 章为语义分割实例；第 16 章介绍多个生成模型实例；第 17 章介绍对抗攻击原理及用 PyTorch 实现对抗攻击实例；第 18 章和第 19 章介绍了强化学习、深度强化学习基础知识及多个强化学习实例。

勘误和支持

在本书编写过程中得到了张魁、刘未昕等人的大力支持，他们负责整个环境的搭建和维护工作。由于笔者水平有限，书中难免存在错误或不准确的地方，恳请读者批评指正。你可以通过访问 http://github.com/Wumg 3000/feiguyunai 下载代码和数据，也可以通过 QQ 交流群（493272175）进行反馈，非常感谢你的支持和帮助。

致谢

在本书编写过程中，得到了很多同事、朋友、老师和同学的大力支持！感谢博世的王冬、王红星；感谢上海交大慧谷的程国旗老师，上海大学的白延琴老师、李常品老师，上海师范大学的田红炯老师、李昭祥老师，以及赣南师范大学的许景飞老师等。

感谢机械工业出版社的编辑给予本书的大力支持和帮助。

最后，感谢我的爱人赵成娟，她在繁忙的教学之余帮助审稿，提出许多改进意见或建议。

吴茂贵

第 1 版前言

为什么写这本书

在人工智能时代，如何尽快掌握人工智能的核心——深度学习呢？相信这是每个欲进入此领域的人面临的主要问题。目前，深度学习框架很多，如 TensorFlow、PyTorch、Keras、FastAI、CNTK 等，这些框架各有优点或不足，如何选择呢？是否有一些标准？有，我觉得适合自己的就是最好的。

如果你是一位初学者，建议你选择 PyTorch，待有了一定的基础之后，可以学习其他框架，如 TensorFlow、CNTK 等。建议初学者选择 PyTorch 的主要依据如下。

1）PyTorch 是动态计算图，更贴近 Python 的用法，并且 PyTorch 与 Python 共用了许多 NumPy 命令，降低了学习门槛，比 TensorFlow 更容易上手。

2）PyTorch 需要定义网络层、参数更新等关键步骤，这非常有助于理解深度学习的核心；而 Keras 虽然也非常简单，容易上手，但封装粒度很粗，隐藏了很多关键步骤。

3）PyTorch 的动态图机制在调试方面非常方便，如果计算图运行出错，马上可以跟踪问题。PyTorch 与 Python 一样，通过断点检查就可以高效解决问题。

4）PyTorch 的流行度仅次于 TensorFlow。而最近一年，在 GitHub 关注度和贡献者的增长方面，PyTorch 与 TensorFlow 基本持平。PyTorch 的搜索热度持续上涨，再加上 FastAI 的支持，PyTorch 将受到越来越多的机器学习从业者的青睐。

深度学习是人工智能的核心，随着大量相关项目的落地，人们对深度学习的兴趣也持续上升。不过掌握深度学习知识并不是一件轻松的事情，尤其是对机器学习或深度学习的初学者来说挑战更大。为了能让广大人工智能初学者或爱好者在较短时间内掌握深度学习基础及利用 PyTorch 解决深度学习问题，我们花了近一年时间打磨这本书，在内容选择、安排和组织等方面采用了如下方法。

1. 内容选择：广泛涉猎 + 精讲 + 注重实战

深度学习涉及面比较广，且有一定门槛，没有一定广度很难达到一定深度，所以本书基本包括了机器学习、深度学习的主要内容，各章一般先简单介绍相应的组件（工具）或原理，这些内容有助于读者理解深度学习的本质。当然，如果只有概念、框架、原理、数学公式的介绍，可能显得有点抽象或乏味，所以，每章都配有大量实践案例，以便加深读者对原理和公式的理解，同时有利于把相关内容融会贯通起来。

2. 内容安排：简单实例开始 + 循序渐进讲解

深度学习是一块难啃的"硬骨头"，对有一定开发经验和数学基础的读者如此，对初学者更是如此。其中卷积神经网络、循环神经网络、生成式对抗网络是深度学习的基石，同时也是深度学习的三大硬骨头。为了让读者更好地理解并掌握这些网络，我们采用循序渐进的方式，先从简单特例开始，然后逐步进入更一般性的内容介绍，最后通过一些 PyTorch 代码实例将其实现，整本书的结构及各章节内容安排都遵循这个原则。此外，一些优化方法也采用这种内容安排方式，如对数据集 CIFAR10 进行分类优化时，先用一般卷积神经网络，然后使用集成方法、现代经典网络，最后采用数据增强和迁移方法，不断提升模型精度，由最初的 68% 逐步提升到 74% 和 90%，最后达到 95% 左右。

3. 表达形式：让图说话，一张好图胜过千言万语

机器学习、深度学习中有很多抽象的概念、复杂的算法、深奥的理论等，如 NumPy 的广播机制、梯度下降对学习率敏感、神经网络中的共享参数、动量优化法、梯度消失或爆炸等，这些概念如果只用文字来描述，可能很难达到茅塞顿开的效果。但如果用一些图形来展现，再加上适当的文字说明，往往能取得非常好的效果，正所谓一张好图胜过千言万语。

除了以上谈到的 3 个方面，为了帮助大家更好地理解并且更快地掌握机器学习、深度学习这些人工智能的核心内容，本书还介绍了其他方法，用心的读者将能体会到。我们希望通过这些方法带给你不一样的理解和体验，使你感到抽象的数学不抽象、复杂的算法不复杂、难学的深度学习不难学。

至于人工智能（AI）的重要性，我想就不用多说了。如果说 2016 年前属于摆事实论证的阶段，2017 年和 2018 年属于事实胜于雄辩的阶段，那么 2019 年及以后就进入百舸争流、奋楫者先的阶段。目前各行各业都忙于 AI+，大家都希望通过 AI 来改造传统流程、传统结构、传统业务、传统架构，其效果犹如用电改造原有的各行各业一样。

本书特色

本书特色概括来说就是：把理论原理与代码实现相结合；找准切入点，从简单到一般，把复杂问题简单化；图文并茂使抽象问题直观化；实例说明使抽象问题具体化。希望本书能带给你新的视角、新的理解，甚至更好的未来。

读者对象

❑ 对机器学习、深度学习感兴趣的高校学生及工程师。
❑ 对 Python、PyTorch、TensorFlow 等感兴趣并希望进一步提升水平的高校学生及工程师。

如何阅读本书

本书分为三部分，共 16 章。

第一部分（第 1～4 章）为 PyTorch 基础，这是本书的基础，能为后续章节的学习打下坚实基础。第 1 章介绍 Python 和 PyTorch 的基石——NumPy；第 2 章介绍 PyTorch 基础知识；第 3 章和第 4 章分别介绍 PyTorch 神经网络工具箱和数据处理工具箱等内容。

第二部分（第 5～8 章）为深度学习基本原理，也是本书的核心部分，包括机器学习流程、常用算法和技巧等内容。第 5 章为机器学习基础，也是深度学习基础，其中包含很多机器学习经典理论、算法和方法等内容；第 6 章为视觉处理基础，介绍卷积神经网络的相关概念、原理及架构等内容，并用 PyTorch 实现多个视觉处理实例；第 7 章介绍自然语言处理基础，重点介绍循环神经网络的原理和架构，同时介绍了词嵌入等内容，然后用 PyTorch 实现多个自然语言处理、时间序列方面的实例；第 8 章介绍生成式深度学习的相关内容，具体包括编码器—解码器模型、带注意力的编码器—解码器模型、生成式对抗网络及多种衍生网络，同时用 PyTorch 实现多个生成式对抗网络实例。

第三部分（第 9～16 章）为实战部分，即前面两部分知识的具体应用，这部分在介绍相关原理、架构的基础上，用 PyTorch 具体实现多个深度学习的典型实例，最后介绍了强化学习、深度强化学习等内容。第 9 章用 PyTorch 实现人脸检测与识别；第 10 章用 PyTorch 实现迁移学习；第 11 章用 PyTorch 实现中英文互译；第 12 章实现多个生成式网络实例；第 13 章主要介绍如何进行模型迁移；第 14 章介绍对抗攻击原理及用 PyTorch 实现对抗攻击实例；第 15 章和第 16 章介绍了强化学习、深度强化学习基础及多个强化学习实例。

勘误和支持

在本书编写过程中得到了张魁、刘未昕等人的大力支持，他们负责整个环境的搭建和维护工作。由于笔者水平有限，加之编写时间仓促，书中难免会存在错误或不准确的地方，恳请读者批评指正。你可以通过访问 http://www.feiguyunai.com 下载代码和数据，也可以通过 QQ 交流群（871065752）进行反馈，非常感谢你的支持和帮助。

致谢

在本书编写过程中，得到很多同事、朋友、老师和同学的大力支持！感谢博世的王冬、王红星；感谢上海交大慧谷的程国旗老师，上海大学的白延琴老师、李常品老师，上海师范大学的田红炯老师、李昭祥老师，以及赣南师范大学的许景飞老师等。

感谢机械工业出版社的编辑给予本书的大力支持和帮助。

最后，感谢我的爱人赵成娟，她在繁忙的教学之余帮助审稿，提出了不少改进意见或建议。

吴茂贵

C O N T E N T S

目　录

前言

第 1 版前言

第一部分　PyTorch 基础

第 1 章　NumPy 基础知识 ·············· 2

1.1　生成 NumPy 数组 ·················· 3

　　1.1.1　数组属性 ···················· 4

　　1.1.2　利用已有数据生成数组 ········ 4

　　1.1.3　利用 random 模块生成数组 ···· 5

　　1.1.4　生成特定形状的多维数组 ······ 7

　　1.1.5　利用 arange、linspace
　　　　　函数生成数组 ············· 8

1.2　读取数据 ······················ 9

1.3　NumPy 的算术运算 ············· 11

　　1.3.1　逐元素操作 ················ 11

　　1.3.2　点积运算 ················· 12

1.4　数组变形 ····················· 13

　　1.4.1　修改数组的形状 ··········· 13

　　1.4.2　合并数组 ················· 16

1.5　批处理 ······················· 19

1.6　节省内存 ····················· 20

1.7　通用函数 ····················· 21

1.8　广播机制 ····················· 23

1.9　小结 ························· 24

第 2 章　PyTorch 基础知识 ·········· 25

2.1　为何选择 PyTorch ·············· 25

2.2　PyTorch 的安装配置 ············ 26

　　2.2.1　安装 CPU 版 PyTorch ······· 26

　　2.2.2　安装 GPU 版 PyTorch ········ 28

2.3　Jupyter Notebook 环境配置 ······ 30

2.4　NumPy 与 Tensor ··············· 31

　　2.4.1　Tensor 概述 ··············· 31

　　2.4.2　创建 Tensor ··············· 32

　　2.4.3　修改 Tensor 形状 ··········· 34

　　2.4.4　索引操作 ················· 35

　　2.4.5　广播机制 ················· 35

　　2.4.6　逐元素操作 ··············· 36

　　2.4.7　归并操作 ················· 37

　　2.4.8　比较操作 ················· 37

　　2.4.9　矩阵操作 ················· 38

　　2.4.10　PyTorch 与 NumPy 比较 ····· 39

2.5　Tensor 与 autograd ············· 39

　　2.5.1　自动求导要点 ············· 40

　　2.5.2　计算图 ··················· 40

　　2.5.3　标量反向传播 ············· 41

　　2.5.4　非标量反向传播 ··········· 42

　　2.5.5　切断一些分支的反向传播 ···· 45

2.6　使用 NumPy 实现机器学习任务 ···· 47

2.7　使用 Tensor 及 autograd 实现机器
　　学习任务 ····················· 49

2.8　使用优化器及自动微分实现机器
　　学习任务 ····················· 51

2.9　把数据集转换为带批量处理功能的
　　迭代器 ······················ 52

2.10 使用 TensorFlow 2 实现机器
　　　学习任务 ····················· 54
2.11 小结 ····························· 55

第3章　PyTorch 神经网络工具箱 ······· 56
3.1 神经网络核心组件 ··············· 56
3.2 构建神经网络的主要工具 ········ 57
　3.2.1 nn.Module ················ 57
　3.2.2 nn.functional ············· 58
3.3 构建模型 ························· 59
　3.3.1 继承 nn.Module 基类构建模型 ··· 59
　3.3.2 使用 nn.Sequential 按层
　　　　顺序构建模型 ············ 60
　3.3.3 继承 nn.Module 基类并应用
　　　　模型容器来构建模型 ········ 63
　3.3.4 自定义网络模块 ··········· 66
3.4 训练模型 ························· 68
3.5 实现神经网络实例 ··············· 69
　3.5.1 背景说明 ················· 69
　3.5.2 准备数据 ················· 70
　3.5.3 可视化源数据 ············· 71
　3.5.4 构建模型 ················· 72
　3.5.5 训练模型 ················· 72
3.6 小结 ····························· 74

第4章　PyTorch 数据处理工具箱 ······· 75
4.1 数据处理工具箱概述 ············· 75
4.2 utils.data ······················ 76
4.3 torchvision ···················· 78
　4.3.1 transforms ··············· 78
　4.3.2 ImageFolder ·············· 79
4.4 可视化工具 ····················· 81
　4.4.1 TensorBoard 简介 ········· 81
　4.4.2 用 TensorBoard 可视化
　　　　神经网络 ················ 82
　4.4.3 用 TensorBoard 可视化损失值 ··· 83
　4.4.4 用 TensorBoard 可视化特征图·· 84
4.5 小结 ····························· 85

第二部分　深度学习基础

第5章　机器学习基础 ·················· 88
5.1 机器学习的基本任务 ············· 88
　5.1.1 监督学习 ················· 89
　5.1.2 无监督学习 ··············· 89
　5.1.3 半监督学习 ··············· 90
　5.1.4 强化学习 ················· 90
5.2 机器学习的一般流程 ············· 90
　5.2.1 明确目标 ················· 91
　5.2.2 收集数据 ················· 91
　5.2.3 数据探索与预处理 ········· 91
　5.2.4 选择模型及损失函数 ······· 91
　5.2.5 评估及优化模型 ··········· 92
5.3 过拟合与欠拟合 ················· 93
　5.3.1 权重正则化 ··············· 93
　5.3.2 dropout 正则化 ··········· 94
　5.3.3 批量归一化 ··············· 97
　5.3.4 层归一化 ················· 99
　5.3.5 权重初始化 ··············· 99
5.4 选择合适的激活函数 ············ 100
5.5 选择合适的损失函数 ············ 101
5.6 选择合适的优化器 ·············· 103
　5.6.1 传统梯度优化算法 ········ 104
　5.6.2 批量随机梯度下降法 ······ 105
　5.6.3 动量算法 ················ 106
　5.6.4 Nesterov 动量算法 ······· 108
　5.6.5 AdaGrad 算法 ··········· 109
　5.6.6 RMSProp 算法 ··········· 111
　5.6.7 Adam 算法 ·············· 112
　5.6.8 Yogi 算法 ··············· 113
　5.6.9 使用优化算法实例 ········ 114
5.7 GPU 加速 ······················ 116
　5.7.1 单 GPU 加速 ············· 116
　5.7.2 多 GPU 加速 ············· 117
　5.7.3 使用 GPU 时的注意事项 ····· 120
5.8 小结 ···························· 121

第6章 视觉处理基础 122

6.1 从全连接层到卷积层 122
6.1.1 图像的两个特性 123
6.1.2 卷积神经网络概述 124
6.2 卷积层 125
6.2.1 卷积核 127
6.2.2 步幅 129
6.2.3 填充 130
6.2.4 多通道上的卷积 131
6.2.5 激活函数 134
6.2.6 卷积函数 135
6.2.7 转置卷积 136
6.2.8 特征图与感受野 137
6.2.9 全卷积网络 138
6.3 池化层 139
6.3.1 局部池化 140
6.3.2 全局池化 140
6.4 现代经典网络 142
6.4.1 LeNet-5 模型 142
6.4.2 AlexNet 模型 143
6.4.3 VGG 模型 143
6.4.4 GoogLeNet 模型 144
6.4.5 ResNet 模型 145
6.4.6 DenseNet 模型 146
6.4.7 CapsNet 模型 148
6.5 使用卷积神经网络实现 CIFAR10 多分类 149
6.5.1 数据集说明 149
6.5.2 加载数据 149
6.5.3 构建网络 151
6.5.4 训练模型 151
6.5.5 测试模型 152
6.5.6 采用全局平均池化 153
6.5.7 像 Keras 一样显示各层参数 154
6.6 使用模型集成方法提升性能 156
6.6.1 使用模型 156
6.6.2 集成方法 157
6.6.3 集成效果 158

6.7 使用现代经典模型提升性能 158
6.8 小结 159

第7章 自然语言处理基础 160

7.1 从语言模型到循环神经网络 160
7.1.1 链式法则 161
7.1.2 马可夫假设与 N 元语法模型 161
7.1.3 从 N 元语法模型到隐含状态表示 161
7.1.4 从神经网络到有隐含状态的循环神经网络 162
7.1.5 使用循环神经网络构建语言模型 164
7.1.6 多层循环神经网络 164
7.2 正向传播与随时间反向传播 165
7.3 现代循环神经网络 167
7.3.1 LSTM 168
7.3.2 GRU 169
7.3.3 Bi-RNN 169
7.4 循环神经网络的 PyTorch 实现 170
7.4.1 使用 PyTorch 实现 RNN 170
7.4.2 使用 PyTorch 实现 LSTM 172
7.4.3 使用 PyTorch 实现 GRU 174
7.5 文本数据处理 175
7.6 词嵌入 176
7.6.1 Word2Vec 原理 177
7.6.2 CBOW 模型 177
7.6.3 Skip-Gram 模型 178
7.7 使用 PyTorch 实现词性判别 179
7.7.1 词性判别的主要步骤 179
7.7.2 数据预处理 180
7.7.3 构建网络 180
7.7.4 训练网络 181
7.7.5 测试模型 182
7.8 用 LSTM 预测股票行情 183
7.8.1 导入数据 183
7.8.2 数据概览 183
7.8.3 预处理数据 184

7.8.4 定义模型 ············ 185
7.8.5 训练模型 ············ 185
7.8.6 测试模型 ············ 186
7.9 几种特殊架构 ············ 187
7.9.1 编码器 – 解码器架构 ······ 187
7.9.2 Seq2Seq 架构 ········· 189
7.10 循环神经网络应用场景 ········· 189
7.11 小结 ················ 190

第 8 章 注意力机制 ············ 191
8.1 注意力机制概述 ············ 191
8.1.1 两种常见注意力机制 ······ 192
8.1.2 来自生活的注意力 ········ 192
8.1.3 注意力机制的本质 ········ 192
8.2 带注意力机制的编码器 – 解码器架构 ··· 194
8.2.1 引入注意力机制 ········ 194
8.2.2 计算注意力分配概率分布值 ·· 196
8.3 Transformer ············ 198
8.3.1 Transformer 的顶层设计 ······ 198
8.3.2 编码器与解码器的输入 ······ 200
8.3.3 自注意力 ············ 200
8.3.4 多头注意力 ··········· 203
8.3.5 自注意力与循环神经网络、
卷积神经网络的异同 ······ 204
8.3.6 加深 Transformer 网络层的
几种方法 ············ 205
8.3.7 如何进行自监督学习 ······ 205
8.3.8 Vision Transformer ········· 207
8.3.9 Swin Transformer ········ 208
8.4 使用 PyTorch 实现 Transformer ····· 213
8.4.1 Transformer 背景介绍 ······ 214
8.4.2 构建 EncoderDecoder ······ 214
8.4.3 构建编码器 ··········· 215
8.4.4 构建解码器 ··········· 218
8.4.5 构建多头注意力 ········ 219
8.4.6 构建前馈神经网络层 ······ 221
8.4.7 预处理输入数据 ········ 222
8.4.8 构建完整网络 ········· 224
8.4.9 训练模型 ············ 225

8.4.10 实现一个简单实例 ········ 228
8.5 小结 ················ 230

第 9 章 目标检测与语义分割 ··········· 231
9.1 目标检测及主要挑战 ········· 231
9.1.1 边界框的表示 ········· 232
9.1.2 手工标注图像的真实值 ······ 233
9.1.3 主要挑战 ············ 236
9.1.4 选择性搜索 ··········· 236
9.1.5 锚框 ··············· 237
9.1.6 RPN ··············· 239
9.2 优化候选框的几种算法 ········· 240
9.2.1 交并比 ············· 240
9.2.2 非极大值抑制 ········· 240
9.2.3 边框回归 ············ 241
9.2.4 SPP-Net ············· 243
9.3 典型的目标检测算法 ········· 244
9.3.1 R-CNN ············· 244
9.3.2 Fast R-CNN ··········· 245
9.3.3 Faster R-CNN ········· 245
9.3.4 Mask R-CNN ··········· 246
9.3.5 YOLO ············· 247
9.3.6 各种算法的性能比较 ······· 248
9.4 语义分割 ············· 249
9.5 小结 ················ 250

第 10 章 生成式深度学习 ··········· 251
10.1 用变分自编码器生成图像 ········· 251
10.1.1 自编码器 ··········· 251
10.1.2 变分自编码器 ········ 252
10.1.3 用变分自编码器生成图像实例 ··· 253
10.2 GAN 简介 ············ 256
10.2.1 GAN 的架构 ········· 256
10.2.2 GAN 的损失函数 ······· 257
10.3 用 GAN 生成图像 ········· 257
10.3.1 构建判别器 ········· 258
10.3.2 构建生成器 ········· 258
10.3.3 训练模型 ············ 258
10.3.4 可视化结果 ·········· 259

10.4 VAE 与 GAN 的异同 ················ 260

10.5 CGAN ································ 260

  10.5.1 CGAN 的架构 ············ 261

  10.5.2 CGAN 的生成器 ·········· 261

  10.5.3 CGAN 的判别器 ·········· 262

  10.5.4 CGAN 的损失函数 ········ 262

  10.5.5 CGAN 的可视化 ·········· 262

  10.5.6 查看指定标签的数据 ······ 263

  10.5.7 可视化损失值 ············ 263

10.6 DCGAN ······························ 264

10.7 提升 GAN 训练效果的技巧 ······ 265

10.8 小结 ································· 266

第三部分 深度学习实战

第 11 章 人脸检测与识别实例 ·········· 268

11.1 人脸检测与识别的一般流程 ······· 268

11.2 人脸检测 ··························· 269

  11.2.1 目标检测 ················ 269

  11.2.2 人脸定位 ················ 269

  11.2.3 人脸对齐 ················ 270

  11.2.4 MTCNN 算法 ············ 270

11.3 特征提取与人脸识别 ·············· 271

11.4 使用 PyTorch 实现人脸检测与识别 ··· 276

  11.4.1 验证检测代码 ············ 277

  11.4.2 检测图像 ················ 277

  11.4.3 检测后进行预处理 ········ 278

  11.4.4 查看检测后的图像 ········ 278

  11.4.5 人脸识别 ················ 279

11.5 小结 ································· 279

第 12 章 迁移学习实例 ··············· 280

12.1 迁移学习简介 ······················ 280

12.2 特征提取 ··························· 281

  12.2.1 PyTorch 提供的预处理模块··· 282

  12.2.2 特征提取实例 ············ 283

12.3 数据增强 ··························· 285

  12.3.1 按比例缩放 ·············· 286

  12.3.2 裁剪 ···················· 286

  12.3.3 翻转 ···················· 287

  12.3.4 改变颜色 ················ 287

  12.3.5 组合多种增强方法 ········ 287

12.4 微调实例 ··························· 288

  12.4.1 数据预处理 ·············· 288

  12.4.2 加载预训练模型 ·········· 289

  12.4.3 修改分类器 ·············· 289

  12.4.4 选择损失函数及优化器 ···· 289

  12.4.5 训练及验证模型 ·········· 290

12.5 清除图像中的雾霾 ················ 290

12.6 小结 ································· 293

第 13 章 神经网络机器翻译实例 ······· 294

13.1 使用 PyTorch 实现带注意力的
解码器 ····························· 294

  13.1.1 构建编码器 ·············· 294

  13.1.2 构建解码器 ·············· 295

  13.1.3 构建带注意力的解码器 ···· 295

13.2 使用注意力机制实现中英文互译 ··· 297

  13.2.1 导入需要的模块 ·········· 297

  13.2.2 数据预处理 ·············· 298

  13.2.3 构建模型 ················ 300

  13.2.4 训练模型 ················ 302

  13.2.5 测试模型 ················ 303

  13.2.6 可视化注意力 ············ 304

13.3 小结 ································· 305

第 14 章 使用 ViT 进行图像分类 ······ 306

14.1 项目概述 ··························· 306

14.2 数据预处理 ························· 306

14.3 生成输入数据 ······················ 308

14.4 构建编码器模型 ···················· 310

14.5 训练模型 ··························· 313

14.6 小结 ································· 314

第 15 章 语义分割实例 ··············· 315

15.1 数据概览 ··························· 315

15.2 数据预处理 ························· 316

15.3 构建模型 ··························· 319

15.4 训练模型 ················· 322
15.5 测试模型 ················· 325
15.6 保存与恢复模型 ········· 326
15.7 小结 ··················· 326

第 16 章 生成模型实例 ············ 327
16.1 Deep Dream 模型 ········· 327
  16.1.1 Deep Dream 原理 ····· 327
  16.1.2 Deep Dream 算法的流程 ··· 328
  16.1.3 使用 PyTorch 实现
      Deep Dream ······ 329
16.2 风格迁移 ··············· 331
  16.2.1 内容损失 ··········· 332
  16.2.2 风格损失 ··········· 333
  16.2.3 使用 PyTorch 实现神经
      网络风格迁移 ·········· 335
16.3 使用 PyTorch 实现图像修复 ······· 339
  16.3.1 网络结构 ··········· 339
  16.3.2 损失函数 ··········· 340
  16.3.3 图像修复实例 ········· 340
16.4 使用 PyTorch 实现 DiscoGAN ····· 342
  16.4.1 DiscoGAN 架构 ········· 343
  16.4.2 损失函数 ··········· 344
  16.4.3 DiscoGAN 实现 ········· 345
  16.4.4 使用 PyTorch 实现
      DiscoGAN 实例 ········· 346
16.5 小结 ··················· 348

第 17 章 AI 新方向：对抗攻击 ········ 349
17.1 对抗攻击简介 ············ 349
  17.1.1 白盒攻击与黑盒攻击 ······ 350
  17.1.2 无目标攻击与有目标攻击 ··· 350
17.2 常见对抗样本生成方式 ········ 350
  17.2.1 快速梯度符号算法 ······· 351
  17.2.2 快速梯度算法 ········· 351
17.3 使用 PyTorch 实现对抗攻击 ······ 351
  17.3.1 实现无目标攻击 ······· 351
  17.3.2 实现有目标攻击 ········ 354
17.4 对抗攻击和防御方法 ········· 355

17.4.1 对抗攻击 ··········· 355
17.4.2 常见防御方法分类 ······· 355
17.5 小结 ··················· 356

第 18 章 强化学习 ··············· 357
18.1 强化学习简介 ············ 357
18.2 Q-Learning 算法原理 ········ 359
  18.2.1 Q-Learning 算法的主要流程 ··· 359
  18.2.2 Q 函数 ············· 360
  18.2.3 贪婪策略 ··········· 360
18.3 使用 PyTorch 实现 Q-Learning 算法··· 361
  18.3.1 定义 Q-Learning 主函数 ··· 361
  18.3.2 运行 Q-Learning 算法 ····· 362
18.4 SARSA 算法 ············· 362
  18.4.1 SARSA 算法的主要步骤··· 362
  18.4.2 使用 PyTorch 实现 SARSA
      算法 ··············· 363
18.5 小结 ··················· 364

第 19 章 深度强化学习 ············ 365
19.1 DQN 算法原理 ············ 365
  19.1.1 Q-Learning 方法的局限性 ···· 366
  19.1.2 用深度学习处理强化学习
      需要解决的问题 ·········· 366
  19.1.3 用 DQN 算法解决问题 ···· 366
  19.1.4 定义损失函数 ········· 366
  19.1.5 DQN 的经验回放机制 ····· 367
  19.1.6 目标网络 ··········· 367
  19.1.7 网络模型 ··········· 367
  19.1.8 DQN 算法实现流程 ······· 367
19.2 使用 PyTorch 实现 DQN 算法······ 368
19.3 小结 ··················· 371

附录 A PyTorch 0.4 版本变更 ········· 372

附录 B AI 在各行业的最新应用 ········ 377

附录 C einops 及 einsum 简介 ········· 383

第一部分 *Part 1*

PyTorch 基础

第 1 章　NumPy 基础知识
第 2 章　PyTorch 基础知识
第 3 章　PyTorch 神经网络工具箱
第 4 章　PyTorch 数据处理工具箱

第 1 章

NumPy 基础知识

为何第 1 章介绍 NumPy（Numerical Python）基础知识？因为在机器学习和深度学习中，首先要实现图像、声音、文本等的数字化，如何实现数字化以及数字化后如何处理，这些都要用到 NumPy。NumPy 是数据科学的通用语言，它是科学计算、矩阵运算、深度学习的基石。PyTorch 中的重要概念张量（Tensor）与 NumPy 非常相似，它们之间可以方便地进行转换。掌握 NumPy 是学好 PyTorch 的重要基础，故我们把它作为全书第 1 章。

基于 NumPy 的运算有哪些优势？实际上 Python 本身含有列表（list）和数组（array），但对于大数据来说，这些结构有很多不足。列表的元素可以是任何对象，因此列表所保存的是对象的指针。例如为了保存一个简单的 [1, 2, 3]，需要有 3 个指针和 3 个整数对象。对数值运算来说，这种结构显然比较浪费内存和 CPU 等宝贵资源。至于 array 对象，它直接保存数值，与 C 语言的一维数组比较类似，但是由于它不支持多维，建立在上面的函数也不多，因此也不适合做数值运算。

NumPy 的诞生弥补了这些不足，它提供了两种基本的对象：ndarray（n-dimensional array object，多维数组对象）和 ufunc（universal function object，通用函数对象）。ndarray 是存储单一数据类型的多维数组，而 ufunc 则为数组处理提供了丰富的函数。

NumPy 的主要特点如下所示。

1）快速、节省空间，提供数组化的算术运算和高级的广播功能。

2）使用标准数学函数对整个数组的数据进行快速运算，而不需要编写循环。

3）提供读取 / 写入磁盘上的阵列数据和操作存储器映像文件的工具。

4）提供线性代数、随机数生成和傅里叶变换的能力。

5）提供集成 C、C++、Fortran 代码的工具。

本章主要内容如下：

❑ 生成 NumPy 数组

❑ 读取数据

❑ NumPy 的算术运算

- ❏ 数组变形
- ❏ 批处理
- ❏ 节省内存
- ❏ 通用函数
- ❏ 广播机制

1.1　生成 NumPy 数组

NumPy 是 Python 的第三方库，若要使用它，需要先导入 NumPy。

```
import numpy as np
```

导入 NumPy 后，可通过 np.+Tab 组合键查看可用的函数，如图 1-1 所示。如果对其中一些函数的使用不很清楚，想看对应函数的帮助信息，可以通过输入"对应函数 +?"命令查看使用用函数的帮助信息。

运行如下命令，便可查看函数 abs 的详细帮助信息。

```
np.abs?
```

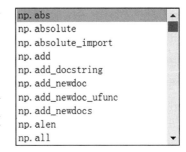

图 1-1　通过 np.+Tab 组合键查看可用函数

NumPy 不但强大，而且非常友好。接下来将介绍 NumPy 的一些常用方法，尤其是与机器学习、深度学习相关的一些内容。

前文提到，NumPy 封装了一个新的数据类型——ndarray，它是一个多维数组对象。该对象封装了许多常用的数学运算函数，方便我们进行数据处理、数据分析等。如何生成 ndarray 呢？这里我们介绍生成 ndarray 的几种方式，如利用已有数据生成、利用 random 模块生成、生成特定形状的多维数组、使用 arange 函数生成等。

在机器学习中，图像、自然语言、语音等内容在输入模型之前，都需要数字化。这里我们用 cv2（OpenCV 2）把一个汽车图像（见图 1-2）转换为 NumPy 多维数组，然后查看该多维数组的基本属性，具体代码如下：

```
# 使用 OpenCV 开源库读取图像数据
import cv2

from  matplotlib import pyplot as plt
%matplotlib inline

# 读取一张照片，把图像转换为 2 维的 NumPy 数组
img = cv2.imread('../data/car.jpg')

# 使用 plt 显示图像
plt.imshow(img)

# 显示 img 的数据类型及大小
print(" 数据类型 :{}, 形状: {}".format(type(img),img.shape))
```

运行结果如下：

数据类型：<class 'numpy.ndarray'>，形状: (675, 1200, 3)

效果图如图 1-2 所示。

图 1-2　把汽车图像转换为 NumPy 多维数组

注：本书中的图像的横纵坐标轴单位均为像素。

1.1.1　数组属性

在 NumPy 中，维度被称为轴，比如上例把汽车图像转换为一个 3 维 NumPy 数组，这个数组有 3 个轴，长度分别为 675、1200、3。

NumPy 的 ndarray 对象有 3 个重要的属性。

❏ ndarray.ndim：数组的维度（轴）的个数。

❏ ndarray.shape：数组的维度，值是一个整数元组，元组的值代表其所对应的轴的长度。比如二维数组用于表达这是几行几列的矩阵，值为（x, y），其中 x 代表这个数组中有几行，y 代表有几列。

❏ ndarray.dtype：数据类型，描述数组中元素的类型。

比如上面的 img 数组可表示为：

```
print("img 数组的维度: ",img.ndim)        # 其值为: 3
print("img 数组的形状: ",img.shape)       # 其值为: (675, 1200, 3)
print("img 数组的数据类型: ",img.dtype)   # 其值为: uint8
```

为了更好地理解 ndarray 对象的 3 个重要属性，我们对 1 维数组、2 维数组、3 维数组进行可视化，如图 1-3 所示。

1.1.2　利用已有数据生成数组

我们可以直接对 Python 的基础数据类型（如列表、元组等）进行转换来生成数组。

1）将列表转换成 ndarray。

```
import numpy as np

lst1 = [3.14, 2.17, 0, 1, 2]
nd1 =np.array(lst1)
```

```
print(nd1)
# [3.14 2.17 0.   1.   2.  ]
print(type(nd1))
# <class 'numpy.ndarray'>
```

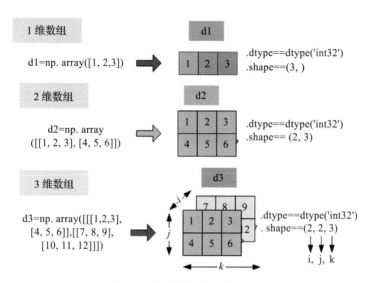

图 1-3　多维数组的可视化表示

2）将嵌套列表转换为多维数组。

```
import numpy as np

lst2 = [[3.14, 2.17, 0, 1, 2], [1, 2, 3, 4, 5]]
nd2 = np.array(lst2)
print(nd2)
# [[3.14 2.17 0.   1.   2.  ]
#  [1.   2.   3.   4.   5.  ]]
print(type(nd2))
# <class 'numpy.ndarray'>
```

如果把上面示例中的列表换成元组，上述方法也同样适用。

1.1.3　利用 random 模块生成数组

在深度学习中，我们经常需要对一些参数进行初始化。为了更有效地训练模型，提高模型的性能，有些初始化还需要满足一定条件，如满足正态分布或均匀分布等。这里我们介绍几种常用的方法，表 1-1 列举了 np.random 模块常用的函数。

表 1-1　np.random 模块常用的函数

函　数	描　述
np.random.random	生成从 0 到 1 之间的随机数
np.random.uniform	生成均匀分布的随机数

（续）

函　　数	描　　述
np.random.randn	生成标准正态分布的随机数
np.random.randint	生成随机的整数
np.random.normal	生成正态分布的整数
np.random.shuffle	随机打乱顺序
np.random.seed	设置随机数种子
random_sample	生成随机的浮点数

下面我们来看看这些函数的具体使用方法：

```python
import numpy as np

print(' 生成形状 (4, 4)，值在 0-1 之间的随机数: ')
print(np.random.random((4, 4)), end='\n\n')

# 产生一个取值范围在 [1, 50) 之间的数组，数组的形状是 (3, 3)
# 参数起始值 (low) 默认为 0，终止值 (high) 默认为 1
print(' 生成形状 (3, 3)，值在 low 到 high 之间的随机整数 :')
print(np.random.randint(low=1, high=50, size=(3,3)), end='\n\n')

print(' 产生的数组元素是均匀分布的随机数: ')
print(np.random.uniform(low=1, high=3, size=(3, 3)), end='\n\n')

print(' 生成满足正态分布的形状为 (3, 3) 的矩阵: ')
print(np.random.randn(3, 3))
```

运行结果如下：

```
生成形状 (4,4)，值在 0-1 之间的随机数:
[[0.32033334 0.46896779 0.35755437 0.93218211]
 [0.83150807 0.34724136 0.38684007 0.80832335]
 [0.17085778 0.60505495 0.85251224 0.66465297]
 [0.5351041  0.59959828 0.59819534 0.36759263]]

生成形状 (3, 3)，值在 low 到 high 之间的随机整数:
[[29 23 49]
 [44 10 30]
 [29 20 48]]

产生的数组元素是均匀分布的随机数:
[[2.16986668 1.43805178 2.84650421]
 [2.59609848 1.96242833 1.02203859]
 [2.64679581 1.30636158 1.42474749]]

生成满足正态分布的形状为 (3, 3) 的矩阵:
[[-0.26958446 -0.04919047 -0.86747396]
 [-0.16477117  0.39098747  1.97640843]
 [ 0.73003926 -1.03079529 -0.1624292 ]]
```

用以上方法生成的随机数是无法重现的，比如调用两次 np.random.randn(3, 3)，输出结果一样的概率极低。如果我们想要多次生成同一份数据怎么办呢？可以使用 np.random.seed 函数设置种子。先设置一个种子，然后调用随机函数产生一个数组，如果想要再次得到一个一模一样的数组，只要再次设置同样的种子即可。

```
import numpy as np
np.random.seed(10)

print("按指定随机种子，第 1 次生成随机数：")
print(np.random.randint(1, 5, (2, 2)))

# 想要生成同样的数组，必须再次设置相同的种子
np.random.seed(10)
print("按相同随机种子，第 2 次生成的数据：")
print(np.random.randint(1, 5, (2, 2)))
```

运行结果如下：

```
按指定随机种子，第 1 次生成随机数：
[[2 2]
 [1 4]]
按相同随机种子，第 2 次生成的数据：
[[2 2]
 [1 4]]
```

1.1.4　生成特定形状的多维数组

在对参数进行初始化时，有时需要生成一些特殊矩阵，如全是 0 或 1 的数组与矩阵，这时我们可以利用 np.zeros、np.ones、np.empty 等函数来实现，如表 1-2 所示。

表 1-2　生成特定形状的多维数组的函数

函　数	描　述
np.zeros((3, 4))	生成 3×4 的数组，元素全为 0
np.ones((3,4))	生成 3×4 的数组，元素全为 1
np.empty((2, 3))	生成 2×3 的空数组，空数组中的值并不为 0，而是未初始化的垃圾值
np.zeros_like(ndarr)	以 ndarr 相同维度生成元素全为 0 的数组
np.ones_like(ndarr)	以 ndarr 相同维度生成元素全为 1 的数组
np.empty_like(ndarr)	以 ndarr 相同维度生成空数组
np.eye(5)	该函数用于生成一个 5×5 的矩阵，对角线为 1，其余为 0
np.full((3, 5), 666)	生成 3×5 的数组，元素全为 666（666 为指定值）

下面我们通过几个示例来说明：

```
import numpy as np

# 生成全是 0 的 3×3 矩阵
nd5 =np.zeros([3, 3])
# 生成与 nd5 形状一样的全 0 矩阵
#np.zeros_like(nd5)
# 生成全是 1 的 3×3 矩阵
nd6 = np.ones([3, 3])
# 生成 3 阶的单位矩阵
```

```
nd7 = np.eye(3)
# 生成 3 阶对角矩阵
nd8 = np.diag([1, 2, 3])
print("*"*6+"nd5"+"*"*6)
print(nd5)
print("*"*6+"nd6"+"*"*6)
print(nd6)
print("*"*6+"nd7"+"*"*6)
print(nd7)
print("*"*6+"nd8"+"*"*6)
print(nd8)
```

运行结果如下：

```
******nd5******
[[0. 0. 0.]
 [0. 0. 0.]
 [0. 0. 0.]]
******nd6******
[[1. 1. 1.]
 [1. 1. 1.]
 [1. 1. 1.]]
******nd7******
[[1. 0. 0.]
 [0. 1. 0.]
 [0. 0. 1.]]
******nd8******
[[1 0 0]
 [0 2 0]
 [0 0 3]]
```

有时我们可能需要把生成的数据暂时保存起来，以备后续使用。

```
import numpy as np

nd9 =np.random.random([5, 5])
np.savetxt(X=nd9, fname='./test1.txt')
nd10 = np.loadtxt('./test1.txt')
print(nd10)
```

运行结果如下：

```
[[0.41092437 0.5796943  0.13995076 0.40101756 0.62731701]
 [0.32415089 0.24475928 0.69475518 0.5939024  0.63179202]
 [0.44025718 0.08372648 0.71233018 0.42786349 0.2977805 ]
 [0.49208478 0.74029639 0.35772892 0.41720995 0.65472131]
 [0.37380143 0.23451288 0.98799529 0.76599595 0.77700444]]
```

1.1.5　利用 arange、linspace 函数生成数组

在一些情况下，我们还希望获得一组具有特定规律的数据，这时可以使用 NumPy 提供的 arange、linspace 函数实现。

arange 是 numpy 模块中的函数，其格式为：

```
arange([start,] stop[,step,], dtype=None)
```

其中 start 与 stop 用于指定范围，step 用于设定步长，生成一个数组，start 默认为 0，步长 step 可为小数。Python 中的内置函数 range 的功能与此类似。

```
import numpy as np
print(np.arange(10))
# [0 1 2 3 4 5 6 7 8 9]
print(np.arange(0, 10))
# [0 1 2 3 4 5 6 7 8 9]
print(np.arange(1, 4, 0.5))
# [1.  1.5 2.  2.5 3.  3.5]
print(np.arange(9, -1, -1))
# [9 8 7 6 5 4 3 2 1 0]
```

linspace 也是 NumPy 模块中常用的函数，其格式为：

```
np.linspace(start, stop, num=50, endpoint=True, retstep=False, dtype=None)
```

linspace 可以根据输入的指定数据范围以及等份数量自动生成一个线性等分向量，其中 endpoint（包含终点）默认为 True，等分数量 num 默认为 50。如果将 retstep 设置为 True，则会返回一个带步长的数组。

```
import numpy as np

print(np.linspace(0, 1, 10))
#[0.         0.11111111 0.22222222 0.33333333 0.44444444 0.55555556
# 0.66666667 0.77777778 0.88888889 1.        ]
```

值得一提的是，这里并没有像我们预期的那样生成 [0.1, 0.2, …, 1.0] 这样步长为 0.1 的数组，这是因为 linspace 必定会包含数据的起点和终点，那么其步长则为 (1−0) / 9 = 0.11111111。如果需要产生 0.1, 0.2, …, 1.0 这样的数据，只需要将数据起点 0 修改为 0.1 即可。

除了上面介绍的 arange 和 linspace 函数，NumPy 还提供了 logspace 函数，该函数的使用方法与 linspace 一样，读者不妨自己动手试一下。

1.2　读取数据

1.1 节介绍了生成数组的几种方法，当生成数组后，如何读取我们需要的数据呢？这节将介绍几种常用的读取数据的方法。

```
import numpy as np
np.random.seed(2019)
nd11 = np.random.random([10])
# 获取指定位置的数据，获取第 4 个元素
nd11[3]
# 截取一段数据
nd11[3:6]
# 截取固定间隔数据
nd11[1:6:2]
# 倒序取数
nd11[::-1]
# 截取一个多维数组的某个区域内的数据
```

```
nd12=np.arange(25).reshape([5,5])
nd12[1:3,1:3]
# 截取一个多维数组中数值在某个值域之内的数据
nd12[(nd12>3)&(nd12<10)]
# 截取多维数组中指定的行，如读取第 2、3 行
nd12[[1,2]]   # 或 nd12[1:3,:]
## 截取多维数组中指定的列，如读取第 2、3 列
nd12[:,1:3]
```

如果对上面这些获取方式还不是很清楚，没关系，下面以图形的方式加以说明。如图 1-4 所示，左边为表达式，右边为表达式获取的数据。注意，不同的边界表示不同的表达式。

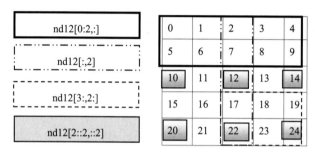

图 1-4　获取多维数组中的数据

除了可以通过指定索引标签获取数组中的部分数据外，还可以使用一些函数来实现，如可以通过 random.choice 函数从指定的样本中随机抽取数据。

```
import numpy as np
from numpy import random as nr

a=np.arange(1,25,dtype=float)
c1=nr.choice(a,size=(3,4))                      #size 指定输出数组形状
c2=nr.choice(a,size=(3,4),replace=False) #replace 默认为 True, 即可重复抽取
# 下式中参数 p 指定每个元素对应的抽取概率，默认为每个元素被抽取的概率相同
c3=nr.choice(a,size=(3,4),p=a / np.sum(a))
print(" 随机可重复抽取 ")
print(c1)
print(" 随机但不重复抽取 ")
print(c2)
print(" 随机但按指定概率抽取 ")
print(c3)
```

运行结果如下：

```
随机可重复抽取
[[  7.  22.  19.  21.]
 [  7.   5.   5.   5.]
 [  7.   9.  22.  12.]]
随机但不重复抽取
[[ 21.   9.  15.   4.]
 [ 23.   2.   3.   7.]
 [ 13.   5.   6.   1.]]
```

```
随机但按指定概率抽取
[[ 15.  19.  24.   8.]
 [  5.  22.   5.  14.]
 [  3.  22.  13.  17.]]
```

1.3　NumPy 的算术运算

机器学习和深度学习中涉及大量的数组或矩阵运算，这节将重点介绍两种常用的运算。一种是逐元素操作，又称为逐元乘法（Element-Wise Product）或哈达玛积（Hadamard Product），运算符为 np.multiply() 或 *。另一种是点积（Dot Product）运算，运算符为 np.dot()。

1.3.1　逐元素操作

逐元素操作（又称对应元素相乘）是两个矩阵中对应元素相乘，即通过 np.multiply 函数计算数组或矩阵对应元素乘积，输出的大小与相乘数组或矩阵的大小一致，其格式如下：

```
numpy.multiply(x1, x2, /, out=None, *, where=True,casting='same_kind', order='K',
    dtype=None, subok=True[, signature, extobj])
```

其中 x1、x2 之间的对应元素相乘遵守广播机制的相关规则，具体将在 1.8 节介绍。下面我们通过一些示例来进一步说明。

```
A = np.array([[1, 2], [-1, 4]])
B = np.array([[2, 0], [3, 4]])
A*B
## 结果如下：
array([[ 2,  0],
       [-3, 16]])
# 或另一种表示方法
np.multiply(A,B)
# 运算结果也是
array([[ 2,  0],
       [-3, 16]])
```

矩阵 *A* 和 *B* 的对应元素相乘，如图 1-5 所示。

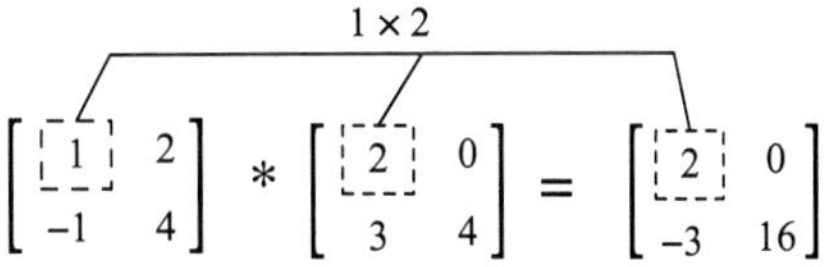

NumPy 数组不仅可以与数组进行对应元素相乘，也可以与单一数值（或称为标量）进行运算。运算时，NumPy 数组的每个元素与标量进行运算，其间会用到广播机制，例如：

图 1-5　对应元素相乘示意图

```
print(A*2.0)
print(A/2.0)
```

运行结果如下：

```
[[ 2.  4.]
 [-2.  8.]]
[[ 0.5  1. ]
 [-0.5  2. ]]
```

由此，推而广之，数组通过一些激活函数处理后，输出与输入形状一致。

```python
X=np.random.rand(2,3)
def sigmoid(x):
    return 1/(1+np.exp(-x))
def relu(x):
    return np.maximum(0,x)
def softmax(x):
    return np.exp(x)/np.sum(np.exp(x))

print(" 输入参数 X 的形状: ",X.shape)
print(" 激活函数 sigmoid 输出形状: ",sigmoid(X).shape)
print(" 激活函数 relu 输出形状: ",relu(X).shape)
print(" 激活函数 softmax 输出形状: ",softmax(X).shape)
```

运行结果如下：

```
输入参数 X 的形状:  (2, 3)
激活函数 sigmoid 输出形状: (2, 3)
激活函数 relu 输出形状: (2, 3)
激活函数 softmax 输出形状: (2, 3)
```

1.3.2 点积运算

点积运算又称为内积运算，其一般格式为：

```
numpy.dot(a, b, out=None)
```

下面通过一个示例来说明 dot 的具体使用方法及注意事项。

```python
X1=np.array([[1,2],[3,4]])
X2=np.array([[5,6,7],[8,9,10]])
X3=np.dot(X1,X2)
print(X3)
```

运行结果如下：

```
[[21 24 27]
 [47 54 61]]
```

以上运算可表示为图 1-6 所示形式。

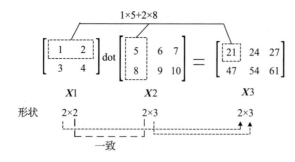

图 1-6   矩阵的点积示意图，对应维度的元素个数需要保持一致

如图 1-6 所示，矩阵 $X1$ 和矩阵 $X2$ 进行点积运算，其中 $X1$ 和 $X2$ 对应维度（即 $X1$ 的第 2 个维度与 $X2$ 的第 1 个维度）的元素个数必须一致，此外，矩阵 $X3$ 是由矩阵 $X1$ 的行数与矩阵 $X2$ 的列数经过点积运算后得到的。

点积运算在神经网络中的使用非常频繁，在如图 1-7 所示的神经网络中，输入 I 与权重矩阵 W 之间的运算就是点积运算。

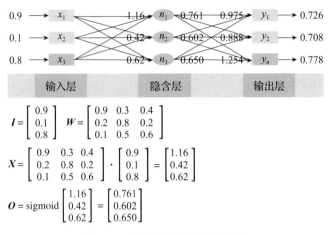

图 1-7　内积运算可视化示意图

1.4　数组变形

在机器学习以及深度学习的任务中，我们通常需要将处理好的数据以模型能接收的格式发送给它，然后由模型通过一系列运算，最终返回一个处理结果。然而，由于不同模型所接收的输入格式不一样，因此往往需要先对数据进行一系列变形运算，将数据处理成符合模型要求的格式。最常见的是矩阵或者数组的运算，我们经常会遇到需要把多个向量或矩阵按某轴方向合并，或展平（如在卷积或循环神经网络中，在进入全连接层之前，需要把矩阵展平）的情况。下面介绍几种常用数据变形方法。

1.4.1　修改数组的形状

修改指定数组的形状是 NumPy 中最常见的操作之一，表 1-3 列出了 NumPy 中修改向量形状的一些常用函数。

表 1-3　NumPy 中修改向量形状的一些常用函数

函　　数	描　　述
arr.reshape	重新对向量 arr 维度进行改变，不修改向量本身
arr.resize	重新对向量 arr 维度进行改变，修改向量本身
arr.T	对向量 arr 进行转置

（续）

函　数	描　述
arr.ravel	对向量 arr 进行展平，即将多维数组变成 1 维数组，不会产生原数组的副本
arr.flatten	对向量 arr 进行展平，即将多维数组变成 1 维数组，返回原数组的副本
arr.squeeze	只能对维数为 1 的维度降维。对多维数组使用时虽然不会报错，但是不会产生任何影响
arr.transpose	对高维矩阵进行轴对换

下面我们来看一些示例。

1）reshape 函数。

```
import numpy as np

arr =np.arange(10)
print(arr)
# 将向量 arr 变换为 2 行 5 列
print(arr.reshape(2, 5))
# 指定维度时可以只指定行数或列数，其他用 -1 代替
print(arr.reshape(5, -1))
print(arr.reshape(-1, 5))
```

运行结果如下：

```
[0 1 2 3 4 5 6 7 8 9]
[[0 1 2 3 4]
 [5 6 7 8 9]]
[[0 1]
 [2 3]
 [4 5]
 [6 7]
 [8 9]]
[[0 1 2 3 4]
 [5 6 7 8 9]]
```

值得注意的是，reshape 函数支持只指定行数或列数，其余设置为 −1 即可。注意，所指定的行数或列数一定要能被整除，例如将上面代码修改为 arr.reshape(3, −1) 将报错，因为 10 不能被 3 整除。

2）resize 函数。

```
import numpy as np

arr =np.arange(10)
print(arr)
# 将向量 arr 变换为 2 行 5 列
arr.resize(2, 5)
print(arr)
```

运行结果如下：

```
[0 1 2 3 4 5 6 7 8 9]
[[0 1 2 3 4]
 [5 6 7 8 9]]
```

3）T 函数。

```
import numpy as np

arr =np.arange(12).reshape(3,4)
# 将向量 arr 变换为 3 行 4 列
print(arr)
# 将向量 arr 转置为 4 行 3 列
print(arr.T)
```

运行结果如下：

```
[[ 0  1  2  3]
 [ 4  5  6  7]
 [ 8  9 10 11]]
[[ 0  4  8]
 [ 1  5  9]
 [ 2  6 10]
 [ 3  7 11]]
```

4）ravel 函数。

ravel 函数接收一个根据 C 语言格式（即按行优先排序）或者 Fortran 语言格式（即按列优先排序）来进行展平的参数，默认情况下是按行优先排序。

```
import numpy as np

arr =np.arange(6).reshape(2, -1)
print(arr)
# 按照列优先，展平
print("按照列优先，展平")
print(arr.ravel('F'))
# 按照行优先，展平
print("按照行优先，展平")
print(arr.ravel())
```

运行结果如下：

```
[[0 1 2]
 [3 4 5]]
按照列优先，展平
[0 3 1 4 2 5]
按照行优先，展平
[0 1 2 3 4 5]
```

5）flatten(order='C') 函数。

把矩阵转换为向量，展平方式默认是行优先（即参数 order='C'），这种需求经常出现在卷积网络与全连接层之间。

```
import numpy as np
a =np.floor(10*np.random.random((3,4)))
print(a)
print(a.flatten(order='C'))
```

运行结果如下：

```
[[4. 0. 8. 5.]
 [1. 0. 4. 8.]
 [8. 2. 3. 7.]]
[4. 0. 8. 5. 1. 0. 4. 8. 8. 2. 3. 7.]
```

flatten（展平）运算在神经网络中经常使用，一般在网络需要把 2 维、3 维等多维数组转换为一维数组时使用，如图 1-8 所示。

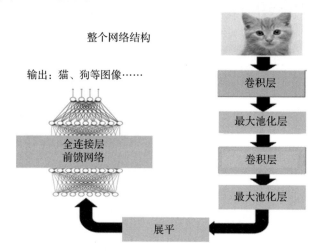

图 1-8　含 flatten 运算的神经网络示意图

6）squeeze 函数。

squeeze 函数主要用于降维，可以把矩阵中含 1 的维度去掉。

```
import numpy as np

arr =np.arange(3).reshape(3, 1)
print(arr.shape)  #(3,1)
print(arr.squeeze().shape)  #(3,)
arr1 =np.arange(6).reshape(3,1,2,1)
print(arr1.shape) #(3, 1, 2, 1)
print(arr1.squeeze().shape) #(3, 2)
```

7）transpose 函数。

transpose 函数主要用于对高维矩阵进行轴对换，经常用于深度学习中，比如把图像表示颜色的 RGB 顺序改为 GBR 的顺序。

```
import numpy as np

arr2 = np.arange(24).reshape(2,3,4)
print(arr2.shape)  #(2, 3, 4)
print(arr2.transpose(1,2,0).shape)  #(3, 4, 2)
```

1.4.2　合并数组

合并数组也是最常见的操作之一，表 1-4 列举了常用的 NumPy 数组合并的方法。

表 1-4　常用的 NumPy 数组合并的方法

函　数	描　述
np.append	内存占用大
np.concatenate	没有内存问题
np.stack	沿着新的轴加入一系列数组
np.hstack	栈数组垂直顺序（行）
np.vstack	栈数组垂直顺序（列）
np.dstack	栈数组按顺序深入（沿第 3 维）
np.vsplit	将数组分解成垂直的多个子数组的列表
zip([iterable, ...])	将对象中对应的元素打包成一个个元组构成的 zip 对象

[说明]

1）append、concatenate 以及 stack 函数都有一个 axis 参数，用于控制数组合并是按行还是按列排序。

2）append 和 concatenate 函数中待合并的数组必须有相同的行数或列数（满足一个即可）。

3）stack、hstack、vstack、dstack 函数中待合并的数组必须具有相同的形状。

下面选择一些常用函数进行说明。

1. append

合并一维数组：

```
import numpy as np

a =np.array([1, 2, 3])
b = np.array([4, 5, 6])
c = np.append(a, b)
print(c)
# 合并结果为: [1 2 3 4 5 6]
```

合并多维数组：

```
import numpy as np

a =np.arange(4).reshape(2, 2)
b = np.arange(4).reshape(2, 2)
# 按行合并
c = np.append(a, b, axis=0)
print('按行合并后的结果')
print(c)
print('合并后数据维度 ', c.shape)
# 按列合并
d = np.append(a, b, axis=1)
print('按列合并后的结果')
print(d)
print('合并后数据维度 ', d.shape)
```

合并多维数组的运行结果如下：

```
按行合并后的结果
[[0 1]
 [2 3]
 [0 1]
 [2 3]]
合并后数据维度 (4, 2)
按列合并后的结果
[[0 1 0 1]
 [2 3 2 3]]
合并后数据维度 (2, 4)
```

2. concatenate

沿指定轴连接数组或矩阵：

```python
import numpy as np
a =np.array([[1, 2], [3, 4]])
b = np.array([[5, 6]])

c = np.concatenate((a, b), axis=0)
print(c)
d = np.concatenate((a, b.T), axis=1)
print(d)
```

运行结果如下：

```
[[1 2]
 [3 4]
 [5 6]]
[[1 2 5]
 [3 4 6]]
```

3. stack

沿指定轴堆叠数组或矩阵：

```python
import numpy as np

a =np.array([[1, 2], [3, 4]])
b = np.array([[5, 6], [7, 8]])
print(np.stack((a, b), axis=0))
```

运行结果如下：

```
[[[1 2]
  [3 4]]

 [[5 6]
  [7 8]]]
```

4.zip

zip 是 Python 的一个内置函数，多用于张量运算中。

```python
import numpy as np

a =np.array([[1, 2], [3, 4]])
```

```
b = np.array([[5, 6], [7, 8]])
c=c=zip(a,b)
for i,j in c:
    print(i, end=",")
    print(j)
```

运行结果如下：

```
[1 2],[5 6]
[3 4],[7 8]
```

使用 zip 函数组合两个向量。

```
import numpy as np

a1 = [1,2,3]
b1 = [4,5,6]
c1=zip(a1,b1)
for i,j in c1:
    print(i, end=",")
    print(j)
```

运行结果如下：

```
1,4
2,5
3,6
```

1.5　批处理

在深度学习中，由于源数据都比较多，所以通常需要采用批处理方式。如利用批量来计算梯度的随机梯度（Stochastic Gradient Descent，SGD）法就是一个典型应用。深度学习的计算一般比较复杂，加上数据量一般比较大，如果一次处理整个数据，往往会出现资源瓶颈。与处理整个数据集的另一个极端是每次处理一条记录，这种方法也不科学，因为一次处理一条记录无法充分发挥 GPU、NumPy 平行处理优势。因此，在实际使用中我们往往采用批处理（mini-batch）。

如何把大数据拆分成多个批次呢？可采用如下步骤：

❑ 得到数据集；
❑ 随机打乱数据；
❑ 定义批大小；
❑ 批处理数据集。

下面通过一个示例来具体说明：

```
import numpy as np
# 生成 10000 个形状为 2×3 的矩阵
data_train = np.random.randn(10000,2,3)
# 这是一个 3 维矩阵，第 1 个维度为样本数，后两个是数据形状
print(data_train.shape)
#(10000,2,3)
# 打乱这 10000 条数据
np.random.shuffle(data_train)
```

```
# 定义批量大小
batch_size=100
# 进行批处理
for i in range(0,len(data_train),batch_size):
    x_batch_sum=np.sum(data_train[i:i+batch_size])
    print("第{}批次，该批次的数据之和：{}".format(i,x_batch_sum))
```

最后 5 行结果如下：

```
第 9500 批次，该批次的数据之和：17.63702580438092
第 9600 批次，该批次的数据之和：-1.360924607368387
第 9700 批次，该批次的数据之和：-25.912226239266445
第 9800 批次，该批次的数据之和：32.018136957835814
第 9900 批次，该批次的数据之和：2.9002576614446935
```

【说明】 批次从 0 开始，所以最后一个批次是 9900。

1.6 节省内存

在 NumPy 操作数据过程中，有大量涉及变量、数组的操作，尤其在机器学习、深度学习中，参数越来越多，数据量也越来越大，如何有效保存、更新这些参数，将直接影响内存的使用。这里我们介绍几种节省内存的简单方法。

1. 使用 $X = X + Y$ 与 $X += Y$ 的区别

$X = X + Y$ 与 $X += Y$ 这种操作在机器学习中非常普遍。两个表达式从数学角度来说是完全一样的，但内存开销完全不同，因为 $X += Y$ 操作可减少内存开销。

下面我们用 Python 的 id() 函数来说明。id() 函数提供了内存中引用对象的确切地址。运行 $X = X + Y$ 后，我们会发现 id(X) 指向另一个位置。 这是因为 Python 首先计算 $X + Y$，为结果分配新的内存，然后使 X 指向内存中的这个新位置。

```
Y = np.random.randn(10,2,3)
X=np.zeros_like(Y)
print(id(X))
X=X+Y
print(id(X))
```

运行结果如下：

```
1852224075136
1852224037312
```

X 在运行 $X = X + Y$ 前后 id 不同，说明指向不同内存区域。

```
Y = np.random.randn(10,2,3)
X=np.zeros_like(Y)
print(id(X))
X+=Y
print(id(X))
```

运行结果如下：

```
1852224018672
1852224018672
```

X 在运行 *X* += *Y* 前后 id 相同，说明指向同一个内存区域。

2. *X* = *X* + *Y* 与 *X* [:] = *X* + *Y* 的区别

实现代码如下：

```
Y=np.random.randn(10, 2, 3)
X=np.zeros_like(Y)
print(id(X))
X=X+Y
print(id(X))
```

运行结果如下：

```
1852224017152
1852224018672
```

X 在运行 *X* = *X* + *Y* 前后 id 不同，说明指向不同内存区域。

```
Y = np.random.randn(10,2,3)
X=np.zeros_like(Y)
print(id(X))
X[:]=X+Y
print(id(X))
```

X 在运行 *X*[:] = *X* + *Y* 前后 id 相同，说明指向一个内存区域。

1.7　通用函数

NumPy 提供了两种基本的对象，即 ndarray 和 ufunc。前面我们介绍了 ndarray，本节将介绍 NumPy 的另一个对象—— ufunc。ufunc 是一种能对数组的每个元素进行操作的函数。许多 ufunc 函数 都是用 C 语言实现的，因此它们的计算速度非常快。此外，它们比 math 模块中的函数更灵活。math 模块的输入一般是标量，但 NumPy 中函数的输入可以是向量或矩阵，而利用向量或矩阵可以避免使 用循环语句，这点在机器学习、深度学习中非常重要。表 1-5 列举了几个 NumPy 的常用通用函数。

表 1-5　NumPy 的常用通用函数

函　　数	使用方法	函　　数	使用方法
sqrt	计算序列化数据的平方根	sum	对一个序列化数据进行求和
sin、cos	三角函数	mean	计算均值
abs	计算序列化数据的绝对值	median	计算中位数
dot	点积运算	std	计算标准差
log、log10、log2	对数函数	var	计算方差
exp	指数函数	corrcoef	计算相关系数
cumsum、cumproduct	累计求和、求积		

【说明】 np.max、np.sum、np.min 等函数中都涉及一个有关轴的参数 axis，该参数的具体含义可参考图 1-9。

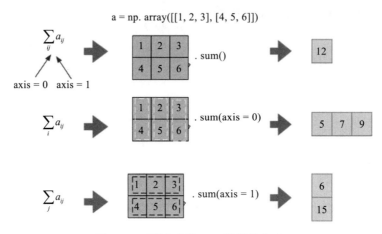

图 1-9　可视化参数 axis 的具体含义

1. math 与 numpy 函数的性能比较

我们以 math.sin 和 numpy.sin 为例进行比较。两个函数的实现代码如下：

```python
import time
import math
import numpy as np

x = [i * 0.001 for i in np.arange(1000000)]
start = time.clock()
for i, t in enumerate(x):
    x[i] = math.sin(t)
print ("math.sin:", time.clock() - start )

x = [i * 0.001 for i in np.arange(1000000)]
x = np.array(x)
start = time.clock()
np.sin(x)
print ("numpy.sin:", time.clock() - start )
```

运行结果如下：

```
math.sin: 0.5169950000000005
numpy.sin: 0.05381199999999886
```

由此可见，numpy.sin 比 math.sin 快近 10 倍。

2. 循环与向量运算比较

充分使用 Python 的 numpy 库中的内建函数（built-in function），可实现计算的向量化，从而大大提高运行速度。numpy 库中的内建函数使用了 SIMD 指令。如下示例使用的向量化要比使用循环计算速度快得多。如果使用 GPU，其性能将更强大，不过 NumPy 不支持 GPU。

```
import time
import numpy as np

x1 = np.random.rand(1000000)
x2 = np.random.rand(1000000)
## 使用循环计算向量点积
tic = time.process_time()
dot = 0
for i in range(len(x1)):
    dot+= x1[i]*x2[i]
toc = time.process_time()
print ("dot = " + str(dot) + "\n for loop----- Computation time = " + str(1000*(toc -
    tic)) + "ms")
## 使用 numpy 函数求点积
tic = time.process_time()
dot = 0
dot = np.dot(x1,x2)
toc = time.process_time()
print ("dot = " + str(dot) + "\n verctor version---- Computation time = " + str(1000*(toc -
    tic)) + "ms")
```

运行结果如下：

```
dot = 250215.601995
for loop----- Computation time = 798.3389819999998ms
dot = 250215.601995
verctor version---- Computation time = 1.885051999999554ms
```

从运行结果上来看，使用 for 循环的运行时间大约是使用向量运算的 400 倍。因此，在深度学习算法中一般都使用向量化矩阵运算。

1.8　广播机制

NumPy 的通用函数要求输入的数组形状是一致的，当数组的形状不相同时，则会使用广播机制。不过，调整数组使得形状一样时，需满足一定规则，否则将出错。这些规则可归结为以下 4 条。

1）让所有输入数组都向其中最长的数组看齐，长度不足的部分需在前面加 1 补齐；如 a 为 $2\times3\times2$，b 为 3×2，则 b 向 a 看齐，需在 b 的前面加 1，变为 $1\times3\times2$。

2）输出数组的形状，即输入数组形状的各个轴上的最大值。

3）如果输入数组的某个轴和输出数组的对应轴的长度相同或者其长度为 1 时，则这个数组能够用来计算，否则将出错。

4）当输入数组的某个轴的长度为 1 时，沿着此轴运算时都用（或复制）此轴上的第一组值。

广播在整个 NumPy 中用于决定如何处理形状迥异的数组；涉及的算术运算包括 +、-、×、/ 等。这些规则很严谨，但不直观，下面我们结合图形与代码进一步说明。

目的：$A+B$，其中 A 为 4×1 矩阵，B 为一维向量（3,）。

要实现 A、B 相加，需要做如下处理。

1）根据规则 1，**B** 需要向 **A** 看齐，把 **B** 变为（1，3）。

2）根据规则 2，输出的结果为各个轴上的最大值，即输出结果应该为（4，3）矩阵。那么 **A** 如何由（4，1）变为（4，3）矩阵，以及 **B** 如何由（1，3）变为（4，3）矩阵呢？

3）根据规则 4，用此轴上的第一组值（要主要区分是哪个轴）进行复制（但在实际处理中不是真正复制，因为太耗内存，而是采用其他对象，如 ogrid 对象，进行网格处理）即可。

详细处理流程如图 1-10 所示。

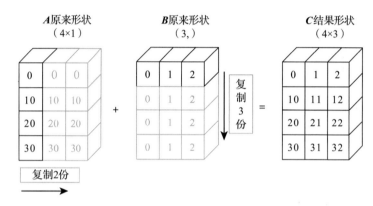

图 1-10　NumPy 广播规则详细处理流程

代码实现如下：

```
import numpy as np
A = np.arange(0, 40,10).reshape(4, 1)
B = np.arange(0, 3)
print("A 矩阵的形状: {},B 矩阵的形状: {}".format(A.shape,B.shape))
C = A+B
print("C 矩阵的形状: {}".format(C.shape))
print(C)
```

运行结果如下：

```
A 矩阵的形状: (4, 1), B 矩阵的形状: (3,)
C 矩阵的形状: (4, 3)
[[ 0  1  2]
 [10 11 12]
 [20 21 22]
 [30 31 32]]
```

1.9　小结

本章主要介绍了 NumPy 的使用。机器学习、深度学习涉及很多向量与向量、向量与矩阵、矩阵与矩阵的运算，这些运算都离不开 NumPy。NumPy 为各种运算提供了多种高效方法，同时 NumPy 也是 PyTorch 张量运算的重要基础。

第 2 章

PyTorch 基础知识

PyTorch 是 Facebook 团队于 2017 年 1 月发布的一个深度学习框架，虽然晚于 TensorFlow、Keras 等框架，但自发布之日起，其受到的关注度就在不断上升，目前在 GitHub 上的热度已超过 Theano、Caffe、MXNet 等框架。

与之前的版本相比，PyTorch 1.0 版本增加了很多新功能，对原有内容进行了优化，并整合了 Caffe2，使用更方便，也大大增强了生产性。

PyTorch 采用 Python 语言接口来实现编程，非常容易上手。它就像带 GPU 的 NumPy，而且与 Python 一样都属于动态框架。PyTorch 继承了 Torch 灵活、动态的编程环境和用户友好等特点，支持以快速与灵活的方式构建动态神经网络，还允许在训练过程中快速更改代码而不妨碍其性能，支持动态图形等尖端 AI 模型的功能，是快速实验的理想选择。本章主要介绍 PyTorch 的一些基础且常用的概念和模块，具体包括如下内容：

- ❏ 为何选择 PyTorch
- ❏ PyTorch 的安装配置
- ❏ Jupyter Notebook 环境配置
- ❏ NumPy 与 Tensor
- ❏ Tensor 与 autograd
- ❏ 使用 NumPy 实现机器学习任务
- ❏ 使用 Tensor 及 antograd 实现机器学习任务
- ❏ 使用优化器及自动微分实现机器学习任务
- ❏ 把数据集转换为带批量处理功能的迭代器
- ❏ 使用 TensorFlow2 架构实现机器学习任务

2.1 为何选择 PyTorch

PyTorch 是一个建立在 Torch 库之上的 Python 包，旨在加速深度学习应用。它提供一种类似 NumPy 的抽象方法来表征张量（或多维数组），可以利用 GPU 来加速训练。PyTorch 采用了动态计算图（Dynamic Computational Graph）结构，是基于 tape 的 autograd 系统的深度神经网络。其他很多框架，比如 TensorFlow（TensorFlow 2.0 也加入了动态网络的支持）、Caffe、CNTK、Theano 等，采用静态计算图。通过 PyTorch 的一种称为反向模式自动微分（Reverse-Mode Auto-Differentiation）的技术，我们可以非常方便地构建网络。

torch 是 PyTorch 中的一个重要包，它包含了多维张量的数据结构以及基于其上的多种数学操作。

自 2015 年谷歌开源 TensorFlow 以来，深度学习框架之争越来越激烈，全球多个看重 AI 研究与应用的科技巨头均在加大这方面的投入。从 2017 年年初发布以来，PyTorch 可谓是异军突起，在短时间内就取得了一系列成果，成为其中的明星框架。之后 PyTorch 进行了一些较大的版本更新，如 0.4 版本把 Variable 与 Tensor 进行了合并，增加了 Windows 的支持；1.0 版本增加了 JIT（全称为 Just-In-Time Compilation，即时编译，弥补了研究与生产的部署的差距）、更快的分布式、C++ 扩展等。

目前 PyTorch 1.0 稳定版已发布，它从 Caffe2 和 ONNX 中移植了模块化和产品导向的功能，并将它们与 PyTorch 已有的灵活、专注研究的特性相结合。PyTorch 1.0 中的技术已经让很多 Facebook 的产品和服务变得更强大，包括每天执行 60 亿次文本翻译。

PyTorch 由 4 个主要包组成，具体如下。

❏ torch：类似于 NumPy 的通用数组库，可将张量类型转换为 torch.cuda.TensorFloat，并在 GPU 上进行计算。

❏ torch.autograd：用于构建计算图形并自动获取梯度的包。

❏ torch.nn：具有共享层和损失函数的神经网络库。

❏ torch.optim：具有通用优化算法（如 SGD，Adam 等）的优化包。

2.2 PyTorch 的安装配置

在安装 PyTorch 时，请先核查当前环境是否有 GPU：如果没有，则安装 CPU 版 PyTorch；如果有，则安装 GPU 版 PyTorch。

2.2.1 安装 CPU 版 PyTorch

安装 CPU 版 PyTorch 的方法比较简单。PyTorch 是基于 Python 开发的，所以如果没有安装 Python 则需要先安装 Python，再安装 PyTorch。具体步骤如下。

1. 下载 Python

建议采用 anaconda 方式安装 Python。登录 Anaconda 的官网，地址为 https://www.ana-conda.com/distribution，界面如图 2-1 所示。下载 Anaconda3 的最新版本，如 Anaconda3-2021.11-Linux-x86_64.sh，建议使用 3 系列，该系列代表未来发展。另外，下载时需要根据自己的实际环境选择操作系统。

图 2-1 下载 Anaconda 界面

2. 安装 Python

在命令行执行如下命令，开始安装 Python：

```
Anaconda3-2021.11-Linux-x86_64.sh
```

根据安装提示，直接按回车键即可。其间会提示选择安装路径，如果没有特殊要求，可以使用默认路径（~/ anaconda3）进行安装。安装完成后，程序会提示是否把 Anaconda3 的 binary 路径加入当前用户的 .bashrc 配置文件中，建议添加。添加以后，就可以在使用 python、ipython 命令时自动使用 Anaconda3 的 Python 环境。

3. 安装 PyTorch

登录 PyTorch 官网（https://pytorch.org/），登录后可看到如图 2-2 所示界面，然后选择对应项。

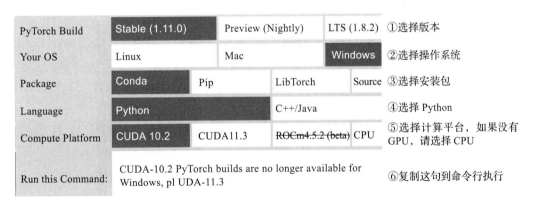

图 2-2 安装 CPU 版 PyTorch

把第⑥项内容复制到命令行，执行即可。

```
conda install pytorch-cpu torchvision-cpu -c pytorch
```

4. 验证安装是否成功

启动 Python，然后执行如下命令，如果没有报错，说明安装成功！

```
>>> import torch                     导入 torch
>>> print (torch.__version__)        显示版本
```

2.2.2　安装 GPU 版 PyTorch

安装 GPU 版 PyTorch 的方法稍微复杂一点，除需要安装 Python、PyTorch，还需要安装 GPU 的驱动（如 NVIDIA）及 cuda、cuDNN 计算框架，主要步骤如下。

1. 安装 NVIDIA 驱动

下载地址为 https://www.nvidia.cn/Download/index.aspx?lang=cn。登录后可以看到如图 2-3 所示的界面。

NVIDIA 驱动程序下载
选项 1: 手动查找适用于我 的NVIDIA 产品的驱动程序。
帮助
产品类型: GeForce
产品系列: GeForce RTX 20 Series (Notebooks)
产品家族: GeForce RTX 2080
操作系统: Linux 64-bit
下载类型: Game Ready 驱动程序 (GRD)
语言: English (US)
搜索

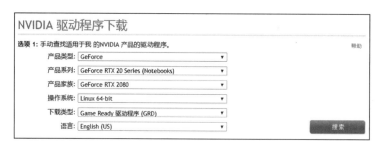

图 2-3　NVIDIA 的下载界面

选择产品类型、操作系统等，然后单击搜索按钮，进入下载界面。

安装完成后，在命令行输入 nvidia-smi，用来显示 GPU 卡的基本信息，如果出现如图 2-4 所示信息，则说明安装成功。如果报错，则说明安装失败，需要选择其他安装驱动的方法。

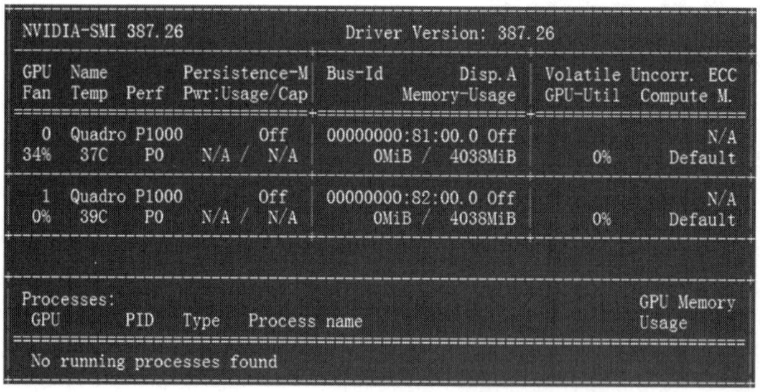

NVIDIA-SMI 387.26　Driver Version: 387.26
GPU Name Persistence-M | Bus-Id Disp.A | Volatile Uncorr. ECC
Fan Temp Perf Pwr:Usage/Cap | Memory-Usage | GPU-Util Compute M.
0 Quadro P1000 Off | 00000000:81:00.0 Off | N/A
34% 37C P0 N/A / N/A | 0MiB / 4038MiB | 0% Default
1 Quadro P1000 Off | 00000000:82:00.0 Off | N/A
0% 39C P0 N/A / N/A | 0MiB / 4038MiB | 0% Default
Processes: GPU Memory
GPU PID Type Process name Usage
No running processes found

图 2-4　显示 GPU 卡的基本信息

2. 安装 CUDA

CUDA（Compute Unified Device Architecture，统一计算设备架构）是英伟达公司推出的一种基于新的并行编程模型和指令集架构的通用计算架构，它能利用英伟达 GPU 的并行计算引擎，比 CPU 更高效地解决许多复杂计算任务。安装 CUDA 驱动时，需保证该驱动与 NVIDIA GPU 驱动的版本一致，这样 CUDA 才能找到显卡。

3. 安装 cuDNN

NVIDIA cuDNN 是用于深度神经网络的 GPU 加速库。注册 NVIDIA 并下载 cuDNN 包，地址为 https://developer.nvidia.com/rdp/cudnn-archive。

4. 安装 Python 及 PyTorch

这步与 2.2.1 节安装 CPU 版 PyTorch 的步骤相同，只是选择 CUDA 时，不是选择 None，而是选择对应 CUDA 的版本号，如图 2-5 所示。

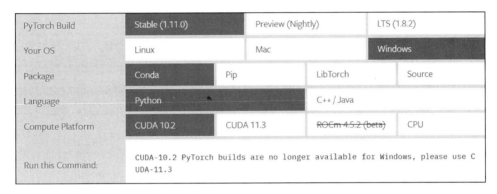

图 2-5　安装 GPU 版 PyTorch

5. 验证

验证 PyTorch 安装是否成功的方法与 2.2.1 节一样，如果想进一步验证 PyTorch 是否在使用 GPU，可以运行以下这段测试 GPU 的程序 test_gpu.py。

```
#cat test_gpu.py
import torch

if __name__ == '__main__':
    # 测试 CUDA
    print("Support CUDA ?: ", torch.cuda.is_available())
    x = torch.tensor([10.0])
    x = x.cuda()
    print(x)

    y = torch.randn(2, 3)
    y = y.cuda()
    print(y)

    z = x + y
    print(z)

    # 测试 CUDNN
    from torch.backends import cudnn
    print("Support cudnn ?: ",cudnn.is_acceptable(x))
```

在命令行运行以下脚本：

```
python test_gpu.py
```

如果可以看到如图 2-6 所示的结果，说明安装 GPU 版 PyTorch 成功！

```
wumg3000@node1-k8s:~/data$ python test_gpu.py
Support CUDA ?:  True
tensor([10.], device='cuda:0')
tensor([[ 1.4259,  -0.9824,  -0.7254],
        [ 0.2042,  -0.1594,  -0.8545]], device='cuda:0')
tensor([[11.4259,   9.0176,   9.2746],
        [10.2042,   9.8406,   9.1455]], device='cuda:0')
Support cudnn ?:  True
```

图 2-6　运行 test_gpu.py 的结果

在命令行运行 NVIDIA-SMI，可以看到如图 2-7 所示界面。

```
+-----------------------------------------------------------------------------+
| NVIDIA-SMI 387.26                 Driver Version: 387.26                     |
|-------------------------------+----------------------+----------------------+
| GPU  Name       Persistence-M | Bus-Id        Disp.A | Volatile Uncorr. ECC |
| Fan  Temp  Perf  Pwr:Usage/Cap|         Memory-Usage | GPU-Util  Compute M. |
|===============================+======================+======================|
|   0  Quadro P1000         Off | 00000000:81:00.0 Off |                  N/A |
| 51%  64C    P0    N/A / N/A   |   947MiB /  4038MiB  |    100%      Default |
+-------------------------------+----------------------+----------------------+
|   1  Quadro P1000         Off | 00000000:82:00.0 Off |                  N/A |
| 34%  44C    P8    N/A / N/A   |    10MiB /  4038MiB  |     0%       Default |
+-------------------------------+----------------------+----------------------+

+-----------------------------------------------------------------------------+
| Processes:                                                       GPU Memory |
|  GPU       PID   Type   Process name                             Usage      |
|=============================================================================|
|   0      11225     C    /home/wumg/anaconda3/bin/python          937MiB    |
+-----------------------------------------------------------------------------+
```

图 2-7　含 GPU 进程的显卡信息

2.3　Jupyter Notebook 环境配置

Jupyter Notebook 是目前 Python 比较流行的开发、调试环境，此前被称为 IPython Notebook。它以网页的形式打开，可以在网页页面中直接编写和运行代码，代码的运行结果（包括图形）也会直接显示，如在编程过程中添加注释、目录、图像、公式等内容。Jupyter Notebook 具有以下特点。

- ❑ 编程时具有语法高亮、缩进、tab 补全的功能。
- ❑ 可直接通过浏览器运行代码，同时在代码块下方展示运行结果。
- ❑ 以富媒体格式展示计算结果。富媒体格式包括 HTML、LaTeX、PNG、SVG 等。
- ❑ 对代码编写说明文档或语句时，支持 Markdown 语法。
- ❑ 支持使用 LaTeX 编写数学公式。

接下来介绍配置 Jupyter Notebook 环境的主要步骤。

1）生成配置文件。

```
jupyter notebook --generate-config
```

上述代码将在当前用户目录下生成文件：.jupyter/jupyter_notebook_config.py。

2）生成当前用户的登录密码。打开 ipython，创建一个密文密码：

```
In [1]: from notebook.auth import passwd
In [2]: passwd()
Enter password:
Verify password:
```

3）修改配置文件。

```
vim ~/.jupyter/jupyter_notebook_config.py
```

进行如下修改：

```
c.NotebookApp.ip='*'                    # 就是设置所有ip皆可访问
c.NotebookApp.password = u'sha:ce... 刚才复制的那个密文 '
c.NotebookApp.open_browser = False      # 禁止自动打开浏览器
c.NotebookApp.port =8888                # 这是默认端口，也可指定其他端口
```

4）启动 Jupyter Notebook。

```
# 后台启动 jupyter: 不记日志：
nohup jupyter notebook >/dev/null 2>&1 &
```

在浏览器上，输入 IP:port 即可看到如图 2-8 所示界面。

图 2-8 Jupyter Notebook 主界面

接下来就可以在浏览器上进行开发调试 PyTorch、Python 等任务了。

2.4 NumPy 与 Tensor

第 1 章介绍了 NumPy，知道其读取数据非常方便，而且拥有大量的函数，深得数据处理、机器学习者喜爱。这节将介绍 PyTorch 的 Tensor，它可以是零维（又称为标量或一个数）、一维、二维及多维的数组。Tensor 自称为神经网络界的 NumPy，它与 NumPy 相似，二者均可共享内存，且它们之间的转换非常方便和高效。不过它们也有不同之处，最大的区别就是 NumPy 会把 ndarray 放在 CPU 中加速运算，而 Tensor 会放在 GPU 中进行加速运算（假设当前环境有 GPU）。

2.4.1 Tensor 概述

对 Tensor 的操作很多，从接口的角度来划分，可以分为两类：

❑ torch.function，如 torch.sum、torch.add 等；

❑ tensor.function，如 tensor.view、tensor.add 等。

这些操作对大部分 Tensor 来说都是等价的，如 torch.add(x, y) 与 x.add(y) 等价。在实际使用时，可以根据个人爱好选择。

从修改方式的角度，可以将 Tensor 分为以下两类。

1）不修改自身数据，如 x.add(y),x 的数据不变，返回一个新的 Tensor。

2）修改自身数据，如 x.add_(y)（运行符带下划线后缀），运算结果存在 x 中，x 被修改。

以下代码可说明 add 与 add_ 的区别。

```
import torch

x=torch.tensor([1,2])
y=torch.tensor([3,4])
z=x.add(y)
print(z)
print(x)
x.add_(y)
print(x)
```

运行结果如下：

```
tensor([4, 6])
tensor([1, 2])
tensor([4, 6])
```

2.4.2 创建 Tensor

创建 Tensor 的方法很多，可以把列表或数组等数据对象直接转换为 Tensor，也可以根据指定的形状创建。常见的创建 Tensor 的函数可参考表 2-1。

表 2-1 常见的创建 Tensor 的函数

函　　数	功　　能
Tensor(*size)	直接从参数创建一个张量，支持 list、numpy 数组
eye(row, column)	创建指定行数、列数的二维单位张量
linspace(start,end,steps)	从 start 到 end，均匀切分成 steps 份
logspace(start,end,steps)	从 10^{step}，到 10^{end}，均匀切分成 steps 份
rand/randn(*size)	生成 [0, 1) 均匀分布 / 标准正态分布数据
ones(*size)	返回指定形状的张量，元素初始为 1
zeros(*size)	返回指定形状的张量，元素初始为 0
ones_like(t)	返回与 t 的形状相同的张量，且元素初始为 1
zeros_like(t)	返回与 t 的形状相同的张量，且元素初始为 0
arange(start,end,step)	在区间 [start,end) 上以间隔 step 生成一个序列张量
from_numpy(ndarray)	把 ndarray 转换为 Tensor

下面举例说明。

```
import torch

# 根据列表数据生成 Tensor
torch.Tensor([1,2,3,4,5,6])
# 根据指定形状生成 Tensor
torch.Tensor(2,3)
# 根据给定的 Tensor 的形状
t=torch.Tensor([[1,2,3],[4,5,6]])
# 查看 Tensor 的形状
t.size()
#shape 与 size() 等价方式
t.shape
# 根据已有形状创建 Tensor
torch.Tensor(t.size())
```

【说明】　注意 torch.Tensor 与 torch.tensor 的几点区别。

1）torch.Tensor 是 torch.empty 与 torch.tensor 的一种混合，但是，当传入数据时，torch.Tensor 使用全局默认数据类型（FloatTensor），torch.tensor 从数据中推断数据类型。

2）torch.tensor(1) 返回一个固定值 1，而 torch.Tensor(1) 返回一个大小为 1 的张量，是随机初始化的值。

举例如下。

```
import torch
t1=torch.Tensor(1)
t2=torch.tensor(1)
print("t1 的值 {},t1 的数据类型 {}".format(t1,t1.type()))
print("t2 的值 {},t2 的数据类型 {}".format(t2,t2.type()))
```

运行结果如下：

```
t1 的值 tensor([3.5731e-20]),t1 的数据类型 torch.FloatTensor
t2 的值 1,t2 的数据类型 torch.LongTensor
```

下面来看一些根据一定规则自动生成 Tensor 的例子。

```
import torch

# 生成一个单位矩阵
torch.eye(2,2)
# 自动生成元素全是 0 的矩阵
torch.zeros(2,3)
# 根据规则生成数据
torch.linspace(1,10,4)
# 生成满足均匀分布随机数
torch.rand(2,3)
# 生成满足标准分布随机数
torch.randn(2,3)
# 返回所给数据形状相同，值全为 0 的张量
torch.zeros_like(torch.rand(2,3))
```

2.4.3 修改 Tensor 形状

在处理数据、构建网络层等过程中，我们经常需要了解并修改 Tensor 的形状。与修改 NumPy 的形状类似，修改 Tensor 的形状也有很多类似函数，具体可参考表 2-2。

表 2-2　常用修改 Tensor 形状的函数

函　　数	说　　明
size()	返回张量的 shape 属性值，与函数 shape(0.4 版新增) 等价
numel(input)	计算 Tensor 的元素个数
view(*shape)	修改 Tensor 的形状，与 reshape(0.4 版新增) 类似，但 view 返回的对象与源 Tensor 共享内存，修改一个 Tensor 会同时修改另一个 Tensor。reshape 将生成新的 Tensor，而且不要求源 Tensor 是连续的。view(-1) 表示展平数组
resize	类似于 view，但在 size 超出阈值时会重新分配内存空间
item	若 Tensor 为单元素，则返回 Python 的标量
unsqueeze	在指定维度增加一个 "1"
squeeze	在指定维度压缩一个 "1"

下面来看一些实例。

```
import torch

# 生成一个形状为 2×3 的矩阵
x = torch.randn(2, 3)
# 查看矩阵的形状
x.size()   # 结果为 torch.Size([2, 3])

# 查看 x 的维度
x.dim()    # 结果为 2
# 把 x 变为 3×2 的矩阵
x.view(3,2)
# 把 x 展平为 1 维向量
y=x.view(-1)
y.shape
# 添加一个维度
z=torch.unsqueeze(y,0)
# 查看 z 的形状
z.size()   # 结果为 torch.Size([1, 6])
# 计算 z 的元素个数
z.numel()  # 结果为 6
```

【说明】 torch.view 与 torch.reshape 的异同。

1）reshape() 可以由 torch.reshape() 与 torch.Tensor.reshape() 调用。view() 只可由 torch.Tensor. view() 调用。

2）对于一个将要被修改的 Tensor，新的 size 必须与原来的 size 和 stride 兼容。否则，在修改之前必须调用 contiguous() 方法。

3）同样返回与 input 数据量相同，但形状不同的 Tensor。若满足修改的条件，则不会进行复制；若不满足，则会进行复制。

4）如果你只想重塑张量，请使用 torch.reshape。如果你还关注内存使用情况并希望确保两个张量共享相同的数据，请使用 torch.view。

2.4.4 索引操作

Tensor 的索引操作与 NumPy 类似，一般情况下索引结果与源数据共享内存。除了可以通过索引从 Tensor 中获取元素，也可以借助一些函数实现。常用的选择函数可参考表 2-3。

表 2-3 常用的选择函数

函　　数	说　　明
index_select(input,dim,index)	在指定维度上选择一些行或列
nonzero(input)	获取非 0 元素的下标
masked_select(input,mask)	使用二元值进行选择
gather(input,dim,index)	在指定维度上选择数据，输出的形状与 index（index 的类型必须是 LongTensor 类型）一致
scatter_(input,dim,index,src)	gather 的反操作，根据指定索引补充数据

以下为部分函数的实现代码：

```
import torch

# 设置一个随机种子
torch.manual_seed(100)
# 生成一个形状为 2×3 的矩阵
x = torch.randn(2, 3)
# 根据索引获取第 1 行所有数据
x[0,:]
# 获取最后一列数据
x[:,-1]
# 生成是否大于 0 的 Byter 张量
mask=x>0
# 获取大于 0 的值
torch.masked_select(x,mask)
# 获取非 0 下标，即行、列索引
torch.nonzero(mask)
# 获取指定索引对应的值，输出根据以下规则得到
#out[i][j] = input[index[i][j]][j]  # if dim == 0
#out[i][j] = input[i][index[i][j]]  # if dim == 1
index=torch.LongTensor([[0,1,1]])
torch.gather(x,0,index)
index=torch.LongTensor([[0,1,1],[1,1,1]])
a=torch.gather(x,1,index)
# 把 a 的值返回到一个 2×3 的 0 矩阵中
z=torch.zeros(2,3)
z.scatter_(1,index,a)
```

2.4.5 广播机制

前文 1.8 节介绍了 NumPy 的广播机制，它是向量运算的重要技巧。PyTorch 也支持广播规

则，下面通过几个示例进行说明。

```
import torch
import numpy as np

A = np.arange(0, 40,10).reshape(4, 1)
B = np.arange(0, 3)
# 把 ndarray 转换为 Tensor
A1=torch.from_numpy(A)      # 形状为 4×1
B1=torch.from_numpy(B)      # 形状为 3
#Tensor 自动实现广播
C=A1+B1
# 我们可以根据广播机制手工进行配置
# 根据规则 1，B1 需要向 A1 看齐，把 B1 变为（1，3）
B2=B1.unsqueeze(0)          #B2 的形状为 1×3
# 使用 expand 函数重复数组，分别转变为 4×3 的矩阵
A2=A1.expand(4,3)
B3=B2.expand(4,3)
# 然后进行相加，C1 与 C 结果一致
C1=A2+B3
```

2.4.6 逐元素操作

与 NumPy 一样，Tensor 也有逐元素操作，二者的操作内容相似，但使用的函数可能不尽相同。大部分数学运算都属于逐元素操作。逐元素操作输入与输出的形状相同。常见的逐元素操作可参考表 2-4。

表 2-4 常见的逐元素操作

函　　数	说　　明
abs/add	绝对值 / 加法
addcdiv(t,t1,t2,value=1)	t1 与 t2 按元素除后，乘以 value 加 t
addcmul(t,t1,t2, value=1)	t1 与 t2 按元素乘后，乘以 value 加 t
ceil/floor	向上取整 / 向下取整
clamp(t, min, max)	将张量元素限制在指定区间
exp/log/pow	指数 / 对数 / 幂
mul（ 或 *)/neg	逐元素乘法 / 取反
sigmoid/tanh/softmax	激活函数
sign/sqrt	取符号 / 开根号

【说明】 这些操作均会创建新的 Tensor，如果需要就地操作，可以使用这些方法的下划线版本，例如 abs_。

以下为部分逐元素操作代码实例。

```
import torch

t = torch.randn(1, 3)
```

```
t1 = torch.randn(3, 1)
t2 = torch.randn(1, 3)
#t+0.1*(t1/t2)
torch.addcdiv(t, t1, t2,value=0.1)
# 计算 sigmoid
torch.sigmoid(t)
# 将 t 限制在 [0,1] 之间
torch.clamp(t,0,1)
# 进行 t+2 运算
t.add_(2)
```

2.4.7 归并操作

归并操作，顾名思义，就是对输入进行归并或合计等操作，这类操作的输入、输出的形状一般不相同，而且往往是输入大于输出。归并操作可以对整个张量进行归并，也可以沿着某个维度进行归并。常见的归并操作可参考表 2-5。

表 2-5 常见的归并操作

函 数	说 明
cumprod(t, axis)	在指定维度对 t 进行累积
cumsum	在指定维度对 t 进行累加
dist(a,b,p=2)	返回 a、b 之间的 p 阶范数
mean/median	均值 / 中位数
std/var	标准差 / 方差
norm(t,p=2)	返回 t 的 p 阶范数
prod(t)/sum(t)	返回 t 所有元素的积 / 和

【说明】 归并操作一般涉及 dim 参数，用于指定沿哪个维度进行归并。另一个参数是 keepdim，用于说明输出结果中是否保留含 1 的维度，默认情况是 False，即不保留。

以下为归并操作的部分代码。

```
import torch

# 生成一个含 6 个数的向量
a=torch.linspace(0,10,6)
# 使用 view 方法，把 a 变为 2×3 矩阵
a=a.view((2,3))
# 沿 y 轴方向累加，即 dim=0
b=a.sum(dim=0)                      #b 的形状为 [3]
# 沿 y 轴方向累加，即 dim=0，并保留含 1 的维度
b=a.sum(dim=0,keepdim=True)         #b 的形状为 [1,3]
```

2.4.8 比较操作

比较操作一般进行逐元素比较操作，有些是按指定方向比较。常用的比较函数可参考表 2-6。

表 2-6　常用的比较函数

函　数	说　明
eq	比较张量是否相等，支持广播机制
equal	比较张量是否有相同的形状与值
ge/le/gt/lt	大于 / 小于比较，大于或等于 / 小于或等于比较
max/min(t,axis)	返回最值，若指定 axis，则额外返回下标
topk(t,k,axis)	在指定的 axis 维上取最高的 k 个值

以下是部分函数的代码实现。

```
import torch

x=torch.linspace(0,10,6).view(2,3)
# 求所有元素的最大值
torch.max(x)                 # 结果为 10
# 求 y 轴方向的最大值
torch.max(x,dim=0)           # 结果为 [6,8,10]
# 求最大的 2 个元素
torch.topk(x,1,dim=0)        # 结果为 [6,8,10]，对应索引为 tensor([[1, 1, 1]])
```

2.4.9　矩阵操作

机器学习和深度学习中存在大量的矩阵运算，常用的有两种，一种是逐元素乘法，另外一种是点积乘法。PyTorch 中常用的矩阵函数可参考表 2-7。

表 2-7　常用的矩阵函数

函　数	说　明
dot(t1, t2)	计算张量（1 维）的内积（或点积）
mm(mat1, mat2)/bmm(batch1,batch2)	计算矩阵乘法 / 含批量的 3 维矩阵乘法
mv(t1, v1)	计算矩阵与向量乘法
t	转置
svd(t)	计算 t 的 SVD 分解

【说明】

1）Torch 的 dot 函数与 NumPy 的 dot 函数有点不同，Torch 中的 dot 函数是对两个 1 维张量进行点积运算，NumPy 中的 dot 函数则无此限制。

2）mm 是对 2 维矩阵进行点积运算，bmm 是对含批量的 3 维矩阵进行点积运算。

3）转置运算会导致存储空间不连续，需要调用 contiguous 方法转为连续。

```
import torch

a=torch.tensor([2, 3])
b=torch.tensor([3, 4])
```

```
torch.dot(a,b)    # 运行结果为 18
x=torch.randint(10,(2,3))
y=torch.randint(6,(3,4))
torch.mm(x,y)
x=torch.randint(10,(2,2,3))
y=torch.randint(6,(2,3,4))
torch.bmm(x,y)
```

2.4.10　PyTorch 与 NumPy 比较

PyTorch 与 NumPy 有很多类似的地方，并且有很多相同的操作函数名称，所以有时很容易混淆，下面我们对一些主要的区别进行汇总，具体可参考表 2-8。

表 2-8　PyTorch 与 NumPy 函数对照表

操作类别	NumPy	PyTorch
数据类型	np.ndarray	torch.Tensor
	np.float32	torch.float32; torch.float
	np.float64	torch.float64; torch.double
	np.int64	torch.int64; torch.long
从已有数据构建	np.array([3.2, 4.3], dtype=np.float16)	torch.tensor([3.2, 4.3], dtype = torch.float16)
	x.copy()	x.clone()
	np.concatenate	torch.cat
线性代数	np.dot	torch.mm
属性	x.ndim	x.dim()
	x.size	x.nelement()
形状操作	x.reshape	x.reshape; x.view
	x.flatten	x.view(-1)
类型转换	np.floor(x)	torch.floor(x); x.floor()
比较	np.less	x.lt
	np.less_equal/np.greater	x.le/x.gt
	np.greater_equal/np.equal/np.not_equal	x.ge/x.eq/x.ne
随机种子	np.random.seed	torch.manual_seed

2.5　Tensor 与 autograd

神经网络中的一个重要内容就是参数学习，而参数学习离不开求导，那么，PyTorch 是如何进行求导的呢？

现在大部分深度学习架构都有自动求导的功能，PyTorch 也不列外，torch.autograd 包就是用来自动求导的。autograd 包为张量上所有的操作提供了自动求导功能，torch.Tensor 和 torch.

Function 为 autograd 包的两个核心类，它们相互连接并生成一个有向非循环图。接下来我们先简单介绍 Tensor 如何实现自动求导，然后介绍计算图，最后用代码实现这些功能。

2.5.1 自动求导要点

autograd 包为对 Tensor 进行自动求导，自动求导时需考虑如下事项。

1）创建叶子节点（leaf node）的 Tensor，使用 requires_grad 参数指定是否记录对其的操作，以便之后利用 backward 函数进行梯度求解。requires_grad 参数默认为 False，如果要对其求导则需设置为 True，与之有依赖关系的节点也会自动变为 True。

2）可利用 requires_grad_() 方法修改 Tensor 的 requires_grad 属性。可以调用 .detach() 或 with torch.no_grad(): 不再计算张量的梯度，跟踪张量的历史记录。这点在评估模型、测试模型阶段常常使用。

3）通过运算创建的 Tensor（即非叶子节点），会自动被赋予 grad_fn 属性。该属性表示梯度函数。叶子节点的 grad_fn 为 None。

4）最后得到的 Tensor 执行 backward 函数，此时自动计算各变量的梯度，并将累加结果保存到 grad 属性中。计算完成后，非叶子节点的梯度自动释放。

5）backward 函数接收参数，该参数应与调用 backward 函数的 Tensor 的维度相同，或者是可广播的维度。如果求导的 Tensor 为标量（即一个数字），backward 函数中的参数可省略。

6）反向传播的中间缓存会被清空，如果需要进行多次反向传播，需要指定函数中的参数 retain_graph 为 True。多次反向传播时，梯度是累加的。

7）非叶子节点的梯度被 backward 函数调用后即被清空。

8）可以通过 torch.no_grad() 包裹代码块来阻止 autograd 去跟踪那些标记为 .requesgrad = True 的张量的历史记录。这步在测试阶段经常使用。

在整个过程中，PyTorch 采用计算图的形式进行组织，该计算图为动态图，它的计算图在每次正向传播时，将重新构建。其他深度学习架构，如 TensorFlow、Keras 一般为静态图。接下来我们介绍计算图，该计算图为有向无环图（DAG）。

2.5.2 计算图

计算图是一种有向无环图，用来表示算子与变量之间的关系，直观高效。如图 2-9 所示，圆形表示变量，矩形表示算子。如表达式 $z = wx + b$ 可写成两个表示式：如果 $y = wx$，则 $z = y + b$。其中 x、w、b 为变量，是用户创建的变量，不依赖于其他变量，故又称为叶子节点。为计算各叶子节点的梯度，需要把对应的张量参数 requires_grad 属性设置为 True，这样就可自动跟踪其历史记录。y、z 是计算得到的变量，非叶子节点，z 为根节点。mul 和 add 是算子（或操作或函数）。这些变量及算子就构成一个完整的计算过程（或正向传播过程）。

我们的目标是更新各叶子节点的梯度，根据复合函数导数的链式法则，不难算出各叶子节点的梯度。

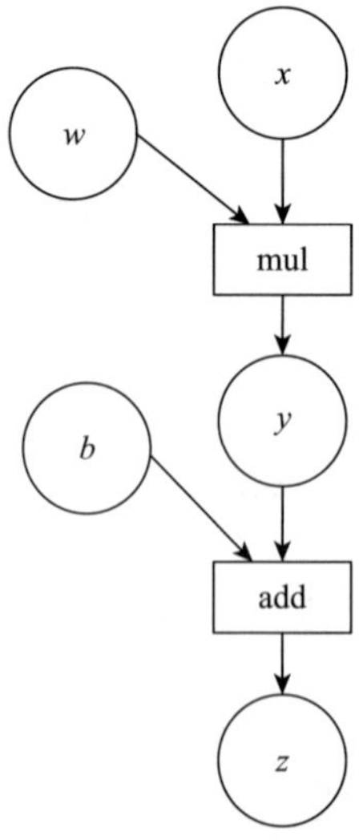

图 2-9 正向传播计算图

$$\frac{\partial z}{\partial x} = \frac{\partial z}{\partial y}\frac{\partial y}{\partial x} = w \qquad (2.1)$$

$$\frac{\partial z}{\partial w} = \frac{\partial z}{\partial y}\frac{\partial y}{\partial w} = x \qquad (2.2)$$

$$\frac{\partial z}{\partial b} = 1 \qquad (2.3)$$

PyTorch 调用 backward 函数自动计算各节点的梯度，这是一个反向传播过程，如图 2-10 所示。在反向传播过程中，autograd 沿着图 2-10，从当前根节点 z 反向溯源，利用导数链式法则，计算所有叶子节点的梯度，并将梯度值累加到 grad 属性中。对非叶子节点的计算操作（或 function）记录在 grad_fn 属性中，叶子节点的 grad_fn 值为 None。

下面我们用代码实现这个计算图。

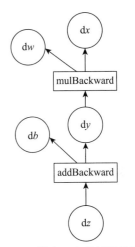

图 2-10　梯度反向传播计算图

2.5.3　标量反向传播

PyTorch 使用 torch.autograd.backward 来实现反向传播，backward 函数的具体格式如下：

```
torch.autograd.backward(
    tensors,
    grad_tensors=None,
    retain_graph=None,
    create_graph=False,
    grad_variables=None)
```

参数说明如下。

❑ tensor：用于计算梯度的张量。

❑ grad_tensors：用于计算非标量的梯度。其形状一般需要与前面的张量保持一致。

❑ retain_graph：通常在调用一次 backward 函数后，PyTorch 会自动销毁计算图，如果要想对某个变量重复调用 backward 函数，则需要将该参数设置为 True。

❑ create_graph：当设置为 True 的时候可以用来计算更高阶的梯度。

❑ grad_variables：这个参数后面版本中应该会丢弃，直接使用 grad_tensors 就好了。

假设 x、w、b 都是标量，z = wx + b，对标量 z 调用 backward 函数，无须传入参数。以下是实现自动求导的主要步骤。

1）定义叶子节点及算子节点。

```
import torch

# 定义输入张量 x
x=torch.Tensor([2])
# 初始化权重参数 w，偏移量 b，并设置 require_grad 属性为 True，为自动求导
w=torch.randn(1,requires_grad=True)
b=torch.randn(1,requires_grad=True)
# 实现正向传播
y=torch.mul(w,x)    # 等价于 w*x
```

```
z=torch.add(y,b)   # 等价于 y+b
# 查看 x,w, b 叶子节点的 requite_grad 属性
print("x,w,b 的 require_grad 属性分别为: {},{},{}".format(x.requires_grad,w.requires_
    grad,b.requires_grad))
```

运行结果如下：

x,w,b 的 require_grad 属性分别为: False,True,True

2）查看叶子节点、非叶子节点的其他属性。

```
# 查看非叶子节点的 requires_grad 属性
print("y, z 的 requires_grad 属性分别为: {},{}".format(y.requires_grad,z.requires_grad))
# 因与 w、b 有依赖关系，故 y、z 的 requires_grad 属性也是: True、True
# 查看各节点是否为叶子节点
print("x, w, b, y, z 是否为叶子节点: {},{},{},{},{}".format(x.is_leaf,w.is_leaf,b.is_leaf,y.
    is_leaf,z.is_leaf))
# x、w、b、y、z 是否为叶子节点: True,True,True,False,False
# 查看叶子节点的 grad_fn 属性
print("x, w, b 的 grad_fn 属性: {},{},{}".format(x.grad_fn,w.grad_fn,b.grad_fn))
# 因 x、w、b 是用户创建的，为通过其他张量计算得到，故 x、w、b 的 grad_fn 属性: None,None,None
# 查看非叶子节点的 grad_fn 属性
print("y, z 是否为叶子节点: {},{}".format(y.grad_fn,z.grad_fn))
# y、z 是否为叶子节点: <MulBackward0 object at 0x7f923e85dda0>,<AddBackward0 object
    at 0x7f923e85d9b0>
```

3）自动求导，实现梯度方向传播，即梯度的反向传播。

```
# 基于 z 张量进行梯度反向传播，执行 backward 函数之后计算图会自动清空
z.backward()
# 如果需要多次使用 backward 函数，需要修改参数 retain_graph 为 True, 此时梯度是累加的
#z.backward(retain_graph=True)

# 查看叶子节点的梯度，x 是叶子节点但它无须求导，故其梯度为 None
print(" 参数 w,b 的梯度分别为 :{},{},{}".format(w.grad,b.grad,x.grad))
# 参数 w、b 的梯度分别为 :tensor([2.]),tensor([1.]),None

# 非叶子节点的梯度，执行 backward 函数之后，会自动清空
print(" 非叶子节点 y,z 的梯度分别为 :{},{}".format(y.grad,z.grad))
# 非叶子节点 y,z 的梯度分别为 :None,None
```

2.5.4　非标量反向传播

2.5.3 节介绍了当目标张量为标量时，调用 backward 函数时无须传入参数。目标张量一般是标量，如我们经常使用的损失值 loss，一般都是一个标量。但也有非标量的情况，后面我们介绍的 Deep Dream 的目标值就是一个含多个元素的张量。如何对非标量进行反向传播呢？ PyTorch 有个简单的原则，不让张量对张量求导，只允许标量对张量求导，因此，如果目标张量对一个非标量调用 backward 函数，需要传入一个 gradient 参数，该参数也是张量，而且其形状需要与调用 backward 函数的张量形状相同。

为什么要传入一个张量 gradient？这是为了把张量对张量求导转换为标量对张量求导。这有点拗口，我们举一个例子来说明：假设目标值为 **loss** = $(y_1, y_2, \cdots, y_m)$，传入的参数为 $\boldsymbol{v} = (v_1, v_2, \cdots, v_m)$，

那么就可把对 **loss** 的求导转换为对 **loss · v^T** 标量的求导。即把原来 $\dfrac{\partial \textbf{loss}}{\partial x}$ 得到的雅可比矩阵
（Jacobian）乘以张量 $\textbf{\textit{v}}^T$，便可得到我们需要的梯度矩阵。

1. 非标量简单示例

我们先看目标张量为非标量的简单实例。

```
X= torch.ones(2,requires_grad=True)
Y = X**2+3
Y.backward()
```

上述代码运行后会报错：RuntimeError: grad can be implicitly created only for scalar outputs。这是
因为张量 **Y** 为非标量所致。

如何避免类似错误呢？我们手工计算 **Y** 的导数。已知：

$$X = [x_1, x_2]$$

$$Y = [x_1^2 + 3, x_2^2 + 3]$$

如何求 $\dfrac{\partial Y}{\partial X}$ 呢？

Y 为一个向量，我们想办法把这个向量转变成一个标量不就好了？比如我们可以对 **Y** 求和，
然后用求和得到的标量对 **X** 求导，这样不会对结果有影响，例如：

$$Y_{\text{sum}} = \sum y_i = x_1^2 + x_2^2 + 6$$

$$\frac{\partial Y_{\text{sum}}}{\partial x_1} = 2x_1, \frac{\partial Y_{\text{sum}}}{\partial x_2} = 2x_2$$

这个过程可写成如下代码。

```
X = torch.ones(2,requires_grad=True)
Y = x**2+3
Y.sum().backward()
print(X.grad)  #tensor([2., 2.])
```

可以看到对 **Y** 求和后再计算梯度没有报错，结果也与预期一样。

实际上，对 **Y** 求和等价于 **Y** 点积一个全为 1 的向量或矩阵。这个向量矩阵 **V** 也就是我们需
要传入的 grad_tensors 参数。（点积只是相对于一维向量而言的，对于矩阵或更高维的张量，可
以看作对每一个维度做点积运算。）

2. 非标量复杂实例

（1）定义叶子节点及计算节点

定义叶子节点及计算节点的代码如下：

```
import torch

# 定义叶子节点张量x，形状为1×2
x= torch.tensor([[2, 3]], dtype=torch.float, requires_grad=True)
# 初始化雅可比矩阵
J= torch.zeros(2,2)
# 初始化目标张量，形状为1×2
```

```
y = torch.zeros(1, 2)
#定义 y 与 x 之间的映射关系:
#y1=x1**2+3*x2, y2=x2**2+2*x1
y[0, 0] = x[0, 0] ** 2 + 3 * x[0, 1]
y[0, 1] = x[0, 1] ** 2 + 2 * x[0, 0]
```

（2）手工计算 y 对 x 的梯度

我们先手工计算一下 y 对 x 的梯度，以验证 PyTorch 的 backward 函数的结果是否正确。y 对 x 的梯度是一个雅可比矩阵，各项的值可通过以下方法进行计算。

假设 $x = (x_1 = 2, x_2 = 3)$，$y = (y_1 = x_1^2 + 3x_2, y_2 = x_2^2 + 2x_1)$，不难得到：

$$J = \begin{bmatrix} \dfrac{\partial y_1}{\partial x_1} & \dfrac{\partial y_1}{\partial x_2} \\ \dfrac{\partial y_2}{\partial x_1} & \dfrac{\partial y_2}{\partial x_2} \end{bmatrix} = \begin{bmatrix} 2x_1 & 3 \\ 2 & 2x_2 \end{bmatrix} \tag{2.4}$$

$$J^{\mathrm{T}} \times [1, 0]^{\mathrm{T}} = \begin{bmatrix} \dfrac{\partial y_1}{\partial x_1} \\ \dfrac{\partial y_1}{\partial x_2} \end{bmatrix} \tag{2.5}$$

$$J^{\mathrm{T}} \times [0, 1]^{\mathrm{T}} = \begin{bmatrix} \dfrac{\partial y_2}{\partial x_1} \\ \dfrac{\partial y_2}{\partial x_2} \end{bmatrix} \tag{2.6}$$

当 $x_1 = 2$，$x_2 = 3$ 时，

$$J = \begin{bmatrix} 4 & 3 \\ 2 & 6 \end{bmatrix} \tag{2.7}$$

所以：

$$J^{\mathrm{T}} = \begin{bmatrix} 4 & 2 \\ 3 & 6 \end{bmatrix} \tag{2.8}$$

由此可得：

$$J^{\mathrm{T}} \times [1, 0]^{\mathrm{T}} = \begin{bmatrix} \dfrac{\partial y_1}{\partial x_1} \\ \dfrac{\partial y_1}{\partial x_2} \end{bmatrix} = \begin{bmatrix} 4 \\ 3 \end{bmatrix}$$

$$J^{\mathrm{T}} \times [0, 1]^{\mathrm{T}} = \begin{bmatrix} \dfrac{\partial y_2}{\partial x_1} \\ \dfrac{\partial y_2}{\partial x_2} \end{bmatrix} = \begin{bmatrix} 2 \\ 6 \end{bmatrix}$$

（3）调用 backward 函数获取 y 对 x 的梯度

这里我们可以分成两步的计算。首先让 $v = (1, 0)$ 得到 y_1 对 x 的梯度，然后使 $v = (0, 1)$，得到 y_2 对 x 的梯度。这里因需要重复使用 backward 函数，需要使参数 retain_graph = True，具体代码如下：

```
# 生成 y1 对 x 的梯度
y.backward(torch.Tensor([[1, 0]]),retain_graph=True)
J[0]=x.grad
# 梯度是累加的，故需要对 x 的梯度清零
x.grad = torch.zeros_like(x.grad)
# 生成 y2 对 x 的梯度
y.backward(torch.Tensor([[0, 1]]))
J[1]=x.grad
# 显示雅可比矩阵的值
print(J)
```

运行结果如下：

```
tensor([[4., 3.],[2., 6.]])
```

这个结果与手工运行的式（2.7）的结果一致。

（4）如果 *v* 值不对，将导致错误结果。如果取 *v* = [1, 1] 将导致错误结果，代码示例如下：

```
y.backward(torch.Tensor([[1, 1]]))
print(x.grad)
# 结果为 tensor([[6., 9.]])
```

这个结果与我们手工运算的不同，显然这个结果是错误的。错在哪里呢？这个结果的计算过程是：

$$\boldsymbol{J}^{\mathrm{T}} \times \boldsymbol{v}^{\mathrm{T}} = \begin{bmatrix} 4 & 2 \\ 3 & 6 \end{bmatrix} \begin{bmatrix} 1 \\ 1 \end{bmatrix} = \begin{bmatrix} 6 \\ 9 \end{bmatrix} \tag{2.9}$$

可见，由于 *v* 取值错误，所以通过这种方式得到的并不是 *y* 对 *x* 的梯度。

3. 小结

1）PyTorch 不允许张量对张量求导，只允许标量对张量求导，求导结果是与自变量同型的张量。

2）为避免直接对张量求导，可以利用 torch.autograd.backward() 函数中的参数 grad_tensors 把它转换为标量来求导。y.backward(*v*) 的含义是：先计算 loss = torch.sum(*y* * *v*)，然后求 loss 对（能够影响到 *y* 的）所有变量 *x* 的导数。这里，*y* 和 *v* 是同型张量。也就是说，可以理解成先按照 *v* 对 *y* 的各个分量加权，加权求和之后得到真正的损失值，再计算这个损失值对于所有相关变量的导数。

3）PyTorch 中的计算图是动态计算图，动态计算图有两个特点：正向传播是立即执行的；反向传播后计算图立即销毁。我们把 PyTorch 使用自动微分的计算图的生命周期用图 2-11 来表示。

2.5.5 切断一些分支的反向传播

训练网络时，有时候我们希望保持一部分的网络参数不变，只对其中一部分的参数进行调整，只训练部分分支网络，不让其梯度对主网络的梯度造成影响，这时候可以使用 detach() 函数来切断一些分支的反向传播。

detach_() 将张量从创建它的计算图（Graph）中分离，把它作为叶子节点，其中参数 grad_fn = None 且 requires_grad = False。

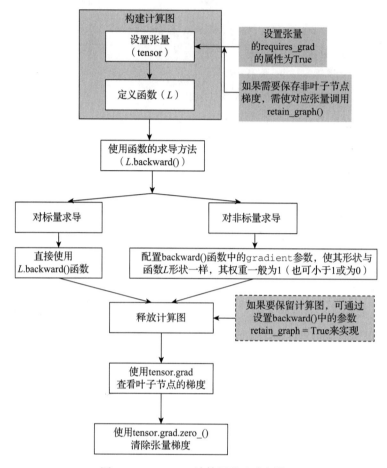

图 2-11　PyTorch 计算图的生命周期

　　假设 y 是 x 的函数，而 z 是 y 和 x 的函数。如果我们想计算 z 关于 x 的梯度，但出于某种原因，我们希望将 y 视为一个常数，那么可以分离 y 来返回一个新变量 c，c 与 y 具有相同的值，但丢弃计算图中如何计算 y 的任何信息。换句话说，梯度不会向后流经 c 到 x。因此，下面的反向传播函数将计算 $z = cx$ 关于 x 的偏导数，同时将 c 作为常数处理，即有 $\dfrac{\partial z}{\partial x} = c$，而不是计算 $z = x^3 + 3$ 关于 x 的偏导数，$\dfrac{\partial z}{\partial x} \neq 3x^2$。

```
import torch

x = torch.ones(2,requires_grad=True)
y = x**2+3
## 对分离变量 y，生成一个新变量 c
c = y.detach()
z = c*x
z.sum().backward()
```

```
x.grad==c          ## tensor([True, True])
x.grad             ## tensor([4., 4.])
c.grad_fn==None    ## True
c.requires_grad    ## False
```

由于变量 c 记录了 y 的计算结果,在 y 上调用反向传播,将得到 $y = x^2 + 3$ 关于 x 的导数,即 $2x$。

```
x.grad.zero_()
y.sum().backward()
x.grad == 2 * x    ##tensor([True, True])
```

2.6 使用 NumPy 实现机器学习任务

前面我们介绍了 NumPy、Tensor 的基础内容,对如何用 NumPy、Tensor 操作数组有了一定认识。为了加深大家对 PyTorch 的了解,本章剩余小节将分别用 NumPy、Tensor、autograd、nn 及 optimal 实现同一个机器学习任务,并比较它们的异同及优缺点。

我们用最原始的 NumPy 实现一个有关回归的机器学习任务,而不用 PyTorch 中的包或类。这种方法的代码可能会多一点,但每一步都是透明的,有利于理解每一步的工作原理。主要步骤分析如下。

首先,给出一个数组 x,然后基于表达式 $y = 3x^2 + 2$,加上一些噪声数据到达另一组数据 y。

然后,构建一个机器学习模型,学习表达式 $y = wx^2 + b$ 的两个参数 w、b。利用数组 x、y 的数据训练模型。

最后,采用梯度下降法,通过多次迭代学习到 w、b 的值。

1)导入需要的库。

```
# -*- coding: utf-8 -*-
import numpy as np
%matplotlib inline
from matplotlib import pyplot as plt
```

2)生成输入数据 x 及目标数据 y。设置随机数种子,生成同一个份数据,以便用多种方法进行比较。

```
np.random.seed(100)
x = np.linspace(-1, 1, 100).reshape(100,1)
y = 3*np.power(x, 2) +2+ 0.2*np.random.rand(x.size).reshape(100,1)
```

3)查看 x、y 数据分布情况。

```
# 画图
plt.scatter(x, y)
plt.show()
```

运行结果如图 2-12 所示。

4)初始化权重参数。

```
# 随机初始化参数
w1 = np.random.rand(1,1)
b1 = np.random.rand(1,1)
```

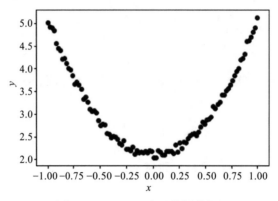

图 2-12 NumPy 实现的源数据

5）训练模型。

定义损失函数，假设批量大小为 100：

$$Loss = \frac{1}{2}\sum_{i=1}^{100}(wx_i^2 + b - y_i)^2 \qquad (2.10)$$

对损失函数求导：

$$\frac{\partial Loss}{\partial w} = \sum_{i=1}^{100}(wx_i^2 + b - y_i)x_i^2 \qquad (2.11)$$

$$\frac{\partial Loss}{\partial b} = \sum_{i=1}^{100}(wx_i^2 + b - y_i) \qquad (2.12)$$

利用梯度下降法学习参数，学习率为 lr。

$$w1- = lr\frac{\partial Loss}{\partial w} \qquad (2.13)$$

$$b1- = lr\frac{\partial Loss}{\partial b} \qquad (2.14)$$

用代码实现上面这些表达式：

```
lr =0.001 # 学习率

for i in range(800):
    # 正向传播
    y_pred = np.power(x,2)*w1 + b1
    # 定义损失函数
    loss = 0.5 * (y_pred - y) ** 2
    loss = loss.sum()
    #计算梯度
    grad_w=np.sum((y_pred - y)*np.power(x,2))
    grad_b=np.sum((y_pred - y))
    #使用梯度下降法，损失值最小
    w1 -= lr * grad_w
    b1 -= lr * grad_b
```

6）查看可视化结果。

```
plt.plot(x, y_pred,'r-',label='predict',linewidth=4)
plt.scatter(x, y,color='blue',marker='o',label='true') # true data
```

```
plt.xlim(-1,1)
plt.ylim(2,6)
plt.legend()
plt.show()
print(w1,b1)
```

运行结果如图 2-13 所示。

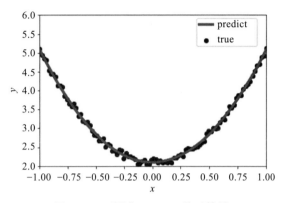

图 2-13　可视化 NumPy 学习结果

结果如下：

```
[[2.98927619]] [[2.09818307]]
```

从结果看来，学习效果还是比较理想的。

2.7　使用 Tensor 及 autograd 实现机器学习任务

2.6 节可以说是纯手工完成一个机器学习任务，数据用 NumPy 表示，梯度学习是自己定义并构建学习模型。这种方法适合于比较简单的情况，如果情况稍微复杂一些，代码量将几何级增加。是否有更方便的方法呢？ 这节我们将使用 PyTorch 自动求导的 autograd 包及对应的 Tensor，以利用自动反向传播来求梯度。以下是具体实现代码。

1）导入需要的库。

```
import torch
%matplotlib inline
from matplotlib import pyplot as plt
```

2）生成训练数据，并可视化数据分布情况。

```
torch.manual_seed(100)
dtype = torch.float
# 生成 x 坐标数据，x 为 tenor，形状为 100×1
x = torch.unsqueeze(torch.linspace(-1, 1, 100), dim=1)
# 生成 y 坐标数据，y 为 tenor，形状为 100×1，另加上一些噪声
y = 3*x.pow(2) +2+ 0.2*torch.rand(x.size())

# 画图，把 tensor 数据转换为 numpy 数据
```

```
plt.scatter(x.numpy(), y.numpy())
plt.show()
```

运行结果如图 2-14 所示。

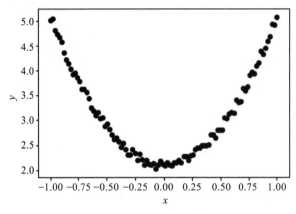

图 2-14　可视化输入数据

3）初始化权重参数。

```
# 随机初始化参数，参数 w、b 是需要学习的，故需设置 requires_grad=True
w = torch.randn(1,1, dtype=dtype,requires_grad=True)
b = torch.zeros(1,1, dtype=dtype, requires_grad=True)
```

4）训练模型。

```
lr =0.001 # 学习率

for ii in range(800):
    # forward: 计算 loss
    y_pred = x.pow(2).mm(w) + b
    loss = 0.5 * (y_pred - y) ** 2
    loss = loss.sum()

    # backward: 自动计算梯度
    loss.backward()

    # 手动更新参数，需要用 torch.no_grad() 更新参数
    with torch.no_grad():
        w -= lr * w.grad
        b -= lr * b.grad

    # 因通过 autograd 计算的梯度会累加到 grad 中，故每次循环需把梯度清零
        w.grad.zero_()
        b.grad.zero_()
```

5）查看可视化训练结果。

```
plt.plot(x.numpy(), y_pred.detach().numpy(),'r-',label='predict',linewidth=4) #predict
plt.scatter(x.numpy(), y.numpy(),color='blue',marker='o',label='true')    #true data
plt.xlim(-1,1)
plt.ylim(2,6)
```

```
plt.legend()
plt.show()

print(w, b)
```

运行结果如图 2-15 所示。

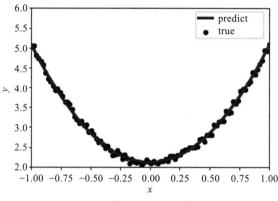

图 2-15 使用 autograd 的结果

结果如下：

```
tensor([[2.9645]], requires_grad=True) tensor([[2.1146]], requires_grad=True)。
```

这个结果与使用 NumPy 机器学习的结果差不多。

2.8 使用优化器及自动微分实现机器学习任务

使用 PyTorch 内置的损失函数、优化器和自动微分机制等可大大简化整个机器学习过程。梯度更新可简化为 optimizer.step()，梯度清零可使用 optimizer.zero_grad()。详细代码如下。导入模块与生成数据代码与 2.7 节基本相同，只需添加 nn 模块（这个模块将在第 3 章介绍），这里不再重复。

1）定义损失函数及优化器。

```
loss_func = nn.MSELoss()
optimizer = torch.optim.SGD([w,b],lr = 0.001)
```

2）训练模型。

```
for ii in range(10000):
    # forward: 计算 loss
    y_pred = x.pow(2).mm(w) + b
    loss=loss_func(y_pred,y)

    # backward: 自动计算梯度
    loss.backward()

    # 更新参数
    optimizer.step()
    # 因通过 autograd 计算的梯度会累加到 grad 中，故每次循环需把梯度清零
    optimizer.zero_grad()
```

3）查看可视化运行结果。

```
plt.plot(x.numpy(),
y_pred.detach().numpy(),'r-',label='predict',linewidth=4)                    #predict
plt.scatter(x.numpy(), y.numpy(),color='blue',marker='o',label='true')    #true data
plt.xlim(-1,1)
plt.ylim(2,6)
plt.legend()
plt.show()

print(w, b)
```

运行结果如图 2-16 所示。

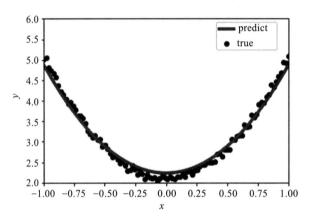

图 2-16　使用优化器及自动微分（autograd）的结果

结果如下：

```
tensor([[2.6369]], requires_grad=True) tensor([[2.2360]], requires_grad=True)
```

由此可知，使用内置损失函数、优化器及自动微分实现机器学习时比较简洁，这也是深度学习普遍采用的方式。

2.9　把数据集转换为带批量处理功能的迭代器

把数据集转换为带批量处理功能的迭代器，这样训练时就可进行批量处理。如果数据量比较大，采用批量处理可提升训练模型的效率及性能。

1）构建数据迭代器。

```
import numpy as np

# 构建数据迭代器
def data_iter(features, labels, batch_size=4):
    num_examples = len(features)
    indices = list(range(num_examples))
    np.random.shuffle(indices)   # 样本的读取顺序是随机的
    for i in range(0, num_examples, batch_size):
```

```
        indexs = torch.LongTensor(indices[i: min(i + batch_size, num_examples)])
        yield  features.index_select(0, indexs), labels.index_select(0, indexs)
```

2）训练模型。

```
for ii in range(1000):
    for features, labels in data_iter(x,y,10):
        # forward: 计算 loss
        y_pred = features.pow(2).mm(w) + b
        loss=loss_func(y_pred,labels)

        # backward: 自动计算梯度
        loss.backward()

        # 更新参数
        optimizer.step()
        # 因通过 autograd 计算的梯度会累加到 grad 中，故每次循环需把梯度清零
        optimizer.zero_grad()
```

3）查看可视化运行结果。

```
y_p=x.pow(2).mm(w).detach().numpy() + b.detach().numpy()
plt.plot(x.numpy(), y_p,'r-',label='predict',linewidth=4)#predict
plt.scatter(x.numpy(), y.numpy(),color='blue',marker='o',label='true') # true data
plt.xlim(-1,1)
plt.ylim(2,6)
plt.legend()
plt.show()

print(w, b)
```

运行结果如图 2-17 所示。

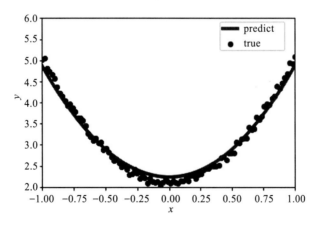

图 2-17　使用数据迭代器、优化器和自动微分（autograd）的结果

结果如下：

```
tensor([[2.6370]], requires_grad=True) tensor([[2.2360]], requires_grad=True)
```

2.10   使用 TensorFlow 2 实现机器学习任务

2.6 节使用 NumPy 实现了回归分析，2.7 节使用 PyTorch 的 autograd 包及 Tensor 实现了这个任务。这节我们用深度学习的另一个框架 TensorFlow 实现该回归分析任务，大家可以比较一下不同架构之间的区别。这里使用 TensorFlow 2 实现这个任务。

1）导入库及生成训练数据。

```
import tensorflow as tf
import numpy as np
from matplotlib import pyplot as plt
%matplotlib inline
```

2）生成训练数据，并初始化参数。

```
# 生成训练数据
np.random.seed(100)
x = np.linspace(-1, 1, 100).reshape(100,1)
y = 3*np.power(x, 2) +2+ 0.2*np.random.rand(x.size).reshape(100,1)

# 创建权重变量 w 和 b，并用随机值初始化
# TensorFlow 的变量在整个计算图保存其值
w = tf.Variable(tf.random.uniform([1], 0, 1.0))
b = tf.Variable(tf.zeros([1]))
```

3）构建模型。

```
# 定义模型
class CustNet:
    # 正向传播
    def __call__(self,x):
        return np.power(x,2)*w + b

    # 损失函数
    def loss_func(self,y_true,y_pred):
        return tf.reduce_mean((y_true - y_pred)**2/2)

model=CustNet()
```

4）训练模型。

```
epochs=14000

for epoch in tf.range(1,epochs):
        with tf.GradientTape() as tape:
            predictions = model(x)
            loss = model.loss_func(y, predictions)
        # 反向传播求梯度
        dw,db = tape.gradient(loss,[w,b])
        # 梯度下降法更新参数
        w.assign(w - 0.001*dw)
        b.assign(b - 0.001*db)
```

5）查看可视化运行结果。

```
# 可视化结果
plt.figure()
plt.scatter(x,y,color='blue',marker='o',label='true')
plt.plot (x, b + w*x**2,'r-',label='predict',linewidth=4)
```

运行结果如图 2-18 所示。

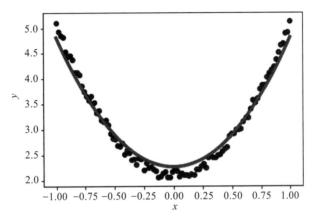

图 2-18   使用 Tensorflow 的结果

2.11   小结

本章主要介绍 PyTorch 的基础知识，这些内容是后续章节的重要支撑。首先介绍了 PyTorch 的安装配置，然后介绍了 PyTorch 的重要数据结构 Tensor。Tensor 类似于 NumPy 的数据结构，但 Tensor 提供 GPU 加速及自动求导等技术。最后分别用 NumPy、Tensor、autograd、优化器和 TensorFlow 2 等技术分别实现同一个机器学习任务。

CHAPTER 3

第 3 章

PyTorch 神经网络工具箱

前面已经介绍了 PyTorch 的数据结构及自动求导机制，充分运行这些技术可以大大提高我们的开发效率。这章将介绍 PyTorch 的另一个利器：神经网络工具箱。利用这个工具箱设计一个神经网络就像搭积木一样，可以极大简化构建模型的任务。

本章主要讨论如何使用 PyTorch 神经网络工具箱来构建网络，主要内容如下：

- ❏ 神经网络核心组件
- ❏ 构建神经网络的主要工具
- ❏ 构建模型
- ❏ 训练模型
- ❏ 实现神经网络实例

3.1 神经网络核心组件

神经网络看起来很复杂，节点很多，层数多，参数更多，但核心部分或组件不多，我们确定这些组件后，这个就基本确定了神经网络。这些核心组件分析如下。

- ❏ 层：神经网络的基本结构，将输入张量转换为输出张量。
- ❏ 模型：由层构成的网络。
- ❏ 损失函数：参数学习的目标函数，通过最小化损失函数来学习各种参数。
- ❏ 优化器：如在使损失值最小时，就会涉及优化器。

当然这些核心组件不是独立的，它们之间、它们与神经网络其他组件之间有密切关系。为便于大家理解，我们把这些关键组件及相互关系用图 3-1 表示。

多个层链接在一起构成一个模型或网络，输入数据通过这个模型转换为预测值。预测值与真实值共同构成损失函数的输入，损失函数输出损失值（损失值可以是距离、概率值等），该损失值用于衡量预测值与目标结果的匹配或相似程度。优化器利用损失值更新权重参数，目标是使损失值越来越小。这是一个循环过程，当损失值达到一个阈值或循环次数到达指定次数时，循环结束。

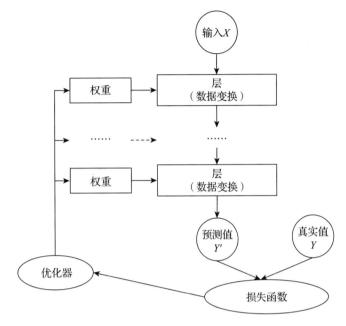

图 3-1　神经网络关键组件及相互关系示意图

接下来利用 PyTorch 的 nn 工具箱，构建一个神经网络实例。nn 中有现成的包或类，可以直接使用，非常方便。

3.2　构建神经网络的主要工具

使用 PyTorch 构建神经网络使用的主要工具（或类）及相互关系如图 3-2 所示。

从图 3-2 可知，可以基于 Module 类或函数（nn.functional）构建网络层。nn 中的大多数层（layer）在 functional 中都有与之对应的函数。nn.functional 中的函数与 nn.Module 中的 layer 的主要区别是后者继承自 Module 类，可自动提取可学习的参数，而 nn.functional 更像是纯函数。两者功能相同，性能也没有很大区别，那么如何选择呢？卷积层、全连接层、dropout 层等含有可学习参数，一般使用 nn.Module，而激活函数、池化层不含可学习参数，可以使用 nn.functional 中对应的函数。

3.2.1　nn.Module

前面我们使用 autograd 及 Tensor 实现机器学习实例时，需要做不少设置，如将叶子节点的参数 requires_grad 设置为 True，然后调用 backward 函数从 grad 属性中提取梯度。对于大规模的网络，autograd 太过于底层和烦琐。为了简单、有效地解决这个问题，nn 是一个有效工具。它是专门为深度学习设计的一个模块，而 nn.Module 是 nn 的一个核心数据结构。nn.Module 可以是神经网络的某个层，也可以是包含多层的神经网络。在实际使用中，最常见的做法是继承 nn.Module，生成自己的网络 / 层，如 3.4 节的实例中，我们定义的 Net 类就采用了这种方法（class Net(torch.nn.Module)）。nn 中已实现了绝大多数层，包括全连接层、损失层、激活层、卷积层、循环层等。这些层都是 nn.Module 的子类，能够自动检测到自己的参数，并将其作为学习参数，且针对 GPU 运行进行了 cuDNN 优化。

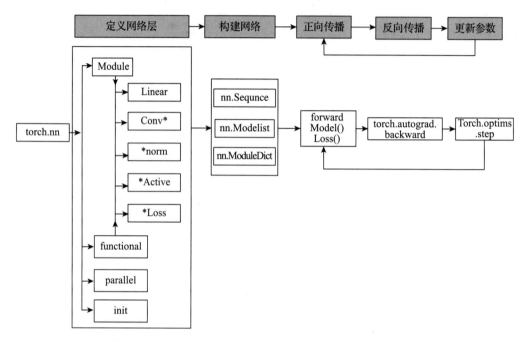

图 3-2　使用 PyTorch 构建神经网络的主要工具及相互关系

3.2.2　nn.functional

　　nn 中的层，一类是继承了 nn.Module，名称一般为 nn.Xxx（第一个是大写），如 nn.Linear、nn.Conv2d、nn.CrossEntropyLoss 等。另一类是 nn.functional 中的函数，名称一般为 nn.functional.xxx，如 nn.functional.linear、nn.functional.conv2d、nn.functional.cross_entropy 等。从功能方面来说两者相当，基于 nn.Module 实现的层，也可以基于 nn.functional 实现，反之亦然。从性能方面来说两者也没有太大差异。不过在具体使用时，两者还是有区别的，主要区别如下。

　　1）nn.Xxx 继承于 nn.Module，需要先实例化并传入参数，然后以函数调用的方式调用实例化的对象并传入输入数据。它能够很好地与 nn.Sequential 结合使用，而 nn.functional.xxx 无法与 nn.Sequential 结合使用。

　　2）nn.Xxx 不需要自己定义和管理 weight、bias 参数；而 nn.functional.xxx 需要自己定义 weight、bias 等参数，每次调用的时候都需要手动传入，不利于代码复用。

　　3）dropout 操作在训练和测试阶段是有区别的，使用 nn.Xxx 方式定义 dropout，在调用 model.eval() 之后，自动实现状态的转换，而 nn.functional.xxx 却无此功能。

总的来说，两种函数的功能都是相同的，但 PyTorch 官方推荐：具有学习参数的（例如，conv2d、linear、batch_norm、dropout 等）情况采用 nn.Xxx 方式，没有学习参数的（例如，maxpool, loss func, activation func 等）情况采用 nn.functional.xxx 或者 nn.Xxx 方式。后面的 3.5 节中将使用激活层，我们采用无学习参数的 F.relu 方式来实现，即 nn.functional.xxx 方式。

3.3　构建模型

第 2 章介绍了使用 PyTorch 实现机器学习任务的几个实例，具体步骤好像不少，但关键是选择网络层，构建网络，然后选择损失和优化器。在 nn 工具箱中，可以直接引用的网络很多，有全连接网络、卷积网络、循环网络、正则化网络、激活网络等。接下来将介绍 PyTorch 的主要工具或模块，采用不同方法构建如图 3-3 所示的神经网络。

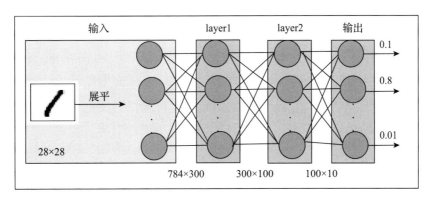

图 3-3　神经网络结构

如图 3-3 所示，先把 28×28 的图像展平为向量，layer1 和 layer2 分别包括一个全连接层、一个批量归一化层，激活函数都是 ReLU，输出层的激活函数为 softmax。

使用 PyTorch 构建模型的方法大致有以下 3 种。

1）继承 nn.Module 基类构建模型。

2）使用 nn.Sequential 按层顺序构建模型。

3）继承 nn.Module 基类构建模型，再使用相关模型容器（如 nn.Sequential, nn.ModuleList, nn.ModuleDict 等）进行封装。

在这 3 种方法中，第 1 种方法最为常见；第 2 种方法比较简单，非常适合初学者；第 3 种方法较灵活，但复杂一些。

3.3.1　继承 nn.Module 基类构建模型

利用这种方法构建模型，先定义一个类，使之继承 nn.Module 基类。把模型中需要用到的层放在构造函数 __init__() 中，在 forward 方法中实现模型的正向传播。具体代码如下。

1）导入模块。

```
import torch
```

```
from torch import nn
import torch.nn.functional as F
```

2）构建模型。

```
class Model_Seq(nn.Module):
    """
    通过继承基类 nn.Module 来构建模型
    """
    def __init__(self, in_dim, n_hidden_1, n_hidden_2, out_dim):
        super(Model_Seq, self).__init__()
        self.flatten = nn.Flatten()
        self.linear1= nn.Linear(in_dim, n_hidden_1)
        self.bn1=nn.BatchNorm1d(n_hidden_1)
        self.linear2= nn.Linear(n_hidden_1, n_hidden_2)
        self.bn2 = nn.BatchNorm1d(n_hidden_2)
        self.out = nn.Linear(n_hidden_2, out_dim)


    def forward(self, x):
        x=self.flatten(x)
        x=self.linear1(x)
        x=self.bn1(x)
        x = F.relu(x)
        x=self.linear2(x)
        x=self.bn2(x)
        x = F.relu(x)
        x=self.out(x)
        x = F.softmax(x,dim=1)
        return x
```

3）查看模型。

```
## 对一些超参数赋值
in_dim, n_hidden_1, n_hidden_2, out_dim=28 * 28, 300, 100, 10
model_seq= Model_Seq(in_dim, n_hidden_1, n_hidden_2, out_dim)
print(model_seq)
```

运行结果如下：

```
Model_Seq(
    (flatten): Flatten(start_dim=1, end_dim=-1)
    (linear1): Linear(in_features=784, out_features=300, bias=True)
    (bn1): BatchNorm1d(300, eps=1e-05, momentum=0.1, affine=True, track_running_stats=True)
    (linear2): Linear(in_features=300, out_features=100, bias=True)
    (bn2): BatchNorm1d(100, eps=1e-05, momentum=0.1, affine=True, track_running_stats=True)
    (out): Linear(in_features=100, out_features=10, bias=True)
)
```

3.3.2 使用 nn.Sequential 按层顺序构建模型

使用 nn.Sequential 构建模型，因其内部实现了 forward 函数，因此可以不用重写。nn.Sequential 里面的模块是按照先后顺序进行排列的，所以必须确保前一个模块的输出大小和下一个模块的输入大小是一致的。这种方法一般适合构建较简单的模型。 以下是使用 nn.Sequential 搭建模型的几种等价方法。

1. 利用可变参数

Python 中的函数的参数个数是可变（或称为不定长参数）的，PyTorch 中的有些函数也与此类似，如 nn.Sequential(*args)。

1）导入模块。

```
import torch
from torch import nn
```

2）构建模型。

```
Seq_arg = nn.Sequential(
    nn.Flatten(),
    nn.Linear(in_dim,n_hidden_1),
    nn.BatchNorm1d(n_hidden_1),
    nn.ReLU(),
    nn.Linear(n_hidden_1, n_hidden_2),
    nn.BatchNorm1d(n_hidden_2),
    nn.ReLU(),
    nn.Linear(n_hidden_2, out_dim),
    nn.Softmax(dim=1)
)
```

3）查看模型。

```
in_dim, n_hidden_1, n_hidden_2, out_dim=28 * 28, 300, 100, 10
print(Seq_arg)
```

运行结果如下：

```
Sequential(
    (0): Flatten(start_dim=1, end_dim=-1)
    (1): Linear(in_features=784, out_features=300, bias=True)
    (2): BatchNorm1d(300, eps=1e-05, momentum=0.1, affine=True, track_running_stats=True)
    (3): ReLU()
    (4): Linear(in_features=300, out_features=100, bias=True)
    (5): BatchNorm1d(100, eps=1e-05, momentum=0.1, affine=True, track_running_stats=True)
    (6): ReLU()
    (7): Linear(in_features=100, out_features=10, bias=True)
    (8): Softmax(dim=1)
)
```

这种构建方法不能给每个层指定名称，如果需要给每个层指定名称，可使用 add_module 方法或 OrderedDict 方法。

2. 使用 add_module 方法

1）构建模型。

```
Seq_module = nn.Sequential()
Seq_module.add_module("flatten",nn.Flatten())
Seq_module.add_module("linear1",nn.Linear(in_dim,n_hidden_1))
Seq_module.add_module("bn1",nn.BatchNorm1d(n_hidden_1))
```

```
Seq_module.add_module("relu1",nn.ReLU())
Seq_module.add_module("linear2",nn.Linear(n_hidden_1, n_hidden_2))
Seq_module.add_module("bn2",nn.BatchNorm1d(n_hidden_2))
Seq_module.add_module("relu2",nn.ReLU())
Seq_module.add_module("out",nn.Linear(n_hidden_2, out_dim))
Seq_module.add_module("softmax",nn.Softmax(dim=1))
```

2）查看模型。

```
in_dim, n_hidden_1, n_hidden_2, out_dim=28 * 28, 300, 100, 10
print(Seq_module)
```

运行结果如下：

```
Sequential(
    (flatten): Flatten(start_dim=1, end_dim=-1)
    (linear1): Linear(in_features=784, out_features=300, bias=True)
    (bn1): BatchNorm1d(300, eps=1e-05, momentum=0.1, affine=True, track_running_stats=True)
    (relu1): ReLU()
    (linear2): Linear(in_features=300, out_features=100, bias=True)
    (bn2): BatchNorm1d(100, eps=1e-05, momentum=0.1, affine=True, track_running_stats=True)
    (relu2): ReLU()
    (out): Linear(in_features=100, out_features=10, bias=True)
    (softmax): Softmax(dim=1)
)
```

3. 使用 OrderedDict 方法

1）导入模块。

```
import torch
from torch import nn
from collections import OrderedDict
```

2）构建模型。

```
Seq_dict = nn.Sequential(OrderedDict([
("flatten",nn.Flatten()),
("linear1",nn.Linear(in_dim,n_hidden_1)),
("bn1",nn.BatchNorm1d(n_hidden_1)),
("relu1",nn.ReLU()),
("linear2",nn.Linear(n_hidden_1, n_hidden_2)),
("bn2",nn.BatchNorm1d(n_hidden_2)),
("relu2",nn.ReLU()),
("out",nn.Linear(n_hidden_2, out_dim)),
("softmax",nn.Softmax(dim=1))]))
```

3）查看模型。

```
in_dim, n_hidden_1, n_hidden_2, out_dim=28 * 28, 300, 100, 10
print(Seq_dict)
```

运行结果如下：

```
Sequential(
```

```
        (flatten): Flatten(start_dim=1, end_dim=-1)
        (linear1): Linear(in_features=784, out_features=300, bias=True)
        (bn1): BatchNorm1d(300, eps=1e-05, momentum=0.1, affine=True, track_running_stats=True)
        (relu1): ReLU()
        (linear2): Linear(in_features=300, out_features=100, bias=True)
        (bn2): BatchNorm1d(100, eps=1e-05, momentum=0.1, affine=True, track_running_stats=True)
        (relu2): ReLU()
        (out): Linear(in_features=100, out_features=10, bias=True)
        (softmax): Softmax(dim=1)
)
```

3.3.3 继承 nn.Module 基类并应用模型容器来构建模型

当模型的结构比较复杂时，可以应用模型容器（如 nn.Sequential，nn.ModuleList，nn.ModuleDict）对模型的部分结构进行封装，以增强模型的可读性，或减少代码量。

1. 使用 nn.Sequential 模型容器

1）导入模块。

```
import torch
from torch import nn
import torch.nn.functional as F
```

2）构建模型。

```
class Model_lay(nn.Module):
    """
    使用 nn.Sequential 构建网络，Sequential() 函数的功能是将网络的层组合到一起
    """
    def __init__(self, in_dim, n_hidden_1, n_hidden_2, out_dim):
        super(Model_lay, self).__init__()
        self.flatten = nn.Flatten()
        self.layer1 = nn.Sequential(nn.Linear(in_dim, n_hidden_1),nn.BatchNorm1d(n_
            hidden_1))
        self.layer2 = nn.Sequential(nn.Linear(n_hidden_1, n_hidden_2),nn.BatchNorm1d(n_
            hidden_2))
        self.out = nn.Sequential(nn.Linear(n_hidden_2, out_dim))


    def forward(self, x):
        x=self.flatten(x)
        x = F.relu(self.layer1(x))
        x = F.relu(self.layer2(x))
        x = F.softmax(self.out(x),dim=1)
        return x
```

3）查看模型。

```
in_dim, n_hidden_1, n_hidden_2, out_dim=28 * 28, 300, 100, 10
model_lay= Model_lay(in_dim, n_hidden_1, n_hidden_2, out_dim)
print(model_lay)
```

运行结果如下：

```
Model_lay(
    (flatten): Flatten(start_dim=1, end_dim=-1)
```

```
    (layer1): Sequential(
        (0): Linear(in_features=784, out_features=300, bias=True)
        (1): BatchNorm1d(300, eps=1e-05, momentum=0.1, affine=True, track_running_stats=True)
    )
    (layer2): Sequential(
        (0): Linear(in_features=300, out_features=100, bias=True)
        (1): BatchNorm1d(100, eps=1e-05, momentum=0.1, affine=True, track_running_stats=True)
    )
    (out): Sequential(
        (0): Linear(in_features=100, out_features=10, bias=True)
    )
)
```

2. 使用 nn.ModuleList 模型容器

1）导入模块。

```
import torch
from torch import nn
import torch.nn.functional as F
```

2）构建模型。

```
class Model_lst(nn.Module):

    def __init__(self, in_dim, n_hidden_1, n_hidden_2, out_dim):
        super(Model_lst, self).__init__()
        self.layers = nn.ModuleList([
        nn.Flatten(),
        nn.Linear(in_dim,n_hidden_1),
        nn.BatchNorm1d(n_hidden_1),
        nn.ReLU(),
        nn.Linear(n_hidden_1, n_hidden_2),
        nn.BatchNorm1d(n_hidden_2),
        nn.ReLU(),
        nn.Linear(n_hidden_2, out_dim),
        nn.Softmax(dim=1)])
    def forward(self,x):
        for layer in self.layers:
            x = layer(x)
        return x
```

3）查看模型。

```
in_dim, n_hidden_1, n_hidden_2, out_dim=28 * 28, 300, 100, 10
model_lst = Model_lst(in_dim, n_hidden_1, n_hidden_2, out_dim)
print(model_lst)
```

运行结果如下：

```
Model_lst(
    (layers): ModuleList(
        (0): Flatten(start_dim=1, end_dim=-1)
        (1): Linear(in_features=784, out_features=300, bias=True)
        (2): BatchNorm1d(300, eps=1e-05, momentum=0.1, affine=True, track_running_stats=True)
```

```
        (3): ReLU()
        (4): Linear(in_features=300, out_features=100, bias=True)
        (5): BatchNorm1d(100, eps=1e-05, momentum=0.1, affine=True, track_running_stats=True)
        (6): ReLU()
        (7): Linear(in_features=100, out_features=10, bias=True)
        (8): Softmax(dim=1)
    )
)
```

3. 使用 nn.ModuleDict 模型容器

1）导入模块。

```
import torch
from torch import nn
```

2）构建模型。

```
class Model_dict(nn.Module):
    def __init__(self,in_dim, n_hidden_1,n_hidden_2,out_dim):
        super(Model_dict, self).__init__()
        self.layers_dict = nn.ModuleDict({"flatten":nn.Flatten(),
        "linear1":nn.Linear(in_dim,n_hidden_1),
        "bn1":nn.BatchNorm1d(n_hidden_1),
        "relu":nn.ReLU(),
        "linear2":nn.Linear(n_hidden_1, n_hidden_2),
        "bn2":nn.BatchNorm1d(n_hidden_2),
        "out":nn.Linear(n_hidden_2, out_dim),
        "softmax":nn.Softmax(dim=1)
        })
    def forward(self,x):
        layers = ["flatten","linear1","bn1","relu","linear2","bn2","relu","out","softmax"]
        for layer in layers:
            x = self.layers_dict[layer](x)
        return x
```

其中激活函数 ReLU 在模型中应该出现 2 次，但在定义字典时，只需定义一次，在定义 forward 函数的列表中则需要出现 2 次。

3）查看模型。

```
in_dim, n_hidden_1, n_hidden_2, out_dim=28 * 28, 300, 100, 10
model_dict = Model_dict(in_dim, n_hidden_1, n_hidden_2, out_dim)
print(model_dict)
```

运行结果如下：

```
Model_dict(
    (layers_dict): ModuleDict(
        (flatten): Flatten(start_dim=1, end_dim=-1)
        (linear1): Linear(in_features=784, out_features=300, bias=True)
        (bn1): BatchNorm1d(300, eps=1e-05, momentum=0.1, affine=True, track_running_
            stats=True)
        (relu): ReLU()
```

```
        (linear2): Linear(in_features=300, out_features=100, bias=True)
        (bn2): BatchNorm1d(100, eps=1e-05, momentum=0.1, affine=True, track_running_stats=True)
        (out): Linear(in_features=100, out_features=10, bias=True)
        (softmax): Softmax(dim=1)
    )
)
```

3.3.4　自定义网络模块

可以利用以上方法，自定义一些典型的网络模块，如残差网络（ResNet18）中的残差块，如图 3-4 所示。

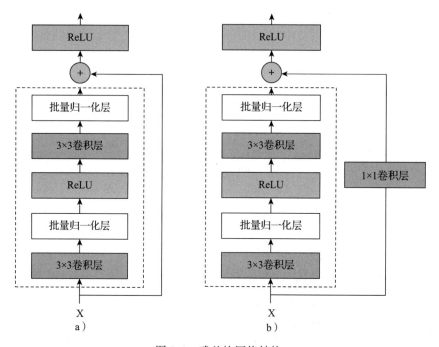

图 3-4　残差块网络结构

残差块有两种，一种是正常的模块方式，如图 3-4a，将输入与输出相加，然后应用激活函数 ReLU。 另一种是为使输入与输出形状一致，需添加通过 1×1 卷积调整通道和分辨率，如图 3-4b 所示。这些模块中用到卷积层、批量归一化层，具体将在第 6 章详细介绍，这里我们只需要了解这些是网络层即可。

1）定义图 3-4a 所示的残差模块。

```
import torch
import torch.nn as nn
from torch.nn import functional as F


class RestNetBasicBlock(nn.Module):
    def __init__(self, in_channels, out_channels, stride):
```

```
            super(RestNetBasicBlock, self).__init__()
            self.conv1 = nn.Conv2d(in_channels, out_channels, kernel_size=3, stride=stride,
                padding=1)
            self.bn1 = nn.BatchNorm2d(out_channels)
            self.conv2 = nn.Conv2d(out_channels, out_channels, kernel_size=3, stride=stride,
                padding=1)
            self.bn2 = nn.BatchNorm2d(out_channels)

        def forward(self, x):
            output = self.conv1(x)
            output = F.relu(self.bn1(output))
            output = self.conv2(output)
            output = self.bn2(output)
            return F.relu(x + output)
```

2）定义图 3-4b 所示的残差模块。

```
class RestNetDownBlock(nn.Module):
    def __init__(self, in_channels, out_channels, stride):
        super(RestNetDownBlock, self).__init__()
        self.conv1 = nn.Conv2d(in_channels, out_channels, kernel_size=3, stride=stride[0],
            padding=1)
        self.bn1 = nn.BatchNorm2d(out_channels)
        self.conv2 = nn.Conv2d(out_channels, out_channels, kernel_size=3, stride=stride[1],
            padding=1)
        self.bn2 = nn.BatchNorm2d(out_channels)
        self.extra = nn.Sequential(
            nn.Conv2d(in_channels, out_channels, kernel_size=1, stride=stride[0], padding=0),
            nn.BatchNorm2d(out_channels)
        )

    def forward(self, x):
        extra_x = self.extra(x)
        output = self.conv1(x)
        out = F.relu(self.bn1(output))

        out = self.conv2(out)
        out = self.bn2(out)
        return F.relu(extra_x + out)
```

3）组合这两个模块得到现代经典的 RestNet18 网络结构。

```
class RestNet18(nn.Module):
    def __init__(self):
        super(RestNet18, self).__init__()
        self.conv1 = nn.Conv2d(3, 64, kernel_size=7, stride=2, padding=3)
        self.bn1 = nn.BatchNorm2d(64)
        self.maxpool = nn.MaxPool2d(kernel_size=3, stride=2, padding=1)

        self.layer1 = nn.Sequential(RestNetBasicBlock(64, 64, 1),
                                    RestNetBasicBlock(64, 64, 1))

        self.layer2 = nn.Sequential(RestNetDownBlock(64, 128, [2, 1]),
                                    RestNetBasicBlock(128, 128, 1))

        self.layer3 = nn.Sequential(RestNetDownBlock(128, 256, [2, 1]),
                                    RestNetBasicBlock(256, 256, 1))
```

```
        self.layer4 = nn.Sequential(RestNetDownBlock(256, 512, [2, 1]),
                                    RestNetBasicBlock(512, 512, 1))

        self.avgpool = nn.AdaptiveAvgPool2d(output_size=(1, 1))

        self.fc = nn.Linear(512, 10)

    def forward(self, x):
        out = self.conv1(x)
        out = self.layer1(out)
        out = self.layer2(out)
        out = self.layer3(out)
        out = self.layer4(out)
        out = self.avgpool(out)
        out = out.reshape(x.shape[0], -1)
        out = self.fc(out)
        return out
```

3.4 训练模型

构建模型（假设为 model）后，接下来就是训练模型。PyTorch 训练模型主要包括加载数据集、损失计算、定义优化算法、反向传播、参数更新等主要步骤。

1）加载和预处理数据集。可以使用 PyTorch 的数据处理工具，如 torch.utils 和 torchvision 等，这些工具将在第 4 章详细介绍。

2）定义损失函数。可以通过自定义方法或使用 PyTorch 内置的损失函数定义损失函数，如回归使用的 losss_fun=nn.MSELoss()，分类使用的 nn.BCELoss 等损失函数，更多内容可参考本书 5.2.4 节。

3）定义优化方法。PyTorch 常用的优化方法都封装在 torch.optim 中，其设计很灵活，可以扩展为自定义的优化方法。所有的优化方法都是继承了基类 optim.Optimizer，并实现了自己的优化步骤。

最常用的优化算法就是梯度下降法及其各种变种，具体将在 5.4 节详细介绍，这些优化算法大多使用梯度更新参数。如使用 SGD 优化器时，可设置 optimizer = torch.optim.SGD (params,lr = 0.001)。

4）循环训练模型。

设置为训练模式：

```
model.train()
```

调用 model.train() 会把所有的 module 设置为训练模式。

梯度清零：

```
optimizer. zero_grad()
```

在默认情况下梯度是累加的，需要手工把梯度初始化或清零，调用 optimizer.zero_grad() 即可。

求损失值：

```
y_prev=model(x)
loss=loss_fun(y_prev,y_true)
```

自动求导，实现梯度的反向传播：

```
loss.backward()
```

更新参数：

```
optimizer.step()
```

5）循环测试或验证模型。
设置为测试或验证模式：

```
model.eval()
```

调用 model.eval() 会把所有的 training 属性设置为 False。
在不跟踪梯度的模式下计算损失值、预测值等：

```
with.torch.no_grad():
```

6）可视化结果。

【说明】　model.train() 与 model.eval() 的使用

如果模型中有批量归一化（Batch Normalization，BH）层和 dropout 层，需要在训练时添加 model.train()，在测试时添加 model.eval()。其中 model.train() 是保证 BN 层用每一批数据的均值和方差，而 model.eval() 是保证 BN 层用全部训练数据的均值和方差；而对于 dropout 层，model.train() 是随机取一部分网络连接来训练更新参数，而 model.eval() 是利用所有网络连接。

下面我们通过实例来说明如何使用 nn 来构建网络模型、训练模型。

3.5　实现神经网络实例

前面介绍了使用 PyTorch 构建神经网络的一些组件、常用方法和主要步骤等，本节将通过一个构建神经网络的实例把这些内容有机结合起来。

3.5.1　背景说明

本节将通过一个对手写数字进行识别的实例，来说明如何借助 nn 工具箱来实现神经网络，让大家对神经网络有个直观了解。在这个基础上，后续我们将对 nn 的各模块进行详细介绍。实例环境使用 PyTorch 1.5+ 版本，GPU 或 CPU，源数据集为 MNIST。主要步骤如下。

- ❏ 利用 PyTorch 内置函数 mnist 下载数据。
- ❏ 利用 torchvision 对数据进行预处理，调用 torch.utils 建立一个数据迭代器。
- ❏ 可视化源数据。
- ❏ 利用 nn 工具箱构建神经网络模型。
- ❏ 实例化模型，并定义损失函数及优化器。
- ❏ 训练模型。
- ❏ 可视化结果。

神经网络的结构如图 3-5 所示。

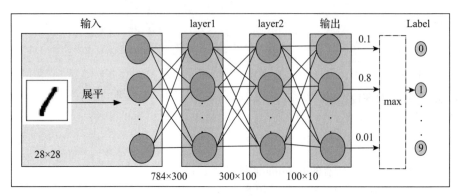

图 3-5　神经网络结构图

使用两个隐含层，每层使用 ReLU 激活函数，输出层使用 softmax 激活函数，最后使用 torch.max(out,1) 找出张量 out 最大值对应的索引作为预测值。

3.5.2　准备数据

1）导入必要的模块。

```python
import numpy as np
import torch
# 导入 PyTorch 内置的 MNIST 数据
from torchvision.datasets import mnist
# 导入预处理模块
import torchvision.transforms as transforms
from torch.utils.data import DataLoader
# 导入 nn 及优化器
import torch.nn.functional as F
import torch.optim as optim
from torch import nn
```

2）定义一些超参数。

```python
# 定义一些超参数
train_batch_size = 64
test_batch_size = 128
learning_rate = 0.01
num_epoches = 20
lr = 0.01
momentum = 0.5
```

3）下载数据并对数据进行预处理。

```python
# 定义预处理函数
transform = transforms.Compose([transforms.ToTensor(),transforms.Normalize([0.5], [0.5])])
# 下载数据，并对数据进行预处理
train_dataset = mnist.MNIST('../data/', train=True, transform=transform, download=False)
test_dataset = mnist.MNIST('../data/', train=False, transform=transform)
# 得到一个生成器
```

```
train_loader = DataLoader(train_dataset, batch_size=train_batch_size, shuffle=True)
test_loader = DataLoader(test_dataset, batch_size=test_batch_size, shuffle=False)
```

【说明】

1）transforms.Compose 可以把一些转换函数组合在一起。

2）Normalize([0.5], [0.5]) 对张量进行归一化，这里两个 0.5 分别表示对张量进行归一化的全局平均值和方差。因图像是灰色的，所以只有一个通道（0.5），如果有多个通道，需要有多个数字，如 3 个通道，应该是 Normalize([m1，m2，m3]，[n1，n2，n3])。

3）download 参数控制是否需要下载数据，如果 ./data 目录下已有 MNIST，可选择 False。

4）用 DataLoader 得到生成器，可节省内存。

5）torchvision 及 data 的使用将在第 4 章详细介绍。

3.5.3　可视化源数据

对数据集中的部分数据进行可视化。

```
import matplotlib.pyplot as plt
%matplotlib inline

examples = enumerate(test_loader)
batch_idx, (example_data, example_targets) = next(examples)

fig = plt.figure()
for i in range(6):
    plt.subplot(2,3,i+1)
    plt.tight_layout()
    plt.imshow(example_data[i][0], cmap='gray', interpolation='none')
    plt.title("Ground Truth: {}".format(example_targets[i]))
    plt.xticks([])
    plt.yticks([])
```

运行结果如图 3-6 所示。

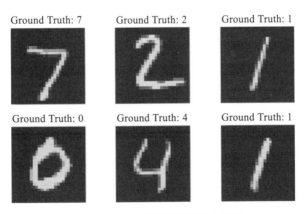

图 3-6　MNIST 源数据可视化示例

3.5.4 构建模型

完成数据预处理之后，我们开始构建模型。

1）构建网络。

```
class Net(nn.Module):
    """
    使用 nn.Sequential 构建网络，Sequential() 函数的功能是将网络的层组合到一起
    """
    def __init__(self, in_dim, n_hidden_1, n_hidden_2, out_dim):
        super(Net, self).__init__()
        self.flatten = nn.Flatten()
        self.layer1 = nn.Sequential(nn.Linear(in_dim, n_hidden_1),nn.BatchNorm1d(n_
            hidden_1))
        self.layer2 = nn.Sequential(nn.Linear(n_hidden_1, n_hidden_2),nn.BatchNorm1d(n_
            hidden_2))
        self.out = nn.Sequential(nn.Linear(n_hidden_2, out_dim))


    def forward(self, x):
        x=self.flatten(x)
        x = F.relu(self.layer1(x))
        x = F.relu(self.layer2(x))
        x = F.softmax(self.out(x),dim=1)
        return x
```

2）实例化网络。

```
# 检测是否有可用的 GPU，有则使用，否则使用 CPU
device = torch.device("cuda:0" if torch.cuda.is_available() else "cpu")
# 实例化网络
model = Net(28 * 28, 300, 100, 10)
model.to(device)

# 定义损失函数和优化器
criterion = nn.CrossEntropyLoss()
optimizer = optim.SGD(model.parameters(), lr=lr, momentum=momentum)
```

3.5.5 训练模型

训练模型，这里使用 for 循环进行迭代，然后用测试数据验证模型。

1）训练模型。

```
# 开始训练
losses = []
acces = []
eval_losses = []
eval_acces = []
writer = SummaryWriter(log_dir='logs',comment='train-loss')

for epoch in range(num_epoches):
    train_loss = 0
    train_acc = 0
```

```
model.train()
# 动态修改参数学习率
if epoch%5==0:
    optimizer.param_groups[0]['lr']*=0.9
    print("学习率:{:.6f}".format(optimizer.param_groups[0]['lr']))
for img, label in train_loader:
    img=img.to(device)
    label = label.to(device)
    # 正向传播
    out = model(img)
    loss = criterion(out, label)
    # 反向传播
    optimizer.zero_grad()
    loss.backward()
    optimizer.step()
    # 记录误差
    train_loss += loss.item()
    # 保存loss的数据与epoch数值
    writer.add_scalar('Train', train_loss/len(train_loader), epoch)
    # 计算分类的准确率
    _, pred = out.max(1)
    num_correct = (pred == label).sum().item()
    acc = num_correct / img.shape[0]
    train_acc += acc

losses.append(train_loss / len(train_loader))
acces.append(train_acc / len(train_loader))
# 在测试集上检验效果
eval_loss = 0
eval_acc = 0
#net.eval() # 将模型改为预测模式
model.eval()
for img, label in test_loader:
    img=img.to(device)
    label = label.to(device)
    img = img.view(img.size(0), -1)
    out = model(img)
    loss = criterion(out, label)
    # 记录误差
    eval_loss += loss.item()
    # 记录准确率
    _, pred = out.max(1)
    num_correct = (pred == label).sum().item()
    acc = num_correct / img.shape[0]
    eval_acc += acc

eval_losses.append(eval_loss / len(test_loader))
eval_acces.append(eval_acc / len(test_loader))
print('epoch: {}, Train Loss: {:.4f}, Train Acc: {:.4f}, Test Loss: {:.4f}, Test
    Acc: {:.4f}'
        .format(epoch, train_loss / len(train_loader), train_acc / len(train_loader),
                eval_loss / len(test_loader), eval_acc / len(test_loader)))
```

最后 5 次迭代的结果如下：

```
学习率:0.006561
epoch: 15, Train Loss: 1.4681, Train Acc: 0.9950, Test Loss: 1.4801, Test Acc: 0.9830
epoch: 16, Train Loss: 1.4681, Train Acc: 0.9950, Test Loss: 1.4801, Test Acc: 0.9833
epoch: 17, Train Loss: 1.4673, Train Acc: 0.9956, Test Loss: 1.4804, Test Acc: 0.9826
epoch: 18, Train Loss: 1.4668, Train Acc: 0.9960, Test Loss: 1.4798, Test Acc: 0.9835
epoch: 19, Train Loss: 1.4666, Train Acc: 0.9962, Test Loss: 1.4795, Test Acc: 0.9835
```

这个神经网络的结构比较简单，只用了两层，也没有使用 dropout 层，迭代 20 次，测试准确率达到 98% 左右，效果还可以。不过还是有提升空间，如果采用卷积神经网络层、dropout 层，应该还可以提升模型性能。

2）可视化训练及测试损失值。

```
plt.title('train loss')
plt.plot(np.arange(len(losses)), losses)
plt.legend(['Train Loss'], loc='upper right')
```

运行结果如图 3-7 所示。

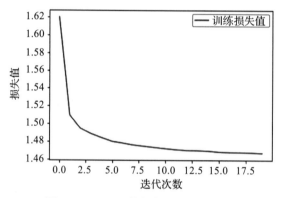

图 3-7　MNIST 数据集训练的损失值

3.6　小结

本章我们首先介绍了神经网络的核心组件，即层、模型、损失函数及优化器。然后，从一个完整实例开始，介绍 PyTorch 如何使用包、模块等来搭建、训练、评估、优化神经网络。最后详细剖析了 PyTorch 的工具箱 nn 以及基于 nn 的一些常用类或模块等，并用相关实例演示这些模块的功能。这章介绍了神经网络工具箱，下一章将介绍 PyTorch 的另一个强大工具箱，即数据处理工具箱。

第 4 章

PyTorch 数据处理工具箱

在 3.5 节我们利用 PyTorch 的 torchvision、data 等包,下载及预处理 MNIST 数据集。数据下载和预处理是机器学习、深度学习实际项目中耗时又重要的任务,尤其是数据预处理,关系到数据质量和模型性能,往往要占据项目的大部分时间。好在 PyTorch 为此提供了专门的数据下载、数据处理包,可极大提高我们的开发效率及数据质量。

本章将介绍以下内容:

❑ 数据处理工具箱概述
❑ utils.data
❑ torchvision
❑ 可视化工具

4.1 数据处理工具箱概述

通过第 3 章,读者应该对 torchvision、data 等数据处理包有了初步的认识,但可能理解还不够深入,接下来我们将详细介绍。PyTorch 涉及的数据处理(数据装载、数据预处理、数据增强等)主要工具包及相互关系如图 4-1 所示。

图 4-1 的左边是 torch.utils.data 工具包,它包括以下 4 个类。

1)Dataset:一个抽象类,其他数据集需要继承这个类,并且覆写其中的两个方法(__getitem__、__len__)。

2)DataLoader:定义一个新的迭代器,实现批量(batch)读取,打乱数据(shuffle)并提供并行加速等功能。

3)random_split:把数据集随机拆分为给定长度的非重叠新数据集。

4)*Sampler:多种采样函数。

图 4-1 中间是 PyTorch 可视化处理工具(torchvision),它是 PyTorch 的一个视觉处理工具

包，独立于 PyTorch，需要另外安装，使用 pip 或 conda 安装即可：

```
pip  install torchvision #或 conda install torchvision
```

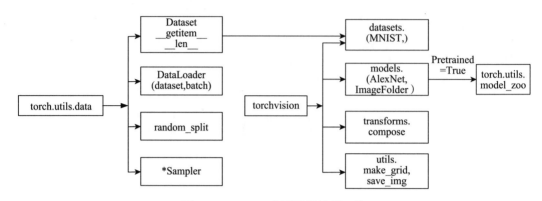

图 4-1   PyTorch 主要数据处理工具

torchvision 包括 4 个类，各类的主要功能如下。

1）datasets：提供常用的数据集加载，设计上都是继承 torch.utils.data.Dataset，主要包括 MNIST、CIFAR10/100、ImageNet、COCO 等。

2）models：提供深度学习中各种经典的网络结构以及训练好的模型（如果要选择训练好的模型，则设置 pretrained = True），包括 AlexNet、VGG 系列、ResNet 系列、Inception 系列等。

3）transforms：常用的数据预处理操作，主要包括对 Tensor 及 PIL Image 对象的操作。

4）utils：含两个函数，一个是 make_grid，它能将多张图像拼接在一个网格中；另一个是 save_img，它能将 Tensor 保存为图像。

4.2   utils.data

utils.data 包括 Dataset 和 DataLoader。torch.utils.data.Dataset 为抽象类。自定义数据集需要继承这个类，并实现两个函数，即 __len__ 和 __getitem__。前者提供数据的大小（size），后者通过给定索引获取数据、标签或一个样本。 __getitem__ 一次只能获取一个样本，所以通过 torch.utils.data.DataLoader 来定义一个新的迭代器，实现批量读取。首先我们来定义一个简单的数据集，然后使用 Dataset 及 DataLoader，给读者一个直观的认识。

1）导入需要的模块。

```
import torch
from torch.utils import data
import numpy as np
```

2）定义获取数据集的类。

该类继承基类 Dataset，自定义一个数据集及对应标签。

```
class TestDataset(data.Dataset):#继承 Dataset
```

```
def __init__(self):
    self.Data=np.asarray([[1,2],[3,4],[2,1],[3,4],[4,5]]) # 一些由 2 维向量表示的数据集
    self.Label=np.asarray([0,1,0,1,2])              # 这是数据集对应的标签

def __getitem__(self, index):
    # 把 numpy 转换为 Tensor
    txt=torch.from_numpy(self.Data[index])
    label=torch.tensor(self.Label[index])
    return txt,label

def __len__(self):
    return len(self.Data)
```

3）获取数据集中的数据。

```
Test=TestDataset()
print(Test[2])  # 相当于调用 __getitem__(2)
print(Test.__len__())

# 输出:
#(tensor([2, 1]), tensor(0))
#5
```

以上数据以元组格式返回，每次只返回一个样本。实际上，Dataset 只负责数据的抽取，一次调用 __getitem__ 只返回一个样本。如果希望批量处理，同时进行数据打乱和并行加速等操作，可选择 DataLoader。DataLoader 的格式为：

```
data.DataLoader(
    dataset,
    batch_size=1,
    shuffle=False,
    sampler=None,
    batch_sampler=None,
    num_workers=0,
    collate_fn=<function default_collate at 0x7f108ee01620>,
    pin_memory=False,
    drop_last=False,
    timeout=0,
    worker_init_fn=None,
)
```

主要参数说明如下。
❑ dataset：加载的数据集。
❑ batch_size：批大小。
❑ shuffle：是否将数据打乱。
❑ sampler：样本抽样。
❑ num_workers：使用多进程加载的进程数，0 代表不使用多进程。
❑ collate_fn：如何将多个样本数据拼接成一个批量，一般使用默认的拼接方式即可。
❑ pin_memory：是否将数据保存在锁页内存（pin_memory）区，pin_memory 中的数据转到 GPU 会快一些。
❑ drop_last：dataset 中的数据个数可能不是 batch_size 的整数倍，将 drop_last 设置为 True

　　　时会将多出来且不足一个批量的数据丢弃。

　　使用函数 DataLoader 加载数据。

```
test_loader = data.DataLoader(Test,batch_size=2,shuffle=False,num_workers=2)
for i,traindata in enumerate(test_loader):
    print('i:',i)
    Data,Label=traindata
    print('data:',Data)
    print('Label:',Label)
```

运行结果如下：

```
i: 0
data: tensor([[1, 2],
              [3, 4]])
Label: tensor([0, 1])
i: 1
data: tensor([[2, 1],
              [3, 4]])
Label: tensor([0, 1])
i: 2
data: tensor([[4, 5]])
Label: tensor([2])
```

　　从这个结果可以看出，这是批量读取。我们可以像使用迭代器一样使用它，如对它进行循环操作。不过它不是迭代器，可以通过 iter 命令转换为迭代器。

```
dataiter=iter(test_loader)
imgs,labels=next(dataiter)
```

　　一般用 data.Dataset 处理同一个目录下的数据。如果数据在不同目录下（不同目录代表不同类别，这种情况比较普遍），使用 data.Dataset 来处理就不是很方便。不过，可以使用 PyTorch 提供的另一种可视化数据处理工具（即 torchvision），不但可以自动获取标签，还提供了很多数据预处理、数据增强等转换函数。

4.3 torchvision

　　torchvision 有 4 个功能模块，model、datasets、transforms 和 utils。其中 model 将在后续章节介绍。可以利用 datasets 下载一些经典数据集，前文 3.5 节具体实例，读者可以参考一下。本节主要介绍如何使用 datasets 的 ImageFolder 处理自定义数据集，以及如何使用 transforms 对源数据进行预处理、增强等。先来看 transforms。

4.3.1 transforms

　　transforms 提供了对 PIL Image 对象和 Tensor 对象的常用操作。

　　1）对 PIL Image 的常见操作如下。

　　❑ Scale/Resize：调整尺寸，长宽比保持不变。

　　❑ CenterCrop、RandomCrop、RandomSizedCrop：裁剪图像，CenterCrop 和 RandomCrop

表示裁剪为固定大小，RandomResizedCrop 表示裁剪为随机大小。

❏ Pad：填充。

❏ ToTensor：把一个取值范围是 [0,255] 的 PIL.Image 转换成 Tensor。如把形状为 (*H*, *W*, *C*) 的 numpy.ndarray 转换成形状为 [*C*, *H*, *W*]，取值范围是 [0,1.0] 的 torch.FloatTensor。

❏ RandomHorizontalFlip：图像随机水平翻转，翻转概率为 0.5。

❏ RandomVerticalFlip：图像随机垂直翻转。

❏ ColorJitter：修改亮度、对比度和饱和度。

2）对 Tensor 的常见操作如下。

❏ Normalize：标准化，即减均值，除以标准差。

❏ ToPILImage：将 Tensor 转为 PIL Image。

如果要对数据集进行多个操作，可通过 Compose 将这些操作像管道一样拼接起来，类似于 nn.Sequential。以下为示例代码。

```
transforms.Compose([
    # 将给定的 PIL.Image 进行中心切割，得到给定的 size，
    # 可以是元组，如 (target_height, target_width)。
    # 也可以是一个整型，在这种情况下，切出来的图像形状是正方形
    transforms.CenterCrop(10),
    # 随机选取切割中心点的位置
    transforms.RandomCrop(20, padding=0),
    # 把一个取值范围是 [0, 255] 的 PIL.Image 或者形状为 (H, W, C) 的
    # numpy.ndarray，转换成形状为 (C, H, W)，取值范围是 [0, 1] 的 torch.FloatTensor
    transforms.ToTensor(),
    # 规范化到 [-1,1]
    transforms.Normalize(mean = (0.5, 0.5, 0.5), std = (0.5, 0.5, 0.5))
])
```

还可以自己定义一个 Python lambda 表达式，如将每个像素值加 10，可表示为：transforms. Lambda(lambda x: x.add(10))。

更多内容可参考官网，地址为 https://pytorch.org/docs/stable/torchvision/transforms.html。

4.3.2　ImageFolder

当文件依据标签处于不同文件下时，如：

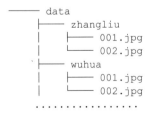

```
—— data
├── zhangliu
│   ├── 001.jpg
│   └── 002.jpg
├── wuhua
│   ├── 001.jpg
│   └── 002.jpg
......
```

我们可以利用 torchvision.datasets.ImageFolder 来直接构造出 dataset，代码如下：

```
loader = datasets.ImageFolder(path)
loader = data.DataLoader(dataset)
```

ImageFolder 会将目录中的文件夹名自动转化成序列，那么载入 DataLoader 时，标签自动就

是整数序列了。

下面我们利用 ImageFolder 读取不同目录下的图像数据，然后使用 transforms 进行图像预处理。预处理有多个操作，我们用 Compose 把这些操作拼接在一起。然后使用 DataLoader 进行数据加载。将处理后的数据用 torchvision.utils 中的 save_image 保存为一个 png 格式文件，然后用 Image.open 打开该 png 文件，详细代码如下：

```python
from torchvision import transforms, utils
from torchvision import datasets
import torch
import matplotlib.pyplot as plt
%matplotlib inline

my_trans=transforms.Compose([
    transforms.RandomResizedCrop(224),
    transforms.RandomHorizontalFlip(),
    transforms.ToTensor()
])
train_data = datasets.ImageFolder('../data/torchvision_data', transform=my_trans)
train_loader = data.DataLoader(train_data,batch_size=8,shuffle=True,)

for i_batch, img in enumerate(train_loader):
    if i_batch == 0:
        print(img[1])
        fig = plt.figure()
        grid = utils.make_grid(img[0])
        plt.imshow(grid.numpy().transpose((1, 2, 0)))
        plt.show()
        utils.save_image(grid,'test01.png')
    break
```

运行结果如下，结果如图 4-2 所示。

```
tensor([2, 2, 0, 0, 0, 1, 2, 2])
```

图 4-2　拼接图像

打开 test01.png 文件：

```python
from PIL import Image
Image.open('test01.png')
```

运行结果如图 4-3 所示。

图 4-3　用 Image 查看 png 文件

4.4　可视化工具

TensorBoard 是 Google TensorFlow 的可视化工具，可以记录训练数据、评估数据、网络结构、图像等，并且可以在 Web 上展示，对于观察神经网络训练的过程非常有帮助。PyTorch 支持 tensorboard_logger、visdom 等可视化工具。

4.4.1　TensorBoard 简介

TensorBoard 功能很强大，支持 scalar、image、figure、histogram、audio、text、graph、onnx_graph、embedding、pr_curve、videosummaries 等可视化方式。

使用 TensorBoard 的一般步骤如下。

1）导入 TensorBoard，实例化 SummaryWriter 类，指明记录日志路径等信息。

```
from torch.utils.tensorboard import SummaryWriter
# 实例化 SummaryWriter，并指明日志存放路径。如果当前目录没有 logs 目录，则自动创建
writer = SummaryWriter(log_dir='logs')
# 调用实例
writer.add_xxx()
# 关闭 writer
writer.close()
```

【说明】

1）其中 logs 是指生成日志文件路径，如果是在 Windows 环境下，需要注意其 logs 路径格式与 Linux 环境不同，需要使用转义字符或在字符串前加 r，如

```
writer = SummaryWriter(log_dir=r'D:\myboard\test\logs')
```

2）SummaryWriter 的格式为：

```
SummaryWriter(log_dir=None, comment='', **kwargs)
# 其中 comment 表示在文件命名加上 comment 后缀
```

3）如果不写 log_dir，系统将在当前目录创建一个 runs 目录。

2）调用相应的 API，接口一般格式为：

```
add_xxx(tag-name, object, iteration-number)
# 即 add_xxx(标签，记录的对象，迭代次数)
```

3）启动 TensorBoard 服务。使用 cd 命令到 logs 目录所在的同级目录，在命令行输入如下命令，logdir 等式右边可以是相对路径或绝对路径。

```
tensorboard --logdir=logs --port 6006
# 如果是 Windows 环境，要注意路径解析，如
#tensorboard --logdir=r'D:\myboard\test\logs' --port 6006
```

4）Web 展示。在浏览器输入：

```
http:// 服务器 IP 或名称 :6006    # 如果是本机，服务器名称可以使用 localhost
```

便可看到 logs 目录保存的各种图形，如图 4-4 所示。

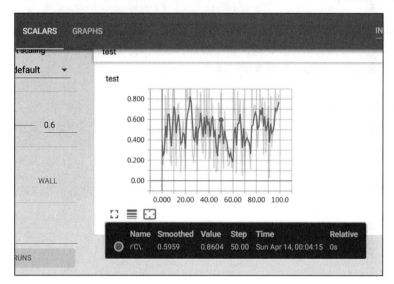

图 4-4   TensorBoard 示例图形

在图形上移动鼠标，还可以看到对应位置的具体数据。

4.4.2   用 TensorBoard 可视化神经网络

4.4.1 节介绍了 TensorBoard 的主要内容，为帮助大家更好地理解，下面我们将介绍几个实例。实例内容涉及如何使用 TensorBoard 可视化神经网络模型、损失值、特征图等。

1）导入需要的模块。

```
import torch
import torch.nn as nn
import torch.nn.functional as F
import torchvision
from torch.utils.tensorboard import SummaryWriter
```

2）构建神经网络。

```
class Net(nn.Module):
    def __init__(self):
        super(Net, self).__init__()
        self.conv1 = nn.Conv2d(1, 10, kernel_size=5)
        self.conv2 = nn.Conv2d(10, 20, kernel_size=5)
        self.conv2_drop = nn.Dropout2d()
        self.fc1 = nn.Linear(320, 50)
        self.fc2 = nn.Linear(50, 10)
        self.bn = nn.BatchNorm2d(20)

    def forward(self, x):
        x = F.max_pool2d(self.conv1(x), 2)
        x = F.relu(x) + F.relu(-x)
```

```
x = F.relu(F.max_pool2d(self.conv2_drop(self.conv2(x)), 2))
x = self.bn(x)
x = x.view(-1, 320)
x = F.relu(self.fc1(x))
x = F.dropout(x, training=self.training)
x = self.fc2(x)
x = F.softmax(x, dim=1)
return x
```

3）把模型保存为图像。

```
#定义输入
input = torch.rand(32, 1, 28, 28)
# 实例化神经网络
model = Net()
# 将模型保存为图像
with SummaryWriter(log_dir='logs',comment='Net') as w:
    w.add_graph(model, (input, ))
```

打开浏览器，便可看到如图 4-5 所示的可视化计算图。

4.4.3 用 TensorBoard 可视化损失值

可视化损失值时需要用到 add_scalar 函数，这里利用一层全连接神经网络，训练一元二次函数的参数。

```
dtype = torch.FloatTensor
writer = SummaryWriter(log_dir = 'logs',comment=
    'Linear')
np.random.seed(100)
x_train = np.linspace(-1, 1, 100).reshape(100,1)
y_train = 3*np.power(x_train, 2) +2+ 0.2*np.rand-
    om.rand(x_train.size).reshape(100,1)

model = nn.Linear(input_size, output_size)

criterion = nn.MSELoss()
optimizer = torch.optim.SGD(model.parameters(),
    lr=learning_rate)

for epoch in range(num_epoches):
    inputs = torch.from_numpy(x_train).type(dtype)
    targets = torch.from_numpy(y_train).type(dtype)

    output = model(inputs)
    loss = criterion(output, targets)

    optimizer.zero_grad()
    loss.backward()
    optimizer.step()
    # 保存 loss 与 epoch 数值
    writer.add_scalar('训练损失值', loss, epoch)
```

运行结果如图 4-6 所示。

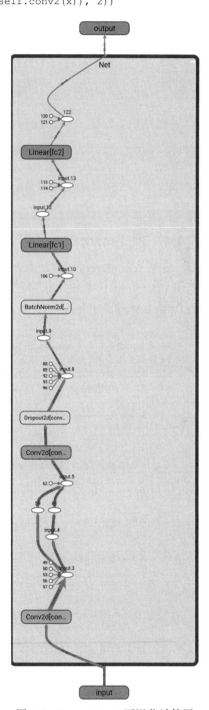

图 4-5 TensorBoard 可视化计算图

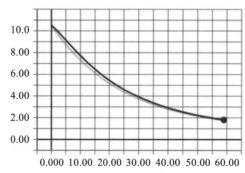

图 4-6　可视化损失值与迭代步的关系

4.4.4　用 TensorBoard 可视化特征图

利用 TensorBoard 对特征图进行可视化，不同卷积层的特征图的抽取程度是不一样的。这里用 x 从 CIFAR10 数据集获取。注意：因为 PyTorch 1.7 版本的 utils 有一个 bug，这里使用了 PyTorch 1.10 版的 utils。

```python
#import torchvision.utils as vutils
## 因 PyTorch 1.7 版本的 utils 有一个 bug,
## 这里使用了当前最新的 utils 版本 (v1.10)
import utils as vutils
writer = SummaryWriter(log_dir='logs',comment='feature map')

img_grid = vutils.make_grid(x, normalize=True, scale_each=True, nrow=2)
net.eval()
for name, layer in net._modules.items():

    # 为全连接 (fc) 层预处理 x
    x = x.view(x.size(0), -1) if "fc" in name else x
    print(x.size())

    x = layer(x)
    print(f'{name}')

    # 查看卷积层的特征图
    if 'layer' in name or 'conv' in name:
        x1 = x.transpose(0, 1)  # C, B, H, W ---> B, C, H, W
        img_grid = vutils.make_grid(x1, normalize=True, scale_each=True, nrow=4)
        #进行归一化处理
        writer.add_image(f'{name}_feature_maps', img_grid, global_step=0)
```

运行结果如图 4-7、图 4-8 所示。

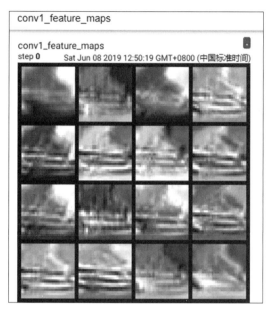

图 4-7　conv1 的特征图

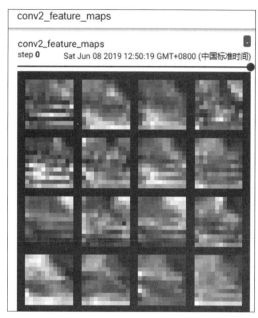

图 4-8　conv2 的特征图

4.5　小结

本章详细介绍了 PyTorch 有关数据下载、预处理方面的一些常用包，以及可视化工具——TensorBoard，并通过一些实例详细说明如何使用这些包或工具。第 1~4 章介绍了有关 NumPy 及 PyTorch 的基础知识，有助于读者更好地理解和使用接下来的深度学习方面的基本概念、原理和算法等内容。

第二部分 *Part 2*

深度学习基础

第 5 章 机器学习基础
第 6 章 视觉处理基础
第 7 章 自然语言处理基础
第 8 章 注意力机制
第 9 章 目标检测与语义分割
第 10 章 生成式深度学习

CHAPTER 5

第 5 章

机器学习基础

本书的第一部分介绍了 NumPy、Tensor、nn 等内容，这些内容是继续学习 PyTorch 的基础。有了这些基础，学习第二部分就容易多了。第二部分将介绍深度学习的一些基本内容，以及如何用 PyTorch 解决机器学习、深度学习的一些实际问题。

深度学习是机器学习的重要分支，也是机器学习的核心，但深度学习是在机器学习基础上发展起来的，因此理解机器学习的基本概念、基本原理对理解深度学习大有裨益。

机器学习的体系很庞大，限于篇幅，本章主要介绍其基础知识及与深度学习关系比较密切的内容，如果读者希望进一步学习机器学习的相关知识，建议参考周志华老师的《机器学习》或李航老师的《统计学习方法》。

本章先介绍机器学习中常用的监督学习、无监督学习等，然后介绍神经网络及相关算法，最后介绍传统机器学习中的一些不足及优化方法等。本章主要内容包括：

- ❑ 机器学习的基本任务
- ❑ 机器学习的一般流程
- ❑ 过拟合与欠拟合
- ❑ 选择合适的激活函数、损失函数、优化器
- ❑ GPU 加速

5.1 机器学习的基本任务

机器学习的基本任务一般分为 4 大类：监督学习、无监督学习、半监督学习和强化学习。监督学习、无监督学习比较普遍，大家也比较熟悉。常见的分类、回归等都属于监督学习，聚类、降维等都属于无监督学习。半监督学习和强化学习的发展历史虽没有前两者这么悠久，但发展势头非常迅猛。图 5-1 说明了 4 种分类的主要内容。

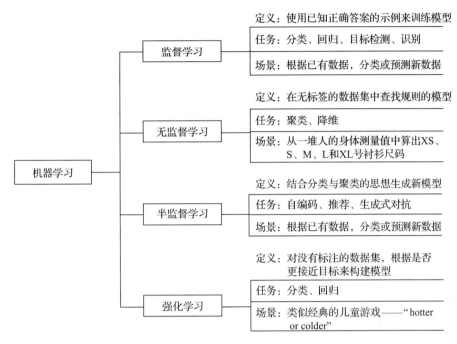

图 5-1　机器学习的基本任务

5.1.1　监督学习

　　监督学习是最常见的一种机器学习类型，其任务的特点就是给定学习目标，这个学习目标又称为标签、标注或实际值等，整个学习过程就是围绕如何使预测与目标更接近而展开的。近些年，随着深度学习的发展，除传统的二分类、多分类、多标签分类之外，分类也出现了一些新内容，如目标检测、目标识别、图像分割等，并成为监督学习的重要内容。监督学习的一般过程如图 5-2 所示。

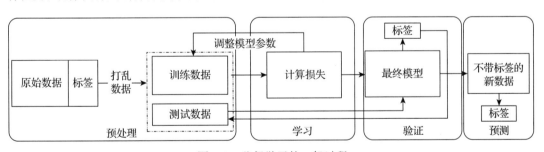

图 5-2　监督学习的一般过程

5.1.2　无监督学习

　　监督学习的输入数据中有标签或目标值，但在实际生活中，有很多数据是没有标签的，或者标签代价很高。这些没有标签的数据也可能包含很重要的规则或信息，而从这类数据中学习到一个规则或规律的过程称为无监督学习。在无监督学习中，我们通过推断输入数据中的结构来建模，模型包括关联学习、降维、聚类等。

5.1.3 半监督学习

半监督学习是监督学习与无监督学习相结合的一种学习方法。半监督学习使用大量的未标记数据，同时由部分标记数据进行模式识别。半监督学习目前正越来越受到人们的重视。

自编码器是一种半监督学习，其生成的目标就是未经修改的输入。语言处理中根据给定文本中词预测下一个词，也是半监督学习的例子。

生成式对抗网络也是一种半监督学习，即给定一些真图像或语音，然后，通过生成对抗网络生成一些与真图像或语音逼真的图像或语音。

5.1.4 强化学习

强化学习是机器学习的一个重要分支，是多学科多领域交叉的产物。强化学习主要包含 4 个元素：智能体（Agent）、环境状态、行动、奖励。强化学习的目标就是获得最多的累计奖励。

强化学习把学习看作试探评价过程，智能体选择一个动作作用于环境，环境在接收该动作后使状态发生变化，同时产生一个强化信号（奖或惩）反馈给智能体，再由智能体根据强化信号和环境的当前状态选择下一个动作，选择的原则是使智能体受到正强化（奖）的概率增大。选择的动作不仅影响当前的强化值，也影响下一时刻的状态和最终的强化值。

强化学习不同于监督学习，主要表现在教师信号上。强化学习中由环境提供的强化信号是智能体对所产生动的好坏的一种评价，而不是告诉智能体如何去产生正确的动作。由于外部环境提供了很少的信息，因此智能体必须靠自身的经历进行学习。通过这种方式，智能体在行动 - 评价的环境中获得知识，并改进行动方案以适应环境。

AlphaGo Zero 带有强化学习内容，它完全摒弃了人类知识，碾压了早期版本的 AlphaGo，更突显强化学习和深度学习结合的巨大威力。

5.2 机器学习的一般流程

机器学习的一般流程是，明确目标、收集数据、输入数据、数据探索与预处理，然后开始构建模型、训练模型、评估模型、优化模型等。图 5-3 为机器学习的一般流程图。

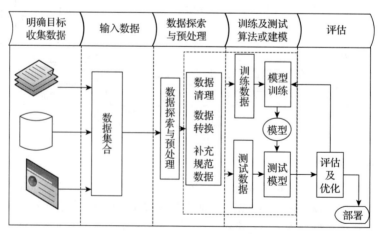

图 5-3　机器学习的一般流程图

通过图 5-3 可直观了解机器学习的一般步骤或整体框架，接下来我们就各部分分别加以说明。

5.2.1 明确目标

在实施一个机器学习项目之初，定义需求、明确目标、了解要解决的问题以及目标涉及的范围等非常重要，它们直接影响着后续工作的质量甚至成败。明确目标，首先需要明确大方向，比如当前需求是分类问题、预测问题还是聚类问题等。清楚大方向后，需要进一步明确目标的具体含义。如果是分类问题，还需要区分是二分类、多分类还是多标签分类；如果是预测问题，要区别是标量预测还是向量预测；其他方法与此类似。确定问题、明确目标有助于选择模型架构、损失函数及评估方法等。

当然，明确目标还包含了解目标的可行性，因为并不是所有问题都可以通过机器学习来解决。

5.2.2 收集数据

目标明确后，接下来就是收集数据。为了解决这个问题，需要哪些数据？数据是否充分？哪些数据能获取？哪些无法获取？这些数据是否包含我们学习的一些规则等，都需要全面把握。

数据可能涉及不同平台、不同系统、不同部分、不同形式等，对这些问题的了解有助于确定具体数据收集方案、实施步骤等。能收集的数据尽量实现自动化、程序化。

5.2.3 数据探索与预处理

收集到的数据不一定规范和完整，这就需要对数据进行初步分析或探索，然后根据探索结果与问题目标，确定数据预处理方案。

数据探索包括了解数据的大致结构、数据量、各特征的统计信息、整个数据质量情况、数据的分布情况等。为了更好地体现数据分布情况，数据可视化是一个不错的方法。

通过数据探索后，可能会发现不少问题，如存在缺失数据、数据不规范、数据分布不均衡、奇异数据、很多非数值数据、很多无关或不重要的数据等。这些问题的存在直接影响着数据质量，为此，数据预处理工作应该是接下来的重点工作。数据预处理是机器学习过程中必不可少的重要步骤，特别是在生产环境的机器学习中，数据往往是原始、未加工和处理过的，因此数据预处理常常占据整个机器学习过程的大部分时间。

数据预处理过程一般包括数据清理、数据转换、规范数据、特征选择等工作。

5.2.4 选择模型及损失函数

数据准备好以后，接下来就是根据目标选择模型。可以先用一个简单、自己比较熟悉的一些方法来选择模型，开发一个原型或比基准更好一点的模型。这个简单模型有助于你快速了解整个项目的主要内容：

❑ 了解整个项目的可行性、关键点；
❑ 了解数据质量、数据是否充分等；
❑ 为你开发一个更好的模型奠定基础。

　　在选择模型时，不存在某种对任何情况都表现很好的算法（这种现象又称为没有免费的午餐），因此在实际选择时，一般会选用几种不同的方法来训练模型，然后比较它们的性能，从中选择最优的那个。

　　选择好模型后，还需要考虑以下几个关键点：

❏　最后一层是否需要添加 softmax 或 sigmoid 激活层；

❏　选择合适的损失函数；

❏　选择合适的优化器。

表 5-1 列出了常见问题类型的最后一层激活函数和损失函数的对应关系，供大家参考。

表 5-1　根据问题类型选择损失函数

问题类型	最后一层激活函数	损失函数
二分类，单标签	添加 sigmoid 层	nn.BCELoss
	不添加 sigmoid 层	nn.BCEWithLogitsLoss
二分类，多标签	无	nn.SoftMarginLoss（target 为 1 或 –1）
多分类，单标签	不添加 softmax 层	nn.CrossEntropyLoss（target 的类型为 torch.LongTensor 的独热编码）
	不添加 softmax 层	nn.NLLLoss
多分类，多标签	无	nn.MultiLabelSoftMarginLoss（target 为 0 或 1）
回归	无	nn.MSELoss
识别	无	nn.TripleMarginLoss
		nn.CosineEmbeddingLoss（margin 在 [–1, 1] 之间）

5.2.5　评估及优化模型

　　模型确定后，还需要确定一种评估模型性能的方法，即评估方法。评估方法大致有以下 3 种。

❏　留出法（Holdout）：留出法的步骤相对简单，直接将数据集划分为两个互斥的集合，其中一个集合作为训练集，另一个作为测试集。在训练集上训练出模型后，用测试集来评估测试误差，作为泛化误差的估计。还有一种更好的方法就是把数据分成三部分：训练数据集、验证数据集、测试数据集。训练数据集用来训练模型，验证数据集用来调优超参数，测试集用来测试模型的泛化能力。数据量较大时可采用这种方法。

❏　k 折交叉验证：不重复地随机将训练数据集划分为 k 个，其中 $k-1$ 个用于模型训练，剩余的一个用于测试。

❏　重复的 k 折交叉验证：当数据量比较小、数据分布不很均匀时可以采用这种方法。

　　使用训练数据构建模型后，通常使用测试数据对模型进行测试，测试模型对新数据的测试效果。如果对模型的测试结果满意，就可以用此模型对以后的数据进行预测；如果测试结果不满意，可以优化模型。优化的方法很多，其中网格搜索参数是一种有效方法，当然我们也可以采用手工调节参数等方法。如果出现过拟合，尤其是回归类问题，可以考虑使用正则化方法来降低模型的泛化误差。

5.3　过拟合与欠拟合

前面我们介绍了机器学习的一般流程，模型确定后，开始训练模型，然后对模型进行评估和优化，这个过程往往是循环往复的。训练模型过程经常出现刚开始训练时，训练和测试精度不高（或损失值较大），通过增加迭代次数或优化，使得训练精度和测试精度继续提升的情况。如果出现这种情况，当然最好。但也会出现随着训练迭代次数增加或模型不断优化，训练精度或损失值继续改善，测试精度或损失值不降反升的情况。如图 5-4 所示。

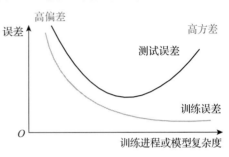

图 5-4　训练误差与测试误差

出现这种情况时，说明优化过头了，把训练数据中一些无关紧要甚至错误的模式也学到了。这就是我们通常说的出现过拟合了。如何解决这类问题？机器学习中有很多方法可以解决过拟合问题，这些方法又统称为正则化方法。接下来我们介绍一些常用的正则化方法。

5.3.1　权重正则化

如何解决过拟合问题呢？正则化是有效方法之一。正则化不仅可以有效降低高方差，还可以降低偏差。何为正则化？在机器学习中，很多被显式地减少测试误差的策略统称为正则化。正则化旨在减少泛化误差而不是训练误差。为了使大家对正则化的作用及原理有个直观印象，先看正则化示意图（见图 5-5）。

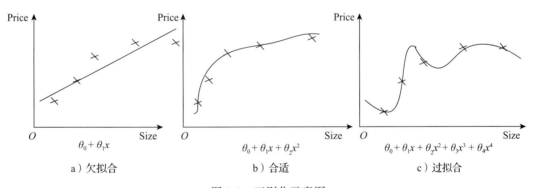

a）欠拟合　　　　　　　b）合适　　　　　　　c）过拟合

图 5-5　正则化示意图

图 5-5 是根据房屋面积（Size）预测房价（Price）的回归模型。正则化如何解决模型的过拟合问题呢？主要是通过正则化使参数变小甚至趋于原点。如图 5-5c 所示，其模型或目标函数是一个 4 次多项式，因它把一些噪声数据也包括进来了，导致模型很复杂，实际上房价与房屋面积应该是 2 次多项式函数关系，如图 5-5b 所示。

如果要降低模型的复杂度，可以通过缩减它们的系数来实现，如把 3 次项、4 次项的系数 θ_3、θ_4 缩减到接近于 0 即可。

在算法中如何实现呢？这个得从其损失函数或目标函数着手。假设房价与房屋面积的模型的损失函数为：

$$\min_{\theta} \frac{1}{2m} \sum_{i=1}^{m} (h_{\theta}(x^{(i)}) - y^{(i)})^2 \tag{5.1}$$

这个损失函数是我们的优化目标，也就是说我们需要尽量减少损失函数的均方误差。我们对这个函数添加一些正则项，如加上 10000 乘以 θ_3 的平方，再加上 10000 乘以 θ_4 的平方，得到如下函数：

$$\min_{\theta} \frac{1}{2m} \sum_{i=1}^{m} (h_{\theta}(x^{(i)}) - y^{(i)})^2 + 10000\theta_3^2 + 10000\theta_4^2 \tag{5.2}$$

这里取 10000 只是用来代表它是一个"大值"。现在，如果要最小化这个新的损失函数，我们要让 θ_3 和 θ_4 尽可能小。因为如果你在原有损失函数的基础上加上 10000 乘以 θ_3 这一项，那么这个新的损失函数将变得很大，所以，当最小化这个新的损失函数时，将使 θ_3 的值接近于 0，同样使 θ_4 的值也接近于 0，就像我们忽略了这两个值一样。如果做到这一点（θ_3 和 θ_4 接近 0），那么将得到一个近似的二次函数，如图 5-6 所示。

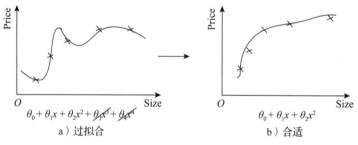

图 5-6　利用正则化提升模型泛化能力

希望通过上面的简单介绍，能让大家有个直观理解。传统意义上的正则化一般分为 L0、L1、L2、L∞ 等。

PyTorch 是如何实现正则化的呢？这里以实现 L2 为例，神经网络的 L2 正则化称为权重衰减（Weight Decay）。torch.optim 集成了很多优化器，如 SGD，Adadelta，Adam，AdaGrad，RMSprop 等，这些优化器自带参数 weight_decay，用于指定权值衰减率，相当于 L2 正则化中的 λ 参数，也就是式（5.3）中的 λ。

$$\min_{\theta} \frac{1}{2m} \sum_{i=1}^{m} (h_{\theta}(x^{(i)}) - y^{(i)})^2 + \lambda \|\boldsymbol{W}\|^2 \tag{5.3}$$

5.3.2　dropout 正则化

dropout 是 Srivastava 等人在 2014 年的一篇论文" Dropout: A Simple Way to Prevent Neural Networks from Overfitting"中提出的一种针对神经网络模型的正则化方法。

dropout 正则化在训练模型中是如何实现的呢？ dropout 的做法是在训练过程中按一定比例（比例参数可设置）随机忽略或屏蔽一些神经元。这些神经元被随机"抛弃"，也就是说它们在正向传播过程中对于下游神经元的贡献效果暂时消失了，在反向传播时该神经元也不会有任何权重的更新。所以，通过传播过程，dropout 将产生与 L2 范数相同的收缩权重的效果。

随着神经网络模型的不断学习，神经元的权值会与整个网络的上下文相匹配。神经元的权重针对某些特征进行调优，会产生一些特殊化，而周围的神经元会依赖这种特殊化，如果过于特殊化，模型会因为对训练数据过拟合而变得脆弱不堪。神经元在训练过程中的这种依赖上下文的现象被称为复杂的协同适应（Complex Co-Adaptation）。

加入了 dropout 以后，输入特征都有可能会被随机清除，所以该神经元不会再特别依赖任何一个输入特征，也就是说不会给任何一个输入设置太大的权重。网络模型对神经元特定的权重不那么敏感，这反过来又提升了模型的泛化能力，不容易对训练数据过拟合。

dropout 训练的集合包括所有从基础网络除去非输出单元形成的子网络，如图 5-7 所示。

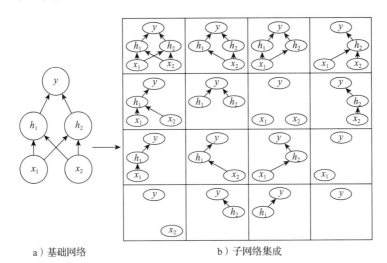

a）基础网络   b）子网络集成

图 5-7   基础网络 dropout 为多个子网络

dropout 训练所有子网络组成的集合，其中子网络是从基本网络中删除非输出单元构成的。我们从具有两个可见单元和两个隐藏单元的基本网络开始，这 4 个单元有 16 个可能的子集。如图 5-7b 所示，从原始网络中丢弃不同的单元子集而形成的所有 16 个子网络。在这个例子中，所得到的大部分网络没有输入单元或没有从输入连接到输出的路径。当层较宽时，丢弃所有从输入到输出的可能路径的概率会变小，所以，这个问题对于层较宽的网络不是很重要。

较先进的神经网络一般包括一系列仿射变换和非线性变换，我们可以将一些单元的输出乘零，从而有效地删除一些单元。这个过程需要对模型进行一些修改，如径向基函数网络、单元的状态和参考值之间存在一定区别。为简单起见，在这里提出乘零的简单 dropout 算法，被简单地修改后，可以与其他操作一起工作。

dropout 在训练阶段和测试阶段是不同的，一般在训练中使用，而不在测试中使用。不过测试时没有神经元被丢弃，此时有更多的单元被激活，为平衡起见，一般将输出按丢弃率（dropout rate）比例缩小。

如何或何时使用 dropout 呢？以下是一般原则。

1）通常丢弃率控制在 20%～50% 比较好，可以从 20% 开始尝试。如果比例太低则起不到效果，如果比例太高则会导致模型欠拟合。

2）在大的网络模型上应用。当 dropout 用在较大的网络模型时，更有可能得到更好的效果，且模型有更多的机会学习到多种独立的表征。

3）在输入层和隐含层都使用 dropout。对于不同的层，设置的 keep_prob 也不同：对于神经元较少的层，会将 keep_prob 设为 1.0 或接近于 1.0 的数；对于神经元多的层，则会将 keep_prob 设置得较小，如 0.5 或更小。

4）增加学习速率和冲量。把学习速率扩大 10～100 倍，冲量值调高到 0.9～0.99。

5）限制网络模型的权重。较大的学习速率往往容易导致大的权重值。对网络的权重值做最大范数的正则化，被证明能提升模型性能。

下面我们通过实例来比较使用 dropout 和不使用 dropout 对训练损失或测试损失的影响。数据还是房屋销售数据，构建网络层，添加两个 dropout，具体构建代码如下：

```python
net1_overfitting = torch.nn.Sequential(
    torch.nn.Linear(13, 16),
    torch.nn.ReLU(),
    torch.nn.Linear(16, 32),
    torch.nn.ReLU(),
    torch.nn.Linear(32, 1),
)

net1_dropped = torch.nn.Sequential(
    torch.nn.Linear(13, 16),
    torch.nn.Dropout(0.5),  # drop 50% of the neuron
    torch.nn.ReLU(),
    torch.nn.Linear(16, 32),
    torch.nn.Dropout(0.5),  # drop 50% of the neuron
    torch.nn.ReLU(),
    torch.nn.Linear(32, 1),
)
```

获取测试集上不同损失值的代码如下：

```python
writer.add_scalars('test_group_loss',{'origloss':orig_loss.item(),'droploss':drop_
    loss.item()}, epoch)
```

通过 TensorBoard 在 Web 上显示运行结果，如图 5-8 所示。

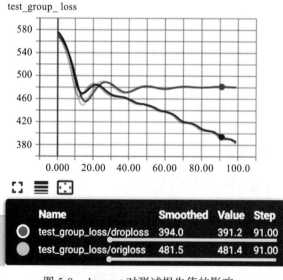

图 5-8　dropout 对测试损失值的影响

从图 5-8 可以看出，添加 dropout 层，对提升模型的性能或泛化能力的效果还是比较明显的。

5.3.3　批量归一化

前面我们介绍了数据归一化，它一般是针对输入数据而言的。但在实际训练过程中，经常出现隐含层因数据分布不均，导致梯度消失或不起作用的情况。如采用 sigmoid 函数或 tanh 函数为激活函数时，如果数据分布在两侧，这些激活函数的导数就接近于 0，这样一来，BP 算法得到的梯度也就消失了。如何解决这个问题？

Sergey Ioffe 和 Christian Szegedy 两位学者提出了批量归一化（Batch Normalization，BN）方法。批量归一化不仅可以有效解决梯度消失问题，而且可以让调试超参数更加简单，在提高训练模型效率的同时，还可让神经网络模型更加"健壮"。批量归一化是如何做到这些的呢？首先，我们介绍一下批量归一化的算法流程。

输入：微批次（mini-batch）数据：$B = \{x_1, x_2, \cdots, x_m\}$

学习参数：γ, β 类似于权重参数，可以通过梯度下降等算法求得。

　　其中 x_i 并不是网络的训练样本，而是指原网络中任意一个隐含层激活函数的输入，这些输入是训练样本在网络中正向传播得来的。

输出：$\{y_i = NB_{\gamma,\beta}(x_i)\}$

\# 求微批次样本均值：

$$\mu_B \leftarrow \frac{1}{m}\sum_{i=1}^{m} x_i \tag{5.4}$$

\# 求微批次样本方差：

$$\sigma_B^2 \leftarrow \frac{1}{m}\sum_{i=1}^{m} (x_i - \mu_B)^2 \tag{5.5}$$

\# 对 x_i 进行标准化处理：

$$\widehat{x_i} \leftarrow \frac{x_i - \mu_B}{\sqrt{\sigma_B^2 + \epsilon}} \tag{5.6}$$

\# 反标准化操作：

$$y_i = \gamma \widehat{x_i} + \beta \equiv NB_{\gamma,\beta}(x_i) \tag{5.7}$$

批量归一化是对隐含层的标准化处理，它与输入的标准化处理是有区别的。标准化处理使所有输入的均值为 0，方差为 1，而批量归一化可使各隐含层输入的均值和方差为任意值。实际上，从激活函数的角度来说，如果各隐含层的输入均值在靠近 0 的区域，即处于激活函数的线性区域，将不利于训练好的非线性神经网络，而且得到的模型效果也不会太好。式（5.6）就起到这个作用，当然它还有还原归一化后的 x 的功能。批量归一化一般作用在非线性映射前，即对 $x = Wu + b$ 做规范化时，在每一个全连接和激励函数之间。

何时使用批量归一化呢？一般在神经网络训练中遇到收敛速度很慢，或梯度爆炸等无法训练的状况时，可以尝试用批量归一化来解决。另外，在一般情况下，也可以加入批量归一化来加快训练速度，提高模型精度，还可以大大提高训练模型的效率。批量归一化的具体功能列举如下。

1）可以选择比较大的初始学习率，让训练速度飙涨。以前需要慢慢调整学习率，甚至在网络训练到一半的时候，还需要思考将学习率进一步调小的比例选择多少比较合适，现在我们可以采用初始值很大的学习率，学习率的衰减速度也很大，因为这个算法收敛很快。当然，即使你选择了较小的学习率，也比以前的收敛速度快，因为该算法具有快速训练收敛的特性。

2）不用再去理会过拟合中 dropout、L2 正则项参数的选择问题，采用批量归一化算法后，你可以移除这两项参数，或者可以选择更小的 L2 正则约束参数，因为批量归一化具有提高网络泛化能力的特性。

3）再也不需要使用局部响应归一化层。

4）可以把训练数据彻底打乱。

下面还是以房价预测为例，比较添加批量归一化层与不添加批量归一化层在测试集上的损失值。两种网络结构的代码如下。

```
net1_overfitting = torch.nn.Sequential(
    torch.nn.Linear(13, 16),
    torch.nn.ReLU(),
    torch.nn.Linear(16, 32),
    torch.nn.ReLU(),
    torch.nn.Linear(32, 1),
)

net1_nb = torch.nn.Sequential(
    torch.nn.Linear(13, 16),
    nn.BatchNorm1d(num_features=16),
    torch.nn.ReLU(),
    torch.nn.Linear(16, 32),
    nn.BatchNorm1d(num_features=32),
    torch.nn.ReLU(),
    torch.nn.Linear(32, 1),
)
```

图 5-9 为运行结果图。

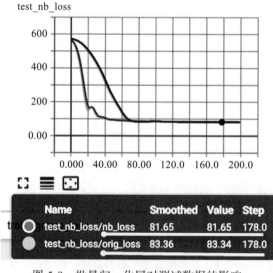

图 5-9   批量归一化层对测试数据的影响

从图 5-9 可以看出，添加批量归一化层对改善模型的泛化能力有一定帮助，不过没有

dropout 那么明显。这个神经网络比较简单，批量归一化在一些复杂网络中的效果会更好。

批量归一化方法对批量大小（batchsize）比较敏感，由于每次计算均值和方差是在单个节点的一个批次上，所以如果批量太小，则计算的均值、方差不足以代表整个数据分布。批量归一化实际使用时需要计算并且保存某一层神经网络批次的均值和方差等统计信息，对于一个固定深度的正向神经网络［如深度神经网络（DNN）、卷积神经网络（CNN）］来说，使用批量归一化很方便。但对于深度不固定的神经网络，如循环神经网络（RNN）来说，批量归一化的计算则很麻烦，而且效果也不很理想。此外，批量归一化算法对训练和测试两个阶段不一致，也会影响模型的泛化效果。对于不定长的神经网络，人们想到另一种方法，即层归一化（Layer Normalization，LN）算法。

5.3.4　层归一化

层归一化对同一层的每个样本进行正则化，不依赖于其他数据，因此可以避免批量归一化中受小批量数据分布影响的问题。不同的输入样本有不同的均值和方差，它比较适合样本是不定长或网络深度不固定的场景，如 RNN、NLP 等。

批量归一化是纵向计算，而层归一化是横向计算，另外批量归一化是对单个节点（或特征）的一个批次进行计算，而层归一化是基于同一层不同节点（或不同特征）的一个样本进行计算。两者之间的区别可用图 5-10 直观表示。

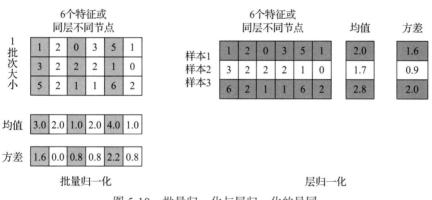

图 5-10　批量归一化与层归一化的异同

5.3.5　权重初始化

深度学习为何要初始化？传统机器学习算法中很多不是采用迭代式优化方法，因此需要初始化的内容不多。但深度学习的算法一般采用迭代方法，而且参数多、层数也多，所以很多算法会在不同程度上受到初始化的影响。

初始化对训练有哪些影响？初始化能决定算法是否收敛，如果初始值过大可能会在正向传播或反向传播中产生爆炸的值，如果初始值太小将导致丢失信息。对收敛的算法进行适当的初始化能加快收敛速度。初始点的选择将影响模型收敛是局部最小还是全局最小。如图 5-11 所示，因初始点的不同，导致收敛到不同的极值点。另外，初始化也可以影响模型的泛化。

如何对权重、偏移量进行初始化？初始化这些参数是否有一般性原则？常见的参数初始化方法有零值初始化、随机初始化、均匀分布初始化、正态分布初始化和正交分布初始化等。一般采用正态分布或均匀分布的初始值。实践表明，正态分布、正交分布、均匀分布的初始值能带来更好的效果。

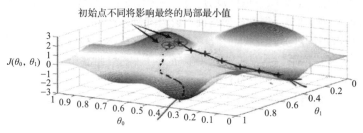

图 5-11　初始点的选择影响算法是否陷入局部最小点

继承 nn.Module 的模块参数都采取了较合理的初始化策略，一般使用其默认初始化策略就够了。当然，如果你想修改，PyTorch 也提供了 nn.init 模块，该模块提供了常用的初始化策略，如 xavier、kaiming 等经典初始化策略，使用这些策略有利于激活值的分布，以呈现更有广度或更贴近正态分布。xavier 一般用于激活函数是 S 型（如 sigmoid、tanh）的权重初始化，kaiming 更适合激活函数为 ReLU 类的权重初始化。

5.4　选择合适的激活函数

激活函数在神经网络中的作用有很多，主要作用是给神经网络提供非线性建模能力。如果没有激活函数，那么再多层的神经网络也只能处理线性可分问题。作为神经网络的激活函数，一般需要满足如下 3 个条件。

1）非线性：为提高模型的学习能力，如果是线性，那么再多层都相当于只有两层效果。

2）可微性：有时可以弱化，在一些点存在偏导即可。

3）单调性：保证模型简单。

常用的激活函数有 sigmoid、tanh、ReLU、softmax 等。它们的图形、表达式、导数等信息如表 5-2 所示。

表 5-2　激活函数及其各种属性

名　称	表达式	导　数	图　形
sigmoid	$f(x)=\dfrac{1}{1+e^{-x}}$	$f'(x)=f(x)(1-f(x))$	
tanh	$f(x)=\dfrac{1-e^{-2x}}{1+e^{-2x}}$	$f'(x)=1-\left(f(x)\right)^2$	

(续)

名　称	表达式	导　数	图　形
ReLU	$f(x) = \max(0, x)$	$f'(x) = \begin{cases} 1 & x \geqslant 0 \\ 0 & x < 0 \end{cases}$	
LeakyReLU	$f(x) = \max(\alpha x, x)$	$f'(x) = \begin{cases} 1 & x \geqslant 0 \\ \alpha & x < 0 \end{cases}$	
softmax	$\sigma_i(z) = \dfrac{e^{z_i}}{\sum\limits_{j=1}^{m} e^{z_j}}$		

在搭建神经网络时，如何选择激活函数呢？如果搭建的神经网络层数不多，选择 sigmoid、tanh、ReLU、softmax 任一即可；如果搭建的网络层次比较多，那就需要小心，选择不当将导致梯度消失问题。此时一般不宜选择 sigmoid、tanh 激活函数，因它们的导数都小于 1，尤其是 sigmoid 的导数在 [0, 1/4] 之间，多层叠加后，根据微积分链式法则，随着层数增多，将导致导数或偏导指数级变小。所以层数较多时，激活函数需要考虑其导数不宜小于 1 也不能大于 1（大于 1 将导致梯度爆炸），导数为 1 最好，激活函数 ReLU 正好满足这个条件。也就是说，搭建比较深的神经网络时，一般使用 ReLU 激活函数，当然一般神经网络也可使用。此外，激活函数 softmax 由于 $\sum\limits_{i} \sigma_i(z) = 1$，常用于多分类神经网络输出层。

激活函数在 PyTorch 中的使用示例如下：

```
m = nn.Sigmoid()
input = torch.randn(2)
output = m(input)
```

激活函数的输入维度与输出维度是一样的。激活函数的输入维度一般包括批量数 N，即输入数据的维度一般是 4 维，如 (N, C, W, H)。

5.5 选择合适的损失函数

损失函数（Loss Function）在机器学习中非常重要，因为训练模型的过程实际上就是优化损失函数的过程。损失函数对每个参数的偏导数就是梯度下降中提到的梯度，防止过拟合时添加的正则化项也是加在损失函数后面。损失函数用于衡量模型的好坏，损失函数值越小说明模型和参数越符合训练样本。任何能够衡量模型预测值与真实值之间的差异的函数都可以叫作损失函数。在机器学习中常用的损失函数有两种，即交叉熵（Cross Entropy）和均方误差（Mean Squared Error，MSE），分别对应机器学习中的分类问题和回归问题。

对分类问题的损失函数一般采用交叉熵，交叉熵反映了两个概率分布的距离（不是欧氏距离）。分类问题进一步又可分为多目标分类，如一次要判断 100 张图是否包含 10 种动物，或单目标分类。

回归问题预测的不是类别，而是一个任意实数，在神经网络中一般只有一个输出节点，该输出值就是预测值。其反映的预测值与实际值之间的距离可以用欧氏距离来表示，所以对这类问题我们通常使用均方差作为损失函数。均方差的定义如下：

$$\text{MSE} = \frac{\sum_{i=1}^{n}(y_i - y_i')^2}{n} \tag{5.8}$$

PyTorch 中已集成了多种损失函数，这里介绍两个经典的损失函数，其他损失函数基本上是在它们的基础上的变种或延伸。

1. torch.nn.MSELoss

具体格式：

```
torch.nn.MSELoss(size_average=None, reduce=None, reduction='mean')
```

计算公式：

$$\ell(\boldsymbol{x}, \boldsymbol{y}) = L = [l_1, l_2, \cdots, l_N]^{\text{T}}, \quad l_n = (x_n - y_n)^2$$

其中，N 是批量大小。

如果参数 reduction 为非 None（默认值为 'mean'），则：

$$\ell(x, y) = \begin{cases} \text{mean}(L), & \text{如果 reduction = 'mean'} \\ \text{sum}(L), & \text{如果 reduction = 'sum'} \end{cases} \tag{5.9}$$

$\boldsymbol{x}$ 和 $\boldsymbol{y}$ 是任意形状的张量，每个张量都有 n 个元素。如果 reduction 取 none。$\ell(\boldsymbol{x}, \boldsymbol{y})$ 将不是标量；如果取 sum，$\ell(\boldsymbol{x}, \boldsymbol{y})$ 只是差平方的和，但不会除以 n。

参数说明：

size_average、reduce 在 PyTorch 官方的后续版本中将移除，所以这里主要看参数 reduction。reduction 可以取 'none', 'mean', 'sum'，默认值为 'mean'。如果 size_average、reduce 都取了值，则将覆盖 reduction 的值。

代码示例：

```
import torch
import torch.nn as nn
import torch.nn.functional as F

torch.manual_seed(10)

loss = nn.MSELoss(reduction='mean')
input = torch.randn(1, 2, requires_grad=True)
print(input)
target = torch.randn(1, 2)
print(target)
output = loss(input, target)
```

```
print(output)
output.backward()
```

2. torch.nn.CrossEntropyLoss

交叉熵损失（Cross-Entropy Loss）又称为对数似然损失（Log-Likelihood Loss）、对数损失，二分类时还可称为逻辑回归损失（Logistic Loss）。在 PyTroch 里，它不是严格意义上的交叉熵损失函数，而是先将输入经过 softmax 激活函数，将向量"归一化"为概率形式，然后再与实际值计算严格意义上的交叉熵损失。在多分类任务中，经常采用 softmax 激活函数 + 交叉熵损失函数，因为交叉熵描述了两个概率分布的差异，然而神经网络输出的是向量，并不是概率分布的形式，所以需要 softmax 激活函数将一个向量进行"归一化"为概率分布的形式，再采用交叉熵损失函数计算损失值。

一般格式：

```
torch.nn.CrossEntropyLoss(weight=None, size_average=None, ignore_index=-100, reduce=None,
    reduction='mean')
```

计算公式：

$$\text{loss}(x, \text{class}) = -\log\left(\frac{\exp(x[\text{class}])}{\sum_j \exp(x[j])}\right) = -x[\text{class}] + \log\left(\sum_j \exp(x[j])\right) \tag{5.10}$$

如果带上权重参数 weight，则：

$$\text{loss}(x, \text{class}) = \text{weight}[\text{class}]\left(-x[\text{class}] + \log\left(\sum_j \exp(x[j])\right)\right) \tag{5.11}$$

其中，weight 表示为每个类别的损失设置权值，常用于类别不均衡问题。weight 必须是 float 类型的张量，其长度要与类别 C 一致，即每一个类别都要设置 weight。

代码示例：

```
import torch
import torch.nn as nn

torch.manual_seed(10)

loss = nn.CrossEntropyLoss()
# 假设类别数为 5
input = torch.randn(3, 5, requires_grad=True)
# 每个样本对应的类别索引，其值的范围为 [0,4]
target = torch.empty(3, dtype=torch.long).random_(5)
output = loss(input, target)
output.backward()
```

5.6　选择合适的优化器

优化器在机器学习、深度学习中往往起着举足轻重的作用，同一个模型，因选择的优化器不同，性能可能相差很大，甚至导致一些模型无法训练。所以，了解各种优化器的基本原理非常必要。本节重点介绍各种优化器或算法的主要原理，及各自的优点或不足。

5.6.1 传统梯度优化算法

传统梯度优化算法为最常见、最简单的一种参数更新策略。其基本思想是：先设定一个学习率 λ，参数沿梯度的反方向移动。假设基于损失函数 $L(f(x,\theta),y)$，其中 θ 表示需更新的参数，梯度为 g，则其更新策略的伪代码如下所示：

初始化参数 θ、学习率 λ
while 停止准则未满足 do
  更新梯度：$g_i \leftarrow \nabla_\theta L(fx^{(i)},\theta),y^{(i)})$
          新参数：$\theta \leftarrow \theta - \lambda g_i$
end while

这种梯度优化算法简洁，当学习率取值恰当时，可以收敛到全面最优点（凸函数）或局部最优点（非凸函数）。但其不足也很明显，对超参数学习率比较敏感（过小将导致收敛速度过慢，过大又将越过极值点），如图 5-12c 所示。在比较平坦的区域，因梯度接近于 0，易导致提前终止训练，如图 5-12a 所示。要选中一个恰当的学习速率往往要花费不少时间。

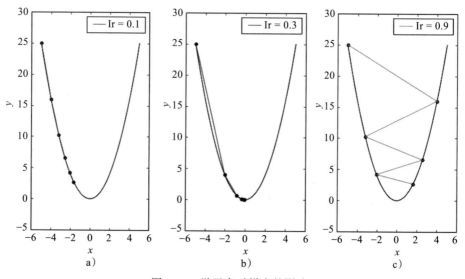

图 5-12 学习率对梯度的影响

学习率不仅敏感，有时还会因其在迭代过程中保持不变，很容易造成算法被卡在鞍点的位置，如图 5-13 所示。

另外，在较平坦的区域，因梯度接近于 0，优化算法往往因误判还未到达极值点就提前结束迭代，如图 5-14 所示。

传统梯度优化算法的这些不足，在深度学习中会更加明显。为此，人们自然想到要克服这些不足。从前文更新策略的伪代码可知，影响优化的主要因素有：

- ❑ 训练数据集的大小
- ❑ 梯度方向
- ❑ 学习率

所以很多优化方法大多从这些方面入手，如从数据集优化方面入手，采用批量随机梯度下降方法，从梯度方向优化方面入手，有动量更新策略；从学习率入手，涉及自适应问题；还有从两方面同时入手等方法。接下来将具体介绍这些方法。

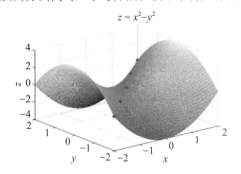

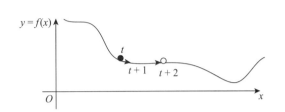

图 5-13 算法卡在鞍点的示意图　　　　　图 5-14 在较平坦区域，梯度接近于 0，优
　　　　　　　　　　　　　　　　　　　　　　　　化算法因误判而提前终止迭代

5.6.2 批量随机梯度下降法

梯度下降法是非常经典的算法，训练时，如果使用全训练集，虽然可获得较稳定的值，但比较耗费资源，尤其当训练数据比较大时；另一个极端时，每次训练时用一个样本（又称为随机梯度下降法），这种训练方法振幅较大，也比较耗时，如图 5-15 所示。

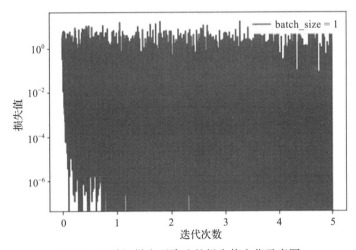

图 5-15 随机梯度下降法的损失值变化示意图

这种方法虽然资源消耗较少，但很耗时，因此无法充分发挥深度学习程序库中高度优化的矩阵运算的优势。为了更有效地训练模型，我们采用一种折中方法，即批量随机梯度下降法。这种梯度下降方法有两个特点：一是批量，二是随机性。如何实现批量随机梯度下降呢？其伪代码如下：

```
假设批量大小 batch_size=10，样本数 m = 1000
初始化参数 θ、学习率 λ。
while 停止准则未满足 do
    Repeat {
```

```
for j = 1, 11, 21, .., 991 {
```
$$更新梯度：\hat{g} \leftarrow \frac{1}{\text{batch\_size}} \sum_{i=j}^{j+\text{batch\_size}} \nabla_{\theta} L(f(x^{(i)}, \theta), y^{(i)})$$

$$更新参数：\theta \leftarrow \theta - \lambda\hat{g}$$
```
    }
}
end while
```

其中 $x^{(i)}$ 和小批量数据集的所有元素都是从训练集中随机抽出的，这样梯度的预期将保持不变，相对于随机梯度下降，批量随机梯度下降降低了收敛波动性，即降低了参数更新的方差，使得更新更加稳定，有利于提升其收敛效果，如图 5-16 所示。

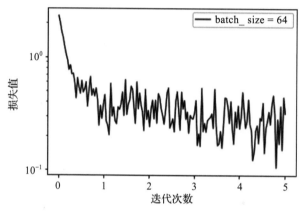

图 5-16　批量随机梯度下降法的损失值变化示意图

5.6.3　动量算法

梯度下降法在遇到平坦或高曲率区域时，学习过程有时很慢。利用动量算法能比较好地解决这个问题。我们以求解函数 $f(x_1, x_2) = 0.05x_1^2 + 2x_1^2$ 极值为例，使用梯度下降法和动量算法分别进行迭代求解，具体迭代过程如图 5-17、图 5-18 所示（实现代码请参考本书代码资源中的第 5 章代码部分）。

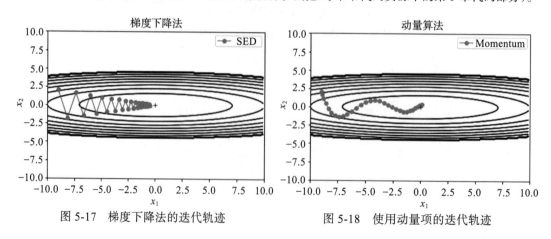

图 5-17　梯度下降法的迭代轨迹　　　　　图 5-18　使用动量项的迭代轨迹

从图 5-17 可以看出，不使用动量算法的梯度下降法的学习速度比较慢，振幅比较大；从图 5-18 可以看出，使用动量算法的振幅较小，而且较快到达极值点。动量算法是如何做到这点的呢？

动量（Momentum）是模拟物理里动量的概念，具有物理上惯性的含义。一个物体在运动时具有惯性，把这个思想运用到梯度下降法中，可以增加算法的收敛速度和稳定性，具体实现如图 5-19 所示。

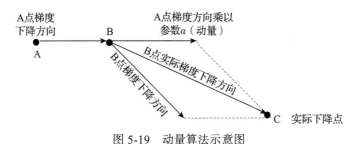

图 5-19　动量算法示意图

由图 5-19 所示，动量算法每下降一步都是由前面下降方向的一个累积和当前点的梯度方向组合而成。含动量的随机梯度下降法的算法伪代码如下：

```
假设 batch_size=10, m = 1000
初始化参数 θ、学习率 λ、动量参数 α、初始速度 v
while 停止准则未满足 do
    Repeat {
    for j = 1, 11, 21, .., 991 {
    更新梯度： ĝ ← 1/batch_size ∑(i=j)^(j+batch_size) ∇_θL(f(x^(i),θ), y^(i))
        计算速度：v ← αv − λĝ
    更新参数： θ ← θ+v
        }
    }
end while
```

动量算法的 PyTorch 代码实现如下：

```python
def sgd_momentum(parameters, vs, lr, gamma):
    for param, v in zip(parameters, vs):
        v[:] = gamma * v + lr * param.grad
        param.data -= v
        param.grad.data.zero_()
```

其中 parameters 是模型参数，假设模型为 model，则 parameters 为 model. parameters()。

具体使用动量算法时，动量项的计算公式如下：

$$v_k = \alpha v_{k-1} + (-\lambda \hat{g}(\theta_k)) \tag{5.12}$$

如果按时间展开，则第 k 次迭代使用了从 1 到 k 次迭代的所有负梯度值，且负梯度按动量系数 α 指数级衰减，相当于使用了移动指数加权平均，具体展开过程如下：

$$
\begin{aligned}
v_k &= \alpha v_{k-1} + (-\lambda \hat{g}(\theta_k)) \\
&= \alpha(\alpha v_{k-2} + (-\lambda \hat{g}(\theta_{k-1}))) + (-\lambda \hat{g}(\theta_k)) \\
&= -\lambda \hat{g}(\theta_k) - \alpha \lambda \hat{g}(\theta_{k-1}) + \alpha^2 v_{k-2} \\
&\ \ \vdots \\
&= -\lambda \hat{g}(\theta_k) - \lambda \alpha \hat{g}(\theta_{k-1}) - \lambda \alpha^2 \hat{g}(\theta_{k-2}) - \lambda \alpha^3 \hat{g}(\theta_{k-3}) \cdots
\end{aligned}
\tag{5.13}
$$

假设每个时刻的梯度 $\hat{g}$ 相似，则得到

$$
v_k \approx \frac{\lambda \hat{g}}{1-\alpha}
\tag{5.14}
$$

由此可知，当在比较平缓处，但 $\alpha = 0.5, 0.9$ 时，梯度值将分别是梯度下降法的 2 倍、10 倍。使用动量算法，不但可以加速迭代速度，还可以跨过局部最优找到全局最优，如图 5-20 所示。

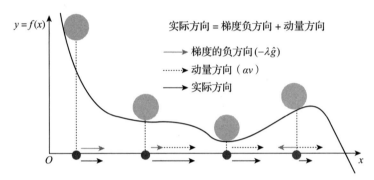

图 5-20　使用动量算法的潜在优势

5.6.4　Nesterov 动量算法

既然每一步都要将两个梯度方向（历史梯度、当前梯度）做一个合并再下降，那为什么不先按照历史梯度往前走那么一小步，按照前面一小步位置的"超前梯度"来做梯度合并呢？可以先往前走一步，在靠前一点的位置（如图 5-21 中的 C 点）看到梯度，然后按照那个位置修正这一步的梯度方向，如图 5-21 所示。

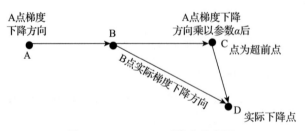

图 5-21　Nesterov 下降法示意图

这就得到动量算法的一种改进算法，称为 NAG（Nesterov Accelerated Gradient）算法，也称 Nesterov 动量算法。这种预更新方法能防止大幅振荡，不会错过最小值，并对参数更新更加敏感，如图 5-22 所示。

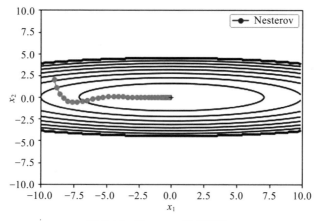

图 5-22　Nesterov 动量算法

NAG 算法的伪代码如下所示：

假设 batch_size=10, $m = 1000$
初始化参数 θ、学习率 λ、动量参数 α、初始速度 v
while 停止准则未满足 do
更新超前点：$\tilde{\theta} \leftarrow \theta + \alpha v$

```
    Repeat {
    for j = 1, 11, 21, .., 991 {
```
　　　更新梯度（在超前点）：$\hat{g} \leftarrow \dfrac{1}{\text{batch\_size}} \displaystyle\sum_{i=j}^{j+\text{batch\_size}} \nabla_{\theta} L(f(x^{(i)}, \tilde{\theta}), y^{(i)})$

　　　　计算速度：$v \leftarrow \alpha v - \lambda \hat{g}$

　　　　更新参数：$\theta \leftarrow \theta + v$
```
        }
    }
end while
```

NAG 算法的 PyTorch 实现如下：

```
def sgd_nag(parameters, vs, lr, gamma):
    for param, v in zip(parameters, vs):
        v[:]*= gamma
        v[:]-= lr * param.grad
        param.data += gamma * gamma * v
        param.data -= (1 + gamma) * lr * param.grad
        param.grad.data.zero_()
```

　　NAG 动量算法和经典动量算法的差别就在 B 点和 C 点的梯度不同。动量算法更关注梯度下降方法的优化，如果能从方向和学习率同时优化，效果或许更理想。事实也确实如此，而且这些优化在深度学习中显得尤为重要。接下来我们介绍几种自适应优化算法，这些算法可同时从梯度方向及学习率进行优化，效果非常好。

5.6.5　AdaGrad 算法

　　传统梯度下降算法对学习率这个超参数非常敏感，难以驾驭；对参数空间的某些方向也没有很好的方法。这些不足在深度学习中，因高维空间、多层神经网络等因素，常会出现平坦、鞍点、悬崖等问题，因此，传统梯度下降法在深度学习中显得力不从心。还好现在已有很多解决这些问题的有效方法。上节介绍的动量算法在一定程度上缓解了参数空间某些方向的问题，但需要新增一个参数，而且对学习率的控制还不很理想。为了更好地驾驭这个超参数，人们想出来多种自适应优化算法。使用自适应优化算法，可以使学习率不再是一个固定不变值，它会根据不同情况自动调整学习率以适用实际情况。这些算法使深度学习向前迈出一大步！下面我们将介绍几种常用的自适应优化算法。先来看 AdaGrad 算法。

AdaGrad 算法通过参数来调整合适的学习率 λ，能独立地自动调整模型参数的学习率，对稀疏参数进行大幅更新，对频繁参数进行小幅更新，如图 5-23 所示。因此，AdaGrad 算法非常适合处理稀疏数据。AdaGrad 算法在某些深度学习模型上效果不错，但还有些不足，可能因其累积梯度平方导致学习率过早或过量地减少所致。

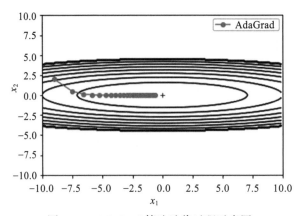

图 5-23 AdaGrad 算法迭代过程示意图

AdaGrad 算法伪代码如下：

假设 batch_size=10, $m = 1000$
初始化参数 θ、学习率 λ
小参数 δ，一般取一个较小值（如 10^{-7}），该参数可避免分母为 0
初始化梯度累加参数 $r=0$
while 停止准则未满足 do
    Repeat {
    for j = 1, 11, 21, .., 991 {

更新梯度：$\hat{g} \leftarrow \dfrac{1}{\text{batch\_size}} \sum\limits_{i=j}^{j+\text{batch\_size}} \nabla_\theta L(f(x^{(i)}, \theta), y^{(i)})$

累加平方梯度：$r \leftarrow r + \hat{g} \odot \hat{g}$ # $\odot$ 表示逐元运算

计算速度：$\Delta\theta \leftarrow -\dfrac{\lambda}{\delta + \sqrt{r}} \odot \hat{g}$

更新参数：$\theta \leftarrow \theta + \Delta\theta$

      }
    }
end while

由上面算法的伪代码可知：

❑ 随着迭代时间越长，累加梯度参数 r 越大，学习率 $\frac{\lambda}{\delta + \sqrt{r}}$ 会越小，在接近目标值时，不会因为学习速率过大而越过极值点。

❑ 不同参数之间学习速率不同，因此，与前面的固定学习率相比，不容易在鞍点卡住。

❑ 如果梯度累加参数 r 比较小，则学习率会比较大，所以参数迭代的步长就会比较大。相反，如果梯度累加参数比较大，则学习率会比较小，所以迭代的步长会比较小。

AdaGrad 算法的 PyTorch 实现代码如下：

```
def sgd_adagrad(parameters, s, lr):
    eps = 1e-10
    for param, s in zip(parameters, s):
        s[:] = s + (param.grad) ** 2
        div = lr / torch.sqrt(s + eps) * param.grad
        param.data = param.data - div
        param.grad.data.zero_()
```

5.6.6 RMSProp 算法

RMSProp 算法修改自 AdaGrad，其在非凸背景下效果更好，在凸函数中振幅可能较大，如图 5-24 所示。对梯度平方和累计越来越大的问题，RMSProp 算法用指数加权的移动平均代替梯度平方和。为了使用移动平均，RMSProp 引入了一个新的超参数 ρ，用来控制移动平均的长度范围。

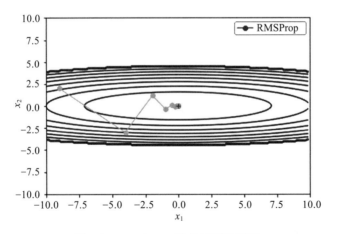

图 5-24 RMSProp 迭代过程示意图

RMSProp 算法的伪代码如下：

假设 batch_size=10，$m = 1000$
初始化参数 θ、学习率 λ、衰减速率 ρ
小参数 δ，一般取一个较小值（如 10^{-7}），该参数可避免分母为 0
初始化梯度累加参数 $r = 0$

```
while 停止准则未满足 do
Repeat {
    for j = 1, 11, 21, .., 991 {
```

$$更新梯度: \hat{g} \leftarrow \frac{1}{\text{batch\_size}} \sum_{i=j}^{j+\text{batch\_size}} \nabla_\theta L(f(x^{(i)}, \theta), y^{(i)})$$

$$累加平方梯度: r \leftarrow \rho r + (1-\rho)\hat{g} \odot \hat{g}$$

$$计算参数更新: \Delta\theta \leftarrow -\frac{\lambda}{\delta + \sqrt{r}} \odot \hat{g}$$

$$更新参数: \theta \leftarrow \theta + \Delta\theta$$

```
    }
}
end while
```

RMSProp 算法在实践中已被证明是一种有效且实用的深度神经网络优化算法，在深度学习中得到广泛应用。

RMSProp 算法的 PyTorch 实现如下：

```python
def rmsprop(parameters, s, lr, alpha):
    eps = 1e-10
    for param, sqr in zip(parameters, s):
        sqr[:] = alpha * sqr + (1 - alpha) * param.grad ** 2
        div = lr / torch.sqrt(sqr + eps) * param.grad
        param.data = param.data - div
        param.grad.data.zero_()
```

5.6.7　Adam 算法

Adam（Adaptive Moment Estimation，自适应矩估计）算法本质上是带有动量项的 RMSProp，它利用梯度的一阶矩估计和二阶矩估计动态调整每个参数的学习率。Adam 的优点主要在于经过偏置校正后，每一次迭代学习率都有 1 个确定范围，使得参数比较平稳，如图 5-25 所示。

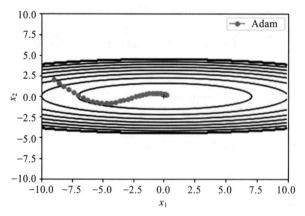

图 5-25　Adam 算法迭代过程示意图

Adam 算法的伪代码如下：

```
假设 batch_size=10, m =1000
初始化参数 θ、学习率 λ
矩估计的指数衰减速率 ρ₁ 和 ρ₂ 在区间 [0, 1) 内。
小参数 δ，一般取一个较小值（如 10⁻⁷），该参数可避免分母为 0
初始化一阶和二阶矩变量 s = 0, r = 0
初始化时间步 t = 0
while 停止准则未满足 do
Repeat {
    for j = 1, 11, 21, .., 991 {
```
$$更新梯度：\hat{g} \leftarrow \frac{1}{\text{batch\_size}} \sum_{i=j}^{j+\text{batch\_size}} \nabla_\theta L(f(x^{(i)}, \theta), y^{(i)})$$

$$t \leftarrow t+1$$

$$更新有偏一阶矩估计：s \leftarrow \rho_1 s + (1-\rho_1)\hat{g}$$

$$更新有偏二阶矩估计：r \leftarrow \rho_2 r + (1-\rho_2)\hat{g}^2$$

$$修正一阶矩偏差：\hat{s} = \frac{s}{1-\rho_1^t}$$

$$修正二阶矩偏差：\hat{r} = \frac{r}{1-\rho_2^t}$$

$$累加平方梯度：r \leftarrow \rho r + (1-\rho)\hat{g}^2$$

$$计算参数更新：\Delta\theta = -\lambda \frac{\hat{s}}{\delta + \sqrt{\hat{r}}}$$

$$更新参数：\theta \leftarrow \theta + \Delta\theta$$

```
        }
    }
end while
```

Adam 算法的 PyTorch 实现如下。

```python
def adam(parameters, vs, s, lr, t, beta1=0.9, beta2=0.999):
    eps = 1e-8
    for param, v, sqr in zip(parameters, vs, s):
        v[:] = beta1 * v + (1 - beta1) * param.grad
        sqr[:] = beta2 * sqr + (1 - beta2) * param.grad ** 2
        v_hat = v / (1 - beta1 ** t)
        s_hat = sqr / (1 - beta2 ** t)
        param.data = param.data - lr * v_hat / (torch.sqrt(s_hat) + eps)
        param.grad.data.zero_()
```

5.6.8 Yogi 算法

Adam 算法综合了动量算法及自适应算法的优点，是深度学习常用的算法，但也存在一些问题：即使在凸环境下，当 r 的第二阶矩估计值爆炸时，它可能无法收敛。为此可通过改进 r 和优化参数初始化等方法来解决。其中通过改进 r 是一种有效方法，即把 $r \leftarrow \rho_2 r + (1-\rho_2)\hat{g}^2$（等价于 $r \leftarrow r + (1-\rho_2)(\hat{g}^2 - r)$ 中的 $\hat{g}^2 - r$ 改为 $\hat{g}^2 \odot \text{sgn}(\hat{g}^2 - r)$，这就是 Yogi 更新。

Yogi 算法的 PyTorch 代码如下：

```
def yogi(parameters, vs, s, lr, t, beta1=0.9, beta2=0.999):
    eps = 1e-8
    for param, v, sqr in zip(parameters, vs, s):
        v[:] = beta1 * v + (1 - beta1) * param.grad
        #sqr[:] = beta2 * sqr + (1 - beta2) * param.grad ** 2
        sqr[:] = sqr + (1 - beta2) * torch.sign(torch.square(param.grad) - sqr) * torch.
            square(param.grad)
        v_hat = v / (1 - beta1 ** t)
        s_hat = sqr / (1 - beta2 ** t)
        param.data = param.data - lr * v_hat / (torch.sqrt(s_hat) + eps)
        param.grad.data.zero_()
```

前文介绍了深度学习的正则化方法,它是深度学习核心之一;优化算法也是深度学习的核心之一。优化算法有很多,如随机梯度下降法、自适应优化算法等,那么具体该如何选择呢?

RMSProp、Nesterov、Adadelta 和 Adam 被认为是自适应优化算法,因为它们会自动更新学习率。而使用 SGD 时,必须手动选择学习率和动量参数,因此通常会随着时间的推移而降低学习率。

有时可以考虑综合使用这些优化算法,如先用 Adam,再用 SGD 优化方法。实际上,由于在训练的早期阶段 SGD 对参数调整和初始化非常敏感,因此,我们可以先使用 Adam 优化算法进行训练(这将大大节省训练时间,且不必担心初始化和参数调整),待用 Adam 训练获得较好的参数后,再切换到 SGD + 动量优化,以达到最佳性能。采用这种方法有时能达到很好效果,如图 5-26 所示,迭代次数超过 150 次后,SGD 的效果好于 Adam 的效果。

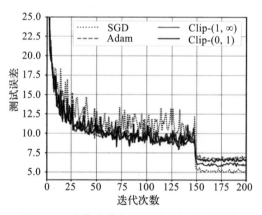

图 5-26 迭代次数与测试误差间的对应关系

5.6.9 使用优化算法实例

这里基于 MNIST 数据集,使用自定义的优化算法实现图像的分类任务。为便于比较,这里使用梯度下降法及动量算法两种优化算法。数据集的导入及预处理可参考本书 3.5 节或本书附赠资源中第 5 章的对应代码。

1)算法定义。可参考 5.6.2 节和 5.6.3 节中使用 PyTorch 实现算法的部分。

2)定义模型。

```
net = nn.Sequential(
    nn.Linear(784, 200),
    nn.ReLU(),
    nn.Linear(200, 10),
)
```

3）定义损失函数。

```
loss_sgd = nn.CrossEntropyLoss()
```

4）加载数据。这里使用批量大小为 128 的训练数据集。

```
train_loader = DataLoader(train_dataset, batch_size=128, shuffle=True)
```

5）训练模型。

```
# 初始化梯度平方项
s = []
for param in net.parameters():
    s.append(torch.zeros_like(param.data))

# 开始训练
losses0 = []
idx = 0

start = time.time()         # 计时开始
for e in range(5):
    train_loss = 0
    for img, label in train_loader:
        # 展平 img
        img=img.view(img.size(0),-1)
        # 正向传播
        out = net(img)
        loss = loss_sgd(out, label)
        # 反向传播
        net.zero_grad()
        loss.backward()
        sgd(net.parameters(),1e-2)
        # 记录误差
        train_loss += loss.item()
        if idx % 30 == 0:
            losses0.append(loss.item())
        idx += 1
    print('epoch: {}, Train Loss: {:.6f}'.format(e, train_loss / len(train_loader)))
end = time.time()           # 计时结束
print(' 使用时间 : {:.5f} s'.format(end - start))
```

如果使用动量算法，只要把 sgd(net.parameters(),1e-2) 改为 sgd_momentum(net.parameters(), vs, 1e-2, 0.9) 即可。

6）可视化两种优化算法的运行结果。

```
x_axis = np.linspace(0, 5, len(losses0), endpoint=True)
plt.semilogy(x_axis, losses0, label='sgd')
plt.semilogy(x_axis, losses1, label='momentum')
plt.legend(loc='best')
```

运行结果如图 5-27 所示。

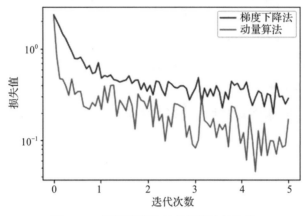

图 5-27 梯度下降法与动量算法的比较

从图 5-27 可知，动量算法的优势还是非常明显的。完整代码及其他优化算法的实现请参考本书附赠资源中第 5 章的代码及数据部分。

5.7 GPU 加速

深度学习涉及很多向量或多矩阵运算，如矩阵相乘、矩阵相加、矩阵 – 向量乘法等。深层模型的算法，如 BP、自编码器、CNN 等，都可以写成矩阵运算的形式，而无须写成循环运算。然而，在单核 CPU 上执行时，矩阵运算会被展开成循环的形式，本质上还是串行执行。GPU（Graphic Process Unit，图形处理器）的众核体系结构包含几千个流处理器，可将矩阵运算并行化执行，大幅缩短计算时间。随着 NVIDIA、AMD 等公司不断推进其 GPU 的大规模并行架构，面向通用计算的 GPU 已成为加速可并行应用程序的重要手段。得益于 GPU 众核（Many-Core）体系结构，程序在 GPU 系统上的运行速度相较于单核 CPU 往往提升了几十倍乃至上千倍。

目前，GPU 已经发展到了较为成熟的阶段。利用 GPU 来训练深度神经网络，可以充分发挥其计算核心的能力，使得在使用海量训练数据的场景下所耗费的时间大幅缩短，占用的服务器也更少。如果对深度神经网络进行合理优化，一块 GPU 卡相当于提供了数十台甚至上百台 CPU 服务器的计算能力，因此 GPU 已经成为业界在深度学习模型训练方面的首选解决方案。

如何使用 GPU？现在很多深度学习工具都支持 GPU 运算，使用时只要简单配置即可。PyTorch 支持 GPU，可以通过 to（device）函数来将数据从内存中转移到 GPU 显存，如果有多个 GPU，还可以定位到哪个或哪些 GPU？PyTorch 一般把 GPU 作用于张量或模型（包括 torch.nn 下面的一些网络模型以及自己创建的模型）等数据结构上。

5.7.1 单 GPU 加速

使用 GPU 之前，需要确保 GPU 是可用的，可以通过 torch.cuda.is_available() 的返回值来进行判断，返回 True 则表示具有能够使用的 GPU。通过 torch.cuda.device_count() 可以获得可用的 GPU 的数量。

如何查看平台 GPU 的配置信息？在命令行输入命令 nvidia-smi 即可（适合于 Linux 或 Windows 环境）。图 5-28 所示是 GPU 配置信息样例，从中可以看出共有 2 个 GPU。

```
NVIDIA-SMI 387.26                 Driver Version: 387.26
GPU  Name        Persistence-M| Bus-Id        Disp.A | Volatile Uncorr. ECC
Fan  Temp  Perf  Pwr:Usage/Cap|         Memory-Usage | GPU-Util  Compute M.
===============================+======================+======================
  0  Quadro P1000        Off  | 00000000:81:00.0 Off |                  N/A
34%   34C    P8    N/A /  N/A |     10MiB /  4038MiB |      0%      Default
  1  Quadro P1000        Off  | 00000000:82:00.0 Off |                  N/A
34%   36C    P8    N/A /  N/A |     10MiB /  4038MiB |      0%      Default

Processes:                                                       GPU Memory
 GPU       PID   Type   Process name                             Usage
```

图 5-28　GPU 配置信息样例

把数据从内存转移到 GPU，一般针对张量（我们需要的数据）和模型。对于张量（类型为 FloatTensor 或者 LongTensor 等），一律直接使用方法 .to(device) 或 .cuda() 即可。

```
device = torch.device("cuda:0" if torch.cuda.is_available() else "cpu")
#或 device = torch.device("cuda:0")
device1 = torch.device("cuda:1")
for batch_idx, (img, label) in enumerate(train_loader):
    img=img.to(device)
    label=label.to(device)
```

对于模型来说，也使用 .to(device) 或 .cuda() 方法来将网络放到 GPU 显存中。

```
#实例化网络
model = Net()
model.to(device)    #使用序号为 0 的 GPU
#或 model.to(device1) #使用序号为 1 的 GPU
```

5.7.2　多 GPU 加速

这里我们介绍单主机多 GPU 的情况。单主机多 GPU 主要采用的是 DataParallel 函数，而不是 DistributedParallel 函数，后者一般用于多主机多 GPU，当然也可用于单主机多 GPU。

使用多 GPU 训练的方式有很多，当然前提是我们的设备中存在两个及以上 GPU。使用时直接用模型传入 torch.nn.DataParallel 函数即可，代码如下：

```
#对模型
net = torch.nn.DataParallel(model)
```

这时，默认所有存在的显卡都会被使用。如果你的电脑有很多显卡，但只想利用其中一部分，如只使用编号为 0、1、3、4 的 4 个 GPU，那么可以采用以下方式：

```
#假设有 4 个 GPU，其 id 设置如下
device_ids =[0,1,2,3]
#对于数据
```

```
input_data=input_data.to(device=device_ids[0])
# 对于模型
net = torch.nn.DataParallel(model)
net.to(device)
```

或者

```
os.environ["CUDA_VISIBLE_DEVICES"] = ','.join(map(str, [0,1,2,3]))
net = torch.nn.DataParallel(model)
```

其中 CUDA_VISIBLE_DEVICES 表示当前可以被 PyTorch 程序检测到的 GPU。

下面为单机多 GPU 的实现代码。

1）背景说明。这里以波士顿房价数据为例，共 506 个样本，13 个特征。数据划分成训练集和测试集，然后用 data.DataLoader 将数据转换为可批加载的方式。采用 nn.DataParallel 并发机制，环境有 2 个 GPU。当然，数据量很小，按理不宜用 nn.DataParallel，这里只是为了说明使用方法。

2）加载数据。

```
boston = load_boston()
X,y    = (boston.data, boston.target)

X_train, X_test, y_train, y_test = train_test_split(X, y, test_size=0.2, random_state=0)
# 组合训练数据及标签
myset = list(zip(X_train,y_train))
```

3）把数据转换为批处理加载方式。批次大小为 128，打乱数据。

```
from torch.utils import data
device = torch.device("cuda:0" if torch.cuda.is_available() else "cpu")
dtype = torch.FloatTensor
train_loader = data.DataLoader(myset,batch_size=128,shuffle=True)
```

4）定义网络。

```
class Net1(nn.Module):
    """
    使用 Sequential() 函数构建网络，它的功能是将网络的层组合到一起
    """
    def __init__(self, in_dim, n_hidden_1, n_hidden_2, out_dim):
        super(Net1, self).__init__()
        self.layer1 = torch.nn.Sequential(nn.Linear(in_dim, n_hidden_1))
        self.layer2 = torch.nn.Sequential(nn.Linear(n_hidden_1, n_hidden_2))
        self.layer3 = torch.nn.Sequential(nn.Linear(n_hidden_2, out_dim))


    def forward(self, x):
        x1 = F.relu(self.layer1(x))
        x1 = F.relu(self.layer2(x1))
        x2 = self.layer3(x1)
        # 显示每个 GPU 分配的数据大小
        print("\tIn Model: input size", x.size(),"output size", x2.size())
        return x2
```

5）把模型转换为多 GPU 并发处理格式。

```
device = torch.device("cuda:0" if torch.cuda.is_available() else "cpu")
# 实例化网络
model = Net1(13, 16, 32, 1)
if torch.cuda.device_count() > 1:
    print("Let's use", torch.cuda.device_count(), "GPUs")
    # dim = 0 [64, xxx] -> [32, ...], [32, ...] on 2GPUs
    model = nn.DataParallel(model)
model.to(device)
```

运行结果如下：

```
Let's use 2 GPUs
DataParallel(
    (module): Net1(
        (layer1): Sequential(
            (0): Linear(in_features=13, out_features=16, bias=True)
        )
        (layer2): Sequential(
            (0): Linear(in_features=16, out_features=32, bias=True)
        )
        (layer3): Sequential(
            (0): Linear(in_features=32, out_features=1, bias=True)
        )
    )
)
```

6）选择优化器及损失函数。

```
optimizer_orig = torch.optim.Adam(model.parameters(), lr=0.01)
loss_func = torch.nn.MSELoss()
```

7）模型训练，并可视化损失值。

```
from torch.utils.tensorboard import SummaryWriter
writer = SummaryWriter(log_dir='logs')
for epoch in range(100):
    model.train()
    for data,label in train_loader:
        input = data.type(dtype).to(device)
        label = label.type(dtype).to(device)
        output = model(input)
        loss = loss_func(output, label)
        # 反向传播
        optimizer_orig.zero_grad()
        loss.backward()
        optimizer_orig.step()
        print("Outside: input size", input.size() ,"output_size", output.size())
    writer.add_scalar('train_loss_paral',loss, epoch)
```

运行的部分结果如下：

```
    In Model: input size torch.Size([64, 13]) output size torch.Size([64, 1])
    In Model: input size torch.Size([64, 13]) output size torch.Size([64, 1])
Outside: input size torch.Size([128, 13]) output_size torch.Size([128, 1])
```

```
    In Model: input size torch.Size([64, 13]) output size torch.Size([64, 1])
    In Model: input size torch.Size([64, 13]) output size torch.Size([64, 1])
Outside: input size torch.Size([128, 13]) output_size torch.Size([128, 1])
```

从运行结果可以看出，一个批次数据（batch-size=128）拆分成两份，每份大小为64，分别放在不同的GPU上。此时用GPU监控也可以发现两个GPU同时在使用，如图5-29所示。

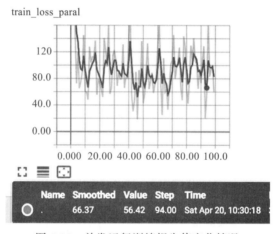

图 5-29 同时使用两个 GPU 的情况

8）通过Web页面查看损失值的变化情况，如图5-30所示。

train_loss_paral

图 5-30 并发运行训练损失值变化情况

图形中出现较大振幅是由于采用批次处理，而且数据没有做任何预处理，因此对数据进行规范化时应该更平滑一些，大家可以尝试一下。

单主机多GPU也可使用DistributedParallel函数，虽然配置比使用nn.DataParallel函数稍微麻烦一点，但是训练速度和效果更好。具体配置为：

```
# 初始化使用 nccl 后端
torch.distributed.init_process_group(backend="nccl")
# 模型并行化
model=torch.nn.parallel.DistributedDataParallel(model)
```

单主机运行时使用下列方法启动：

```
python -m torch.distributed.launch main.py
```

5.7.3 使用 GPU 时的注意事项

使用GPU可以提升训练的速度，但如果使用不当，可能影响使用效率。具体注意事项如下：

- ❏ GPU 的数量尽量为偶数，奇数个 GPU 可能会出现异常中断的情况；
- ❏ GPU 训练速度很快，但数据量较小时，效果可能没有单 GPU 好，甚至还不如 CPU；

如果内存不够大，使用多 GPU 训练的时候可设置 pin_memory 为 False，当然有时使用精度稍微低一点的数据类型的效果也还可以。

5.8　小结

本章从机器学习的概念出发，首先说明其基本任务、一般流程等，然后说明在机器学习中解决过拟合、欠拟合问题的一些常用技巧或方法。同时介绍了各种激活函数、损失函数、优化器等机器学习、深度学习的核心内容。最后说明在程序中如何设置 GPU 设备、如何用 GPU 加速训练模型等内容。本章是深度学习的基础，接下来我们将从视觉处理、自然语言处理、生成式网络等方面，深入介绍深度学习的基础且核心的内容。

CHAPTER 6

第 6 章

视觉处理基础

传统神经网络层之间都采用全连接方式，这种连接方式，如果层数较多且输入是高维数据，其参数数量可能是一个天文数字。比如训练一张 1000×1000（像素）的灰色图像，输入节点数就是 1000×1000，如果隐含层节点是 100，那么输入层到隐含层间的权重矩阵就是 1 000 000×100！如果在此基础上增加隐含层，还要进行反向传播，那结果可想而知。同时，采用全连接方式还容易导致过拟合。

因此，为了更有效地处理像图像、视频、音频、自然语言等数据，我们必须另辟蹊径。经过多年不懈努力，研究人员终于找到了一些有效方法或工具，其中卷积神经网络、循环神经网络就是典型代表。接下来我们将介绍卷积神经网络，下一章将介绍循环神经网络。

本章主要内容为：
- ❑ 从全连接层到卷积层
- ❑ 卷积层
- ❑ 池化层
- ❑ 现代经典网络
- ❑ 使用卷积神经网络实现 CIFAR10 多分类
- ❑ 使用模型集成方法提升性能
- ❑ 使用现代经典模型提升性能

6.1 从全连接层到卷积层

前面我们使用多层感知机处理表格数据、图像数据等，但对于表格数据，其行对应样本，列对应特征，而我们寻找的模式可能涉及特征之间的交互，不能预先假设任何与特征交互相关的结构，此时使用多层神经网络比较合适，若使用全连接，参数量比较大，同时如果数据不足时，很容易导致过拟合。

对于图像数据，例如，在之前飞机、汽车、马、狗、猫等分类的例子中，输入层需要把这些二维图像展平为一维向量，如果隐含层都使用全连接层，网络参数将是一大挑战，拟合如此多的参数需要收集大量的数据。

由此可知，使用多层感知机网络来处理图像，有两个明显不足：

1）把图像展平为向量，极易丢失图像的一些固有属性；

2）使用全连接层极易导致参数量呈指数级增长。

是否有更好的神经网络来处理图像数据呢？如果要处理图像数据，该神经网络应该满足哪些条件呢？

6.1.1　图像的两个特性

图像中拥有丰富的结构特性，其中最具代表性的特征是平移不变性、局部性。一个高效的神经网络应该力保图像的这两个特性。

1）平移不变性（translation invariance）：不管检测对象出现在图像中的哪个位置，神经网络的前面几层应该对相同的图像区域具有相似的反应，即"平移不变性"。

2）局部性（locality）：神经网络的前面几层应该只探索输入图像中的局部区域，而不过度在意图像中相隔较远的区域的关系，这就是"局部性"原则。最终，在后续神经网络，整个图像级别上可以集成这些局部特征用于预测。

神经网络是如何实现这两个特性的呢？假设我们处理的图像为二维矩阵 X（不展平为向量），隐含层也是一个矩阵，记为 H。为便于理解，假设 X 和 H 具有相同形状，且都拥有空间结构。使用 $[X]_{i,j}$ 和 $[H]_{i,j}$ 分别表示输入图像和隐含层的 (i, j) 处的像素。为了使每个隐含神经元都能接收到每个输入像素的信息，需要把输入到隐含层的权重矩阵设置为 4 阶矩阵 W。为便于理解，这里暂不考虑偏置参数，如果输入层与隐含层仍采用全连接的形式，其表达公式为：

$$[H]_{i,j} = \sum_k \sum_l [W]_{i,j,k,l}[X]_{k,l} \qquad (6.1)$$

重新索引下标 (k, l)，使 $k = i + a$，$1 = j + b$，使 $[V]_{i,j,a,b} = [W]_{i,j,i+a,j+b}$。索引 a 和 b 通过在正偏移和负偏移之间移动覆盖了整个图像。因此，式（6.1）可转换为：

$$[H]_{i,j} = \sum_a \sum_b [V]_{i,j,a,b}[X]_{i+a,j+b} \qquad (6.2)$$

对于隐含表示中任意给定位置 (i, j) 处的像素值 $[H]_{i,j}$，可以通过在 x 中以 (i, j) 为中心对像素进行加权求和得到，加权使用的权重为 $[V]_{i,j,a,b}$。

新的神经网络要满足平移不变性，则要求其检测对象在输入 X 中的平移仅导致隐藏表示 H 中的平移。也就是说 V 实际上不依赖于 (i, j) 的值，即 $[V]_{i,j,a,b} = [V]_{a,b}$。因此，我们可以简化 H 的定义：

$$[H]_{i,j} = \sum_a \sum_b [V]_{a,b}[X]_{i+a,j+b} \qquad (6.3)$$

新的神经网络要满足局部性，则要求我们不应关注距离 (i, j) 很远的地方。这就意味着在 $|a| > \Delta$ 或 $|b| > \Delta$ 的范围之外，我们可以设置 $[V]_{a,b} = 0$。因此，我们可以将 $[H]_{i,j}$ 重写为：

$$[H]_{i,j} = \sum_{a=-\Delta}^{\Delta} \sum_{b=-\Delta}^{\Delta} [V]_{a,b}[X]_{i+a,j+b} \qquad (6.4)$$

此时这个新的神经网络即卷积（convolution）神经网络。使用系数 $[V]_{a,b}$ 对位置 (i, j) 附近的像素 $(i + a, j + b)$ 进行加权得到 $[H]_{i,j}$。这里 $[V]_{a,b}$ 的系数比 $[V]_{i,j,a,b}$ 少很多，因为前者不再依赖图像中的位置。这是一个巨大的进步！

卷积神经网络是一类包含卷积层的特殊的神经网络。其中 *V* 被称为卷积核（convolution kernel）或者过滤器（filter），它仅仅是可学习的一个层的权重。当图像处理的局部区域很小时，卷积神经网络与多层感知机的训练差异可能是巨大的：多层感知机可能需要数万，甚至过亿个参数来表示网络中的一层，而卷积神经网络通常只需要几百个参数，而且不需要改变输入或隐含表示的维数。

6.1.2 卷积神经网络概述

卷积神经网络（Convolutional Neural Network，CNN）是一种前馈神经网络，最早可以追溯到 1986 年 BP 算法的提出。1989 年 LeCun 将其用到多层神经网络中，但直到 1998 年 LeCun 提出 LeNet-5 模型，卷积神经网络的雏形才基本形成。在接下来近十年的时间里，卷积神经网络的相关研究一直处于低谷，原因有两个：一是研究人员意识到多层神经网络在进行 BP 训练时的计算量极大，而当时的硬件计算能力完全不可能支持；二是包括 SVM 在内的浅层机器学习算法也开始崭露头角，对其产生一定冲击。

2006 年，Hinton 一鸣惊人，在《科学》上发表文章，使得 CNN 再度觉醒，并取得长足发展。2012 年，CNN 在 ImageNet 大赛上夺冠。2014 年，牛津大学研发出 20 层的 VGG 模型。同年，DeepFace、DeepID 模型横空出世，直接将 LFW 数据库上的人脸识别、人脸认证的正确率提高到 99.75%，超越人类平均水平。

卷积神经网络由一个或多个卷积层和顶端的全连接层（对应经典的神经网络）组成，同时包括关联权重和池化层（pooling layer）等。图 6-1 就是一个典型的卷积神经网络架构。

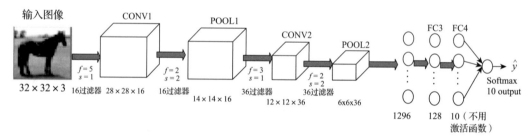

图 6-1 卷积神经网络架构示意图

与其他深度学习架构相比，卷积神经网络在图像和语音识别方面能够提供更好的结果。这一模型也可以使用反向传播算法进行训练。相比其他深度、前馈神经网络，卷积神经网络用更少的参数，却能获得更高的性能。

卷积神经网络一般包括卷积神经网络的常用层，如卷积层、池化层、全连接层和输出层；有些还包括其他层，如正则化层、高级层等。接下来我们就对各层的结构、原理等进行详细说明。

以图 6-1 为例，该架构是用一个比较简单的卷积神经网络对手写输入数据进行分类，由卷积层（Conv2d）、池化层（MaxPool2d）和全连接层（Linear）叠加而成。下面我们先用代码定义这个卷积神经网络，然后再用几节内容分别详细介绍各部分的定义及原理。

```
import torch.nn as nn
import torch.nn.functional as F
device = torch.device("cuda:0" if torch.cuda.is_available() else "cpu")
```

```
class CNNNet(nn.Module):
    def __init__(self):
        super(CNNNet,self).__init__()
        self.conv1 = nn.Conv2d(in_channels=3,out_channels=16,kernel_size=5,stride=1)
        self.pool1 = nn.MaxPool2d(kernel_size=2,stride=2)
        self.conv2 = nn.Conv2d(in_channels=16,out_channels=36,kernel_size=3,stride=1)
        self.pool2 = nn.MaxPool2d(kernel_size=2, stride=2)
        self.fc1 = nn.Linear(1296,128)
        self.fc2 = nn.Linear(128,10)

    def forward(self,x):
        x=self.pool1(F.relu(self.conv1(x)))
        x=self.pool2(F.relu(self.conv2(x)))
        #print(x.shape)
        x=x.view(-1,36*6*6)
        x=F.relu(self.fc2(F.relu(self.fc1(x))))
        return x

net = CNNNet()
net=net.to(device)
```

6.2 卷积层

卷积层是卷积神经网络的核心层，而卷积又是卷积层的核心。卷积，直观理解就是两个函数的一种运算，这种运算也被称为卷积运算。这样说或许比较抽象，下面我们通过具体实例来加深理解。图 6-2 就是一个简单的二维空间卷积运算示例，虽然简单，但是包含了卷积的核心内容。

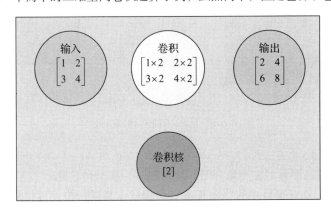

图 6-2　二维空间卷积运算示例

在图 6-2 中，输入和卷积核都是张量，卷积运算就是用卷积分别乘以输入张量中的每个元素，然后输出一个代表每个输入信息的张量。接下来我们把输入、卷积核推广到更高维空间，输入由 2×2 矩阵拓展为 5×5 矩阵，卷积核由一个标量拓展为一个 3×3 矩阵，如图 6-3 所示。这时该如何进行卷积运算呢？

图 6-3 的右图中的 4 是左图左上角的 3×3 矩阵与过滤矩阵的对应元素相乘后的汇总结果，如图 6-4 所示。

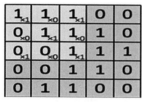

图像大小 5×5　　　　　偏置为 0　　　　　　特征图大小 3×3
　　　　　　　　　　　　卷积核大小 3×3

图 6-3　通过卷积运算，生成右边矩阵中第 1 行第 1 列的数据

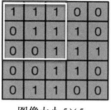

图像大小 5×5　　　　　偏置为 0　　　　　　特征图大小 3×3
　　　　　　　　　　　　卷积核大小 3×3

图 6-4　对应元素相乘后的结果

图 6-4 的右图中的 4 由表达式 $1×1+1×0+1×1+0×0+1×1+1×0+0×1+0×0+1×1$ 得到。当卷积核在输入图像中右移一个元素时，便得到图 6-5。

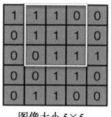

图像大小 5×5　　　　　偏置为 0　　　　　　特征图大小 3×3
　　　　　　　　　　　　卷积核大小 3×3

图 6-5　卷积核往右移到一格

图 6-5 的右图中的 3 由表达式 $1×1+1×0+0×1+1×0+1×1+1×0+0×1+1×0+1×1$ 得到。

卷积核窗口从输入张量的左上角开始，从左到右、从上到下滑动。当卷积核窗口滑动到一个新的位置时，包含在该窗口中的部分张量与卷积核张量进行按元素相乘，再将得到的张量求和得到一个单一的标量值，输入（假设为 X，其形状为 (X_w, X_h)）与卷积核（假设为 K，其形状为 (K_w, K_h)）运算后的输出矩阵的形状为：

$$(X_w - K_w + 1, X_h - K_h + 1)$$

由此我们得到这一位置的输出张量值，如图 6-6 所示。

4	3	4
2	4	3
2	3	4

图 6-6　输出结果

用卷积核中的每个元素乘以对应输入矩阵中的对应元素，原理还是一样，但输入张量为 5×5 矩阵，而卷积核为 3×3 矩阵，得到一个 3×3 矩阵。这里首先要解决一个如何对应的问题。把卷积核作为输入矩阵上的一个移动窗口，通过移动与所有元素对应，对应关系问题就迎刃而解了。这个卷积运算过程可以用 PyTorch 代码实现。

1）定义卷积运算函数。

```
def cust_conv2d(X, K):
    """实现卷积运算"""
    # 获取卷积核形状
    h, w = K.shape
    # 初始化输出值 Y
    Y = torch.zeros((X.shape[0] - h + 1, X.shape[1] - w + 1))
    # 实现卷积运算
    for i in range(Y.shape[0]):
        for j in range(Y.shape[1]):
            Y[i, j] = (X[i:i + h, j:j + w] * K).sum()
    return Y
```

2）定义输入及卷积核。

```
X = torch.tensor([[1.0,1.0,1.0,0.0,0.0], [0.0,1.0,1.0,1.0,0.0],
                  [0.0,0.0,1.0,1.0,1.0],[0.0,0.0,1.0,1.0,0.0],[0.0,1.0,1.0,0.0,0.0]])
K = torch.tensor([[1.0, 0.0,1.0], [0.0, 1.0,0.0],[1.0, 0.0,1.0]])
cust_conv2d(X, K)
```

运行结果如下：

```
tensor([[4., 3., 4.],
        [2., 4., 3.],
        [2., 3., 4.]])
```

那么，如何确定卷积核？如何在输入矩阵中移动卷积核？移动过程中如果超越边界应该如何处理？这种因移动可能带来的问题将在后续详细说明。

6.2.1 卷积核

卷积核，从名字就可以看出它的重要性，它是整个卷积过程的核心。比较简单的卷积核（也称为过滤器）有垂直卷积核（Horizontal Filter）、水平卷积核（Vertical Filter）、索贝尔卷积核（Sobel Filter）等。这些卷积核能够检测图像的水平边缘、垂直边缘，增强图像中心区域权重等。下面我们通过一些图来说明卷积核的具体作用。

1. 卷积核的作用

（1）垂直边缘检测

卷积核对垂直边缘的检测的示意图如图 6-7 所示。

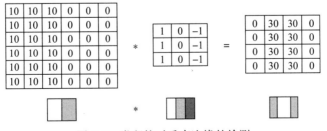

图 6-7　卷积核对垂直边缘的检测

这个卷积核是 3×3 矩阵（注意，卷积核一般是奇数阶矩阵），其特点是第 1 列和第 3 列有值，第 2 列为 0。经过卷积核作用后，就把原数据垂直边缘检测出来了。

（2）水平边缘检测

卷积核对水平边缘的检测的示意图如图 6-8 所示。

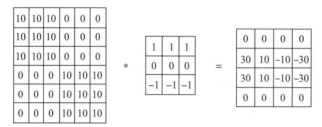

图 6-8   卷积核对水平边缘的检测

这个卷积核也是 3×3 矩阵，其特点是第 1 行和第 3 行有值，第 2 行为 0。经过卷积核作用后，就把原数据水平边缘检测出来了。

（3）对图片的垂直边缘、水平边缘检测

卷积核对图像水平边缘检测、垂直边缘检测的对比效果图如图 6-9 所示。

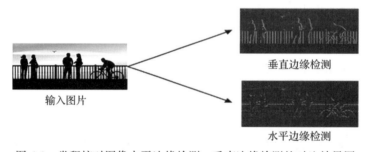

图 6-9   卷积核对图像水平边缘检测、垂直边缘检测的对比效果图

以上这些卷积核是比较简单的，在深度学习中，卷积核的作用不仅在于检测垂直边缘、水平边缘等，还需要检测其他边缘特征。

2. 如何确定卷积核

如何确定卷积核呢？卷积核类似于标准神经网络中的权重矩阵 W，W 需要通过梯度下降算法反复迭代求得。同样，在深度学习中，卷积核也需要通过模型训练求得。卷积神经网络的主要目的就是计算出这些卷积核的数值。确定得到了这些卷积核后，卷积神经网络的浅层网络也就实现了对图像所有边缘特征的检测。

以图 6-7 为例，给定输入 X 及输出 Y，根据卷积运算，通过多次迭代，可以得到卷积核的近似值。

1）定义输入和输出。

```
X = torch.tensor([[10.,10.,10.,0.0,0.0,0.0], [10.,10.,10.,0.0,0.0,0.0], [10.,10.,10.,0.
    0,0.0,0.0],[10.,10.,10.,0.0,0.0,0.0],[10.,10.,10.,0.0,0.0,0.0],[10.,10.,10.,
    0.0,0.0,0.0]])
```

```
Y = torch.tensor([[0.0, 30.0,30.0,0.0], [0.0, 30.0,30.0,0.0],[0.0, 30.0,30.0,0.0],[0.0,
    30.0,30.0,0.0]])
```

2）训练卷积层。

```
# 构造一个二维卷积层，它具有1个输出通道和形状为（3，3）的卷积核
conv2d = nn.Conv2d(1,1, kernel_size=(3, 3), bias=False)

# 这个二维卷积层使用四维输入和输出格式（批量大小、通道、高度、宽度），
# 其中批量大小和通道数都为1
X = X.reshape((1, 1, 6, 6))
Y = Y.reshape((1, 1, 4, 4))
lr = 0.001 # 学习率

#定义损失函数
loss_fn = torch.nn.MSELoss()
for i in range(400):
    Y_pre = conv2d(X)
    loss=loss_fn(Y_pre,Y)
    conv2d.zero_grad()
    loss.backward()
    # 迭代卷积核
    conv2d.weight.data[:] -= lr * conv2d.weight.grad
    if (i + 1) % 100 == 0:
        print(f'epoch {i+1}, loss {loss.sum():.4f}')
```

3）查看卷积核。

```
conv2d.weight.data.reshape((3,3))
```

运行结果如下：

```
tensor([[ 1.2232, -0.1614, -1.0800],
        [ 0.8695, -0.1122, -1.2032],
        [ 0.9073,  0.2736, -0.7168]])
```

这个结果与图 6-7 中的卷积核就比较接近了。

本节简单说明了卷积核的生成方式及作用，下节将介绍卷积核如何对输入数据进行卷积运算。

6.2.2 步幅

如何对输入数据进行卷积运算？回答这个问题之前，我们先回顾一下图 6-3。在图 6-3 的左图中，左上方的小窗口实际上就是卷积核，其中 × 后面的值就是卷积核的值。如第 1 行 ×1、×0、×1 对应卷积核的第 1 行 [1, 0, 1]。图 6-3 的右图的第 1 行第 1 列的 4 是如何得到的呢？就是 5×5 矩阵中由前 3 行、前 3 列构成的矩阵各元素乘以卷积核中对应位置的值，然后累加得到的，即 $1×1 + 1×0 + 1×1 + 0×0 + 1×1 + 1×0 + 0×1 + 0×0 + 1×1 = 4$。那么，如何得到右图中第 1 行第 2 列的值呢？我们只要把左图中的小窗口往右移动一格，然后进行卷积运算即可；如此类推；最终得到完整的特征图的值，如图 6-10 所示。

小窗口（实际上就是卷积核）在左图中每次移动的格数（无论是自左向右移动，还是自上向下移动）称为步幅（strides），在图像中就是跳过的像素个数。在上面的示例中，小窗口每次只移动一格，故参数 strides=1。这个参数也可以是 2、3 等其他数值。如果是 2，则每次移动时跳 2 格或 2 个像素，如图 6-11 所示。

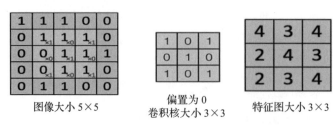

图 6-10　通过卷积运算，生成右边矩阵的数据

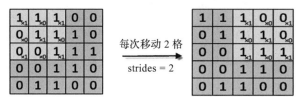

图 6-11　strides=2 示意图

在小窗口移动过程中，卷积核的值始终保持不变。也就是说，卷积核的值在整个过程中是共享的，所以又把卷积核的值称为共享变量。卷积神经网络采用参数共享的方法大大降低了参数的数量。

strides 参数是卷积神经网络中的一个重要参数，在用 PyTorch 具体实现时，strides 参数格式为单个整数或两个整数的元组（分别表示 height 和 width 维度上的值）。

在图 6-8 中，如果小窗口继续往右移动 2 格，那么卷积核将移到输入矩阵之外，如图 6-12 所示。此时该如何处理呢？具体处理方法就涉及下节要讲的内容——填充（padding）了。

6.2.3　填充

当输入图像与卷积核不匹配或卷积核超过图像边界时，可以采用边界填充的方法，即对图像尺寸进行扩展，扩展区域补零，如图 6-13 所示。当然也可以不扩展。

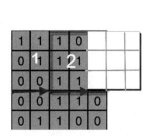

图 6-12　小窗口移动输入矩阵外

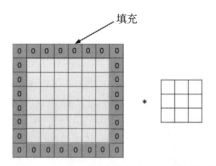

图 6-13　采用边界填充方法，对图像尺寸进行扩展，扩展区域补零

根据是否扩展可将填充方式又分为 Same、Valid 两种。采用 Same 方式时，对图像扩展并补 0；采用 Valid 方式时，不对图像进行扩展。具体如何选择呢？在实际训练过程中，一般选择 Same 方式，因为使用这种方式不会丢失信息。设补 0 的圈数为 p，输入数据大小为 n，卷积核

大小为 f，步幅大小为 s，则有：

$$p = \frac{f-1}{2} \tag{6.5}$$

卷积后的大小为：

$$\frac{n+2p-f}{s}+1 \tag{6.6}$$

6.2.4　多通道上的卷积

前面我们对卷积在输入数据、卷积核的维度上进行了扩展，但输入数据、卷积核都是单一的。从图形的角度来说就是二者都是灰色的，没有考虑彩色图像的情况。在实际应用中，输入数据往往是多通道的，如彩色图像是 3 通道，即 R、G、B 通道。此时应该如何实现卷积运算呢？我们分别从多输入通道和多输出通道两方面来详细讲解。

1. 多输入通道

3 通道图像的卷积运算与单通道图像的卷积运算基本一致，对于 3 通道的 RGB 图像，其对应的卷积核算子同样也是 3 通道的。例如一个图像是 3×5×5，3 个维度分别表示通道数（channel）、图像的高度（height）、宽度（width）。卷积过程是将每个单通道（R，G，B）与对应的卷积核进行卷积运算，然后将 3 通道的和相加，得到输出图像的一个像素值。具体过程如图 6-14 所示。

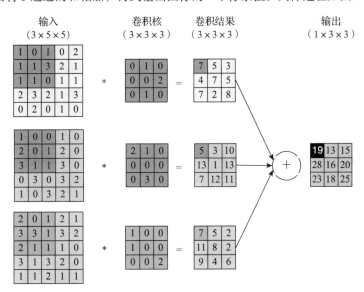

图 6-14　多输入通道的卷积运算过程示意图

下面用 PyTorch 实现图 6-14 所示的卷积运算过程。

1）定义多输入通道卷积运算函数。

```
def corr2d_mutil_in(X,K):
    h,w = K.shape[1],K.shape[2]
    value = torch.zeros(X.shape[0] - h + 1,X.shape[1] - w + 1)
    for x,k in zip(X,K):
```

```
        value = value + cust_conv2d(x,k)
    return value
```

2）定义输入数据。

```
X = torch.tensor([[[1.,0.,1,0.,2.],[1,1,3,2,1],[1,1,0,1,1],[2,3,2,1,3],[0,2,0,1,0]],
                  [[1.,0.,0,1.,0.],[2,0,1,2,0],[3,1,1,3,0],[0,3,0,3,2],[1,0,3,2,1]],
                  [[2.,0.,1.,2.,1.],[3,3,1,3,2],[2,1,1,1,0],[3,1,3,2,0],[1,1,2,1,1]]])
K = torch.tensor([[[0.0,1.0,0.0],[0.0,0.0,2.0],[0.0,1.0,0.0]],
                  [[2.0,1.0,0.0],[0.0,0.0,0.0],[0.0,3.0,0.0]],
                  [[1.0,0.0,0.0],[1.0,0.0,0.0],[0.0,0.0,2.0]]])
```

3）计算。

```
corr2d_mutil_in(X,K)
```

运行结果如下：

```
tensor([[19., 13., 15.],
        [28., 16., 20.],
        [23., 18., 25.]])
```

2. 多输出通道

为了实现更多边缘检测，可以增加更多卷积核组。图 6-15 就是两组卷积核：卷积核 1 和卷积核 2。这里的输入是 $3\times7\times7$，经过与两个 $3\times3\times3$ 的卷积核（步幅为 2）的卷积运算，得到的输出为 $2\times3\times3$。另外我们也会看到图 6-10 中的补零填充（zero padding）是 1，也就是在输入元素的周围补 0。补零填充对于图像边缘部分的特征提取是很有帮助的，可以防止信息丢失。最后，不同卷积核组卷积得到不同的输出，个数由卷积核组决定。

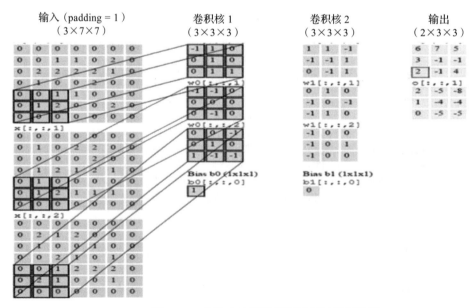

图 6-15   多输出通道的卷积运算过程示意图

把图 6-15 一般化，写成矩阵的方式就是图 6-16 所示。

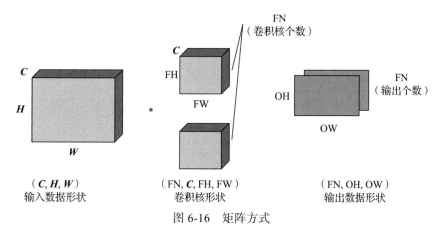

图 6-16 矩阵方式

3. 1×1 卷积核

1×1 卷积核在很多经典网络结构中都有使用，如 Inception 网络、ResNet 网络、YOLO 网络和 Swin-Transformer 网络等。在网络中增加 1×1 卷积核有以下主要作用。

（1）增加或降低通道数

如果卷积的输入输出都只是一个二维数据，那么 1×1 卷积核意义不大，它是完全不考虑像素与周边其他像素关系的。如果卷积的输入、输出是多维矩阵，则可以通过 1×1 卷积不同的通道数，增加或降低卷积后的通道数。

（2）增加非线性

1×1 卷积核利用后接的非线性激活函数，可以在保持特征图尺度不变的前提下大幅增加非线性特性，使网络更深，同时提升网络的表达能力。

（3）跨通道信息交互

使用 1×1 卷积核，可以增加或降低通道数，也可以组合来自不同通道的信息。

图 6-17 为通过 1×1 卷积核改变通道数的例子。

上述过程可以用 PyTorch 实现，代码如下。

1）生成输入及卷积核数据。

```
X = torch.tensor([[[1,2,3],[4,5,6],[7,8,9]],
                  [[1,1,1],[1,1,1],[1,1,1]],
                  [[2,2,2],[2,2,2],[2,2,2]]])

K = torch.tensor([[[[1]],[[2]],[[3]]],
                  [[[4]],[[1]],[[1]]],
                  [[[5]],[[3]],[[3]]]])
print(K.shape) ##torch.Size([3, 3, 1, 1])
```

2）定义卷积函数。

```
def corr2d_multi_in_out(X,K):
    return torch.stack([corr2d_mutil_in(X,k) for k in K])

corr2d_multi_in_out(X,K)
```

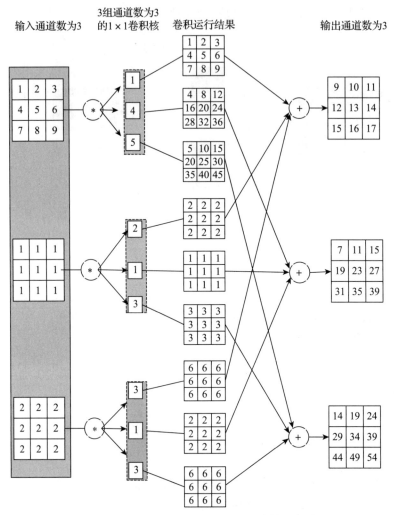

图 6-17   通过 1×1 卷积核改变通道数示意图

运行结果如下：

```
tensor([[[ 9., 10., 11.],
         [12., 13., 14.],
         [15., 16., 17.]],
        [[ 7., 11., 15.],
         [19., 23., 27.],
         [31., 35., 39.]],
        [[14., 19., 24.],
         [29., 34., 39.],
         [44., 49., 54.]]])
```

6.2.5 激活函数

卷积神经网络与标准的神经网络类似，为保证非线性，也需要使用激活函数，即在卷积运算后，把输出值另加偏移量输入激活函数，作为下一层的输入，如图 6-18 所示。

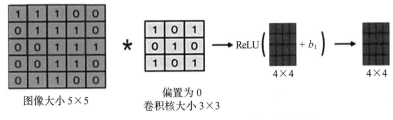

图像大小 5×5　　　　偏置为 0
　　　　　　　　卷积核大小 3×3

图 6-18　卷积运算后的输出值 + 偏移量输入激活函数 ReLU

常用的激活函数有 torch.nn.functional.sigmoid、torch.nn.functional.relu、torch.nn.functional.
softmax、torch.nn.functional.tanh、torch.nn.functional.dropout 等，以及类对象方式的激活函数，
如 torch.nn.Sigmoid 、torch.nn.ReLU、torch.nn.Softmax、torch.nn.Tanh、torch.nn.Dropout 等。
这些激活函数的详细介绍可参考本书第 5 章。

6.2.6　卷积函数

卷积函数是构建神经网络的重要支架，通常 PyTorch 的卷积运算是通过 nn.Conv2d 来完成
的。下面先介绍 nn.Conv2d 的参数，及如何计算输出的形状（shape）。

1. nn.Conv2d 函数

nn.Conv2d 函数的定义如下。

```
nn.Conv2d(
    in_channels: int,
    out_channels: int,
    kernel_size: Union[int, Tuple[int, int]],
    stride: Union[int, Tuple[int, int]] = 1,
    padding: Union[int, Tuple[int, int]] = 0,
    dilation: Union[int, Tuple[int, int]] = 1,
    groups: int = 1,
    bias: bool = True,
    padding_mode: str = 'zeros',
)
```

主要参数说明：

❑ in_channels(int)：输入信号的通道。

❑ out_channels(int)：卷积产生的通道。

❑ kernel_size(int or tuple)：卷积核的尺寸。

❑ stride(int or tuple, optional)：卷积步长。

❑ padding(int or tuple, optional)：输入的每一条边补充 0 的层数。

❑ dilation(int or tuple, optional)：卷积核元素之间的间距。

❑ groups(int, optional)：控制输入和输出之间的连接，当 group = 1 时，输出是所有的输入
的卷积；当 group = 2 时，相当于有并排的两个卷积层，每个卷积层计算输入通道的一
半，并且产生的输出是输出通道的一半，随后将这两个输出连接起来。

❑ bias(bool, optional)：如果 bias = True，则添加偏置。其中参数 kernel_size、stride、padding、dilation 可以是一个整型数值（int），此时卷积的 height 和 width 值相同，也可以是一个 tuple 数组，tuple 的第一维度表示 height 的数值，tuple 的第二维度表示 width 的数值。

❑ padding_mode：有 4 种可选模式，分别为 zeros、reflect、replicate、circular，默认为 zeros，也就是零填充。

2. 输出形状

卷积函数 nn.Conv2d 参数中输出形状的计算公式如下。

❑ Input：$(N, C_{in}, H_{in}, W_{in})$

❑ Output: $(N, C_{out}, H_{out}, W_{out})$，其中，

$$H_{out} = \frac{H_{in} + 2 \times padding[0] - dilation[0] \times (kernel\_size[0] - 1) - 1}{stride[0]} + 1 \tag{6.7}$$

$$W_{out} = \frac{W_{in} + 2 \times padding[1] - dilation[1] \times (kernel\_size[1] - 1) - 1}{stride[1]} + 1 \tag{6.8}$$

❑ weight: (out_channels, $\frac{in\_channels}{groups}$, kernel_size[0], kernel_size[1])

当 groups=1 时：

```
conv = nn.Conv2d(in_channels=6, out_channels=12, kernel_size=1, groups=1)
conv.weight.data.size()   # torch.Size([12, 6, 1, 1])
```

当 groups=2 时：

```
conv = nn.Conv2d(in_channels=6, out_channels=12, kernel_size=1, groups=2)
conv.weight.data.size() #torch.Size([12, 3, 1, 1])
```

当 groups=3 时：

```
conv = nn.Conv2d(in_channels=6, out_channels=12, kernel_size=1, groups=3)
conv.weight.data.size() #torch.Size([12, 2, 1, 1])
```

注意，in_channels/groups 必须是整数，否则报错。

6.2.7 转置卷积

转置卷积（Transposed Convolution）在一些文献中也称为反卷积（Deconvolution）或部分跨越卷积（Fractionally-strided Convolution）。何为转置卷积，它与卷积又有哪些不同？

通过卷积的正向传播的图像一般会越来越小，类似于下采样（downsampling）。卷积的反向传播实际上就是一种转置卷积，类似于上采样（upsampling）。

我们先简单回顾卷积的正向传播是如何运算的，假设卷积操作的输入大小为 4，卷积核大小为 3，步幅为 1，填充为 0，即 $(n = 4, f = 3, s = 1, p = 0)$，根据公式（6.6）可知，输出 $o = 2$。

整个卷积过程可用图 6-19 表示。

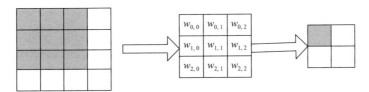

图 6-19 卷积运算示意图

对于上述卷积运算，我们把图 6-14 中的 3×3 卷积核展平成一个如下所示的 [4,16] 的稀疏矩阵 C，其中非 0 元素 $w_{i,j}$ 表示卷积核的第 i 行和第 j 列。

$$C = \begin{bmatrix} w_{0,0} & w_{0,1} & w_{0,2} & 0 & w_{1,0} & w_{1,1} & w_{1,2} & 0 & w_{2,0} & w_{2,1} & w_{2,2} & 0 & 0 & 0 & 0 & 0 \\ 0 & w_{0,0} & w_{0,1} & w_{0,2} & 0 & w_{1,0} & w_{1,1} & w_{1,2} & 0 & w_{2,0} & w_{2,1} & w_{2,2} & 0 & 0 & 0 & 0 \\ 0 & 0 & 0 & 0 & w_{0,0} & w_{0,1} & w_{0,2} & 0 & w_{1,0} & w_{1,1} & w_{1,2} & 0 & w_{2,0} & w_{2,1} & w_{2,2} & 0 \\ 0 & 0 & 0 & 0 & 0 & w_{0,0} & w_{0,1} & w_{0,2} & 0 & w_{1,0} & w_{1,1} & w_{1,2} & 0 & w_{2,0} & w_{2,1} & w_{2,2} \end{bmatrix}$$

我们再把 4×4 的输入特征展平成 [16, 1] 的矩阵 X，那么 $Y = CX$ 则是一个 [4, 1] 的输出特征矩阵，把它重新排列成 2×2 的输出特征就得到最终的结果。从上述分析可以看出，卷积层的计算其实可以转化成矩阵相乘。

反向传播时又会如何呢？首先从卷积的反向传播算法开始。假设损失函数为 L，则反向传播时，可以利用链式法则得到对 L 关系的求导：

$$\frac{\partial L}{\partial x_j} = \sum_i \frac{\partial L}{\partial y_i} \frac{\partial y_i}{\partial x_j} = \sum_i \frac{\partial L}{\partial y_i} C_{i,j} = \frac{\partial L}{\partial y} C_{*,j} = C_{*,j}^T \frac{\partial L}{\partial y} \tag{6.9}$$

由此，可得 $X = C^T Y$，即反卷积就是要对这个矩阵运算过程进行逆运算。

转置卷积主要用于生成式对抗网络（GAN），后续我们还会详细介绍。图 6-20 为使用转置卷积的一个示例，它是一个上采样过程。

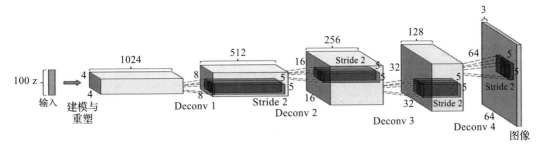

图 6-20 转置卷积示例

PyTorch 中二维转置卷积的格式为：

```
torch.nn.ConvTranspose2d(in_channels, out_channels, kernel_size, stride=1, padding=0,
output_padding=0, groups=1, bias=True, dilation=1, padding_mode='zeros')
```

6.2.8 特征图与感受野

输出的卷积层有时被称为特征图（Feature Map），因为它可以被视为一个输入映射到下一层的空间维度的转换器。在 CNN 中，对于某一层的任意元 x，其感受野（Receptive Field）是指在正向传播期间可能影响 x 计算的所有元素（来自所有先前层）。

注意，感受野的覆盖率可能大于某层输入的实际区域大小。我们以图 6-21 为例来解释感受野。感受野的定义是卷积神经网络每一层输出的特征图上的像素点在输入图像上映射的区域大小。再通俗点的解释是，感受野是特征图上的一个点对应输入图上的区域。

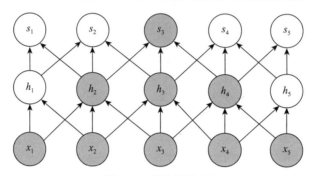

图 6-21   增加网络层

由图 6-21 可以看出，经过几个卷积层之后，特征图逐渐变小，一个特征所表示的信息量越来越多，如一个 s_3 表示了 x_1、x_2、x_3、x_4、x_5 的信息。

6.2.9   全卷积网络

利用卷积神经网络进行图像分类或回归任务时，我们通常会在卷积层之后接上若干个全连接层，将卷积层产生的特征图映射成一个固定长度的特征向量。因为它们最后都期望得到整个输入图像属于哪类对象的概率值，比如 AlexNet 的 ImageNet 模型输出一个 1000 维的向量表示输入图像属于每一类的概率（经过 softmax 归一化），如图 6-22 所示。

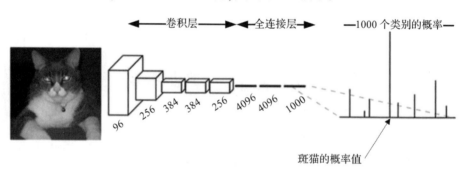

图 6-22   利用卷积网络及全连接层对图像进行分类

与通常用于分类或回归任务的卷积神经网络不同，全卷积网络（Fully Convolutional Network，FCN）可以接收任意尺寸的输入图像，把图 6-22 中的 3 个全连接层改为卷积核尺寸为 1×1，通道数为向量长度的卷积层。然后，采用转置卷积运算对最后一个卷积层的特征图进行上采样，使它恢复到与输入图像相同的尺寸，从而可以对每个像素都产生一个预测，同时保留原始输入图像中的空间信息。接着在上采样的特征图上进行逐像素分类，最后逐个像素计算分类的损失，相当于每一个像素对应一个训练样本。这样整个网络都使用卷积层，没有全连接层，这或许就是全卷积网络名称的由来。该网络的输出类别预测与输入图像在像素级别上具有一一对应关系，其通道维度的输出为该位置对应像素的类别预测，如图 6-23 所示。

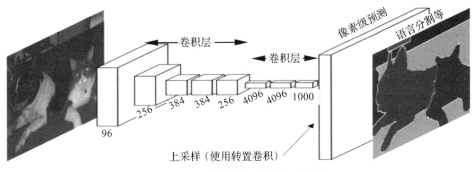

图 6-23　全卷积网络结构示意图

6.3　池化层

池化（Pooling）又称下采样，通过卷积层获得图像的特征后，理论上可以直接使用这些特征训练分类器（如 softmax）。但是，这样做将面临巨大的计算量挑战，而且容易产生过拟合的现象。为了进一步降低网络训练参数及模型的过拟合程度，我们需要对卷积层进行池化处理。常用的池化方法有 3 种。

❑ 最大池化（Max Pooling）：选择 Pooling 窗口中的最大值作为采样值。
❑ 均值池化（Mean Pooling）：将 Pooling 窗口中的所有值相加取平均，以平均值作为采样值.
❑ 全局最大（或均值）池化：与最大或平均池化不同，全局池化是对整个特征图的池化，而不是在移动窗口范围内的池化。

这 3 种池化方法可用图 6-24 来描述。

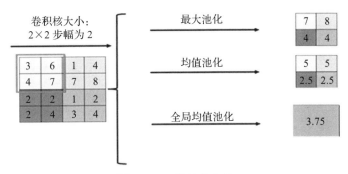

图 6-24　3 种池化方法

池化层在 CNN 中可用来减小尺寸，提高运算速度及减小噪声影响，让各特征更具有健壮性。池化层比卷积层简单，它没有卷积运算，只是在滤波器算子滑动区域内取最大值或平均值。

池化的作用则体现在下采样：保留显著特征、降低特征维度、增大感受野。深度网络越往后面越能捕捉到物体的语义信息，这种语义信息建立在较大的感受野基础上。

6.3.1 局部池化

我们通常使用的最大或平均池化，是在特征图上以窗口的形式滑动（类似卷积的窗口滑动），取窗口内的最大值或平均值作为结果，经过操作后，特征图下采样，减少了过拟合现象。这种在移动窗口内的池化被称为局部池化。

在 PyTorch 中，最大池化常使用 nn.MaxPool2d，平均池化使用 nn.AvgPool2d。在实际应用中，最大池化比其他池化方法更常用。它们的具体格式如下：

```
torch.nn.MaxPool2d(kernel_size, stride=None, padding=0, dilation=1, return_
    indices=False, ceil_mode=False)
```

参数说明如下。

- ❑ kernel_size：池化窗口的大小，取一个四维向量，一般是 [height, width]，如果两者相等，可以是一个数字，如 kernel_size=3。
- ❑ stride：窗口在每一个维度上滑动的步长，一般也是 [stride_h,stride_w]，如果两者相等，可以是一个数字，如 stride =1。
- ❑ padding：与卷积类似。
- ❑ dilation：卷积对输入数据的空间间隔。
- ❑ return_indices：是否返回最大值对应的下标。
- ❑ ceil_mode：使用一些方块代替层结构。

输入、输出的形状计算公式如下。假设输入 input 的形状为（N, C, H_{in}, W_{in})，输出 output 的形状为（N, C, H_{out}, W_{out})，则输出大小与输入大小的计算公式为：

$$H_{out} = \left\lfloor \frac{H_{in} + 2 \times padding[0] - dilation[0] \times (kernel\_size[0]-1)-1}{stride[0]} +1 \right\rfloor \quad (6.10)$$

$$W_{out} = \left\lfloor \frac{W_{in} + 2 \times padding[1] - dilation[1] \times (kernel\_size[1]-1)-1}{stride[1]} +1 \right\rfloor \quad (6.11)$$

如果不能整除，则取整数。

下面是一个具体的代码实例。

```
# 池化窗口为正方形 size=3, stride=2
m1 = nn.MaxPool2d(3, stride=2)
# 池化窗口为非正方形
m2 = nn.MaxPool2d((3, 2), stride=(2, 1))
input = torch.randn(20, 16, 50, 32)
output = m2(input)
print(output.shape)
# orch.Size([20, 16, 24, 31])
```

6.3.2 全局池化

与局部池化相对的就是全局池化，它也分最大或平均池化。所谓全局是针对常用的平均池化而言，平均池化会有它的卷积核大小限制，比如 2×2，全局平均池化就没有大小限制，它针对的是整张特征图。下面以全局平均池化为例进行讲解。全局平均池化（Global Average

Pooling，GAP）不以窗口的形式取均值，而是以特征图为单位进行均值化，即一个特征图输出一个值。

如何理解全局池化呢？我们通过图 6-25 来说明。

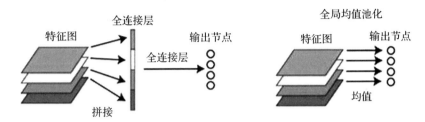

图 6-25 全局平均池化原理

图 6-25 左边把 4 个特征图先用一个全连接层展平为一个向量，然后通过一个全连接层输出为 4 个分类节点。GAP 可以把这两步合二为一。我们可以把 GAP 视为一个特殊的平均池化层，只不过其池的大小与整个特征图一样大，其实就是求每张特征图所有像素的均值，输出一个数据值，这样 4 个特征图就会输出 4 个数据点，而这些数据点则组成一个 1×4 的向量。

使用全局平均池化代替 CNN 中传统的全连接层。在使用卷积层的识别任务中，全局平均池化能够为每一个特定的类别生成一个特征图。

GAP 的优势在于：各类别与特征图之间的联系更加直观（相比全连接层的黑箱），特征图被转化为分类概率更加容易；GAP 不需要调参数，避免了过拟合问题；GAP 汇总了空间信息，因此对输入的空间转换更具鲁棒性。所以目前卷积网络中最后几个全连接层大都被 GAP 替换了。

全局池化层在 Keras 中有对应的层，如全局最大池化层（GlobalMaxPooling2D）。PyTorch 中虽然没有对应名称的池化层，但可以使用其中的自适应池化层（AdaptiveMaxPool2d(1) 或 nn.AdaptiveAvgPool2d(1)）实现，具体将在后续通过实例进行介绍，这里先简单介绍自适应池化层，其一般格式为：

```
nn.AdaptiveMaxPool2d(output_size, return_indices=False)
```

下面是一个具体的代码实例。

```
# 输出大小为 5×7
m = nn.AdaptiveMaxPool2d((5,7))
input = torch.randn(1, 64, 8, 9)
output = m(input)
# t 输出大小为正方形 7×7
m = nn.AdaptiveMaxPool2d(7)
input = torch.randn(1, 64, 10, 9)
output = m(input)
# 输出大小为 10×7
m = nn.AdaptiveMaxPool2d((None, 7))
input = torch.randn(1, 64, 10, 9)
output = m(input)
# 输出大小为 1×1
m = nn.AdaptiveMaxPool2d((1))
input = torch.randn(1, 64, 10, 9)
```

```
output = m(input)
print(output.size())
```

自适应池化层的输出张量的大小都是给定的 output_size。例如输入张量大小为（1, 64, 8, 9），设定输出大小为（5, 7），通过自适应池化层，可以得到大小为（1, 64, 5, 7）的张量。

6.4 现代经典网络

图 6-26 为最近几年卷积神经网络大致的发展轨迹。

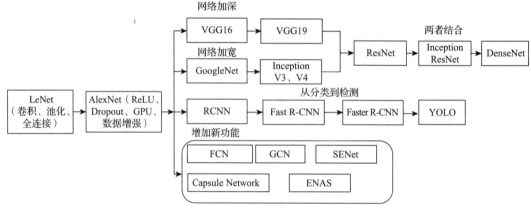

图 6-26 卷积网络发展轨迹

1998 年 LeCun 提出了 LeNet，可谓开山鼻祖，并系统地提出了卷积层、池化层、全连接层等概念。时隔多年后，2012 年 Alex 等提出 AlexNet，以及一些训练深度网络的重要方法或技巧，如 dropout、ReLU、GPU、数据增强方法等。此后，卷积神经网络迎来了爆炸式的发展。接下来我们就一些经典网络架构进行说明。

6.4.1 LeNet-5 模型

LeNet 是卷积神经网络大师 LeCun 在 1998 年提出的，用于完成手写数字识别的视觉任务。自那时起，CNN 的最基本架构就定下来了：卷积层、池化层、全连接层。

LeNet-5 模型架构为输入层—卷积层—池化层—卷积层—池化层—全连接层—全连接层—输出，为串联模式，如图 6-27 所示。

LeNet-5 模型具有如下特点。

❑ 每个卷积层包含 3 个部分：卷积、池化和非线性激活函数。
❑ 使用卷积提取空间特征。
❑ 采用下采样的平均池化层。
❑ 使用双曲正切（Tanh）的激活函数。
❑ 最后用 MLP 作为分类器。

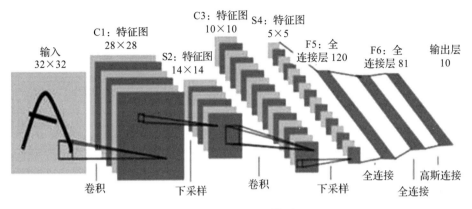

图 6-27　LeNet-5 模型

6.4.2　AlexNet 模型

AlexNet 在 2012 年的 ImageNet 竞赛中以超过第二名 10.9 个百分点的绝对优势一举夺冠，从此，深度学习和卷积神经网络得到迅速发展。

AlexNet 为 8 层深度网络，包含 5 层卷积层和 3 层全连接层，不计 LRN 层和池化层，如图 6-28 所示。

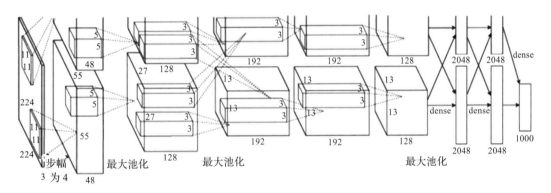

图 6-28　AlexNet 模型

AlexNet 模型具有如下特点。

- ❑ 由 5 层卷积层和 3 层全连接层组成，输入图像为三通道，大小为 224×224，网络规模远大于 LeNet。
- ❑ 使用 ReLU 激活函数。
- ❑ 使用 dropout，可以作为正则项以防止过拟合，提升模型鲁棒性。
- ❑ 具备一些很好的训练技巧，包括数据增广、学习率策略、权重衰减（Weight Decay）等。

6.4.3　VGG 模型

在 AlexNet 之后，另一个提升很大的网络是 VGG（Visual Geometry Group），在 ImageNet

竞赛中将 Top 5 错误率（假设有 5 个分类结果，这 5 个预测结果都错的概率）减小到 7.3%。VGG-Nets 是由牛津大学 VGG 提出，获得 2014 年 ImageNet 竞赛定位任务的第一名和分类任务的第二名。VGG 可以看作升级版本的 AlexNet，它也是由卷积层和全连接层组成，且层数高达 16 或 19 层，如图 6-29 所示。

卷积网络配置					
A	A-LRN	B	C	D	E
11 weight layers	11 weight layers	13 weight layers	16 weight layers	16 weight layers	19 weight layers
input (224 × 224 RGB image)					
conv3-64	conv3-64 LRN	conv3-64 conv3-64	conv3-64 conv3-64	conv3-64 conv3-64	conv3-64 conv3-64
maxpool					
conv3-128	conv3-128	conv3-128 conv3-128	conv3-128 conv3-128	conv3-128 conv3-128	conv3-128 conv3-128
maxpool					
conv3-256 conv3-256	conv3-256 conv3-256	conv3-256 conv3-256	conv3-256 conv3-256 conv1-256	conv3-256 conv3-256 conv3-256	conv3-256 conv3-256 conv3-256 conv3-256
maxpool					
conv3-512 conv3-512	conv3-512 conv3-512	conv3-512 conv3-512	conv3-512 conv3-512 conv1-512	conv3-512 conv3-512 conv3-512	conv3-512 conv3-512 conv3-512 conv3-512
maxpool					
conv3-512 conv3-512	conv3-512 conv3-512	conv3-512 conv3-512	conv3-512 conv3-512 conv1-512	conv3-512 conv3-512 conv3-512	conv3-512 conv3-512 conv3-512 conv3-512
maxpool					
FC-4096					
FC-4096					
FC-1000					
soft-max					

图 6-29　VGG 模型

VGG 模型具有如下特点。

❑ 更深的网络结构。网络层数由 AlexNet 的 8 层增至 16 或 19 层。更深的网络意味着更强大的网络能力，也意味着需要更强大的计算力，不过后来硬件发展也很快，显卡运算力也在快速增长，助推了深度学习的快速发展。

❑ 使用较小的 3×3 卷积核。模型中使用 3×3 的卷积核，因为两个 3×3 的感受野相当于一个 5×5，同时参数量更少，之后的网络都基本遵循这个范式。

6.4.4　GoogLeNet 模型

VGG 模型增加了网络的深度，但深度达到一定程度时，可能就成为瓶颈。GoogLeNet 模型则从另一个维度来增加网络能力，即让每个单元有许多层并行计算，使网络更宽。基本单元（Inception 模块）如图 6-30 所示。

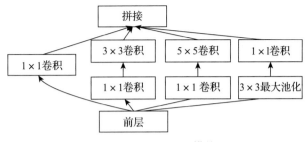

图 6-30 Inception 模块

GoogLeNet 模型架构如图 6-31 所示，包含多个 Inception 模块，且为了便于训练，还添加了两个辅助分类分支补充梯度。

图 6-31 GoogLeNet 模型架构

GoogLeNet 模型具有如下特点。

- 引入 Inception 模块，这是一种网中网（Network In Network）结构。通过网络的水平排布，可以用较浅的网络得到很好的模型能力，并进行多特征融合，同时更容易训练。另外，为了减少计算量，使用了 1×1 卷积来先对特征通道进行降维。Inception 模块堆叠起来就形成了 Inception 网络，而 GoogLeNet 就是一个精心设计的、性能良好的 Inception 网络（Inception v1）的实例，即 GoogLeNet 是一种 Inception v1 网络。
- 采用全局平均池化层。将后面的全连接层全部替换为简单的全局平均池化层，最后的参数会变得更少。例如，AlexNet 中最后 3 层的全连接层参数差不多占总参数的 90%，GoogLeNet 的宽度和深度部分移除了全连接层，并不会影响到结果的精度，在 ImageNet 竞赛中实现 93.3% 的精度，而且比 VGG 还要快。不过，网络太深无法很好地训练的问题一直没有解决，直到 ResNet 提出了残差链接。

6.4.5 ResNet 模型

2015 年，何恺明推出的 ResNet 在 ISLVRC 和 COCO 上超越所有选手，获得冠军。ResNet 在网络结构上做了一大创新，即采用残差网络结构，而不再简单地堆积层数，为卷积神经网络提供了一个新思路。残差网络的核心思想用一句话来说就是：输出的是两个连续的卷积层，并且输入下一层，如图 6-32 所示。

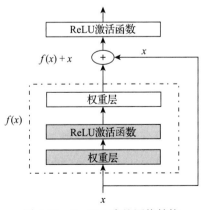

图 6-32 ResNet 残差网络结构

ResNet 完整网络结构如图 6-33 所示。

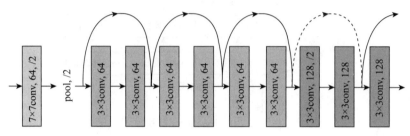

图 6-33   ResNet 完整网络结构

通过引入残差、恒等映射（identity mapping），相当于一个梯度高速通道，使训练更简洁，且避免了梯度消失问题，所以可以得到很深的网络，如网络层数由 GoogLeNet 的 22 层发展到 ResNet 的 152 层。

ResNet 模型具有如下特点。

- ❑ 层数非常深，已经超过百层。
- ❑ 引入残差单元来解决退化问题。

6.4.6   DenseNet 模型

ResNet 模型极大地改变了参数化深层网络中函数的方式，DenseNet（稠密网络）在某种程度上可以说是 ResNet 的逻辑扩展，其每一层的特征图是后面所有层的输入。DenseNet 网络结构如图 6-34 所示。

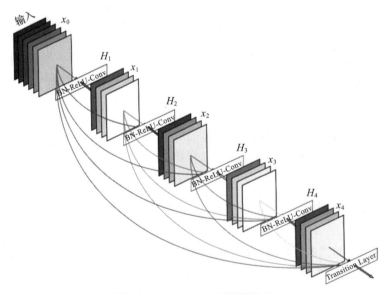

图 6-34   DenseNet 网络结构图

ResNet 和 DenseNet 的主要区别如图 6-35 所示（阴影部分）。

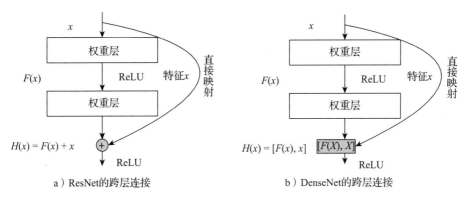

a）ResNet的跨层连接　　　　b）DenseNet的跨层连接

图 6-35　ResNet 与 DenseNet 的主要区别

由图 6-35 所示，ResNet 和 DenseNet 的主要区别在于，DenseNet 的输出的是连接（如图 6-33b 中的 [,] 表示），而不是 ResNet 的简单相加。

DenseNet 模型主要由两部分构成：稠密块（Dense Block）和过渡层（Transition Layer）。前者定义如何连接输入和输出，后者控制通道数量、特征图的大小等，使其不会太复杂。图 6-36 是几种典型的稠密网络结构。

层	Output Size	DenseNet-121	DenseNet-169	DenseNet-201	DenseNet-264
卷积	112×112	\multicolumn{4}{c}{7×7 conv, stride 2}
池化	56×56	\multicolumn{4}{c}{3×3最大池化, stride2}
稠密块 (1)	56×56	$\begin{bmatrix} 1 \times 1\ conv \\ 3 \times 3\ conv \end{bmatrix} \times 6$	$\begin{bmatrix} 1 \times 1\ conv \\ 3 \times 3\ conv \end{bmatrix} \times 6$	$\begin{bmatrix} 1 \times 1\ conv \\ 3 \times 3\ conv \end{bmatrix} \times 6$	$\begin{bmatrix} 1 \times 1\ conv \\ 3 \times 3\ conv \end{bmatrix} \times 6$
过渡层 (1)	56×56	\multicolumn{4}{c}{1×1 conv}
	28×28	\multicolumn{4}{c}{2×2 平均池化, stride 2}
稠密块 (2)	28×28	$\begin{bmatrix} 1 \times 1\ conv \\ 3 \times 3\ conv \end{bmatrix} \times 12$	$\begin{bmatrix} 1 \times 1\ conv \\ 3 \times 3\ conv \end{bmatrix} \times 12$	$\begin{bmatrix} 1 \times 1\ conv \\ 3 \times 3\ conv \end{bmatrix} \times 12$	$\begin{bmatrix} 1 \times 1\ conv \\ 3 \times 3\ conv \end{bmatrix} \times 12$
过渡层 (2)	28×28	\multicolumn{4}{c}{1×1 conv}
	14×14	\multicolumn{4}{c}{2×2 平均池化, stride 2}
稠密块 (3)	14×14	$\begin{bmatrix} 1 \times 1\ conv \\ 3 \times 3\ conv \end{bmatrix} \times 24$	$\begin{bmatrix} 1 \times 1\ conv \\ 3 \times 3\ conv \end{bmatrix} \times 32$	$\begin{bmatrix} 1 \times 1\ conv \\ 3 \times 3\ conv \end{bmatrix} \times 48$	$\begin{bmatrix} 1 \times 1\ conv \\ 3 \times 3\ conv \end{bmatrix} \times 64$
过渡层 (3)	14×14	\multicolumn{4}{c}{1×1 conv}
	7×7	\multicolumn{4}{c}{2×2 平均池化, stride 2}
稠密块 (4)	7×7	$\begin{bmatrix} 1 \times 1\ conv \\ 3 \times 3\ conv \end{bmatrix} \times 16$	$\begin{bmatrix} 1 \times 1\ conv \\ 3 \times 3\ conv \end{bmatrix} \times 32$	$\begin{bmatrix} 1 \times 1\ conv \\ 3 \times 3\ conv \end{bmatrix} \times 32$	$\begin{bmatrix} 1 \times 1\ conv \\ 3 \times 3\ conv \end{bmatrix} \times 48$
分类层	1×1	\multicolumn{4}{c}{7×7全局平均池化}
		\multicolumn{4}{c}{1000维全连接层, softmax}

图 6-36　几种典型的稠密网络结构

DenseNet 模型的主要创新点列举如下。

❑ 相比 ResNet，DenseNet 拥有更少的参数数量。

❑ 旁路加强了特征的重用。

❑ 网络更易于训练，并具有一定正则效果。

❑ 缓解了梯度消失（Gradient Vanishing）和模型退化（Model Degradation）的问题。

6.4.7　CapsNet 模型

2017 年底，Hinton 和他的团队在论文中介绍了一种全新的神经网络，即胶囊网络（CapsNet）模型。与当前的卷积神经网络（CNN）相比，胶囊网络模型具有许多优点。目前，对胶囊网络模型的研究还处于起步阶段，但可能会挑战当前最先进的图像识别方法。

胶囊网络克服了卷积神经网络的一些不足。

1）训练卷积神经网络一般需要较大数据量，而胶囊网络使用较少数据就能泛化。

2）卷积神经网络因池化层、全连接层等丢失大量的信息，从而降低了空间位置的分辨率，而胶囊网络能将很多细节的姿态信息（如对象的准确位置、旋转、厚度、倾斜度、尺寸等）保存在网络中，从而有效避免嘴巴和眼睛倒挂也被认为是人脸的错误。

3）卷积神经网络不能很好地应对模糊性，但胶囊网络可以。所以，它在非常拥挤的场景也能表现得很好。

胶囊网络是如何实现这些优点的呢？当然这主要归功于胶囊网络的一些独特算法，因这些算法比较复杂，这里暂不展开来说。我们先从其架构来说，希望通过对其架构的了解，对胶囊网络有个直观认识。胶囊网络架构如图 6-37 所示。

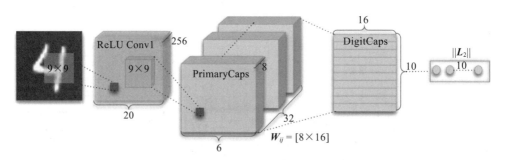

图 6-37　胶囊网络识别数字 4 的架构图

该架构由两个卷积层和一个全连接层组成，其中第一个卷积层为一般的卷积层，第二个卷积层相当于为 Capsule 层做准备，并且该层的输出为向量，所以，它的维度要比一般的卷积层再高一个维度。最后就是通过向量的输入与路由过程等构建 10 个向量，每一个向量的长度都直接表示某个类别的概率。

CapsNet 模型具有如下特点。

❑ 神经元输出为向量。每个胶囊给出的输出是一组向量，而不是传统人工神经元那样的单独的数值（权重）。

❑ 采用动态路由机制。为了解决这组向量向哪一个更高层的神经元传输的问题，就需要动态路由（Dynamic Routing）机制，而这是胶囊神经网络的一大创新点。动态路由使得胶囊神经网络可以识别图形中的多个图形，这一点也是 CNN 所不能的。

虽然，CapsNet 在简单的数据集 MNIST 上表现出了很好的性能，但是在更复杂的数据集如

ImageNet、CIFAR10 上，却没有这种表现。这是因为在图像中发现的信息过多会使胶囊脱落。胶囊网络仍然处于研究和开发阶段，不够可靠，且现在还没有很成熟的任务，但是这个概念是合理的，这个领域将会取得更多的进展，使胶囊网络标准化，以更好地完成任务。

如果想进一步了解更多内容，大家可参考原论文（https://arxiv.org/pdf/1710.09829.pdf）或有关博客。

6.5　使用卷积神经网络实现 CIFAR10 多分类

本节以 CIFAR10 作为数据集，使用 PyTorch 利用卷积神经网络进行分类。

6.5.1　数据集说明

CIFAR10 数据集由 10 个类的 60 000 个 32×32 彩色图像组成，每个类有 6 000 个图像，其中 50 000 个作为训练图像 10 000 个作为测试图像。

数据集分为 5 个训练批次和 1 个测试批次，每个批次有 10 000 个图像。测试批次包含来自每个类别的恰好 1 000 个随机选择的图像。训练批次以随机顺序选取剩余图像，但一些训练批次可能更多会选取来自一个类别的图像。总体来说，5 个训练集之和包含来自每个类的正好 5 000 张图像。

图 6-38 显示了数据集中涉及的 10 个类，以及来自每个类的 10 个随机图像。

图 6-38　CIFAR10 数据集

这 10 个类都是彼此独立的，不会出现重叠，即这是多分类单标签问题。

6.5.2　加载数据

这里采用 PyTorch 提供的数据集加载工具 torchvision，同时对数据进行预处理。为方便起见，我们已预先下载好数据并解压，存放在当前目录的 data 目录下，所以，参数 download = False。

1）导入库，下载数据。

```
import torch
import torchvision
import torchvision.transforms as transforms

transform = transforms.Compose(
    [transforms.ToTensor(),
     transforms.Normalize((0.5, 0.5, 0.5), (0.5, 0.5, 0.5))])

trainset = torchvision.datasets.CIFAR10(root='./data', train=True,
                                        download=False, transform=transform)
trainloader = torch.utils.data.DataLoader(trainset, batch_size=4,
                                          shuffle=True, num_workers=2)

testset = torchvision.datasets.CIFAR10(root='./data', train=False,
                                       download=False, transform=transform)
testloader = torch.utils.data.DataLoader(testset, batch_size=4,
                                         shuffle=False, num_workers=2)

classes = ('plane', 'car', 'bird', 'cat',
           'deer', 'dog', 'frog', 'horse', 'ship', 'truck')
```

2）随机查看部分数据。

```
import matplotlib.pyplot as plt
import numpy as np
%matplotlib inline

# 显示图像

def imshow(img):
    img = img / 2 + 0.5     # unnormalize
    npimg = img.numpy()
    plt.imshow(np.transpose(npimg, (1, 2, 0)))
    plt.show()

# 随机获取部分训练数据
dataiter = iter(trainloader)
images, labels = dataiter.next()

# 显示图像
imshow(torchvision.utils.make_grid(images))
# 打印标签
print(' '.join('%5s' % classes[labels[j]] for j in range(4)))
```

图 6-39 是从数据集随机选择 4 张图的结果。

图 6-39 显示 4 张图，它们分别是猫、马、马、马

6.5.3　构建网络

1）构建网络。

```python
import torch.nn as nn
import torch.nn.functional as F
device = torch.device("cuda:0" if torch.cuda.is_available() else "cpu")

class CNNNet(nn.Module):
    def __init__(self):
        super(CNNNet,self).__init__()
        self.conv1 = nn.Conv2d(in_channels=3,out_channels=16,kernel_size=5,stride=1)
        self.pool1 = nn.MaxPool2d(kernel_size=2,stride=2)
        self.conv2 = nn.Conv2d(in_channels=16,out_channels=36,kernel_size=3,stride=1)
        self.pool2 = nn.MaxPool2d(kernel_size=2, stride=2)
        self.fc1 = nn.Linear(1296,128)
        self.fc2 = nn.Linear(128,10)

    def forward(self,x):
        x=self.pool1(F.relu(self.conv1(x)))
        x=self.pool2(F.relu(self.conv2(x)))
        #print(x.shape)
        x=x.view(-1,36*6*6)
        x=F.relu(self.fc2(F.relu(self.fc1(x))))
        return x

net = CNNNet()
net=net.to(device)
```

2）查看网络结构。

```python
# 显示网络中定义了哪些层
print(net)
```

运行结果如下：

```
CNNNet(
    (conv1): Conv2d(3, 16, kernel_size=(5, 5), stride=(1, 1))
    (pool1): MaxPool2d(kernel_size=2, stride=2, padding=0, dilation=1, ceil_mode=False)
    (conv2): Conv2d(16, 36, kernel_size=(3, 3), stride=(1, 1))
    (pool2): MaxPool2d(kernel_size=2, stride=2, padding=0, dilation=1, ceil_mode=False)
    (fc1): Linear(in_features=1296, out_features=128, bias=True)
    (fc2): Linear(in_features=128, out_features=10, bias=True)
)
```

3）查看网络中前四层。

```python
# 取模型中的前四层
nn.Sequential(*list(net.children())[:4])
```

6.5.4　训练模型

1）选择优化器。

```python
import torch.optim as optim
```

```
criterion = nn.CrossEntropyLoss()
#optimizer = optim.SGD(net.parameters(), lr=0.001, momentum=0.9)
```

2）训练模型。

```
for epoch in range(10):

    running_loss = 0.0
    for i, data in enumerate(trainloader, 0):
        # 获取训练数据
        inputs, labels = data
        inputs, labels = inputs.to(device), labels.to(device)

        # 权重参数梯度清零
        optimizer.zero_grad()

        # 正向及反向传播
        outputs = net(inputs)
        loss = criterion(outputs, labels)
        loss.backward()
        optimizer.step()

        # 显示损失值
        running_loss += loss.item()
        if i % 2000 == 1999:      # print every 2000 mini-batches
            print('[%d, %5d] loss: %.3f' %(epoch + 1, i + 1, running_loss / 2000))
            running_loss = 0.0

print('Finished Training')
```

运行结果如下：

```
[10,  2000] loss: 0.306
[10,  4000] loss: 0.348
[10,  6000] loss: 0.386
[10,  8000] loss: 0.404
[10, 10000] loss: 0.419
[10, 12000] loss: 0.438
Finished Training
```

6.5.5 测试模型

执行以下代码：

```
correct = 0
total = 0
with torch.no_grad():
    for data in testloader:
        images, labels = data
        images, labels = images.to(device), labels.to(device)
        outputs = net(images)
        _, predicted = torch.max(outputs.data, 1)
        total += labels.size(0)
        correct += (predicted == labels).sum().item()

print('Accuracy of the network on the 10000 test images: %d %%' % (
    100 * correct / total))
```

结果显示"Accuracy of the network on the 10000 test images: 68 %"。目前使用的网络还比较简单，如两层卷积层、两层池化层，两层全连接层，而且没有做过多的优化，到达这个精度已经不错。后续我们将从数据增强、正则化、预训练模型等方面进行优化，不断提升模型的准确率。

```python
class_correct = list(0. for i in range(10))
class_total = list(0. for i in range(10))
with torch.no_grad():
    for data in testloader:
        images, labels = data
        images, labels = images.to(device), labels.to(device)
        outputs = net(images)
        _, predicted = torch.max(outputs, 1)
        c = (predicted == labels).squeeze()
        for i in range(4):
            label = labels[i]
            class_correct[label] += c[i].item()
            class_total[label] += 1

for i in range(10):
    print('Accuracy of %5s : %2d %%' % (
        classes[i], 100 * class_correct[i] / class_total[i]))
```

运行结果如下：

```
Accuracy of plane : 74 %
Accuracy of   car : 83 %
Accuracy of  bird : 50 %
Accuracy of   cat : 46 %
Accuracy of  deer : 63 %
Accuracy of   dog : 57 %
Accuracy of  frog : 79 %
Accuracy of horse : 76 %
Accuracy of  ship : 79 %
Accuracy of truck : 74 %
```

6.5.6 采用全局平均池化

PyTorch 可以用 nn.AdaptiveAvgPool2d(1) 实现全局平均池化或全局最大池化。

```python
import torch.nn as nn
import torch.nn.functional as F
device = torch.device("cuda:0" if torch.cuda.is_available() else "cpu")

class Net(nn.Module):
    def __init__(self):
        super(Net, self).__init__()
        self.conv1 = nn.Conv2d(3, 16, 5)
        self.pool1 = nn.MaxPool2d(2, 2)
        self.conv2 = nn.Conv2d(16, 36, 5)
        #self.fc1 = nn.Linear(16 * 5 * 5, 120)
        self.pool2 = nn.MaxPool2d(2, 2)
        # 使用全局平均池化层
```

```
            self.aap=nn.AdaptiveAvgPool2d(1)
            self.fc3 = nn.Linear(36, 10)

        def forward(self, x):
            x = self.pool1(F.relu(self.conv1(x)))
            x = self.pool2(F.relu(self.conv2(x)))
            x = self.aap(x)
            x = x.view(x.shape[0], -1)
            x = self.fc3(x)
            return x

net = Net()
net=net.to(device)
```

循环同样的次数，其精度达到 63 % 左右，但其使用的参数比没使用全局池化层的网络少很多。前者只用了 16022 个参数，后者使用了 173742 个参数，是前者的 10 倍多。这个网络比较简单，如果遇到复杂网络，差距将更大。

由此可见，使用全局平均池化确实能减少很多参数，而且泛化能力也比较好。它的缺点是收敛速度比较慢，但是这个不足可以通过增加循环次数进行弥补。

使用带全局平均池化层的网络，使用的参数总量为：

```
print("net_gvp have {} paramerters in total".format(sum(x.numel() for x in net.
    parameters())))
#et_gvp have 16022 paramerters in total
```

不使用全局平均池化层的网络，使用的参数总量为：

```
net have 173742 paramerters in total
```

6.5.7　像 Keras 一样显示各层参数

用 Keras 显示一个模型参数及其结构非常方便，结果详细且规整。当然，PyTorch 也可以显示模型参数，但结果不是很理想。这里我们介绍一种显示各层参数的方法，其结果类似 Keras 的展示结果。

1）先定义汇总各层网络参数的函数。

```
import collections
import torch
def paras_summary(input_size, model):
    def register_hook(module):
        def hook(module, input, output):
            class_name = str(module.__class__).split('.')[-1].split("'")[0]
            module_idx = len(summary)

            m_key = '%s-%i' % (class_name, module_idx+1)
            summary[m_key] = collections.OrderedDict()
            summary[m_key]['input_shape'] = list(input[0].size())
            summary[m_key]['input_shape'][0] = -1
            summary[m_key]['output_shape'] = list(output.size())
            summary[m_key]['output_shape'][0] = -1
```

```
            params = 0
            if hasattr(module, 'weight'):
                params += torch.prod(torch.LongTensor(list(module.weight.size())))
                if module.weight.requires_grad:
                    summary[m_key]['trainable'] = True
                else:
                    summary[m_key]['trainable'] = False
            if hasattr(module, 'bias'):
                params +=  torch.prod(torch.LongTensor(list(module.bias.size())))
            summary[m_key]['nb_params'] = params

        if not isinstance(module, nn.Sequential) and \
            not isinstance(module, nn.ModuleList) and \
            not (module == model):
             hooks.append(module.register_forward_hook(hook))

    # check if there are multiple inputs to the network
    if isinstance(input_size[0], (list, tuple)):
        x = [torch.rand(1,*in_size) for in_size in input_size]
    else:
        x = torch.rand(1,*input_size)

    # create properties
    summary = collections.OrderedDict()
    hooks = []
    # register hook
    model.apply(register_hook)
    # make a forward pass
    model(x)
    # remove these hooks
    for h in hooks:
        h.remove()

    return summary
```

2）确定输入及实例化模型。

```
net = CNNNet()
# 输入格式为 [c,h,w]，即通道数，图像的高度，宽度
input_size=[3,32,32]
paras_summary(input_size,net)
```

运行结果如下：

```
OrderedDict([('Conv2d-1',
            OrderedDict([('input_shape', [-1, 3, 32, 32]),
                        ('output_shape', [-1, 16, 28, 28]),
                        ('trainable', True),
                        ('nb_params', tensor(1216))])),
            ('MaxPool2d-2',
             OrderedDict([('input_shape', [-1, 16, 28, 28]),
                        ('output_shape', [-1, 16, 14, 14]),
                        ('nb_params', 0)])),
            ('Conv2d-3',
             OrderedDict([('input_shape', [-1, 16, 14, 14]),
                        ('output_shape', [-1, 36, 12, 12]),
```

```
                                   ('trainable', True),
                                   ('nb_params', tensor(5220))])),
          ('MaxPool2d-4',
           OrderedDict([('input_shape', [-1, 36, 12, 12]),
                                   ('output_shape', [-1, 36, 6, 6]),
                                   ('nb_params', 0)])),
          ('Linear-5',
           OrderedDict([('input_shape', [-1, 1296]),
                                   ('output_shape', [-1, 128]),
                                   ('trainable', True),
                                   ('nb_params', tensor(166016))])),
          ('Linear-6',
           OrderedDict([('input_shape', [-1, 128]),
                                   ('output_shape', [-1, 10]),
                                   ('trainable', True),
                                   ('nb_params', tensor(1290))])])
```

6.6　使用模型集成方法提升性能

为改善机器学习或深度学习的任务，我们首先想到的是从模型、数据、优化器等方面进行优化，使用方法比较方便。尽管如此，有时效果仍不是很理想。此时，我们可尝试一下其他方法，如模型集成、迁移学习、数据增强等优化方法。这节我们将介绍如何利用模型集成来提升任务性能，后续章节将介绍利用迁移学习、数据增强等方法来提升任务的效果和质量。

模型集成方法是提升分类器或预测系统的效果的重要方法，目前在机器学习、深度学习国际比赛中时常能看到利用模型集成方法取得佳绩的事例，该方法也经常用在生产环境中。模型集成的原理比较简单，有点像多个盲人摸象，每个盲人只能摸到大象的一部分，但综合每人摸到的部分，就能形成一个比较完整、符合实际的图像。每个盲人就像单个模型，集成这些模型犹如综合这些盲人的各自摸到的部分，进而得到一个强于单个模型的模型。

实际上模型集成也与我们通常说的集思广益、投票选举领导人等原理差不多，是 1+1>2 的有效方法。

当然，要使模型集成发挥效应，模型的多样性是非常重要的，使用不同架构，甚至不同的学习方法是模型多样性的重要体现。如果只是改一下初始条件或调整几个参数，有时效果可能还不如单个模型。

具体使用时，除要考虑各模型的差异性，还要考虑模型的性能。如果各模型性能差不多，可以取各模型预测结果的平均值；如果模型性能相差较大，模型集成后的性能可能还不及单个模型；相差较小时，可以采用加权平均的方法，其中权重可以采用 SLSQP、Nelder-Mead、Powell、CG、BFGS 等优化算法获取。

接下来，我们使用 PyTorch 具体实现一个模型集成的实例，希望通过这个实例，让大家对模型集成有进一步的理解。

6.6.1　使用模型

这里我们使用 6.4 节的几个经典模型，如 AlexNet、GoogleNet、LeNet。前面两个模型比较简单，在 CIFAR10 数据集上的正确率在 68% 左右，这个精度是比较低的。而采用模型集成的方法，可以将正确率提高到 74% 左右，这个提升还是比较明显的。CNNNet、Net 的模型结构请参考 6.4 节，这里主要介绍 LeNet 模型的生成代码。

```python
class LeNet(nn.Module):
    def __init__(self):
        super(LeNet, self).__init__()
        self.conv1 = nn.Conv2d(3, 6, 5)
        self.conv2 = nn.Conv2d(6, 16, 5)
        self.fc1   = nn.Linear(16*5*5, 120)
        self.fc2   = nn.Linear(120, 84)
        self.fc3   = nn.Linear(84, 10)

    def forward(self, x):
        out = F.relu(self.conv1(x))
        out = F.max_pool2d(out, 2)
        out = F.relu(self.conv2(out))
        out = F.max_pool2d(out, 2)
        out = out.view(out.size(0), -1)
        out = F.relu(self.fc1(out))
        out = F.relu(self.fc2(out))
        out = self.fc3(out)
        return out
```

6.6.2　集成方法

模型集成方法采用类似投票机制的方法，具体代码如下：

```python
mlps=[net1.to(device),net2.to(device),net3.to(device)]
optimizer=torch.optim.Adam([{"params":mlp.parameters()} for mlp in mlps],lr=LR)
loss_function=nn.CrossEntropyLoss()

for ep in range(EPOCHES):
    for img,label in trainloader:
        img,label=img.to(device),label.to(device)
        optimizer.zero_grad()                        #10 个网络清除梯度
        for mlp in mlps:
            mlp.train()
            out=mlp(img)
            loss=loss_function(out,label)
            loss.backward()                          # 网络们获得梯度
        optimizer.step()

    pre=[]
    vote_correct=0
    mlps_correct=[0 for i in range(len(mlps))]
    for img,label in testloader:
        img,label=img.to(device),label.to(device)
        for i, mlp in  enumerate( mlps):
            mlp.eval()
            out=mlp(img)

            _,prediction=torch.max(out,1)            # 按行取最大值
            pre_num=prediction.cpu().numpy()
            mlps_correct[i]+=(pre_num==label.cpu().numpy()).sum()
```

```
            pre.append(pre_num)
        arr=np.array(pre)
        pre.clear()
        result=[Counter(arr[:,i]).most_common(1)[0][0] for i in range(BATCHSIZE)]
        vote_correct+=(result == label.cpu().numpy()).sum()
    print("epoch:" + str(ep)+"集成模型的正确率 "+str(vote_correct/len(testloader)))

    for idx, coreect in enumerate( mlps_correct):
        print(" 模型 "+str(idx)+" 的正确率为: "+str(coreect/len(testloader)))
```

6.6.3 集成效果

这里取最后 5 次的运行结果：

```
epoch:95 集成模型的正确率 73.67
模型 0 的正确率为: 55.82
模型 1 的正确率为: 69.36
模型 2 的正确率为: 71.03
epoch:96 集成模型的正确率 74.14
模型 0 的正确率为: 56.19
模型 1 的正确率为: 69.69
模型 2 的正确率为: 70.65
epoch:97 集成模型的正确率 73.18
模型 0 的正确率为: 55.51
模型 1 的正确率为: 68.42
模型 2 的正确率为: 71.24
epoch:98 集成模型的正确率 74.19
模型 0 的正确率为: 56.15
模型 1 的正确率为: 69.44
模型 2 的正确率为: 70.96
epoch:99 集成模型的正确率 73.91
模型 0 的正确率为: 55.49
模型 1 的正确率为: 69.03
模型 2 的正确率为: 70.86
```

由此可以看出集成模型的精度高于各模型的精度，这就是模型集成的魅力所在。

6.7 使用现代经典模型提升性能

前面我们利用一些比较简单的模型对 CIFAR10 数据集进行分类，精度在 68% 左右，然后使用模型集成方法，使精度提升到 74% 左右。虽有一定提升，但结果还不是很理想。

精度提升不高很大程度与模型有关，前面我们介绍的一些现代经典网络在大赛中都取得了不俗的成绩，说明其模型结构有很多突出的优点，所以，人们经常直接使用这些经典模型作为数据的分类器。这里我们就用 VGG16 模型来对 CIFAR10 数据集进行分类，直接效果非常不错，精度可提高到 90% 左右，效果非常显著。

以下是 VGG16 模型的实现代码。

```
cfg = {
    'VGG16': [64, 64, 'M', 128, 128, 'M', 256, 256, 256, 'M', 512, 512, 512, 'M',
        512, 512, 512, 'M'],
```

```
        'VGG19': [64, 64, 'M', 128, 128, 'M', 256, 256, 256, 256, 'M', 512, 512, 512,
            512, 'M', 512, 512, 512, 512, 'M'],
}

class VGG(nn.Module):
    def __init__(self, vgg_name):
        super(VGG, self).__init__()
        self.features = self._make_layers(cfg[vgg_name])
        self.classifier = nn.Linear(512, 10)

    def forward(self, x):
        out = self.features(x)
        out = out.view(out.size(0), -1)
        out = self.classifier(out)
        return out

    def _make_layers(self, cfg):
        layers = []
        in_channels = 3
        for x in cfg:
            if x == 'M':
                layers += [nn.MaxPool2d(kernel_size=2, stride=2)]
            else:
                layers += [nn.Conv2d(in_channels, x, kernel_size=3, padding=1),
                            nn.BatchNorm2d(x),
                            nn.ReLU(inplace=True)]
                in_channels = x
        layers += [nn.AvgPool2d(kernel_size=1, stride=1)]
        return nn.Sequential(*layers)
#VGG16 = VGG('VGG16')
```

后续我们还会介绍如何使用迁移方法、数据增强等方法提升分类器的性能,这些方法可以使精度达到 95% 左右。

6.8 小结

卷积神经网络是视觉处理的核心技术,本章首先介绍了卷积的基本概念,如卷积核、步幅、填充等,以及卷积神经网络的主要层,如卷积层、池化层、转置卷积层、全局平均池化层、全卷积网络等;然后介绍了一些现代经典网络的架构及特点;最后,通过实例介绍了如何使用卷积神经网络实现 CIFAR10 多分类、如何使用模型集成方法提升性能、如何使用经典网络模型提升分类效果。

CHAPTER 7

第 7 章

自然语言处理基础

第 6 章我们介绍了视觉处理中的卷积神经网络，该网络利用卷积核的方式来共享参数，使得参数量大大降低，不过其输入大小是固定的。在语言处理、语音识别等方面，如处理语音数据、翻译语句等文档时，一段文档中每句话的长度可能并不相同，且一句话的前后是有关系的。这种与先后顺序有关的数据称为序列数据。卷积神经网络不擅长处理这样的数据。

对于序列数据，我们可以使用循环神经网络（Recurrent Neural Network，RNN），它是一种常用的神经网络结构，并已经成功应用于自然语言处理（Neuro-Linguistic Programming，NLP）、语音识别、图像标注、机器翻译等众多时序问题中。本章主要内容包括：
- ❏ 从语言模型到循环神经网络
- ❏ 正向传播与随时间反向传播
- ❏ 现代循环神经网络
- ❏ 循环神经网络的 PyTorch 实现
- ❏ 文本数据处理
- ❏ 词嵌入
- ❏ 使用 PyTorch 实现词性判别
- ❏ 用 LSTM 预测股市行情
- ❏ 几种特殊架构

7.1 从语言模型到循环神经网络

语言模型是自然语言处理的关键，为便于理解，这里我们主要介绍基于概率和统计的语言模型。其实语言模型在不同的领域、不同的学派都有不同的定义和实现，这里不再展开来说。

在说明语言模型之前，我们先来介绍两个与语言模型重要相关的概念。一个是链式法则，另一个是马尔可夫假设及其对应的多元文法模型。链式法则可以把联合概率转化为条件概率，马尔可夫假设可以通过变量间的独立性来减少条件概率中的随机变量，两者结合可以大幅降低计算的复杂度。

7.1.1 链式法则

链式法则是概率论中的一个常用法则，其核心思想是任何多维随机变量的联合概率分布都可以分解成只有一个变量的条件概率相乘的形式，可根据条件概率和边缘概率推导出来。链式法则的具体表达式为：

$$P(x_1, x_2, x_3 \cdots x_n) = P(x_1)xP(x_2 \mid x_1)xP(x_3 \mid x_1, x_2) \cdots P(x_n \mid x_1, x_2, \cdots, x_{n-1}) \quad (7.1)$$

或简写为：

$$P(x_1, x_2, x_3 \cdots x_n) = \prod_{i=1}^{n} P(x_i \mid x_1, \cdots, x_{i-1}) \quad (7.2)$$

其中，x_1 到 x_n 表示了 n 个随机变量。

利用联合概率、条件概率和边缘概率之间的关系，可以很快推导出变量的联合概率分布。

$$
\begin{aligned}
P(x_1, x_2, \cdots, x_n) &= P(x_1, x_2, \cdots, x_{n-1})P(x_n \mid x_1, x_2, \cdots, x_{n-1}) \\
&= P(x_1, x_2, \cdots, x_{n-2})P(x_{n-1} \mid x_1, x_2, \cdots, x_{n-2})P(x_n \mid x_1, x_2, \cdots, x_{n-1}) \\
&= \cdots \\
&= P(x_1)xP(x_2 \mid x_1)xP(x_3 \mid x_1, x_2) \cdots P(x_n \mid x_1, x_2, \cdots, x_{n-1})
\end{aligned}
$$

如果 x_i 表示一个单词，如 (x_1, x_2, x_3, x_4) = (deep, learning ,with, pytorch)，则有：P(deep ,learning, with, pytorch) = P(deep) P(learning |deep) P(with |deep, learning) P(pytorch |deep, learning, with)。

7.1.2 马可夫假设与 N 元语法模型

马尔可夫假设应用于语言建模中：任何一个词 w_i 出现的概率只与它前面的 1 个或若干个词有关。基于这个假设，我们可以提出 N 元语法（N-gram）模型。N 表示任何一个词出现的概率，只与它前面的 $N-1$ 个词有关。以二元语法模型为例，某个单词出现的概率只与它前面的 1 个单词有关。也就是说，即使某个单词出现在一个很长的句子中，我们也只需要看距离它最近的那 1 个单词。用公式表示就是：

$$P(x_n \mid x_1, x_2, \cdots, x_{n-1}) \approx P(x_n \mid x_{n-1}) \quad (7.3)$$

如果是三元语法，则说明某个单词出现的概率只与它前面的 2 个单词有关。即使某个单词出现在一个很长的句子中，我们也只需要看与它相邻的前 2 个单词。用公式表达就是：

$$P(x_n \mid x_1, x_2, \cdots, x_{n-1}) \approx P(x_n \mid x_{n-1}, x_{n-2}) \quad (7.4)$$

如果是 N 元语法，以此类推。N 元语法模型通过截断相关性，为处理长序列提供了一种实用的模型，但是 N 元语法模型也有很大的不足。因为如果 N 越大，其计算的复杂度将呈几何级数增长，所以我们必须为自然语言处理寻找新的方法。

7.1.3 从 N 元语法模型到隐含状态表示

N 元语法模型，其中单词 x_t 在时间步 t 的条件概率仅取决于前面的 $N-1$ 个单词。如果 $N-1$ 越大，模型的参数将随之呈指数增长，因此与其将 $P(x_t \mid x_{t-1}, \cdots, t_{t-n+1})$ 模型化，不如使用隐含变量模型：

$$P(x_t \mid x_{t-1}, \cdots, t_1) \approx P(x_t \mid h_{t-1})$$

其中 h_{t-1} 是隐含状态，其存储了截至时间步 $t-1$ 的序列信息。通常，可以基于当前输入 x_t 和先前隐含状态 h_{t-1} 来计算时间步 t 处的任何时间的隐含状态：

$$h_t = f(x_t, h_{t-1})$$

其中 h_t 是可以存储截至时间步 t 观察到的所有数据。

注意这个隐含状态与神经网络中的隐含层是两个不同的概念，隐含层是在输入到输出的路径上表示权重的层，而隐含状态则是为给定步骤从技术角度定义的输入，并且这些状态只能通过先前时间步的数据来计算。接下来将介绍的循环神经网络就是具有隐含状态的神经网络。

7.1.4　从神经网络到有隐含状态的循环神经网络

我们先回顾一下含隐含层的多层感知机。设隐含层的激活函数为 f，给定一个小批量样本 $X \in \mathbf{R}^{n \times d}$，其中批量大小为 n，输入维度为 d，则隐含层的输出 $H \in \mathbf{R}^{n \times h}$ 可通过式（7.5）计算：

$$H = f(xw_{xh} + b_h) \tag{7.5}$$

其中隐含层权重参数为 $w_{xh} \in \mathbf{R}^{d \times h}$、偏置参数为 $b_h \in \mathbf{R}^{1 \times h}$，隐藏单元的数目为 h。将隐藏变量 H 用作输出层的输入，输出层由式（7.6）给出：

$$O = HW_{hm} + b_m \tag{7.6}$$

其中，m 是输出个数，$O \in \mathbf{R}^{n \times m}$ 是输出变量，$W_{hm} \in \mathbf{R}^{h \times m}$ 是权重参数，$b_m \in \mathbf{R}^{1 \times m}$ 是输出层的偏置参数。如果是分类问题，我们可以用 sigmoid 或 softmax 函数来计算输出类别的概率分布。以上运行过程可用图 7-1 表示。

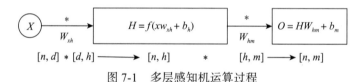

图 7-1　多层感知机运算过程

其中 * 表示内积，[n, d] 表示形状大小。

含隐含状态的循环神经网络的结构如图 7-2 所示。

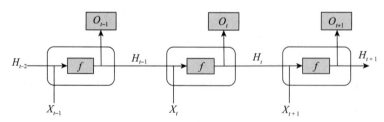

图 7-2　含隐含状态的循环神经网络的结构图

每个时间步的处理逻辑如图 7-3 所示。

假设矩阵 X、W_xh、H 和 W_hh 的形状分别为 (2, 3)、(3, 4)、(2, 4) 和 (4, 4)。我们将 X 乘以 W_xh，将 H 乘以 W_hh，然后将这两个乘法的结果相加，最后利用广播机制加上偏移量 B_h(1, 4)，得到一个形状为 (2, 4) 的 H_t 矩阵。

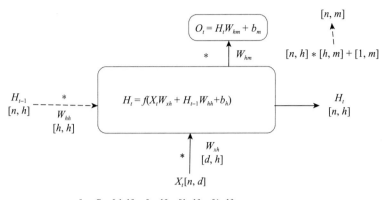

图 7-3　循环神经网络的每个时间步的处理逻辑

假设矩阵 W_hm 和 B_m 的形状分别为 (4, 2)、(1, 2)，可得形状为（2, 2）的 O_t 矩阵。具体实现过程如下：

```
import torch
import torch.nn.functional as F

## 计算 H_t，假设激活函数为 relu
X, W_xh = torch.normal( 0, 1,(2, 3)), torch.normal( 0, 1,(3, 4))
H, W_hh = torch.normal( 0, 1,(2, 4)), torch.normal( 0, 1,(4, 4))
B_h= torch.normal( 0, 1,(1, 4))
H1=torch.matmul(X, W_xh) + torch.matmul(H, W_hh)+B_h
H_t=F.relu(H1)

## 计算 O_t，输出激活函数为 softmax
W_hm=torch.normal( 0, 1,(4, 2))
B_m= torch.normal( 0, 1,(1, 2))
O=torch.matmul(H_t, W_hm) +B_m
O_t=F.softmax(O,dim=-1)
print("H_t 的形状: {}, O_t 的形状: {}".format(H_t.shape,O_t.shape))
```

运行结果如下：

```
H_t 的形状: torch.Size([2, 4]), O_t 的形状: torch.Size([2, 2])
```

当然，也可以先对矩阵进行拼接，再进行运算，结果是一样的。

沿列（axis = 1）拼接矩阵 **X** 和 **H**，得到形状为（2,7）的矩阵 **[X, H]**，沿行（axis = 0）拼接矩阵 W_xh 和 W_hh，得到形状为（7, 4）的矩阵：$\begin{bmatrix} W\_xh \\ W\_hh \end{bmatrix}$。再将这两个拼接的矩阵相乘，最后与 B_h 相加，可得到与上面形状相同的 (2,4) 的输出矩阵。

```
H01=torch.matmul(torch.cat((X, H), 1), torch.cat((W_xh, W_hh), 0)) + B_h
H02=F.relu(H01)
### 查看矩阵 H_t 和 H02
print("-"*30+" 矩阵 H_t"+"-"*30)
print(H_t)
```

```
print("-"*30+" 矩阵 H02"+"-"*30)
print(H02)
```

运行结果如下：

```
------------------------- 矩阵 H_t-------------------------
tensor([[0.0000, 0.0000, 0.0825, 1.8822],
        [0.2298, 0.0000, 0.0000, 0.0000]])
------------------------- 矩阵 H02-------------------------
tensor([[0.0000, 0.0000, 0.0825, 1.8822],
        [0.2298, 0.0000, 0.0000, 0.0000]])
```

7.1.5 使用循环神经网络构建语言模型

前面我们介绍了语言模型，如果使用 N 元语法实现的话，非常麻烦，效率也不高。语言模型的输入一般为序列数据，而处理序列数据是循环神经网络的强项之一。那么，如何用循环神经网络构建语言模型呢？

为简化起见，假设文本序列"知识就是力量"分词后为 ["知"，"识"，"就"，"是"，"力"，"量"]，把这个列表作为输入，时间步长为 6，使用循环神经网络就可构建一个语言模型，如图 7-4 所示。

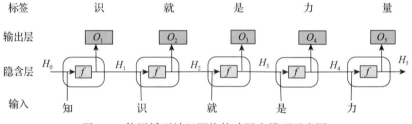

图 7-4 使用循环神经网络构建语言模型示意图

其中每个时间步输出的激活函数为 softmax，利用交叉熵损失计算模型输出（预测值）和标签之间的误差。

7.1.6 多层循环神经网络

循环神经网络也与卷积神经网络一样，可以横向拓展（增加时间步或序列长度），也可以纵向拓展成多层循环神经网络，如图 7-5 所示。

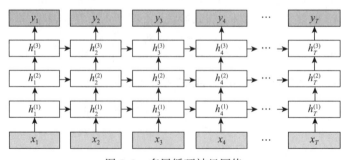

图 7-5 多层循环神经网络

7.2 正向传播与随时间反向传播

上节简单介绍了循环神经网络（RNN）的大致情况，它与卷积神经网络类似，也有参数共享机制，那么这些参数是如何更新的呢？一般神经网络采用正向传播和反向传播来更新，RNN 的基本思路与此相同，但还是有些不同。为便于理解，我们结合图 7-6 进行说明，图 7-6 为 RNN 沿时间展开后的架构图。

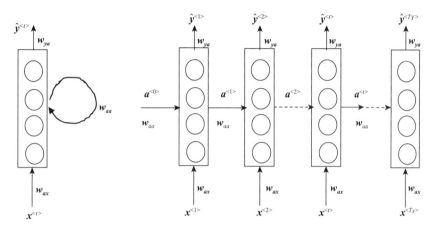

图 7-6   RNN 沿时间展开后的架构图

其中 $\boldsymbol{x}^{<t>}$ 为输入值，一般是向量，$\boldsymbol{a}^{<t>}$ 为状态值，$\hat{\boldsymbol{y}}^{<t>}$ 为输出值或预测值，$\boldsymbol{w}_{ax}$、$\boldsymbol{w}_{aa}$、$\boldsymbol{w}_{ya}$ 为参数矩阵。其正向传播的计算过程分析如下。

初始化状态 $\boldsymbol{a}$ 为 $\boldsymbol{a}^{<0>} = \vec{0}$，然后计算状态及输出，具体如下：

$$\boldsymbol{a}^{<1>} = \tanh(\boldsymbol{a}^{<0>}\boldsymbol{w}_{aa} + \boldsymbol{x}^{<1>}\boldsymbol{w}_{ax} + \boldsymbol{b}_a) \ （其中激活函数也可为 ReLU 等） \tag{7.7}$$

$$\hat{\boldsymbol{y}}^{<1>} = \text{sigmoid}(\boldsymbol{a}^{<1>}\boldsymbol{w}_{ya} + \boldsymbol{b}_y) \tag{7.8}$$

$$\boldsymbol{a}^{<t>} = \tanh(\boldsymbol{a}^{<t-1>}\boldsymbol{w}_{aa} + \boldsymbol{x}^{<t>}\boldsymbol{w}_{ax} + \boldsymbol{b}_a) \ （其中激活函数也可为 ReLU 等） \tag{7.9}$$

$$\hat{\boldsymbol{y}}^{<t>} = \text{sigmoid}(\boldsymbol{a}^{<t>}\boldsymbol{w}_{ya} + \boldsymbol{b}_y) \tag{7.10}$$

在实际运行中，为提高并行处理能力，一般将式（7.7）转换为矩阵运算，具体转换如下。令

$\boldsymbol{w}_a = \begin{bmatrix} \boldsymbol{w}_{aa} \\ \boldsymbol{w}_{ax} \end{bmatrix}$ 把两个矩阵按列拼接在一起，即用 $[\boldsymbol{a}^{<t-1>}, \boldsymbol{x}^{<t>}] = [\boldsymbol{a}^{<t-1>}, \boldsymbol{x}^{<t>}]$ 把两个矩阵按行拼接在一起：

$$\boldsymbol{w}_y = [\boldsymbol{w}_{ya}]$$

则：

$$\begin{aligned} \boldsymbol{a}^{<t>} &= \tanh(\boldsymbol{a}^{<t-1>}\boldsymbol{w}_{aa} + \boldsymbol{x}^{<t>}\boldsymbol{w}_{ax} + \boldsymbol{b}_a) \\ &= \tanh\left([\boldsymbol{a}^{<t-1>} \ \boldsymbol{x}^{<t>}]\begin{bmatrix} \boldsymbol{w}_{aa} \\ \boldsymbol{w}_{ax} \end{bmatrix} + \boldsymbol{b}_a\right) \end{aligned} \tag{7.11}$$

$$\hat{\boldsymbol{y}}^{<t>} = \text{sigmoid}(\boldsymbol{a}^{<t>}\boldsymbol{w}_y + \boldsymbol{b}_y) \tag{7.12}$$

如果大家还不是很清楚，还可以通过以下具体实例来加深理解。假设：$\boldsymbol{a}^{<0>} = [0.0, 0.0]$，$\boldsymbol{x}^{<1>} = 1$，

$$w_{aa} = \begin{bmatrix} 0.1 & 0.2 \\ 0.3 & 0.4 \end{bmatrix}, \ w_{ax} = [0.5 \quad 0.6], \ w_{ya} = \begin{bmatrix} 1.0 \\ 2.0 \end{bmatrix}, \ b_a = [0.1, -0.1], \ b_y = 0.1$$

则根据式（7.11）可得：

$$a^{<1>} = \tanh\left([0.0, 0.0, 1.0] \times \begin{bmatrix} 0.1 & 0.2 \\ 0.3 & 0.4 \\ 0.5 & 0.6 \end{bmatrix} + [0.1, -0.1] \right) = \tanh([0.6, 0.5]) = [0.537, 0.462]$$

为简便起见，把式（7.12）中的 sigmoid 去掉，直接作为输出值，可得：

$$y^{<1>} = [0.537, 0.462] \times \begin{bmatrix} 1.0 \\ 2.0 \end{bmatrix} + 0.1 = 1.56$$

详细过程如图 7-7 所示。

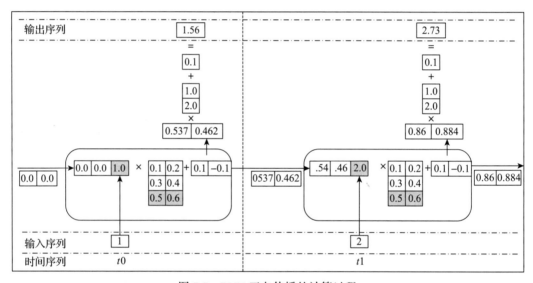

图 7-7　RNN 正向传播的计算过程

以上计算过程可用 Python 程序实现，详细代码如下：

```python
import numpy as np

X = [1,2]
state = [0.0, 0.0]
w_cell_state = np.asarray([[0.1, 0.2], [0.3, 0.4],[0.5, 0.6]])
b_cell = np.asarray([0.1, -0.1])
w_output = np.asarray([[1.0], [2.0]])
b_output = 0.1

for i in range(len(X)):
    state=np.append(state,X[i])
    before_activation = np.dot(state, w_cell_state) + b_cell
    state = np.tanh(before_activation)
    final_output = np.dot(state, w_output) + b_output
```

```
print(" 状态值_%i: "%i, state)
print(" 输出值_%i: "%i, final_output)
```

运行结果如下：

```
状态值_0: [ 0.53704957  0.46211716]
输出值_0: [ 1.56128388]
状态值_1: [ 0.85973818  0.88366641]
输出值_1: [ 2.72707101]
```

循环神经网络的反向传播训练算法称为随时间反向传播（Back Propagation Through Time，BPTT）算法，其基本原理和反向传播算法是一样的。只是反向传播算法是按照层进行反向传播，而 BPTT 是按照时间 t 进行反向传播，如图 7-8 所示。

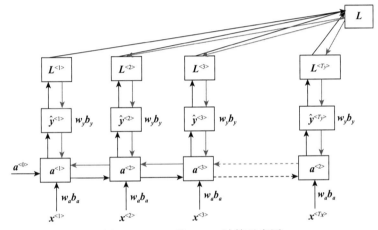

图 7-8 RNN 的 BPTT 计算示意图

BPTT 的详细过程如图 7-8 中箭头朝下的方向所示，其中：

$$L^{<t>}(\hat{y}^{<t>}, y^{<t>}) = -y^{<t>}\log\hat{y}^{<t>} + (1-y^{<t>})\log(1-\hat{y}^{<t>}) \tag{7.13}$$

$$L(\hat{y}, y) = \sum_{t=1}^{T_y} L^{<t>}(\hat{y}^{<t>}, y^{<t>}) \tag{7.14}$$

$L^{<t>}$ 为各输入对应的代价函数，$L(\hat{y}, y)$ 为总代价函数。

7.3 现代循环神经网络

在实际应用中，上述标准循环神经网络训练的优化算法面临一个很大的难题，就是长期依赖问题——由于网络结构变深使得模型丧失了学习到先前信息的能力。通俗地说，标准的循环神经网络虽然有了记忆，但很健忘。从图 7-7 及后面的计算过程图可以看出，循环神经网络实际上是在长时间序列的各个时刻重复应用相同操作来构建非常深的计算图，并且模型参数共享，这让问题变得更加凸显。例如，W 是一个在时间步中被反复相乘的矩阵，举个简单情况，如 W 可以有特征值分解 $W = V\text{diag}(\lambda)V^{-1}$，很容易看出

$$W^t = (V\text{diag}(\lambda)V^{-1})^t = V\text{diag}(\lambda)^t V^{-1} \qquad (7.15)$$

当特征值 λ_i 不在 1 附近时，若其值大于 1 则会爆炸；若小于 1 则会消失。这便是著名的梯度消失或爆炸问题。梯度的消失使得我们难以知道参数朝哪个方向移动能改进代价函数，而梯度的爆炸会使学习过程变得不稳定。

实际上梯度消失或爆炸问题是深度学习中的一个基本问题，在任何深度神经网络中都可能存在，而不是循环神经网络所独有。在 RNN 中，相邻时间步是连接在一起的，因此，它们的权重偏导数要么都小于 1，要么都大于 1。也就是说，RNN 中每个权重都会向相同方向变化，所以，与前馈神经网络相比，RNN 的梯度消失或爆炸问题更为明显。由于简单 RNN 遇到较大的时间步时容易出现梯度消失或爆炸问题，且随着层数的增加，网络最终无法训练，无法实现长时记忆，这就导致 RNN 存在短时记忆问题，这个问题在自然语言处理中是非常致命的。如何解决这个问题？方法有很多，列举如下。

1）选取更好的激活函数，如 ReLU 激活函数。ReLU 函数的左侧导数为 0，右侧导数恒为 1，这就避免了梯度消失问题。

2）加入 BN 层，其优点包括可加速收敛、控制过拟合。

3）修改网络结构，如 LSTM 结构可以有效解决这个问题。

7.3.1　LSTM

目前最流行的一种解决 RNN 的短时记忆问题的方案称为长短时记忆网络（Long Short-Term Memory，LSTM）。LSTM 最早由 Hochreiter 和 Schmidhuber（1997）提出，它能够有效解决信息的长期依赖，避免梯度消失或爆炸。事实上，LSTM 就是专门为解决长期依赖问题而设计的。与传统 RNN 相比，LSTM 在结构上的独特之处是它精巧地设计了循环体结构。LSTM 用两个门来控制单元状态 c 的内容：一个是遗忘门（forget gate），它决定了上一时刻的单元状态 c_{t-1} 有多少保留到当前时刻 c_t；另一个是输入门（input gate），它决定了当前时刻网络的输入 x_t 有多少保存到单元状态 c_t。LSTM 用输出门（output gate）来控制单元状态 c_t 有多少输出到 LSTM 的当前输出值 h_t。LSTM 架构如图 7-9 所示。

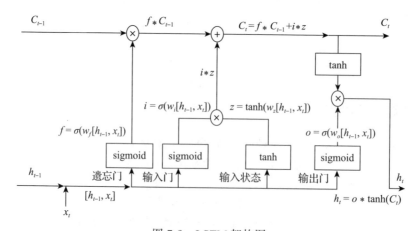

图 7-9　LSTM 架构图

7.3.2 GRU

上节我们介绍了 RNN 的改进版 LSTM，它有效克服了传统 RNN 的一些不足，较好地解决了梯度消失、长期依赖等问题。不过，LSTM 也有一些不足，如结构比较复杂、计算复杂度较高。因此，后来人们在 LSTM 的基础上，又推出其他变种，如目前非常流行的 GRU（Gated Recurrent Unit，门控循环单元）。GRU 对 LSTM 做了很多简化，比 LSTM 少一个门，因此，计算效率更高，占用内存也相对较少，但在实际使用中，二者差异并不大。

GRU 在 LSTM 的基础上做了两个大的改动。

❑ 将输入门、遗忘门、输出门变为两个门：更新门（Update Gate）z_t 和重置门（Reset Gate）r_t。

❑ 将单元状态与输出合并为一个状态：h_t。

GRU 架构图如图 7-10 所示。

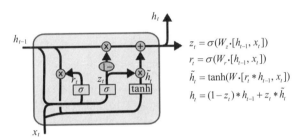

$$z_t = \sigma(W_z \cdot [h_{t-1}, x_t])$$
$$r_t = \sigma(W_r \cdot [h_{t-1}, x_t])$$
$$\tilde{h}_t = \tanh(W \cdot [r_t * h_{t-1}, x_t])$$
$$h_t = (1 - z_t) * h_{t-1} + z_t * \tilde{h}_t$$

图 7-10 GRU 架构图，其中小圆圈表示向量的点积

7.3.3 Bi-RNN

LSTM 的变种除了 GRU 之外，比较流行的还有 Bi-RNN（Bidirectional Recurrent Neural Networks，双向循环神经网络）。Bi-RNN 模型由 Schuster、Paliwal 在 1997 年首次提出，与 LSTM 同年。Bi-RNN 在 RNN 的基础上增加了可利用信息。普通 MLP 的数据长度是有限制的。RNN 可以处理不固定长度的序列数据或时序数据（按时间顺序记录的数据列），但无法利用未来信息。而 Bi-RNN 可以同时使用时序数据输入历史及未来数据，即令时序相反的两个循环神经网络连接同一输出，其输出层可以同时获取历史与未来信息。

Bi-RNN 能提升模型效果。如百度语音识别通过 Bi-RNN 综合上下文语境，提升了模型准确率。

双向循环神经网络的基本思想是每一个训练序列向前和向后分别是两个循环神经网络（RNN），而且这两个循环神经网络都连接着一个输出层。该结构为输出层提供输入序列中每一个点的完整的过去和未来的上下文信息。图 7-11 展示的是一个沿时间展开的双向循环神经网络。6 个独特的权值在每一个时间步被重复利用，6 个权值分别对应：输入到向前和向后隐含层（w_1，w_3）、隐含层到隐含层自己（w_2，w_5）、向前和向后隐含层到输出层（w_4，w_6）。值得注意的是，向前和向后隐含层之间没有信息流，这保证了展开图是非循环的。

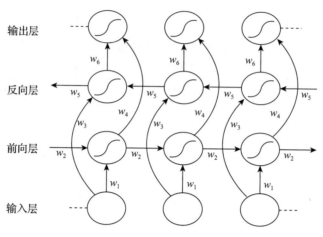

图 7-11　Bi-RNN 架构图

7.4　循环神经网络的 PyTorch 实现

前面我们介绍了循环神经网络（RNN）的基本架构及其变种，如 LSTM、GRU 等。针对这些循环神经网络，PyTorch 均提供了相应的 API，如单元版的有 nn.RNNCell、nn.LSTMCell、nn.GRUCell 等，封装版的有 nn.RNN、nn.LSTM、nn.GRU。单元版与封装版的最大区别在于输入，前者的输入是时间步或序列的一个元素，后者的输入是一个时间步序列。充分利用这些 API 可以极大地提高我们的开发效率。

7.4.1　使用 PyTorch 实现 RNN

PyTorch 为 RNN 提供了两个版本的循环神经网络接口，单元版的输入是每个时间步或循环神经网络的一个循环，而封装版的输入是一个序列。下面我们从简单的封装版 torch.nn.RNN 开始，其一般格式为：

```
torch.nn.RNN( args, * kwargs)
```

由前文介绍的图 7-3 可知，RNN 状态输出 a_t 的计算公式为：

$$a_t = \tanh(U * x_t + b_{ih} + w * a_{t-1} + b_{hh}) \tag{7.16}$$

令 $U = w_{ih}$，$w = w_{hh}$，则：

$$a_t = \tanh(w_{ih} * x_t + b_{ih} + w_{hh} * a_{t-1} + b_{hh}) \tag{7.17}$$

nn.RNN 函数中的参数说明如下。

- ❏ input_size：输入 x 的特征数量。
- ❏ hidden_size：隐含层的特征数量。
- ❏ num_layers：RNN 的层数。
- ❏ nonlinearity：指定非线性函数使用 tanh 还是 ReLU。默认是 tanh。

❑ bias：如果是 False，那么 RNN 层就不会使用偏置权重 b_i 和 b_h，默认是 True。

❑ batch_first：如果是 True，那么输入 Tensor 的 shape 应该是 (batch, seq, feature)，输出也是这样。默认网络输入是（seq, batch, feature），即默认输入序列长度、批次大小、特征维度。

❑ dropout：如果值非零（该参数的取值范围为 0～1），那么除了最后一层外，其他层的输出都会加上一个 dropout 层，默认为零。

❑ bidirectional：如果是 True，将会变成一个双向 RNN，默认为 False。

函数 nn.RNN() 的输入包括特征及隐含状态，记为 (x_t、h_0)，输出包括输出特征及输出隐含状态，记为 (output$_t$、h_n)。其中特征值 x_t 的形状为 (seq_len, batch, input_size)，h_0 的形状为 (num_layers * num_directions, batch, hidden_size)，num_layers 为层数，num_directions 为方向数，如果取 2 表示双向，取 1 表示单向。output$_t$ 的形状为 (seq_len, batch, num_directions * hidden_size)，h_n 的形状为 (num_layers * num_directions, batch, hidden_size)。

为使大家对循环神经网络有个直观理解，下面先用 PyTorch 实现简单循环神经网络，然后验证其关键要素。

首先建立一个简单的循环神经网络，输入维度为 10，隐含状态维度为 20，单向两层网络。

```
rnn = nn.RNN(input_size=10, hidden_size=20,num_layers= 2)
```

因输入节点与隐含层节点是全连接，根据输入维度、隐含层维度，可以推算出相关权重参数的维度，w_{ih} 应该是 20×10，w_{hh} 是 20×20，b_{ih} 和 b_{hh} 都是 hidden_size。下面我们通过查询 weight_ih_l0、weight_hh_l0 等进行验证。

```
# 第一层相关权重参数形状
print("wih 形状 {},whh 形状 {},bih 形状 {}".format(rnn.weight_ih_l0.shape,rnn.weight_
    hh_l0.shape,rnn.bias_hh_l0.shape))
#wih 形状 torch.Size([20, 10]),whh 形状 torch.Size([20, 20]),bih 形状 #torch.Size([20])
# 第二层相关权重参数形状
print("wih 形状 {},whh 形状 {},bih 形状 {}".format(rnn.weight_ih_l1.shape,rnn.weight_
    hh_l1.shape,rnn.bias_hh_l1.shape))
# wih 形状 torch.Size([20, 20]),whh 形状 torch.Size([20, 20]),bih 形状 #torch.Size([20])
```

至此，RNN 已搭建好，接下来将输入（x_t、h_0）传入网络，根据网络配置及网络要求，生成输入数据。输入特征长度为 100，批量大小为 32，特征维度为 10 的张量。按网络要求，隐含状态的形状为（2, 32, 20）。

```
# 生成输入数据
input=torch.randn(100,32,10)
h_0=torch.randn(2,32,20)
```

将输入数据传入 RNN，得到输出及更新后的隐含状态值。根据以上规则，输出 output 的形状应该是（100, 32, 20），隐含状态的输出的形状应该与输入的形状一致。

```
output,h_n=rnn(input,h_0)
print(output.shape,h_n.shape)
#torch.Size([100, 32, 20]) torch.Size([2, 32, 20])
```

结果与我们设想的完全一致。

RNNCell 的输入的形状是（batch, input_size），没有序列长度，这是因为隐含状态的输入只有单层，故其形状为（batch, hdden_size）。网络的输出只有隐含状态输出，其形状与输入的形状一致，即（batch, hdden_size）。

接下来我们利用 PyTorch 实现 RNN，RNN 由全连接层来构建，每一步输出预测和隐含状态，先前的隐含状态输入至下一时刻，具体如图 7-12 所示。

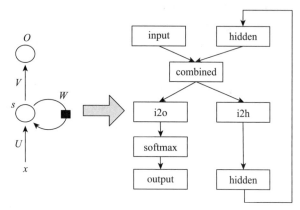

图 7-12 使用 PyTorch 实现 RNN 架构

图 7-12 所示的架构是一个典型的 RNN 架构，使用 PyTorch 实现该网络的代码如下。

```python
import torch.nn as nn

class RNN(nn.Module):
    def __init__(self, input_size, hidden_size, output_size):
        super(RNN, self).__init__()
        self.hidden_size = hidden_size
        self.i2h = nn.Linear(input_size + hidden_size, hidden_size)
        self.i2o = nn.Linear(input_size + hidden_size, output_size)
        self.softmax = nn.LogSoftmax(dim=1)
    def forward(self, input, hidden):
        combined = torch.cat((input, hidden), 1)
        hidden = self.i2h(combined)
        output = self.i2o(combined)
        output = self.softmax(output)
        return output, hidden

    def initHidden(self):
        return torch.zeros(1, self.hidden_size)

n_hidden = 128
rnn = RNN(n_letters, n_hidden, n_categories)
```

详细实现方式可参考 PyTorch 官网：https://pytorch.org/tutorials/intermediate/char_rnn_classification_tutorial.html。

7.4.2 使用 PyTorch 实现 LSTM

LSTM 是在 RNN 基础上增加了长时间记忆功能，具体通过增加一个状态 c 及 3 个门实现对信息的更精准控制。具体实现可参考图 7-9。

　　LSTM 比标准的 RNN 多了 3 个线性变换，多出来的 3 个线性变换的权重合在一起是 RNN 的 4 倍，偏移量也是 RNN 的 4 倍。所以，LSTM 的参数个数是 RNN 的 4 倍。此外，隐含状态除 h_0 外，多了一个 c_0，二者形状相同，都是（num_layers * num_directions, batch, hidden_size），它们合在一起构成了 LSTM 的隐含状态。所以，LSTM 的输入的隐含状态为 (h_0, c_0)，输出的隐含状态为 (h_n, c_n)，其他输入及输出与 RNN 的输入及输出相同。

　　LSTM 的 PyTorch 实现格式与 RNN 类似。下面定义一个与标准 RNN 相同的 LSTM：

```
lstm = nn.LSTM(input_size=10, hidden_size=20,num_layers= 2)
```

通过 weight_ih_l0、weight_hh_l0 等查看其参数信息。

```
第一层相关权重参数形状
print("wih 形状 {},whh 形状 {},bih 形状 {}".format(lstm.weight_ih_l0.shape,lstm.weight_
    hh_l0.shape,lstm.bias_hh_l0.shape))
#wih 形状 torch.Size([80, 10]),whh 形状 torch.Size([80, 20]),bih 形状 #torch.Size([80])
```

结果都变成了 4×20，正好是 RNN 的 4 倍。

　　传入输入及其隐含状态，隐含状态为（h_0, c_0），如果不传入隐含状态，则系统将默认传入全是零的隐含状态。

```
input=torch.randn(100,32,10)
h_0=torch.randn(2,32,20)
h0=(h_0,h_0)

output,h_n=lstm(input,h0)
# 或 output,h_n=lstm(input)
print(output.size(),h_n[0].size(),h_n[1].size())
# torch.Size([100, 32, 20]) torch.Size([2, 32, 20]) torch.Size([2, 32, 20])
```

　　下面我们可以用 PyTorch 实现如图 7-9 所示的 LSTM 架构，该架构是一个 LSTM 单元，其输入是一个时间步。了解具体代码，有助于进一步了解 LSTM 的原理。具体代码如下：

```
import torch.nn as nn
import torch

class LSTMCell(nn.Module):
    def __init__(self, input_size, hidden_size, cell_size, output_size):
        super(LSTMCell, self).__init__()
        self.hidden_size = hidden_size
        self.cell_size = cell_size
        self.gate = nn.Linear(input_size + hidden_size, cell_size)
        self.output = nn.Linear(hidden_size, output_size)
        self.sigmoid = nn.Sigmoid()
        self.tanh = nn.Tanh()
        self.softmax = nn.LogSoftmax(dim=1)

    def forward(self, input, hidden, cell):
        combined = torch.cat((input, hidden), 1)
        f_gate = self.sigmoid(self.gate(combined))
        i_gate = self.sigmoid(self.gate(combined))
        o_gate = self.sigmoid(self.gate(combined))
```

```
        z_state = self.tanh(self.gate(combined))
        cell = torch.add(torch.mul(cell, f_gate), torch.mul(z_state, i_gate))
        hidden = torch.mul(self.tanh(cell), o_gate)
        output = self.output(hidden)
        output = self.softmax(output)
        return output, hidden, cell

    def initHidden(self):
        return torch.zeros(1, self.hidden_size)

    def initCell(self):
        return torch.zeros(1, self.cell_size)
```

实例化 LSTM 单元，并传入输入、隐含状态等进行验证。

```
lstmcell = LSTMCell(input_size=10,hidden_size=20,cell_size=20,output_size=10)
input=torch.randn(32,10)
h_0=torch.randn(32,20)

output,hn,cn=lstmcell(input,h_0,h_0)
print(output.size(),hn.size(),cn.size())
#torch.Size([32, 10]) torch.Size([32, 20]) torch.Size([32, 20])
```

7.4.3　使用 PyTorch 实现 GRU

从图 7-10 可知，GRU 架构与 LSTM 架构基本相同，主要区别是 LSTM 有 3 个门，2 个隐含状态；而 GRU 只有 2 个门，1 个隐含状态。GRU 的参数个数是标准 RNN 的 3 倍。

用 PyTorch 实现 GRU 单元与实现 LSTM 单元的方法类似，具体代码如下：

```
class GRUCell(nn.Module):
    def __init__(self, input_size, hidden_size, output_size):
        super(GRUCell, self).__init__()
        self.hidden_size = hidden_size
        self.gate = nn.Linear(input_size + hidden_size, hidden_size)
        self.output = nn.Linear(hidden_size, output_size)
        self.sigmoid = nn.Sigmoid()
        self.tanh = nn.Tanh()
        self.softmax = nn.LogSoftmax(dim=1)

    def forward(self, input, hidden):
        combined = torch.cat((input, hidden), 1)
        z_gate = self.sigmoid(self.gate(combined))
        r_gate = self.sigmoid(self.gate(combined))
        combined01 = torch.cat((input, torch.mul(hidden,r_gate)), 1)
        h1_state = self.tanh(self.gate(combined01))

        h_state = torch.add(torch.mul((1-z_gate), hidden), torch.mul(h1_state, z_gate))
        output = self.output(h_state)
        output = self.softmax(output)
        return output, h_state

    def initHidden(self):
        return torch.zeros(1, self.hidden_size)
```

实例化，并传入输入、隐含状态等进行验证。

```
grucell = GRUCell(input_size=10,hidden_size=20,output_size=10)
input=torch.randn(32,10)
h_0=torch.randn(32,20)

output,hn=grucell(input,h_0)
print(output.size(),hn.size())
# torch.Size([32, 10]) torch.Size([32, 20])
```

7.5　文本数据处理

在自然语言处理（NLP）任务中，我们将自然语言交给机器学习算法来处理，但机器无法直接理解人类的语言，因此，首先要做的就是将语言数字化。如何对自然语言进行数字化呢？词向量提供了一种很好的方式。何为词向量？简单来说就是对字典 D 中的任意词 w 指定一个固定长度的实值向量，如 $v(w) \in \mathbf{R}^m$ ， $v(w)$ 就称为 w 的词向量，m 为词向量的长度。

中文文本数据处理一般步骤如图 7-13 所示。

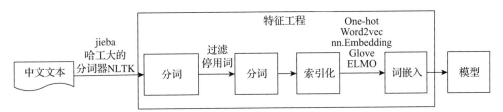

图 7-13　中文文本数据处理一般步骤

接下来，我们先用 PyTorch 的词嵌入模块把语句用词向量表示，然后把这些词向量导入 GRU 模型中，这是自然语言处理的基础，也是核心部分。以下是中文文本处理代码示例。

1）收集数据，定义停用词。

```
import jieba
raw_text = """我爱上海
              她喜欢北京"""
stoplist=[' ','\n'] #停用词包括空格 ''、回车符 '\n'
```

2）利用 jieba 进行分词，并过滤停用词。

```
#利用 jieba 进行分词
words = list(jieba.cut(raw_text))
#过滤停用词，如空格，回车符 \n 等
words=[i for i in words if i not in stoplist]
words
#['我', '爱', '上海', '她', '喜欢', '北京']
```

3）去重，然后对每个词加上索引或给一个整数。

```
word_to_ix = { i: word for i, word in enumerate(set(words))}
```

```
word_to_ix
# {0: '爱', 1: '她', 2: '我', 3: '北京', 4: '喜欢', 5: '上海'}
```

4）词向量或词嵌入。这里采用 PyTorch 的 nn.Embedding 层，把整数转换为向量，参数为（词总数，向量长度）。

```
from torch import nn
import torch
embeds = nn.Embedding(6, 8)
lists=[]
for k,v in word_to_ix.items():
    tensor_value=torch.tensor(k)
    lists.append((embeds(tensor_value).data))

lists
```

运行结果如下：

```
[tensor([-1.2987, -1.7718, -1.2558,  1.1263, -0.3844, -1.0864, -1.1354, -0.5142]),
 tensor([ 0.3172, -0.3927, -1.3130,  0.2153, -0.0199, -0.4796,  0.9555, -0.0238]),
 tensor([ 0.9242,  0.8165, -0.0359, -1.9358, -0.0850, -0.1948, -1.6339, -1.8686]),
 tensor([-0.3601, -0.4526,  0.2154,  0.3406,  0.0291, -0.6840, -1.7888,  0.0919]),
 tensor([ 1.3991, -0.0109, -0.4496,  0.0665, -0.5131,  1.3339, -0.9947, -0.6814]),
 tensor([ 0.8438, -1.5917,  0.6100, -0.0655,  0.7406,  1.2341,  0.2712,  0.5606])]
```

7.6　词嵌入

前文提到，要想让机器认识语句或文档，首先需要把这些语句或文档转换成数字，其中最基本的一项任务就是把字或词转换为词向量，这个任务又称为词嵌入。把字或词转换为向量，最开始采用独热（one-hot）编码，用于判断文本中是否具有该词语。后来使用词袋（Bag-of-Words）模型，使用词频信息对词语进行表示。再后来使用 TF-IDF 根据词语在文本中的分布情况进行表示。近年来，随着神经网络的发展，分布式的词语表达得到广泛应用，这里我们介绍两种比较典型的词向量化方法，一种是独热表示（one-hot representation），另一种是分布式表示（distributional representation）。

1. 独热表示

最初人们把字词转换成离散的单独数字，就像电报的表示方法，比如将"中国"转换为5178，将"北京"转换为3987，诸如此类。后来，人们认为这种表示方法不够方便灵活，所以，把这种方式转换为独热表示方法。独热表示的向量长度为词典的大小，向量的分量只有一个 1，其他全为 0，1 的位置对应该词在词典中的位置。例如：

"汽车"表示为 [0 0 0 1 0 0 0 0 0 0 0 0 0 0 ...]
"启动"表示为 [0 0 0 0 0 0 0 0 1 0 0 0 0 0 0 ...]

将字或词转换为独热向量，而整篇文章则转换为一个稀疏矩阵。对于文本分类问题，我们一般使用词袋模型把文章对应的稀疏矩阵合并为一个向量，然后统计每个词出现的频率。这种表示方法的优点是存储简洁，实现时就可以用序列号 0, 1, 2, 3, …来表示词语，如"汽车"为 3，

"启动"为 8，但缺点也很明显：

1）容易受维数灾难的困扰，尤其是将其用于深度学习算法时；

2）任何两个词都是孤立的，存在语义鸿沟词（任意两个词之间都是孤立的，不能体现词和词之间的关系）。

为了克服此不足，人们提出了另一种表示方法，即分布式表示。

2. 分布式表示

分布式表示最早由 Hinton 于 1986 年提出，可以克服独热表示的缺点。它可以解决词汇与位置无关问题，通过计算向量之间的距离（欧氏距离、余弦距离等）来体现词与词的相似性。其基本思想是直接用一个普通的向量表示一个词，此向量为 [0.792, −0.177, −0.107, 0.109, −0.542, …]，常见维度为 50 或 100。用这种方式表示的向量，"麦克"和"话筒"的距离会远远小于"麦克"和"天气"的距离。

词向量的分布式表示的优点是解决了词汇与位置无关问题，缺点是学习过程相对复杂且受训练语料的影响很大。训练这种向量表示的方法较多，常见的有 LSA、PLSA、LDA、Word2Vec等。Word2Vec 是 Google 在 2013 年开源的一款用于词向量计算的工具，同时也是一套生成词向量的算法方案。Word2Vec 算法的背后是一个浅层神经网络，其网络深度仅为 3 层，所以，严格来说 Word2Vec 并非深度学习范畴。但其生成的词向量在很多任务中都可以作为深度学习算法的输入，因此，在一定程度上可以说 Word2Vec 技术是深度学习在 NLP 领域的基础。

7.6.1 Word2Vec 原理

在介绍 Word2Vec 原理之前，我们先看对一句话的两种预测方式。假设有这样一句话：**今天下午 2 点钟 搜索 引擎 组 开 组会**。

方法 1（根据上下文预测目标值）

对于每一个词汇，使用该词汇周围的词汇来预测当前词汇生成的概率。假设目标值为"2 点钟"，我们可以使用"2 点钟"的上文**"今天、下午"**和**"2 点钟"**的下文**"搜索、引擎、组"**来生成或预测。

方法 2（由目标值预测上下文）

对于每一个词汇，使用该词汇本身来预测生成其他词汇的概率。如使用**"2 点钟"**来预测其上下文**"今天、下午、搜索、引擎、组"**中的每个词。

这两种方法共同的限制条件是：对于相同的输入，输出每个词汇的概率之和为 1。两种方法分别对应 Word2Vec 模型的两种模式，即 CBOW 模型和 Skip-Gram 模型。根据上下文生成目标值（即方法 1）时使用 CBOW 模型，根据目标值生成上下文（即方法 2）时采用 Skip-Gram 模型。

7.6.2 CBOW 模型

CBOW 模型包含 3 层，输入层、映射层和输出层。其架构如图 7-14 所示。CBOW 模型中的 $w(t)$ 为目标词，在已知它的上下文 $w(t-2)$、$w(t-1)$、$w(t+1)$、$w(t+2)$ 的前提下预测词 $w(t)$ 出现的概率，即 $p(w/\text{Context}(w))$。目标函数为：

$$\mathcal{L} = \sum_{w \in c} \log p(w \mid \mathrm{Context}(w)) \tag{7.18}$$

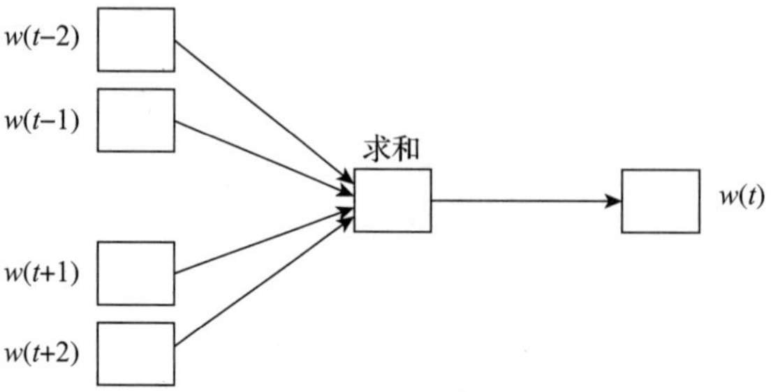

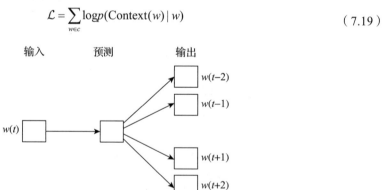

图 7-14   CBOW 模型

CBOW 模型其实就是根据某个词前后若干词来预测该词，可以看成是多分类。最朴素的想法就是直接使用 softmax 来分别计算每个词对应的归一化的概率。但对于动辄十几万词汇量的场景，使用 softmax 计算量太大，于是需要用一种二分类组合形式的 hierarchical softmax，即输出层为一棵二叉树。

7.6.3   Skip-Gram 模型

Skip-Gram 模型同样包含 3 层，输入层、映射层和输出层。其架构如图 7-15 所示。Skip-Gram 模型中的 $w(t)$ 为输入词，在已知词 $w(t)$ 的前提下预测其上下文 $w(t-2)$、$w(t-1)$、$w(t+1)$、$w(t+2)$，条件概率写为 $p(\mathrm{Context}(w)/w)$。目标函数为：

$$\mathcal{L} = \sum_{w \in c} \log p(\mathrm{Context}(w) \mid w) \tag{7.19}$$

图 7-15   Skip-Gram 模型

我们通过一个简单例子来说明 Skip-Gram 的基本思想。假设我们有个句子：

```
the quick brown fox jumped over the lazy dog
```

接下来，我们根据 Skip-Gram 算法的基本思想，把这个语句生成由系列（输入，输出）构成的数据集，详细结果如表 7-1 所示。如何构成这样一个数据集呢？我们首先对一些单词以及它们的上下文环境建立一个数据集。可以以任何合理的方式定义"上下文",这里把目标单词的左右单词视作一个上下文,使用大小为 1 的窗口 (即 window_size=1),也就是说仅选输入词前后各 1 个词和输入词进行组合,就得到一个由 (上下文,目标单词) 组成的数据集。

表 7-1 由 Skip-Gram 算法构成的训练数据集

输入 单词	左边单词 (上文)	右边单词 (下文)	(上下文,目标单词)	(输入,输出) Skip-Gram 根据目标单词预测上下文
quick	the	brown	([the, brown], quick)	(quick, the) (quick, brown)
brown	quick	fox	([quick, fox], brown)	(brown, quick) (brown, fox)
fox	brown	jumped	([brown, jumped], fox)	(fox, brown) (fox, jumped)
...	...	...	...	...
lazy	the	dog	([the, dog], lazy)	(lazy, the) (lazy, dog)

7.7 使用 PyTorch 实现词性判别

我们知道每一个词都有词性,如 train 这个单词可表示火车或训练等,具体表示为哪种词性,与这个词所处的环境或上下文密切相关。根据上下文来确定词性是循环神经网络擅长的事,因为循环神经网络,尤其是 LSTM 或 GRU 网络,具有记忆功能。

这节将使用 LSTM 网络实现词性判别。

7.7.1 词性判别的主要步骤

如何用 LSTM 对一句话里的各词进行词性标注?需要采用哪些步骤?这些问题就是本节将涉及的问题。用 LSTM 实现词性标注时可以采用以下步骤。

1. 实现词的向量化

假设有两个句作为训练数据,这两个句子的每个单词都已标好词性。当然我们不能直接把这两个句子输入 LSTM 模型,输入前需要把每个句子的单词向量化。假设这个句子共有 5 个单词,通过单词向量化后,就可得到序列 $[V_1, V_2, V_3, V_4, V_5]$,其中 V_i 表示第 i 个单词对应的向量。如何实现词的向量化?直接利用 nn.Embedding 层即可。当然在使用该层之前,需要把每句话对应单词或词性用整数表示。

2. 构建网络

词向量化之后,需要构建一个网络来训练,可以构建一个只有三层的网络,第一层为词嵌入层,第二层为 LSTM 层,最后一层为用于词性分类的全连接层。

下面使用 PyTorch 实现这些步骤。

7.7.2 数据预处理

1. 定义语句及词性

训练数据有两个句子，需定义好句中每个词对应的词性。测试数据为一句话，没有指定词性。

```
# 定义训练数据
training_data = [
    ("The cat ate the fish".split(), ["DET", "NN", "V", "DET", "NN"]),
    ("They read that book".split(), ["NN", "V", "DET", "NN"])
]
# 定义测试数据
testing_data=[("They ate the fish".split())]
```

2. 构建每个单词的索引字典

用一个整数表示每个单词，并将它们放在一个字典里。词性也如此。

```
word_to_ix = {} # 单词的索引字典
for sent, tags in training_data:
    for word in sent:
        if word not in word_to_ix:
            word_to_ix[word] = len(word_to_ix)
print(word_to_ix)
# 两句话，共有 9 个不同单词
#{'The': 0, 'cat': 1, 'ate': 2, 'the': 3, 'fish': 4, 'They': 5, 'read': 6, 'that': 7, 'book': 8}
```

手工设置词性的索引字典。

```
tag_to_ix = {"DET": 0, "NN": 1, "V": 2}
```

7.7.3 构建网络

构建训练网络，共三层，分别为嵌入层、LSTM 层、全连接层。

```
class LSTMTagger(nn.Module):

    def __init__(self, embedding_dim, hidden_dim, vocab_size, tagset_size):
        super(LSTMTagger, self).__init__()
        self.hidden_dim = hidden_dim

        self.word_embeddings = nn.Embedding(vocab_size, embedding_dim)

        self.lstm = nn.LSTM(embedding_dim, hidden_dim)

        self.hidden2tag = nn.Linear(hidden_dim, tagset_size)
        self.hidden = self.init_hidden()

    # 初始化隐含状态 State 及 C
    def init_hidden(self):
        return (torch.zeros(1, 1, self.hidden_dim),
                torch.zeros(1, 1, self.hidden_dim))

    def forward(self, sentence):
        # 获得词嵌入矩阵 embeds
        embeds = self.word_embeddings(sentence)
```

```
# 按 LSTM 格式，修改 embeds 的形状
lstm_out, self.hidden = self.lstm(embeds.view(len(sentence), 1, -1), self.hidden)
# 修改隐含状态的形状，作为全连接层的输入
tag_space = self.hidden2tag(lstm_out.view(len(sentence), -1))
# 计算每个单词属于各词性的概率
tag_scores = F.log_softmax(tag_space,dim=1)
return tag_scores
```

其中有一个 nn.Embedding(vocab_size, embedding_dim) 类，它是 Module 类的子类，这里它接收最重要的两个初始化参数：词汇量大小与每个词汇量表示的向量维度。Embedding 类返回的是一个形状为 [每句词个数，词维度] 的矩阵。nn.LSTM 层的输入形状为（序列长度，批量大小，输入的大小），序列长度就是时间步序列长度，这个长度是可变的。F.log_softmax() 执行的是一个 softmax 回归的对数。

把数据转换为模型要求的格式，即把输入数据转换为 torch.LongTensor 张量。

```
def prepare_sequence(seq, to_ix):
    idxs = [to_ix[w] for w in seq]
    tensor = torch.LongTensor(idxs)
    return tensor
```

7.7.4 训练网络

1）定义几个超参数、实例化模型，选择损失函数、优化器等。

```
EMBEDDING_DIM=10
HIDDEN_DIM=3  # 这里等于词性个数
model = LSTMTagger(EMBEDDING_DIM, HIDDEN_DIM, len(word_to_ix), len(tag_to_ix))
loss_function = nn.NLLLoss()
optimizer = torch.optim.SGD(model.parameters(), lr=0.1)
```

2）简单运行一次。

```
model = LSTMTagger(EMBEDDING_DIM, HIDDEN_DIM, len(word_to_ix), len(tag_to_ix))
loss_function = nn.NLLLoss()
optimizer = torch.optim.SGD(model.parameters(), lr=0.1)

inputs = prepare_sequence(training_data[0][0], word_to_ix)
tag_scores = model(inputs)
print(training_data[0][0])
print(inputs)
print(tag_scores)
print(torch.max(tag_scores,1))
```

运行结果如下：

```
['The', 'cat', 'ate', 'the', 'fish']
tensor([0, 1, 2, 3, 4])
tensor([[-1.4376, -0.9836, -0.9453],
        [-1.4421, -0.9714, -0.9545],
        [-1.4725, -0.8993, -1.0112],
        [-1.4655, -0.9178, -0.9953],
        [-1.4631, -0.9221, -0.9921]], grad_fn=<LogSoftmaxBackward>)
(tensor([-0.9453, -0.9545, -0.8993, -0.9178, -0.9221], grad_fn=<MaxBackward0>),
tensor([2, 2, 1, 1, 1]))
```

显然，这个结果不是很理想。下面我们通过循环多次训练该模型，提升精度。

3）训练模型。

```
for epoch in range(400): # 我们要训练 400 次
    for sentence, tags in training_data:
        # 清除网络先前的梯度值
        model.zero_grad()
        # 重新初始化隐含层数据
        model.hidden = model.init_hidden()
        # 按网络要求的格式处理输入数据和真实标签数据
        sentence_in = prepare_sequence(sentence, word_to_ix)
        targets = prepare_sequence(tags, tag_to_ix)
        # 实例化模型
        tag_scores = model(sentence_in)
        # 计算损失，反向传递梯度及更新模型参数
        loss = loss_function(tag_scores, targets)
        loss.backward()
        optimizer.step()
        # 查看模型训练的结果
inputs = prepare_sequence(training_data[0][0], word_to_ix)
tag_scores = model(inputs)
print(training_data[0][0])
print(tag_scores)
print(torch.max(tag_scores,1))
```

运行结果如下：

```
['The', 'cat', 'ate', 'the', 'fish']
tensor([[-4.9405e-02, -6.8691e+00, -3.0541e+00],
        [-9.7177e+00, -7.2770e-03, -4.9350e+00],
        [-3.0174e+00, -4.4508e+00, -6.2511e-02],
        [-1.6383e-02, -1.0208e+01, -4.1219e+00],
        [-9.7806e+00, -8.2493e-04, -7.1716e+00]], grad_fn=<LogSoftmaxBackward>)
(tensor([-0.0494, -0.0073, -0.0625, -0.0164, -0.0008], grad_fn=<MaxBackward0>),
tensor([0, 1, 2, 0, 1]))
```

这个精度为 100%。

7.7.5　测试模型

这里我们用另外一句话来测试这个模型。

```
test_inputs = prepare_sequence(testing_data[0], word_to_ix)
tag_scores01 = model(test_inputs)
print(testing_data[0])
print(test_inputs)
print(tag_scores01)
print(torch.max(tag_scores01,1))
```

运行结果如下：

```
['They', 'ate', 'the', 'fish']
tensor([5, 2, 3, 4])
tensor([[-7.6594e+00, -5.2700e-03, -5.3424e+00],
        [-2.6831e+00, -5.2537e+00, -7.6429e-02],
```

```
     [-1.4973e-02, -1.0440e+01, -4.2110e+00],
     [-9.7853e+00, -8.3971e-04, -7.1522e+00]], grad_fn=<LogSoftmaxBackward>)
(tensor([-0.0053, -0.0764, -0.0150, -0.0008], grad_fn=<MaxBackward0>),
 tensor([1, 2, 0, 1]))
```

测试精度达到 100%。

7.8 用 LSTM 预测股票行情

这里采用沪深 300 指数数据，时间跨度为从 2010 年 10 月 10 日至今，选择每天最高价。假设当天最高价依赖当天的前 n 天（如 30 天）的沪深 300 的最高价。用 LSTM 模型来捕捉最高价的时序信息，通过训练模型，使之学会用前 n 天的最高价判断当天的最高价（作为训练的标签值）。

7.8.1 导入数据

这里使用 tushare 来下载沪深 300 指数数据。可以用 pip 安装 tushare。

```
import tushare as ts   # 导入
cons = ts.get_apis()    # 建立连接
# 获取沪深指数 (000300) 的信息，包括交易日期（datetime）、开盘价（open）、收盘价（close）、
# 最高价（high）、最低价（low）、成交量（vol）、成交金额（amount）、涨跌幅（p_change）
df = ts.bar('000300', conn=cons, asset='INDEX', start_date='2010-01-01', end_date='')
# 删除有 null 值的行
df = df.dropna()
# 把 df 保存到当前目录下的 sh300.csv 文件中，以便后续使用
df.to_csv('sh300.csv')
```

7.8.2 数据概览

1）查看下载数据的字段、统计信息等。

```
# 查看 df 涉及的列名
df.columns
# Index(['code', 'open', 'close', 'high', 'low', 'vol', 'amount', 'p_change'], #dtype='object')

# 查看 df 的统计信息
df.describe()
```

运行结果如图 7-16 所示。

	open	close	high	low	vol	amount	p_change
count	2295.000000	2295.000000	2295.000000	2295.000000	2.295000e+03	2.295000e+03	2295.000000
mean	3100.514637	3103.181503	3128.213684	3073.658757	1.090221e+06	1.296155e+11	0.012397
std	627.888776	628.060844	634.870454	618.306225	9.284048e+05	1.268450e+11	1.483714
min	2079.870000	2086.970000	2118.790000	2023.170000	2.190120e+05	2.120044e+10	-8.750000
25%	2534.185000	2534.185000	2558.015000	2514.585000	5.634255e+05	6.092613e+10	-0.650000
50%	3160.800000	3165.910000	3193.820000	3134.380000	8.055400e+05	9.127102e+10	0.020000
75%	3484.665000	3486.080000	3510.940000	3461.215000	1.202926e+06	1.382787e+11	0.705000
max	5379.470000	5353.750000	5380.430000	5283.090000	6.864391e+06	9.494980e+11	6.710000

图 7-16 沪深 300 指数统计信息

从图 7-16 可知，共有 2295 条数据。

2）可视化最高价数据。

```
from pandas.plotting import register_matplotlib_converters
register_matplotlib_converters()
# 获取训练数据、原始数据、索引等信息
df, df_all, df_index = readData('high', n=n, train_end=train_end)

# 可视化最高价
df_all = np.array(df_all.tolist())
plt.plot(df_index, df_all, label='real-data')
plt.legend(loc='upper right')
```

运行结果如图 7-17 所示。

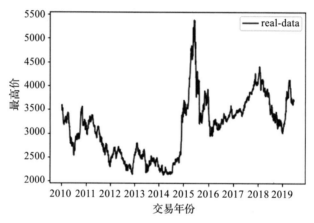

图 7-17　可视化最高价

7.8.3　预处理数据

1）生成训练数据。

```
# 通过一个序列来生成一个 31× (count(*)-train_end) 矩阵（用于处理时序的数据）
# 其中最后一列维标签数据，即把当天的前 n 天作为参数，把当天的数据作为标签
def generate_data_by_n_days(series, n, index=False):
    if len(series) <= n:
        raise Exception("The Length of series is %d, while affect by (n=%d)." % (len(series), n))
    df = pd.DataFrame()
    for i in range(n):
        df['c%d' % i] = series.tolist()[i:-(n - i)]
    df['y'] = series.tolist()[n:]

    if index:
        df.index = series.index[n:]
    return df

# 参数 n 与前面相同。train_end 表示后面有多少个数据作为测试集
def readData(column='high', n=30, all_too=True, index=False, train_end=-500):
```

```
df = pd.read_csv("sh300.csv", index_col=0)
# 以日期为索引
df.index = list(map(lambda x: datetime.datetime.strptime(x, "%Y-%m-%d"), df.index))
# 获取每天的最高价
df_column = df[column].copy()
# 拆分为训练集和测试集
df_column_train, df_column_test = df_column[:train_end], df_column[train_end - n:]
# 生成训练数据
df_generate_train = generate_data_by_n_days(df_column_train, n, index=index)
if all_too:
    return df_generate_train, df_column, df.index.tolist()
return df_generate_train
```

2）规范化数据。

```
# 对数据进行预处理，规范化及转换为 Tensor
df_numpy = np.array(df)

df_numpy_mean = np.mean(df_numpy)
df_numpy_std = np.std(df_numpy)

df_numpy = (df_numpy - df_numpy_mean) / df_numpy_std
df_tensor = torch.Tensor(df_numpy)

trainset = mytrainset(df_tensor)
trainloader = DataLoader(trainset, batch_size=batch_size, shuffle=False)
```

7.8.4　定义模型

这里使用 LSTM 网络，LSTM 输出到一个全连接层。

```
class RNN(nn.Module):
    def __init__(self, input_size):
        super(RNN, self).__init__()
        self.rnn = nn.LSTM(
            input_size=input_size,
            hidden_size=64,
            num_layers=1,
            batch_first=True
        )
        self.out = nn.Sequential(
            nn.Linear(64, 1)
        )
    def forward(self, x):
        r_out, (h_n, h_c) = self.rnn(x, None)      #None 即隐含层状态用 0 初始化
        out = self.out(r_out)
        return out
```

7.8.5　训练模型

建立训练模型。

```
# 记录损失值，并用 TensorBoard 在 Web 页面上展示
from torch.utils.tensorboard import SummaryWriter
writer = SummaryWriter(log_dir='logs')
```

```
rnn = RNN(n).to(device)
optimizer = torch.optim.Adam(rnn.parameters(), lr=LR)
loss_func = nn.MSELoss()

for step in range(EPOCH):
    for tx, ty in trainloader:
        tx=tx.to(device)
        ty=ty.to(device)
        # 在第 1 个维度上添加一个维度为 1 的维度，形状变为 [batch,seq_len,input_size]
        output = rnn(torch.unsqueeze(tx, dim=1)).to(device)
        loss = loss_func(torch.squeeze(output), ty)
        optimizer.zero_grad()
        loss.backward()
        optimizer.step()
    writer.add_scalar('sh300_loss', loss, step)
```

运行结果如图 7-18 所示。

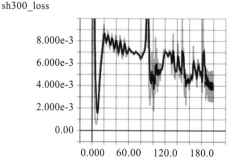

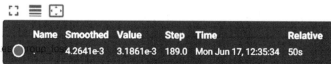

图 7-18   batch-size=20 的损失值变化情况

图 7-18 是当 batch-size = 20 时，损失值与迭代次数之间的关系，开始时振幅有点大，后面逐渐趋于平稳。如果 batch-size 变小，振幅可能变大。

7.8.6   测试模型

1）使用测试数据，验证模型。

```
for i in range(n, len(df_all)):
    x = df_all_normal_tensor[i - n:i].to(device)
    #RNN 的输入必须是 3 维，故需添加两个 1 维的维度，最后成为 [1,1,input_size]
    x = torch.unsqueeze(torch.unsqueeze(x, dim=0), dim=0)

    y = rnn(x).to(device)
    if i < test_index:
        generate_data_train.append(torch.squeeze(y).detach().cpu().numpy() * df_numpy_
            std + df_numpy_mean)
    else:
```

```
generate_data_test.append(torch.squeeze(y).detach().cpu().numpy() * df_numpy_
    std + df_numpy_mean)
```

2）查看预测数据与源数据。

```
plt.plot(df_index[train_end:-500], df_all[train_end:-500], label='real-data')
plt.plot(df_index[train_end:-500], generate_data_test[-600:-500], label='generate_
    test')
plt.legend()
plt.show()
```

运行结果如图 7-19 所示。

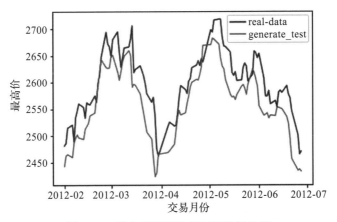

图 7-19　放大后预测数据与源数据比较

从图 7-19 来看，预测结果还是不错的。

7.9　几种特殊架构

循环神经网络适合含时序序列的任务，如自然语言处理、语言识别等。基于循环神经网络可以构建功能更强大的模型，如编码器 – 解码器架构、Seq2Seq 架构等。在具体实现时，编码器和解码器通常使用循环神经网络，如 RNN、LSTM、GRU 等，有时也可以使用卷积神经网络。利用这些模型可以处理语言翻译、文档摘取、问答系统等任务。

7.9.1　编码器 – 解码器架构

编码器 – 解码器（Encoder-Decoder）架构是一种神经网络设计模式，如图 7-20 所示。该架构分为两部分，编码器和解码器。编码器的作用是将源数据编码为状态，该状态通常为向量，然后，将状态传递给解码器生成输出。

图 7-20　编码器 – 解码器架构

对图7-20进一步细化，在输入模型前需要将源数据和目标数据转换为词嵌入。对于自然语言处理问题，考虑到序列的不同长度及语言的前后依赖关系，编辑器和解码器一般选择循环神经网络，具体可选择 RNN、LSTM、GRU 等，可以一层也可以多层，如图7-21所示。

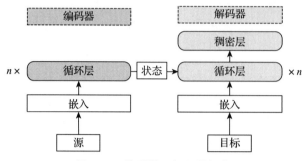

图 7-21　编码器 – 解码器架构

下面以一个简单的语言翻译场景为例展开介绍，输入为 4 个单词，输出为 3 个单词，此时编码器 – 解码器架构如图7-22所示。

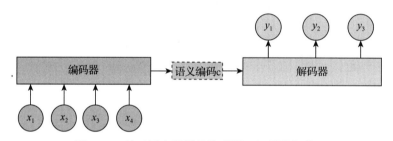

图 7-22　基于语言翻译的编码器 – 解码器架构

这是一个典型的编码器 – 解码器框架。该如何理解这个框架呢？

可以这么理解：从左到右，将其看作由一个句子（或篇章）生成另外一个句子（或篇章）的通用处理模型。假设句子对为 <X, Y>，我们的目标是给定输入句子 X，期待通过编码器 – 解码器架构来生成目标句子 Y。X 和 Y 可以是同一种语言，也可以是两种不同的语言。X 和 Y 分别由各自的单词序列构成：

$$X = (x_1, x_2, x_3, \cdots, x_m) \tag{7.20}$$

$$Y = (y_1, y_2, y_3, \cdots, y_n) \tag{7.21}$$

编码器，顾名思义，就是对输入句子 X 进行编码，将输入句子通过非线性变换转化为中间语义表示 C：

$$C = f(x_1, x_2, x_3, \cdots, x_m) \tag{7.22}$$

对于解码器来说，其任务是根据句子 X 的中间语义表示 C 与之前已经生成的历史信息 y_1, y_2, y_3, $\cdots$, y_{i-1} 来生成 i 时刻要生成的单词 y_i。

$$y_i = g(C, y_1, y_2, y_3, \cdots, y_{i-1}) \tag{7.23}$$

每个 y_i 都依次这样产生，那么看起来就是整个系统根据输入句子 X 生成了目标句子 Y。编码

器 – 解码器架构是一个非常通用的计算框架，至于编码器和解码器具体使用什么模型则由我们自己决定。常见的有 CNN、RNN、Bi-RNN、GRU、LSTM、Deep LSTM 等，而且变化组合非常多。

编码器 – 解码器架构的应用非常广泛，其应用场景非常多，比如对于机器翻译来说，$<X, Y>$ 就是对应不同语言的句子，如 X 是英语句子，Y 就是对应的中文句子；对于文本摘要来说，X 就是一篇文章，Y 就是对应的摘要；对于对话机器人来说，X 就是某人的一句话，Y 就是对话机器人的应答等。

这个架构有一点不足，就是生成的句子中每个词采用的中间语言编码是相同的，即都是 C，具体看如下表达式。

$$y_1 = g(C) \tag{7.24}$$

$$y_2 = g(C, y_1) \tag{7.25}$$

$$y_3 = g(C, y_1, y_2) \tag{7.26}$$

这种架构在句子比较短时，性能还可以，但句子稍长一些，性能就不尽如人意了。如何解决这一问题呢？

解铃还须系铃人，既然问题出在 C 上，就需要我们在 C 上做一些处理。引入注意力机制，可以有效解决这个问题。

7.9.2　Seq2Seq 架构

在 Seq2Seq 架构提出之前，深度神经网络在图像分类等问题上已经取得了非常好的效果。输入和输出通常都可以表示为固定长度的向量，如果在一个批量中有长度不等的情况，往往通过补零的方法补齐。但在许多实际任务中，例如机器翻译、语音识别、自动对话等，把输入表示成序列后，其长度事先并不知道。因此为了突破这个局限，Seq2Seq 架构应运而生。

Seq2Seq 架构是基于编码器 – 解码器架构生成的，其输入和输出都是序列，如图 7-23 所示。

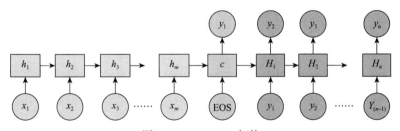

图 7-23　Seq2Seq 架构

Seq2Seq 不特指具体方法，只要满足输入序列、输出序列的目的，都可以称为 Seq2Seq 架构。

7.10　循环神经网络应用场景

循环神经网络（RNN）适合于处理序列数据，序列长度一般不固定，因此，其应用非常广泛。图 7-24 对 RNN 的应用场景做了一个概括。

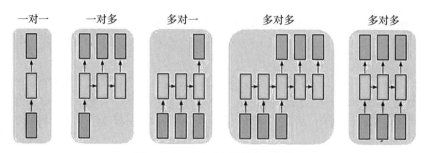

图 7-24　RNN 应用场景示意图

图 7-24 中每一个矩形都是一个向量，箭头表示函数（比如矩阵相乘）。其中最下层为输入向量，最上层为输出向量，中间层表示 RNN 的状态。从左到右分析如下。

1）没有使用 RNN 的 Vanilla 模型，从固定大小的输入得到固定大小输出（比如图像分类）。

2）序列输出（比如图像字幕，输入一张图像，输出一段文字序列）。

3）序列输入（比如情感分析，输入一段文字，然后将它分类成积极或者消极情感）。

4）序列输入和序列输出（比如机器翻译：一个 RNN 读取一条英文语句，然后将它以法语形式输出）。

5）同步序列输入输出（比如视频分类，对视频中每一帧打标签）。

注意，上述每一个案例中都没有对序列长度进行预先特定约束，因为递归变换是固定的，而且我们可以多次使用。

正如预想的那样，与使用固定计算步骤的固定网络相比，使用序列进行操作会更加强大，因此，这激起了人们建立更大的智能系统的兴趣。而且，RNN 可将输入向量与状态向量用一个固定（但可以学习）函数绑定起来，用来产生一个新的状态向量。在编程层面，在运行一个程序时，可以用特定的输入和一些内部变量对其进行解释。从这个角度来看，RNN 本质上可以描述程序。事实上，RNN 是图灵完备的，即它们可以模拟任意程序（使用恰当的权值向量）。

7.11　小结

循环神经网络由于其记忆功能非常善于解决与时间序列有关的数据，目前，在自然语言处理、语音处理等方面应用非常广泛。本章首先介绍了循环神经网络的一般结构及其几种衍生结构，如 LSTM、GRU 等。为便于理解，本章还给出了使用 PyTorch 实现循环神经网络的代码实例。词嵌入（或词向量化）是自然语言处理的又一重要方法，为此，我们介绍了词嵌入的一般原理及其相关实例，如文本自然语言、词性标注示例等。最后我们用 LSTM 模型预测股市，进一步说明 LSTM 在处理时序时间方面的优势。

CHAPTER 8

第 8 章

注意力机制

注意力机制（Attention Mechanism）在深度学习中可谓发展迅猛、大放异彩，尤其近几年，随着它在自然语言处理、语音识别、视觉处理等领域的应用，更是引起大家的高度关注。如 Seq2Seq 引入注意力机制、Transformer 使用自注意力 (Self-Attention) 机制，在自然语言处理、视觉处理、推荐系统等任务上刷新新纪录，取得新突破。

注意力机制为本书重点之一，是后续章节的重要基础，所以我们从多个角度介绍注意力机制，具体包括如下内容：

❑ 注意力机制概述
❑ 带注意力机制的编码器 – 解码器架构
❑ Transformer
❑ 使用 PyTorch 实现 Transformer

8.1　注意力机制概述

注意力机制源于对人类视觉的研究，注意力是一种人类不可或缺的复杂认知功能，指人可以在关注一些信息的同时忽略另一些信息的选择能力。

注意力机制的逻辑与人类看图像的逻辑类似，当我们看一张图像时，我们并没有看清图像的全部内容，而是将注意力集中在了图像的重要部分。重点关注部分，就是一般所说的注意力集中部分，而后对这一部分投入更多注意力资源，以获取更多所关注目标的细节信息，抑制其他无用信息。

这是人类利用有限的注意力资源从大量信息中快速筛选出高价值信息的手段，是人类在长期进化中形成的一种生存机制。人类视觉注意力机制极大地提高了视觉信息处理的效率与准确性。

深度学习中也应用了类似注意力机制，通过使用这种机制极大提升了自然语言处理、语音识别、图像处理的效率和性能。

8.1.1　两种常见注意力机制

根据注意力范围的不同，人们又把注意力分为软注意力和硬注意力。

1）软注意力（Soft Attention）。这是比较常见的注意力方式，对所有 key 求权重概率，每个 key 都有一个对应的权重，是一种全局的计算方式（也可以叫 Global Attention）。这种方式比较理性，它参考了所有 key 的内容，再进行加权，但是计算量可能会比较大。

2）硬注意力（Hard Attention）。这种方式是直接精准定位到某个键，而忽略其他键，相当于这个键的概率是 1，其余键的概率全部是 0。因此这种对齐方式要求很高，要求一步到位，但实际情况往往包含其他状态，如果没有正确对齐，会带来很大的影响。

8.1.2　来自生活的注意力

注意力是我们与环境交互的一种天生的能力。环境中的信息丰富多彩，我们不可能对映入眼帘的所有事物都持有一样的关注度或注意力，而是一般只将注意力引向感兴趣的一小部分信息，这种能力就是注意力。

我们按照对外界的反应将注意力分为非自主性提示和自主性提示。非自主性提示是基于环境中物体的状态、颜色、位置、易见性等，不由自主地引起我们的注意。如图 8-1 所示，这些活动小动物最初可能都会自动引起小朋友的注意力。

图 8-1　基于兴趣，注意力被自主关注到小汽车玩具上

但过一段时间之后，他可能会重点注意他喜欢的小汽车玩具。此时，小朋友选择小汽车玩具是受到了认知和意识的控制，因此基于兴趣或自主性提示的吸引力量更大，也更持久。

8.1.3　注意力机制的本质

在注意力机制的背景下，我们将自主性提示称为查询（Query）。对于任何给定查询，注意力机制通过集中注意力（Attention Pooling）选择感官输入（Sensory Input），这些感官输入被称为值（Value）。每个值都与其对应的非自主提示的一个键（Key）对应，如图 8-2 所示。通过集中注意力，为给定的查询（自主性提示）与键（非自主性提示）进行交互，从而引导选择偏向值（感官输入）。

可以对图 8-2 所示的注意力框架进一步抽象，以便更深入地理解注意力机制的本质。在自然语言处理应用中，把注意力机制看作输出（Target）句子中某个单词与输入（Source）句子中每个单词的相关性是非常有道理的。

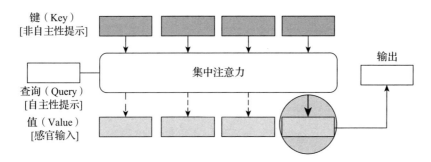

图 8-2 注意力机制通过集中注意力将查询和键结合在一起，实现对值的选择倾向

目标句子生成的每个单词对应输入句子中的单词的概率分布可以理解为输入句子的单词与这个目标生成单词的对齐概率，这在机器翻译语境下是非常直观的：传统的统计机器翻译过程中一般会专门有一个短语对齐的步骤，而注意力模型的作用与此相同，可用图 8-3 进行直观表述。

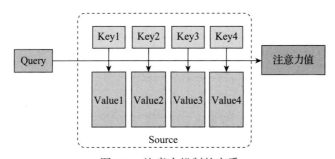

图 8-3 注意力机制的实质

在图 8-3 中，Source 由一系列 <Key, Value> 数据对构成，对于给定 Target 中的某个元素 Query，通过计算 Query 与各个 Key 的相似性或者相关性，得到每个 Key 对应 Value 的权重系数，然后对 Value 进行加权求和，即得到了最终的注意力值。所以本质上注意力机制是对 Source 中元素的 Value 进行加权求和，而 Query 和 Key 用于计算对应 Value 的权重系数。可以将上述思想改写为如下公式：

$$\text{Attention(Query,Source)} = \sum_{i=1}^{T} \text{Similarity(Query, Key}_i) \cdot \text{Value}_i \tag{8.1}$$

其中，T 为 Source 的长度。

具体如何计算注意力呢？整个注意力机制的计算过程可分为 3 个阶段。

第 1 阶段：根据 Query 和 Key 计算两者的相似性或者相关性，最常见的方法包括求两者的向量点积、求两者的向量 Cosine 相似性、通过引入额外的神经网络来求，这里假设求得的相似值为 s_i。

第 2 阶段：对第 1 阶段的值进行归一化处理，得到权重系数。这里使用 softmax 函数计算各权重的值，计算公式为：

$$a_i = \text{softmax}(s_i) = \frac{e^{s_i}}{\sum_{J=1}^{T} e^{s_J}} \tag{8.2}$$

第 3 阶段：用第 2 阶段的权重系数对 Value 进行加权求和。

$$\text{Attention(Query, Source)} = \sum_{i=1}^{T} a_i \cdot \text{Value}_i \qquad (8.3)$$

以上 3 个阶段可表示为如图 8-4 所示的计算过程。

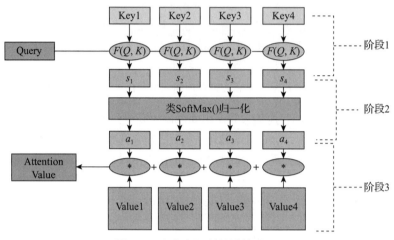

图 8-4　注意力机制的计算过程

那么在深度学习中如何通过模型或算法来实现这种机制呢？接下来我们介绍如何使用这种模型的方式来实现注意力机制。为更好地比较，先介绍一种不带注意力机制的架构，然后介绍带注意力机制的架构。

8.2　带注意力机制的编码器 – 解码器架构

从第 7 章的图 7-22 可知，在生成目标句子的单词时，不论生成哪个单词，如 y_1、y_2、y_3，使用的句子 X 的语义编码 C 都是一样的，没有任何区别。而语义编码 C 是由句子 X 的每个单词经过编码器编码生成，这意味着不论是生成哪个单词，句子 X 中的任意单词对生成的某个目标单词 y_i 来说影响力都是相同的，没有任何区别。

我们用一个具体例子来说明，用机器翻译（输入英文输出中文）来解释这个分心模型的编码器 – 解码器架构会更好理解，比如：

输入英文句子：Tom chase Jerry，通过编码器 – 解码器架构逐步生成中文单词："汤姆"，"追逐"，"杰瑞"。

在翻译"杰瑞"这个中文单词时，分心模型中的每个英文单词对于翻译目标单词"杰瑞"的贡献是相同的，这不太合理，因为显然"Jerry"对于翻译成"杰瑞"更重要，但是分心模型无法体现这一点，这就是为何说它没有引入注意力的原因。

8.2.1　引入注意力机制

没有引入注意力机制的模型在输入句子比较短的时候估计问题不大，但是如果输入句子比较长，此时所有语义完全通过一个中间语义向量来表示，单词自身的信息已经消失，会丢失很多细节信息，这也是为何要引入注意力模型的重要原因。

在上面的例子中，如果引入注意力机制，则应该在翻译"杰瑞"时，体现出不同英文单词对于翻译当前中文单词不同的影响程度，比如给出类似下面一个概率分布值：

(Tom,0.3)(Chase,0.2)(Jerry,0.5)

每个英文单词的概率代表了翻译当前单词"杰瑞"时，注意力分配模型分配给不同英文单词的注意力大小。这对于正确翻译目标单词肯定是有帮助的，因为引入了新的信息。同理，目标句子中的每个单词都应该学会其对应的源语句中单词的注意力分配概率信息。这意味着在生成每个单词 y_i 的时候，原先相同的中间语义表示 C 会替换成根据当前生成单词而不断变化的 C_i。即由固定的中间语义表示 C 换成了根据当前输出单词而不断调整成加入注意力模型的变化的 C_i。增加了注意力机制的编码器－解码器架构如图 8-5 所示。

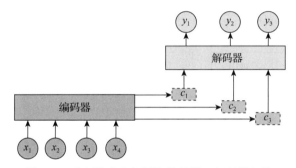

图 8-5 引入注意力机制的编码器－解码器架构

即生成目标句子单词的过程变成如下形式：

$$y_1 = g(C_1) \tag{8.4}$$

$$y_2 = g(C_2, y_1) \tag{8.5}$$

$$y_3 = g(C_3, y_1, y_2) \tag{8.6}$$

而每个 C_i 可能对应着不同的源语句中单词的注意力分配概率分布，比如对于上面的英汉翻译来说，其对应的信息可能如下。

注意力分布矩阵：

$$A = [a_{ij}] = \begin{bmatrix} 0.6 & 0.2 & 0.2 \\ 0.2 & 0.7 & 0.1 \\ 0.3 & 0.2 & 0.5 \end{bmatrix} \tag{8.7}$$

第 i 行表示 y_i 收到的所有来自输入单词的注意力分配概率。y_i 的语义表示 C_i 由这些注意力分配概率与编码器对单词 x_j 的转换函数 f_2 相乘计算得出，例如：

$$C_1 = C_{汤姆} = g(0.6 f_2("Tom"), 0.2 f_2("Chase"), 0.2 f_2("Jerry")) \tag{8.8}$$

$$C_2 = C_{追逐} = g(0.2 f_2("Tom"), 0.7 f_2("Chase"), 0.1 f_2("Jerry")) \tag{8.9}$$

$$C_3 = C_{杰瑞} = g(0.3 f_2("Tom"), 0.2 f_2("Chase"), 0.5 f_2("Jerry")) \tag{8.10}$$

其中，f_2 函数代表编码器对输入英文单词的某种变换函数，比如如果编码器是用 RNN 模型，

这个 f_2 函数的结果往往是某个时刻输入 x_i 后隐含层节点的状态值；g 代表编码器根据单词的中间表示合成整个句子中间语义表示的变换函数。一般，g 函数就是对构成元素加权求和，也就是常常在论文里看到的下列公式：

$$C_i = \sum_{j=1}^{T_x} \alpha_{ij} h_j \tag{8.11}$$

假设 C_i 中的 i 就是上面的"汤姆"，那么 T_x 就是 3，代表输入句子的长度，$h_1 = f_2("Tom")$，$h_2 = f_2("Chase")$，$h_3 = f_2("Jerry")$，对应的注意力模型权值分别是 0.6，0.2，0.2，所以 g 函数就是 1 个加权求和函数。更形象一点，翻译中文单词"汤姆"时，数学公式对应的中间语义表示 C_i 的生成过程可用图 8-6 表示。

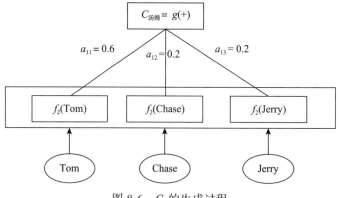

图 8-6 C_i 的生成过程

这里还有一个问题：如果需要生成目标句子中的某个单词，比如"汤姆"，怎样知道注意力模型所需要的输入句子中单词的注意力分配概率分布值呢？下一节将详细介绍。

8.2.2   计算注意力分配概率分布值

如何计算注意力分配概率分布值？为便于说明，假设对前文图 7-22 的未引入注意力机制的编码器 – 解码器架构进行细化，编码器采用 RNN 模型，解码器也采用 RNN 模型，这是比较常见的一种模型配置，如图 8-7 所示。

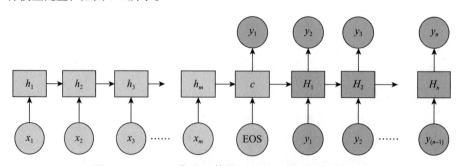

图 8-7   以 RNN 作为具体模型的编码器 – 解码器架构

图 8-8 可以较为便捷地说明注意力分配概率分布值的通用计算过程。

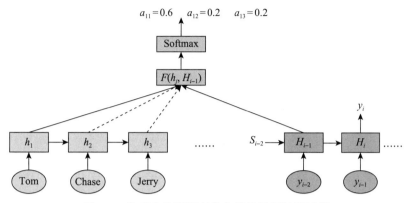

图 8-8 注意力分配概率分布值的通用计算过程

我们的目的是计算生成 y_i 时，输入句子中的单词"Tom""Chase""Jerry"对 y_i 的注意力分配概率分布。这些概率可以用目标输出句子 $i-1$ 时刻的隐含层节点状态 H_{i-1} 去一一与输入句子中每个单词对应的 RNN 隐含层节点状态 h_j 进行对比，即通过对齐函数 $F(h_j, H_{i-1})$ 来获得目标单词与每个输入单词的对齐可能性。

函数 $F(h_j, H_{i-1})$ 在不同论文里可能会采取不同的方法，该函数的输出经过 softmax 激活函数进行归一化后就得到一个 0-1 的注意力分配概率分布值。

绝大多数注意力模型都是采取上述计算框架来计算注意力分配概率分布值，区别只是函数 F 在定义上可能有所不同。y_t 值的生成过程如图 8-9 所示。

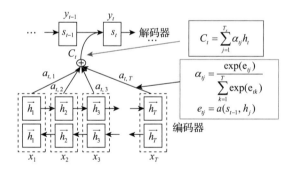

图 8-9 由输入语句 $(x_1, x_2, x_3, \cdots, x_T)$ 生成第 t 个输出 y_t

其中：

$$p(y_t \mid \{y_1, \cdots, y_{t-1}\}, x) = g(y_{t-1}, s_t, C_t) \tag{8.12}$$

$$s_t = f(s_{t-1}, y_{t-1}, C_t) \tag{8.13}$$

$$y_t = g(y_{t-1}, s_t, C_t) \tag{8.14}$$

$$C_t = \sum_{j=1}^{T_x} \alpha_{tj} h_j \tag{8.15}$$

$$\alpha_{tj} = \frac{\exp(e_{tj})}{\sum_{k=1}^{T} \exp(e_{tk})} \tag{8.16}$$

$$e_{tj} = a(s_{t-1}, h_j) \tag{8.17}$$

上述内容就是软注意力模型的基本思想，那么怎样理解注意力模型的物理含义呢？一般文献里会把注意力模型看作单词对齐模型，这是非常有道理的。前面提到，目标句子生成的每个单词对应输入句子单词的概率分布可以理解为输入句子单词与这个目标生成单词的对齐概率，这在机器翻译语境下是非常直观的。

当然，从概念上理解的话，把注意力模型理解成影响力模型也是合理的。也就是说，生成目标单词的时候，注意力模型表示输入句子的每个单词对于生成这个单词的影响程度。这也是理解注意力模型物理意义的一种方式。

注意力机制除了软注意力之外，还有硬注意力、全局注意力、局部注意力、自注意力等，它们对原有的注意力架构进行了改进，其中自注意力在 8.3.3 节介绍。

到目前为止，在我们介绍的编码器–解码器架构中，构成编码器或解码器的一般是循环神经网络（如 RNN、LSTM、GRU 等），这种架构在遇上大语料库时，运行速度将非常缓慢，这主要是由于循环神经网络无法并行处理。那么，卷积神经网络的并行处理能力较强，是否可以使用卷积神经网络构建编码器—解码器架构呢？卷积神经网络也有一些天然不足，如无法处理长度不一的语句、对时间序列不敏感等。为解决这些问题，人们研究出一种新的注意力架构——Transformer。

8.3   Transformer

Transformer 是 Google 在 2017 年的论文 *Attention is all you need* 中提出的一种新架构，它基于自注意力机制的深层模型，在包括机器翻译在内的多项 NLP 任务上效果显著，超过 RNN 且训练速度更快。不到一年时间，Transformer 已经取代 RNN 成为当前神经网络机器翻译领域中成绩最好的模型，包括谷歌、微软、百度、阿里、腾讯等公司的线上机器翻译模型都替换为 Transformer 模型。它不但在自然语言处理方面刷新多项记录，在搜索排序、推荐系统，甚至图形处理领域都非常活跃。Transformer 为何能获得如此成功？用了哪些神奇的技术或方法？背后的逻辑是什么？接下来我们详细说明。

8.3.1   Transformer 的顶层设计

我们先从 Transformer 的功能说起，然后介绍其总体架构，再对各个组件进行分解，详细说明 Transformer 的功能及如何高效实现这些功能。

如果我们把 Transformer 应用于语言翻译，比如把一句法语翻译成一句英语，实现过程如图 8-10 所示。

图 8-10   Transformer 应用语言翻译

图 8-10 中的 Transformer 就像一个黑盒子，它接收一条语句，然后将其转换为另外一条语句。此外，Transformer 还可用于阅读理解、问答、词语分类等 NLP 问题。

这个黑盒子是如何工作的呢？它由哪些组件构成？这些组件又是如何工作呢？

我们进一步打开这个黑盒子。其实 Transformer 就是一个由编码器组件和解码器组件构成的模型，这与我们通常看到的语言翻译模型类似，如图 8-11 所示。以前我们通常使用循环神经网络或卷积神经网络作为编码器和解码器的网络结构，不过 Transformer 中的编码器组件和解码器组件既不用卷积网络，也不用循环神经网络。

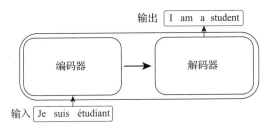

图 8-11　Transformer 由编码器组件和解码器组件构成

图 8-11 中的编码器组件又由 6 个相同结构的编码器串联而成，解码器组件也是由 6 个结构相同的解码器串联而成，如图 8-12 所示。

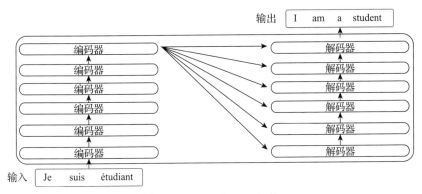

图 8-12　Transformer 架构

最后一层编码器的输出将传入解码器的每一层，我们进一步打开编码器及解码器，每个编码器由一层自注意力和一层前馈网络构成，而解码器除自注意力层、前馈网络层外，中间还有一个用来接收最后一个编码器的输出值。如图 8-13 所示。

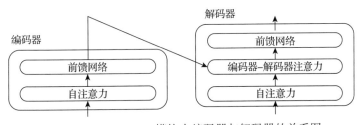

图 8-13　Transformer 模块中编码器与解码器的关系图

到这里为止，我们就对 Transformer 的大致结构进行了一个直观说明，接下来将从一些主要问题入手对各层细节进行说明。

8.3.2 编码器与解码器的输入

前面我们介绍了 Transformer 的大致结构，在构成其编码器或解码器的网络结构中，并没有使用循环神经网络和卷积神经网络。但是像语言翻译类问题，语句中各单词的次序或位置是一个非常重要的因素，单词的位置与单词的语言有直接关系。如果使用循环网络，一个句子中各单词的次序或位置问题能自然解决，那么在 Transformer 中是如何解决语句各单词的次序或位置关系的呢？

Transformer 使用位置编码（Position Encoding）方法来记录各单词在语句中的位置或次序，位置编码的值遵循一定模型（如由三角函数生成），每个源单词（或目标单词）的词嵌入与对应的位置编码相加（位置编码向量与词嵌入的维度相同），如图 8-14 所示。

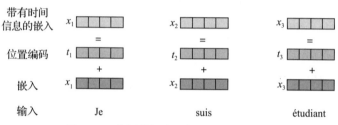

图 8-14   在源数据中添加位置编码向量

对解码器的输入（即目标数据）也需要做同样处理，即在目标数据基础上加上位置编码成为带有时间信息的嵌入。当对语料库进行批量处理时，可能会遇到长度不一致的语句，对于短的语句，可以用填充（如用 0 填充）的方法补齐，对于太长的语句，可以采用截尾的方法（如给这些位置赋予一个很大的负数，使之在进行 softmax 运算时为 0）。

8.3.3 自注意力

首先我们来看一下通过 Transformer 作用的效果图，假设对于输入语句"The animal didn't cross the street because it was too tired"，如何判断 it 是指 animal 还是指 street？这个问题对人来说很简单，但对算法来说就不那么简单了。不过 Transformer 中的自注意力就能够让机器把 it 和 animal 联系起来，联系的效果如图 8-15 所示。

编码器组件中的顶层（即 #5 层，#0 表示第 1 层）it 单词对 the animal 的关注度明显大于其他单词的关注度。这些关注度是如何获取的呢？接下来进行详细介绍。

8.1 节介绍的一般注意力机制计算注意力的方法与 Transformer 采用自注意力机制的计算方法基本相

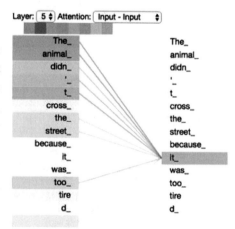

图 8-15   使用自注意力将 it 和 animal 联系起来

同，只是查询的来源不同。一般注意力机制中的查询来源于目标语句（而非源语句），自注意力机制的查询来源于源语句本身，而非目标语句（如翻译后的语句），这或许就是自注意力名称的来由吧。

编码器模块中自注意力的主要计算步骤如下（解码器模块中的自注意力计算步骤与此类似）：

1）把输入单词转换为带时间（或时序）信息的嵌入向量；

2）根据嵌入向量生成 q、k、v 三个向量，这三个向量分别表示查询、键、值；

3）根据 q，计算每个单词进行点积得到对应的得分 score $= q \cdot k$；

4）对 score 进行规范化、softmax 处理，假设结果为 a；

5）a 点积对应的 v，然后累加得到当前语句各单词之间的自注意力 $z = \sum av$。

这部分是 Transformer 的核心内容，为便于理解，对以上步骤进行可视化。假设当前待翻译的语句为：Thinking Machines。对单词 Thinking 进行预处理（即词嵌入 + 位置编码得到嵌入向量 Embedding）后用 x_1 表示，对单词 Machines 进行预处理后用 x_2 表示。计算单词 Thinking 与当前语句中各单词的注意力或得分，如图 8-16 所示。

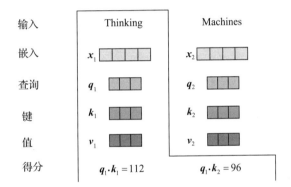

图 8-16　计算 Thinking 与当前语句各单词的得分（score）

假设各嵌入向量的维度为 d_{model}（这个值一般较大，如 512），q、k、v 的维度比较小，一般使 q、k、v 的维度满足：

$$d_q = d_k = d_v = \frac{d_{model}}{h}$$

其中 h 表示 h 个 head，后面将介绍 head 的含义，论文中 $h = 8$，$d_{model} = 512$，故 $d_k = 64$，而 $\sqrt{d_k} = 8$。

在实际计算过程中，我们得到的 score 可能比较大，为保证计算梯度时不因 score 太大而影响其稳定性，需要进行归一化操作，这里除以 $\sqrt{d_k}$，如图 8-17 所示。

对归一化处理后的 a 与 v 相乘再累加，就得到 z，如图 8-18 所示。

这样就得到单词 Thinking 对当前语句各单词的注意力或关注度 z_1，同样的方法，可以计算单词 Machines 对当前语句各单词的注意力 z_2。

上面这些都是基于向量进行运算，而且没有像循环神经网络中的左右依赖关系，如果把向量堆砌成矩阵，那就可以使用并发处理或 GPU 的功能，图 8-19 为计算自注意力转换为矩阵的过程。把嵌入向量堆叠成矩阵 X，然后分别与矩阵 W^Q、W^K、W^V（这些矩阵为可学习的矩阵，与神经网络中的权重矩阵类似）得到 Q、K、V。

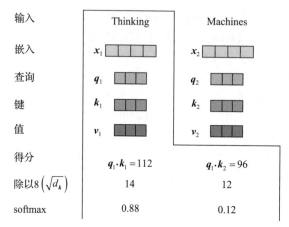

图 8-17　对 score 进行归一化处理

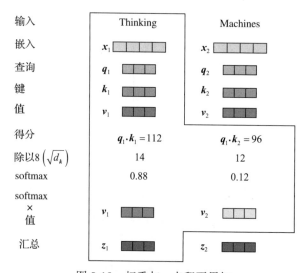

图 8-18　权重与 v 点积再累加

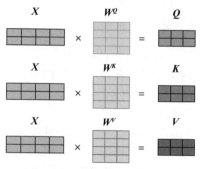

图 8-19　堆砌嵌入向量，得到矩阵 Q、K、V

在此基础上，上面计算注意力的过程就可以简写为图 8-20 所示的格式。

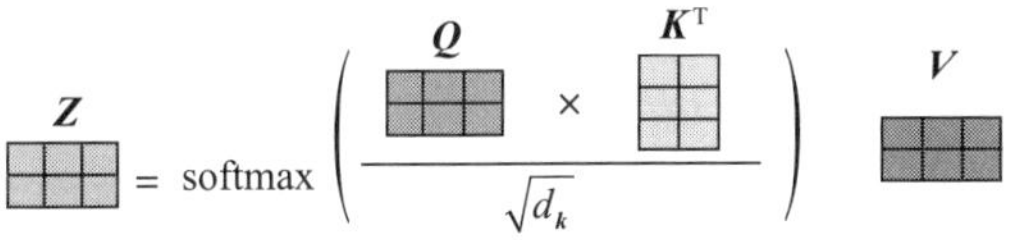

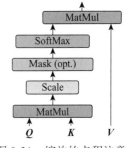

$$(8.18)$$

图 8-20 计算注意力 Z 的矩阵格式

整个计算过程也可以用图 8-21 表示，这个过程又称为缩放的点积注意力（Scaled Dot-Product Attention）过程。

图 8-21 中的 MatMul 就是点积运算，Mask 表示掩码，用于对某些值进行掩盖，使其在参数更新时不产生效果。Transformer 模型里面涉及两种 Mask，分别是 Padding Mask 和 Sequence Mask。Padding Mask 在所有缩放的点积注意力中都需要用到，用于处理长短不一的语句，而 Sequence Mask 只有在解码器的自注意力中用到，以防止解码器预测目标值时，看到未来的值。在具体实现时，通过乘以一个上三角形矩阵实现，上三角的值全为 0，把这个矩阵作用在每一个序列上。

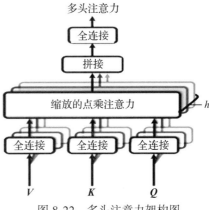

图 8-21 缩放的点积注意力

8.3.4 多头注意力

在图 8-15 中有 8 种不同颜色，这 8 种不同颜色分别表示什么含义呢？每种颜色有点像卷积神经网络中的一种通道（或一个卷积核），在卷积神经网络中，一种通道往往表示一种风格。受此启发，AI 科研人员在计算自注意力时也采用类似方法，这就是下面要介绍的多头注意力（Multi-Head Attention），其架构图为 8-22 所示。

利用多头注意力机制可以从以下 3 个方面提升注意力层的性能。

图 8-22 多头注意力架构图

1）它扩展了模型专注于不同位置的能力。

2）将缩放的点积注意力过程做 h 次，再把输出合并起来。

3）它为关注层（attention layer）提供了多个"表示子空间"。在多头注意力机制中，有多组查询、键、值权重矩阵（Transformer 使用 8 个关注头，因此每个编码器 / 解码器最终得到 8 组），这些矩阵都是随机初始化的。然后，在训练之后，将每个集合用于输入的嵌入（或来自较低编码器 / 解码器的向量）投影到不同的表示子空间中。这个原理犹如使用不同卷积核把源图像投影到不同风格的子空间一样。

多头注意力机制的运算过程如下：

1）随机初始化 8 组矩阵：W_i^Q、W_i^K、$W_i^V \in \mathbf{R}^{512 \times 64}$，$i \in \{0, 1, 2, 3, 4, 5, 6, 7\}$；

2）使用 $\mathbf{X}$ 与这 8 组矩阵相乘，得到八组 Q_i、K_i、$V_i \in \mathbf{R}^{512}$，$i \in \{0, 1, 2, 3, 4, 5, 6, 7\}$；

3）由此得到 8 个 Z_i，$i \in \{0, 1, 2, 3, 4, 5, 6, 7\}$，然后把这 8 个 Z_i 组合成一个大的 $Z_{0\sim7}$；

4）Z 与初始化的矩阵 $W^0 \in \mathbf{R}^{512 \times 512}$ 相乘，得到最终输出值 Z。

这些步骤可用图 8-23 来直观表示。

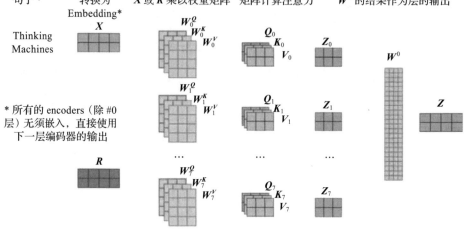

1）这是输入 2）把每个单词 3）分成 8 个头，用 4）使用 Q、K、N 5）拼接得到 Z 矩阵，乘以
句子 * 转换为 X 或 R 乘以权重矩阵 矩阵计算注意力 W^0 的结果作为层的输出
Embedding*

图 8-23   多头注意力生成过程

由图 8-13 可知，解码器比编码器中多了个编码器 - 解码器注意力机制。在编码器 - 解码器
注意力中，Q 来自解码器的上一个输出，K 和 V 则来自编码器最后一层的输出，其计算过程自
注意力的计算过程相同。

由于在机器翻译中，解码过程是一个顺序操作的过程，也就是当解码第 k 个特征向量时，
我们只能看到第 k-1 个特征向量及其之前的解码结果，因此论文中把这种情况下的多头注意
力叫作带掩码的多头注意力（Masked Multi-Head Attention），即同时使用了 Padding Mask 和
Sequence Mask 两种方法。

8.3.5   自注意力与循环神经网络、卷积神经网络的异同

从以上分析可以看出，自注意力机制没有前后依赖关系，可以基于矩阵进行高并发处理，
另外每个单词的输出与前一层各单词的距离都为 1，如图 8-24 所示，说明不存在梯度消失问题，
因此，Transformer 就有了高并发和长记忆的强大功能！

这是自注意力的处理序列的主要逻辑：没有前后依赖，每个单词都通过自注意力直接连接
到任何其他单词。因此，可以并行计算，且最大路径长度是 O(1)。

循环神经网络处理序列的逻辑如图 8-25 所示。

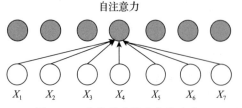

图 8-24   自注意力输入与输出之
间反向传播距离示意图

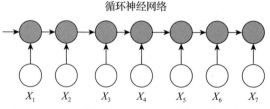

图 8-25   循环神经网络处理序列的逻辑示意图

由图 8-25 可知，更新循环神经网络的隐状态时，需要依赖前面的单词，如处理单词 X_3 时，需要先处理单词 X_1、X_2，因此，循环神经网络的操作是顺序操作且无法并行化，其最大依赖路径长度是 $O(n)$（n 表示时间步长）。

卷积神经网络也可以处理序列问题，其处理逻辑如图 8-26 所示。

图 8-26 是卷积核大小 K 为 3 的两层卷积神经网络，有 $O(1)$ 个顺序操作，最大路径长度为 $O(n/k)$，n 表示序列长度，单词 X_2 和 X_6 处于卷积神经网络的感受野内。

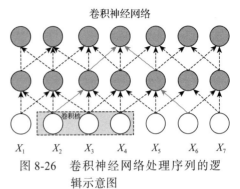

图 8-26　卷积神经网络处理序列的逻辑示意图

8.3.6　加深 Transformer 网络层的几种方法

从图 8-12 可知，Transformer 的编码器组件和解码器组件分别有 6 层，有些应用中可能有更多层。随着层数的增加，网络的容量更大，表达能力也更强，但网络的收敛速度会更慢、更易出现梯度消失等问题，那么 Transformer 是如何克服这些不足的呢？它采用了两种常用方法，一种是残差连接（residual connection），另一种是归一化方法（normalization）。具体实现方法就是在每个编码器或解码器的两个子层（即自注意力层和前馈神经网络（FFNN））增加由残差连接和归一化组成的层，如图 8-27 所示。

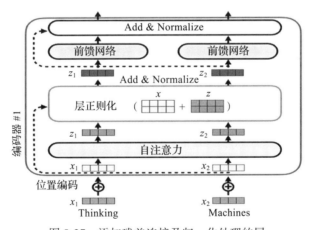

图 8-27　添加残差连接及归一化处理的层

对每个编码器都做同样处理，对每个解码器也做同样处理，如图 8-28 所示。

图 8-29 是编码器与解码器如何协调完成一个机器翻译任务的完整过程。

8.3.7　如何进行自监督学习

编码器最后的输出值通过一个全连接层及 softmax 函数作用后就得到预测值的对数概率（这里假设采用贪婪解码的方法，即使用 argmax 函数获取概率最大值对应的索引），如图 8-30 所示。预测值的对数概率与实际值对应的独热编码的差就构成模型的损失函数。

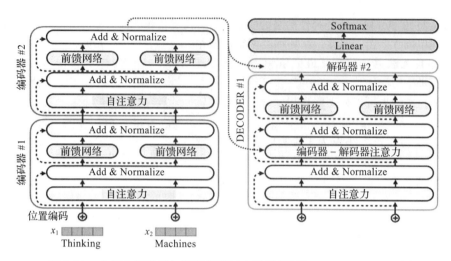

图 8-28   在每个编码器与解码器的两个子层都添加 Add&Normalize 层

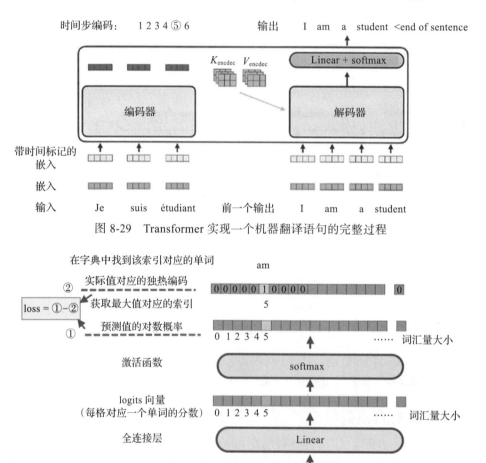

图 8-29   Transformer 实现一个机器翻译语句的完整过程

图 8-30   Transformer 的最后全连接层及 softmax 函数

综上所述，Transformer 模型由编码器组件和解码器组件构成，而每个编码器组件又由 6 个 EncoderLayer 组成，每个 EncoderLayer 包含一个自注意力 SubLayer 层和一个全连接 SubLayer 层。而解码器组件也是由 6 个 DecoderLayer 组成，每个 DecoderLayer 包含一个自注意力 SubLayer 层、注意力 SubLayer 层和全连接 SubLayer 层。完整架构如图 8-31 所示。

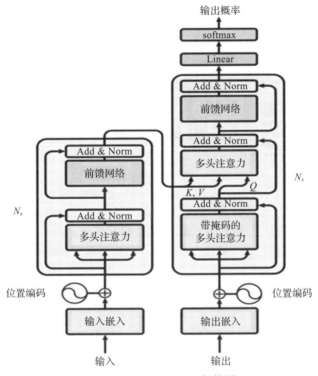

图 8-31　Transformer 架构图

8.3.8　Vision Transformer

Transformer 目前在自然语言处理领域取得了很好的效果，在很多场景的性能、训练速度等已远超传统的循环神经网络。为此，人们自然就想到把它应用到视觉处理领域。凭借 Transformer 的长注意力和并发处理能力，研究人员通过 Vision Transformer（简称 ViT）、Swin Transformer（简称 Swin-T）等架构在图像分类、目标检测、语义分割等方面取得了目前最好的成绩，前景不可限量。Transformer 有望跨越视觉处理、自然语言处理之间的鸿沟，建立一个更通用的架构。

Transformer 应用到视觉领域，首先把图像分成多个小块，对这些块排序（与 NLP 中排列一个个标识符类似），构成块序列，至于这些块原本在图像中的位置信息，通过添加绝对位置或相对位置信息等方法来处理。图 8-32 是 ViT 的架构图。

在图 8-32 中，把输入图像划分成 9 个小块并展平成一维向量后通过线性映射成固定长度嵌入，然后与各小块的位置嵌入张量融合在一起，构成 Transformer 编辑器的输入，这些输入相当于 NLP 中的一个个单词标记。

图 8-32 中的 0，1，2，3，…，9 表示位置嵌入，星号 (*) 表示分类标记的嵌入。

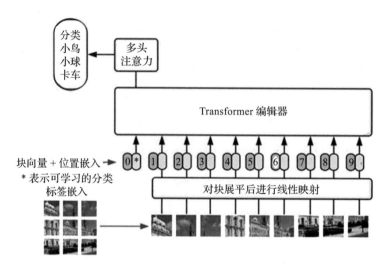

图 8-32 ViT 的架构图

ViT 把整张图像作为自注意力的输入，如果图像像素较大或图像为多尺寸，则其计算复杂度较高。另外，ViT 一般只适合分类任务，不适合目标检测、语义分割等任务。是否可以把 Transformer 改造成更通用的架构，就像卷积神经网络处理视觉任务一样？接下来介绍的 Swin Transformer 就是一个这样的通用架构。

ViT 模型的具体应用请看第 14 章。

8.3.9　Swin Transformer

Swin Transformer（简称 Swin-T）被评为 2021 ICCV 最佳论文，它对 ViT 进行了一些改进，更适合处理不同尺寸的图像，并同时可以处理目标检测、语义分割等任务。它是如何实现的呢？主要从以下两方面进行改进。

1. 使用层次化的网络结构

通过下采样的层级设计，能够逐渐增大感受野，从而使得注意力机制也能够注意到全局的特征，如图 8-33 所示。

Swin-T 的层级结构如何实现呢？其整体架构如图 8-34 所示。

Swin-T 的整个模型采取层次化的设计，一共包含 4 个阶段（Stage），每个阶段都会缩小输入特征图的分辨率，像卷积神经网络一样逐层扩大感受野。

- ❏ 对输入图像实现分块，具体通过图中化块及展平模块来实现，这相当 ViT 中的块嵌入模块（不过这里没有位置嵌入，Swin-T 的位置嵌入在计算自注意力时采用相对位置编码），将图像切成一个个图块，展平再嵌入固定维度。
- ❏ 随后在第一个阶段中，通过线性嵌入（Linear Embedding）（主要通过一个卷积神经网络实现，将 stride、kernel-size 设置为 patch_size 大小）调整通道数为 C。
- ❏ 在每个阶段里（除第一个阶段），均由块合并和多个 Swin-T 块组成。其中块合并的作用是在每个阶段开始前做下采样，用于缩小分辨率，调整通道数进而形成层次化的设计，同时也能节省一定运算量。每次下采样是缩小两倍，因此在行方向和列方向上，按间隔 2 选取元素。然后拼接在一起作为一个张量，最后展开。此时通道维度会变成原先的 4 倍（因为 H、W 各缩小 2 倍），最后再通过一个全连接层调整通道维度为原来的两倍。

❑ 块的具体结构如图 8-35 所示，主要是 LayerNorm、MLP、W-MSA（Window Multi-head Self-Attention，窗口多头自注意力）和 SW-MSA（Shifted Window Multi-head Self-Attention，移动窗口多头自注意力）组成。

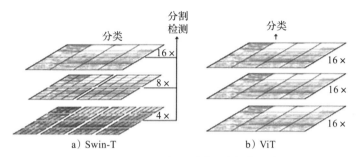

图 8-33 Swin-T 采用不同尺寸的分层方法

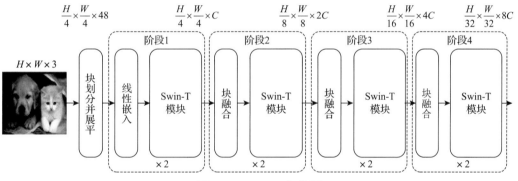

图 8-34 Swin-T 架构图

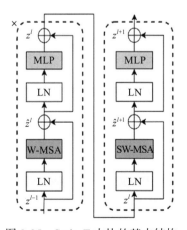

图 8-35 Swin-T 中块的基本结构

从图 8-35 可知，每个块都是由着两个子块构成，所以子块的个数都是偶数。

2. 使用窗口多头自注意力机制（W-MSA）和移动窗口多头自注意力机制（SW-MSA）

Swin-T 块由局部多头自注意 (MSA) 模块组成，在连续块中基于交替移位的块窗口。在局部自注意力中，计算复杂度与图像大小成线性关系，而移动窗口可以实现跨窗口连接。作者还展示了移动的窗口如何在开销很小的情况下提高检测精度，增加窗口循环移动（window cyclic shift）功能，如图 8-36 所示。

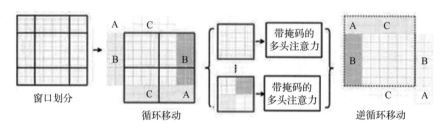

图 8-36　Swin-T 使用循环移动窗口示意图

从图 3-35 可以看出 Swin-T 的最大创新点就是 W-MSA 和 SW-MSA。其他则是大家熟悉的一些处理模块。W-MSA 就是在一个窗口内实现多头注意力，为了更好地与其他窗口进行信息交互，Swin-T 引入了移动窗口操作。具体操作如图 8-37 所示。

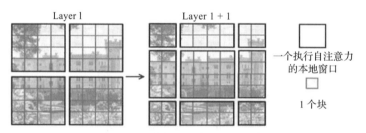

图 8-37　移动窗口操作示意图

图 8-37 的左边是没有重叠的窗口，右边则是将窗口进行移位的移动窗口注意力。可以看到移位后的窗口包含了原本相邻窗口的元素。但这也引入了一个新问题，即窗口的个数增加了，由原本的 4 个窗口变成 9 个窗口。

这里是通过对特征图移位，并给自注意力通过设置掩码来间接实现，如此就可在保持原有的窗口个数下，实现跨窗口的信息交互。具体步骤如下。

（1）特征图移位操作

对特征图移位是通过 torch.roll 来实现的，如图 8-38 所示。

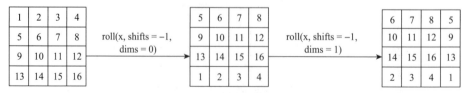

图 8-38　特征图移位操作示意图

（2）Masked MSA

通过设置合理的掩码机制，让 SW-MSA 与 W-MSA 在相同的窗口个数下，达到等价的计算结果。首先我们对移动窗口后的每个窗口都加上索引，并且执行一个 roll 操作（window_size=2,shift_size = -1），如图 8-39 所示。

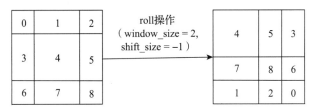

图 8-39　移动窗口示意图

在计算 SW-MSA 的时候，让具有相同索引的 QK^T 进行计算，而忽略不同索引的 QK^T 计算结果（把不同索引的 QK^T 区域置为一个负数，如 -100，这样通过 sofmax 计算后相关领域的值将为 0），运算结果如图 8-40 所示。

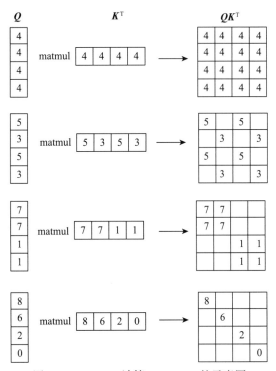

图 8-40　Swin-T 计算 SW-MSA 的示意图

这些创新不但提升了 Swin-T 的精度、速度，还拓展了应用领域（如目标检测、语义分割等）。

使用 Transformer 架构处理 CV 任务时，需要处理标记的时序问题，ViT 采用输入 + 绝对路径嵌入的方法，而 Swin-T 在输入中添加绝对路径嵌入作为一个选择项，且在计算注意力的 Q、

K 时，加上一个相对位置偏置（B）的处理，具体计算公式如下：

$$\text{Attention}(\boldsymbol{Q}, \boldsymbol{K}, \boldsymbol{V}) = \text{Softmax}\left(\frac{\boldsymbol{Q}\boldsymbol{K}^{\text{T}}}{\sqrt{d}} + B\right)\boldsymbol{V} \qquad (8.19)$$

实验证明加入相对位置编码可提升模型性能。

如何获取输入图像的相对位置偏置呢？生成输入图像的相对位置偏置的基本思路是：先生成一个相对位置偏置的表，然后基于特征图的相对位置索引获取相对位置偏置表中对应的值。具体步骤如下。

（1）生成特征图的相对位置编码

假设输入的特征图的高宽都为 2，由此可以构建出每个像素的绝对位置（如图 8-41 中左下角的 2×2 矩阵），每个像素的绝对位置分别用行号和列号表示。假设第 1 个像素对应的是第 0 行第 0 列，所以绝对位置索引是 (0, 0)。接下来再看看相对位置索引，首先看第 1 个像素，它使用 $\boldsymbol{Q}$ 与所有像素 $\boldsymbol{K}$ 进行匹配，这里第 1 个像素为参考点。然后用位于 (0, 0) 的绝对位置索引与其他位置索引相减，得到其他位置相对 (0, 0) 位置的相对位置索引。例如第 2 个像素的绝对位置索引是 (0, 1)，则它相对第 1 个像素的相对位置索引为 (0, 0)-(0, 1)= (0, -1)。同理，可以得到其他位置相对第 1 个像素的相对位置索引矩阵。同样，也能得到相对第 2、3、4 个像素的相对位置索引矩阵。将每个相对位置索引矩阵按行展平，并拼接在一起得到下面的 4×4 矩阵，如图 8-41 所示。

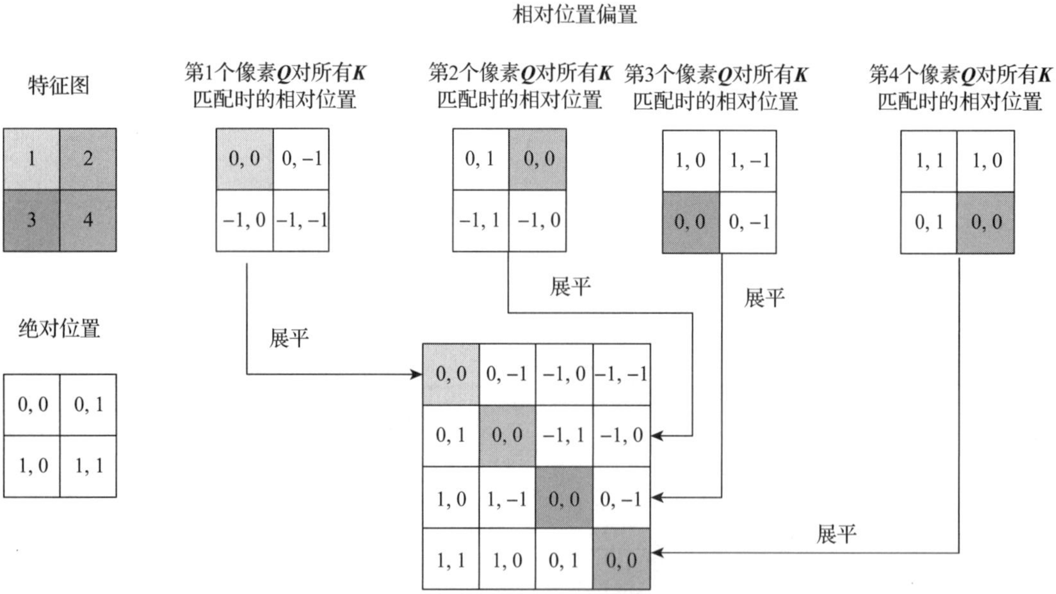

相对位置偏置

图 8-41　根据特征图生成相对位置偏置索引

这里描述的是相对位置索引，而不是相对位置偏置参数。相对位置偏置需要根据相对位置索引获取。由图 8-42 可知，第 2 个像素在第 1 个像素的右边，所以相对 (0, 0) 位置的相对位置索引为 (0, -1)。第 4 个像素（即处于 (1, 1) 位置的像素）在第 3 个像素的右边，所以相对第 3 个像素的相对位置索引为 (0, -1)。可以发现这两者的相对位置索引都是 (0, -1)，所以它们使用的相对位置偏执参数都是一样的，这也说明相对位置应好于绝对位置。

（2）把二维索引转换成一维索引

我们知道，输入图像需要进行展平，所以对应的相对位置索引也需要转换为一维索引。如何把二维索引转换成一维索引呢？具体实现步骤如图 8-42 所示。

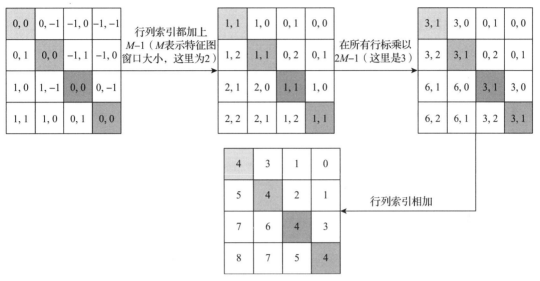

图 8-42 把二维索引转换成一维索引

（3）根据索引获取相对位置偏置

根据相对位置索引从相对位置偏置表获取偏置值，即式（8.19）中 B 的值，如图 8-43 所示，相对位置偏置表的大小等于（$2M-1$）×（$2M-1$）。

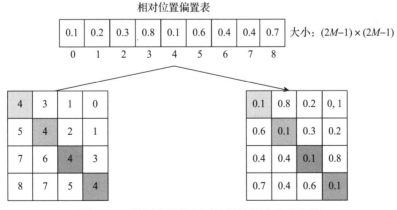

图 8-43 根据索引从相对位置偏置表中获取值

8.4 使用 PyTorch 实现 Transformer

Transformer 的原理在前面的图解部分已经分析得很详细了，这节重点介绍如何使用 PyTorch

来实现。本节将用 PyTorch 1.0+ 版本完整实现 Transformer 架构，并用简单实例进行验证。代码参考了哈佛大学 OpenNMT 团队针对 Transformer 实现的代码，该代码是用 PyTorch 0.3.0 实现的，地址为 http://nlp.seas.harvard.edu/2018/04/03/attention.html。

8.4.1 Transformer 背景介绍

Transformer 使用编码器 – 解码器模型的架构，只不过它的编码器是由 $N(6)$ 个 EncoderLayer 组成，每个 EncoderLayer 包含一个自注意力 SubLayer 层和一个全连接 SubLayer 层。而它的解码器也是由 $N(6)$ 个 DecoderLayer 组成，每个 DecoderLayer 包含一个自注意力 SubLayer 层、注意力 SubLayer 层和全连接 SubLayer 层。

编码器把输入序列 $(x_1, \cdots, x_n)$ 映射 (或编码) 成一个连续的序列 $z = (z_1, \cdots, z_n)$。而解码器根据 z 来解码得到输出序列 $y_1, \cdots, y_m$。解码器是自回归的（auto-regressive）——它会把前一个时刻的输出作为当前时刻的输入。构建编码器 – 解码器模型的代码如下。

8.4.2 构建 EncoderDecoder

1）导入需要的库。

```
import numpy as np
import torch
import torch.nn as nn
import torch.nn.functional as F
import math, copy, time

import matplotlib.pyplot as plt
import seaborn
seaborn.set_context(context="talk")

%matplotlib inline
```

2）构建 EncoderDecoder。

```
class EncoderDecoder(nn.Module):
    """
    这是一个标准的编码器 – 解码器架构
    """
    def __init__(self, encoder, decoder, src_embed, tgt_embed, generator):
        super(EncoderDecoder, self).__init__()
        # 编码器和解码器都是在构造时传入的，这样会非常灵活
        self.encoder = encoder
        self.decoder = decoder
        # 输入和输出嵌入
        self.src_embed = src_embed
        self.tgt_embed = tgt_embed
        #Decoder 部分最后的 Linear+softmax
        self.generator = generator

    def forward(self, src, tgt, src_mask, tgt_mask):
        # 接收并处理屏蔽 src 和目标序列
        # 首先调用 encode 方法对输入进行编码，然后调用 decode 方法进行解码
        return self.decode(self.encode(src, src_mask), src_mask,tgt, tgt_mask)
```

```
def encode(self, src, src_mask):
    #传入参数包括 src 的嵌入和 src_mask
    return self.encoder(self.src_embed(src), src_mask)

def decode(self, memory, src_mask, tgt, tgt_mask):
    #传入的参数包括目标的嵌入、编码器的输出 memory, 及两种掩码
    return self.decoder(self.tgt_embed(tgt), memory, src_mask, tgt_mask)
```

从以上代码可以看出,编码器和解码器都使用了掩码(Mask),即对某些值进行掩盖,使其在参数更新时不产生效果。Transformer 模型里面涉及两种 Mask,分别是 Padding Mask 和 Sequence Mask。

- ❏ Padding Mask。什么是 Padding Mask 呢?因为每个批次输入序列长度是不一样的,也就是说,我们要对输入序列进行对齐。具体来说,如果输入的序列较短,则在后面填充 0;如果输入的序列太长,则截取左边的内容,把多余的部分直接舍弃。因为这些填充的位置其实是没什么意义的,所以注意力机制不应该把注意力放在这些位置上,需要进行一些处理。具体做法是,把这些位置的值加上一个非常大的负数(负无穷),这样经过 softmax,这些位置的概率就会接近 0!而 Padding Mask 实际上是一个张量,每个值都是一个布尔值,值为 false 的地方就是我们要处理的地方。

- ❏ Sequence Mask。前文也提到,Sequence Mask 是为了使得解码器不能看见未来的信息。也就是说,对于一个序列,在 time_step 为 t 的时刻,解码输出应该只能依赖于 t 时刻之前的输出,而不能依赖 t 之后的输出,因此我们需要想一个办法,把 t 之后的信息给隐藏起来。具体怎么做呢?也很简单:生成一个上三角矩阵,上三角的值全为 0,然后把这个矩阵作用在每一个序列上。对于解码器的自注意力,里面使用到的缩放的点积注意力同时需要 Padding Mask 和 Sequence Mask 作为 attn_mask,具体实现就是两个 Mask 相加作为 attn_mask。在其他情况,attn_mask 一律等于 Padding Mask。

3)创建 Generator 类。通过一个全连接层,再经过 log_softmax 函数的作用,使解码器的输出成为概率值。

```
class Generator(nn.Module):
    """ 定义标准的一个全连接 + softmax
    根据解码器的隐状态输出一个词
    d_model 是解码器输出的大小, vocab 是词典大小 """
    def __init__(self, d_model, vocab):
        super(Generator, self).__init__()
        self.proj = nn.Linear(d_model, vocab)
    # 全连接再加上一个 softmax
    def forward(self, x):
        return F.log_softmax(self.proj(x), dim=-1)
```

8.4.3 构建编码器

前文提到,编码器是由 N 个相同结构的 EncoderLayer 堆积而成的,而每个 EncoderLayer 层又有两个子层。第一个是多头自我注意力层,第二个比较简单,是按位置全连接的前馈网络。其间还有 LayerNorm 及残差连接等。

1. 定义复制模块的函数

定义 clones 函数，用于克隆相同的 EncoderLayer。

```
def clones(module, N):
    " 克隆 N 个完全相同的 SubLayer, 使用了 copy.deepcopy"
    return nn.ModuleList([copy.deepcopy(module) for _ in range(N)])
```

这里使用了 nn.ModuleList，ModuleList 就像一个普通的 Python 的 List，我们可以使用下标来访问它，它的好处是传入的 ModuleList 的所有 Module 都会注册到 PyTorch 中，这样优化器就能找到其中的参数，从而能够用梯度下降更新这些参数。但是 nn.ModuleList 并不是 Module（的子类），因此它没有 forward 等方法，我们通常把它放到某个 Module 里。接下来定义 Encoder。

2. 定义 Encoder

定义 Encoder 的代码如下：

```
class Encoder(nn.Module):
    "Encoder 是由 N 个 EncoderLayer 堆积而成 "
    def __init__(self, layer, N):
        super(Encoder, self).__init__()
        #layer 是一个 SubLayer, 我们需要克隆 N 个 SubLayer
        self.layers = clones(layer, N)
        # 再加一个 LayerNorm 层
        self.norm = LayerNorm(layer.size)

    def forward(self, x, mask):
        " 对输入 (x, mask) 进行逐层处理 "
        for layer in self.layers:
            x = layer(x, mask)
        return self.norm(x)  #N 个 EncoderLayer 处理完成之后还需要一个 LayerNorm
```

编码器就是 N 个 SubLayer 的栈，最后加上一个 LayerNorm。

3. 定义 LayerNorm

定义 LayerNorm 的代码如下：

```
class layernorm(nn.Module):
    " 构建一个 LayerNorm 模型 "
    def __init__(self, features, eps=1e-6):
        super(LayerNorm, self).__init__()
        self.a_2 = nn.Parameter(torch.ones(features))
        self.b_2 = nn.Parameter(torch.zeros(features))
        self.eps = eps

    def forward(self, x):
        mean = x.mean(-1, keepdim=True)
        std = x.std(-1, keepdim=True)
        return self.a_2 * (x - mean) / (std + self.eps) + self.b_2
```

论文中的处理过程如下：

```
x -> x+self-attention(x) -> layernorm(x+self-attention(x)) => y
y-> dense(y) -> y+dense(y) -> layernorm(y+dense(y)) => z( 输入下一层 )
```

这里把 layernorm 层放到前面了，即处理过程如下：

```
x -> layernorm(x) -> self-attention(layernorm(x)) -> x + self-attention(layernorm(x)) => y
y -> layernorm(y) -> dense(layernorm(y)) -> y+dense(layernorm(y)) =>z(输入下一层)
```

PyTorch 中各层权重的数据类型是 nn.Parameter，而不是 Tensor，故需对初始化后的参数（Tensor 型）进行类型转换。每个 Encoder 层又有两个子层，每个子层通过残差把每层的输入输出转换为新的输出。不管是自注意力还是全连接，都首先是 LayerNorm 层，然后是自注意力层 / 稠密层，然后是 dropout 层，最后是残差连接。这里把这个过程封装成 Sublayer Connection。

4. 定义 SublayerConnection

定义 SublayerConnection 的代码如下：

```
class SublayerConnection(nn.Module):
    """
    LayerNorm + SubLayer (自注意力层 / 稠密层) + dropout + 残差连接
    为了简单，这里把 LayerNorm 放到了前面，而原始论文是把 LayerNorm 放在最后
    """
    def __init__(self, size, dropout):
        super(SublayerConnection, self).__init__()
        self.norm = LayerNorm(size)
        self.dropout = nn.Dropout(dropout)

    def forward(self, x, sublayer):
        # 将残差连接应用于具有相同大小的任何子层
        return x + self.dropout(sublayer(self.norm(x)))
```

5. 构建 EncoderLayer

有了以上这些代码，构建 EncoderLayer 就很简单了。

```
class EncoderLayer(nn.Module):
    "Encoder 由 self_attn 和 feed_forward 构成 "
    def __init__(self, size, self_attn, feed_forward, dropout):
        super(EncoderLayer, self).__init__()
        self.self_attn = self_attn
        self.feed_forward = feed_forward
        self.sublayer = clones(SublayerConnection(size, dropout), 2)
        self.size = size

    def forward(self, x, mask):
        " 实现正向传播功能 "
        x = self.sublayer[0](x, lambda x: self.self_attn(x, x, x, mask))
        return self.sublayer[1](x, self.feed_forward)
```

为了复用，这里把 self_attn 层和 feed_forward 层作为参数传入，只构造两个 Sublayer。forward 调用 sublayer[0]（这是 SubLayer 对象），最终会调用它的 forward 方法，而这个方法需要两个参数，一个是输入 Tensor，一个是对象或函数（在 Python 中，类似的实例可以像函数一样被调用）。而 self_attn 函数需要 4 个参数 (Query 的输入，Key 的输入, Value 的输入和 Mask)，因此，使用 lambda 把它变成一个参数 x 的函数（mask 可以看成已知的数）。

8.4.4 构建解码器

解码器的结构如图 5-12 所示。解码器也是由 N 个 DecoderLayer 堆叠而成的，参数 layer 是 DecoderLayer，它也是一个调用对象，最终会调用 DecoderLayer.forward 方法，这个方法需要 4 个参数，输入 x，Encoder 层的输出 memory，输入 Encoder 的 Mask(src_mask) 和输入 Decoder 的 Mask(tgt_mask)。这里所有的解码器的 forward 方法也需要这 4 个参数。

1. 定义 Decoder

定义 Decoder 的代码如下：

```
class Decoder(nn.Module):
    " 构建N个完全相同的 Decoder 层 "
    def __init__(self, layer, N):
        super(Decoder, self).__init__()
        self.layers = clones(layer, N)
        self.norm = LayerNorm(layer.size)

    def forward(self, x, memory, src_mask, tgt_mask):
        for layer in self.layers:
            x = layer(x, memory, src_mask, tgt_mask)
        return self.norm(x)
```

2. 定义 DecoderLayer

```
class DecoderLayer(nn.Module):
    "Decoder 包括 self_attn, src_attn 和 feed_forward"
    def __init__(self, size, self_attn, src_attn, feed_forward, dropout):
        super(DecoderLayer, self).__init__()
        self.size = size
        self.self_attn = self_attn
        self.src_attn = src_attn
        self.feed_forward = feed_forward
        self.sublayer = clones(SublayerConnection(size, dropout), 3)

    def forward(self, x, memory, src_mask, tgt_mask):
        m = memory
        x = self.sublayer[0](x, lambda x: self.self_attn(x, x, x, tgt_mask))
        x = self.sublayer[1](x, lambda x: self.src_attn(x, m, m, src_mask))
        return self.sublayer[2](x, self.feed_forward)
```

DecoderLayer 比 EncoderLayer 多了一个 src_attn 层，这层的输入来自 Encoder 的输出（memory）。src_attn 和 self_attn 的实现是一样的，只不过使用的 Query、Key 和 Value 的输入不同。普通的注意力（src_attn）的 Query 是下层输入进来的（来自 self_attn 的输出），Key 和 Value 是编码器最后一层的输出 memory；而自注意力的 Query、Key 和 Value 都是来自下层输入进来的。

3. 定义 subsequent_mask 函数

解码器和编码器有一个关键的不同：解码器在解码第 t 个时刻的时候只能使用 $1, \cdots, t$ 时刻的输入，而不能使用 $t+1$ 时刻及其之后的输入。因此我们需要一个函数来产生一个掩码矩阵，代码如下：

```
def subsequent_mask(size):
    attn_shape = (1, size, size)
    subsequent_mask = np.triu(np.ones(attn_shape), k=1).astype('uint8')
    return torch.from_numpy(subsequent_mask) == 0
```

我们看一下这个函数生成的一个简单样例，假设语句长度为 6。

```
plt.figure(figsize=(5,5))
plt.imshow(subsequent_mask(6)[0])
```

运行结果如图 8-44 所示。

查看序列掩码情况：

```
subsequent_mask(6)[0]
ensor([[ True, False, False, False, False, False],
       [ True,  True, False, False, False, False],
       [ True,  True,  True, False, False, False],
       [ True,  True,  True,  True, False, False],
       [ True,  True,  True,  True,  True, False],
       [ True,  True,  True,  True,  True,  True]])
```

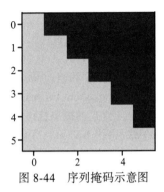

图 8-44　序列掩码示意图

我们发现它输出的是一个方阵，对角线和下面都是 True。第一行只有第一列是 True，它的意思是时刻 1 只能关注输入 1，第三行说明时刻 3 可以关注 {1, 2, 3} 而不能关注 {4, 5, 6} 的输入，因为在真正解码的时候，这是属于预测的信息。知道了这个函数的用途之后，上面的代码就很容易理解了。

8.4.5　构建多头注意力

构建多头注意力的过程类似于卷积神经网络中构建多通道的过程，目的都是提升模型的泛化能力。下面来看具体构建过程。

1. 定义注意力

注意力（包括自注意力和普通的注意力）可以看成一个函数，它的输入是 Query、Key、Value 和 Mask，输出是一个 Tensor。其中输出是 Value 的加权平均，而权重由 Query 和 Key 计算得出。具体的计算公式如下所示：

$$\mathrm{Attention}(\boldsymbol{Q}, \boldsymbol{K}, \boldsymbol{V}) = \mathrm{softmax}\left(\frac{\boldsymbol{Q}\boldsymbol{K}^{\mathrm{T}}}{\sqrt{d_k}}\right)\boldsymbol{V} \tag{8.20}$$

具体实现代码如下：

```
def attention(query, key, value, mask=None, dropout=None):
    " 计算缩放的点积注意力 "
    d_k = query.size(-1)
    scores = torch.matmul(query, key.transpose(-2, -1)) / math.sqrt(d_k)
    if mask is not None:
        scores = scores.masked_fill(mask == 0, -1e9)
    p_attn = F.softmax(scores, dim = -1)
    if dropout is not None:
        p_attn = dropout(p_attn)
    return torch.matmul(p_attn, value), p_attn
```

上面的代码实现 $\dfrac{QK^{\mathrm{T}}}{\sqrt{d_k}}$ 和公式里稍微不同，这里的 Q 和 K 都是 4 维张量（Tensor），包括 batch 和 head 维度。torch.matmul 会对 Query 和 Key 的最后两维进行矩阵乘法，这样效率更高，如果我们要用标准的矩阵（2 维张量）乘法来实现，那么需要遍历 batch 和 head 两个维度。

用一个具体例子跟踪一些不同张量的形状变化，然后对照公式就很容易理解。比如 Q 是 (30, 8, 33, 64)，其中 30 是 batch 的个数，8 是 head 的个数，33 是序列长度，64 是每个时刻的特征数。K 和 Q 的形状必须相同，而 V 可以不同，但在这里，其形状也是相同的。接下来是 scores.masked_fill(mask == 0, –1e9)，用于把 mask = 0 的得分变成一个很小的数，这样经过 softmax 之后的概率就很接近零。self_attention 中的掩码主要是 Padding Mask 格式，与解码器中的掩码格式不同。

接下来对 score 进行 softmax 函数计算，把得分变成概率 p_attn，如果有 dropout 层，则对 p_attn 进行 dropout（原论文没有 dropout 层）。最后把 p_attn 和 value 相乘。p_attn 是 (30, 8, 33, 33)，value 是 (30, 8, 33, 64)，我们只看后两维，(33×33)×(33×64) 最终得到 33×64。

2. 定义多头注意力

前面可视化部分介绍了如何将输入变成 Q、K 和 V，对于每一个头，都使用 3 个矩阵 W^Q、W^K、W^V 把输入转换成 Q、K 和 V。然后分别用每一个头进行自注意力的计算，把 N 个头的输出拼接起来，与矩阵 w^O 相乘。具体计算多头注意力的公式如下：

$$\mathrm{MultiHead}(Q, K, V) = \mathrm{concat}(\mathrm{head}_1, \mathrm{head}_2, \cdots, \mathrm{head}_h)W^O \tag{8.21}$$

$$\mathrm{head}_i = \mathrm{Attention}(QW_i^Q, KW_i^K, VW_i^V) \tag{8.22}$$

这里的映射是参数矩阵：

$$W_i^Q \in R^{d_{\mathrm{model}}d_k}, W_i^K \in R^{d_{\mathrm{model}}d_k}, W_i^V \in R^{d_{\mathrm{model}}d_v}, W_i^O \in R^{hd_v d_{\mathrm{model}}}$$

其中 $h = 8$，$d_k = d_v = \dfrac{d_{\mathrm{model}}}{h} = 64$

详细的计算过程如下：

```
class MultiHeadedAttention(nn.Module):
    def __init__(self, h, d_model, dropout=0.1):
        " 传入 head 个数及 model 的维度 "
        super(MultiHeadedAttention, self).__init__()
        assert d_model % h == 0
        # 这里假设 d_v=d_k
        self.d_k = d_model // h
        self.h = h
        self.linears = clones(nn.Linear(d_model, d_model), 4)
        self.attn = None
        self.dropout = nn.Dropout(p=dropout)

    def forward(self, query, key, value, mask=None):
        "Implements Figure 2"
        if mask is not None:
            # 相同的 mask 适应所有的 head
            mask = mask.unsqueeze(1)
```

```
nbatches = query.size(0)

# 1) 首先使用线性变换，然后把 d_model 分配给 h 个 head，每个 head 为 d_k=d_model/h
query, key, value = \
    [l(x).view(nbatches, -1, self.h, self.d_k).transpose(1, 2)
     for l, x in zip(self.linears, (query, key, value))]

# 2) 使用 attention 函数计算缩放的点积注意力
x, self.attn = attention(query, key, value, mask=mask,
                         dropout=self.dropout)

# 3) 实现多头注意力，用 view 函数把 8 个 head 的 64 维向量拼接成一个 512 的向量
# 然后再使用一个线性变换 (512,521)，形状不变
x = x.transpose(1, 2).contiguous() \
    .view(nbatches, -1, self.h * self.d_k)
return self.linears[-1](x)
```

其中 zip(self.linears, (query, key, value)) 是把 (self.linears[0], self.linears[1], self.linears[2]) 和 (query, key, value) 放到一起再进行遍历。我们只看一个 self.linears[0] (query)。根据构造函数的定义，self.linears[0] 是一个 (512, 512) 的矩阵，而 query 是 (batch, time, 512)，相乘之后得到的新的 query 还是 512(d_model) 维的向量，接着用 view 把它变成 (batch, time, 8, 64)。调用 transpose 将其变为 (batch, 8, time, 64)，这是 attention 函数要求的形状，分别对应 8 个 head，每个 head 的 query 都是 64 维。

key 和 value 的运算完全相同，因此我们也分别得到 8 个 head 的 64 维的 key 和 64 维的 value。接下来调用 attention 函数，得到 x 和 self.attn。其中 x 的形状是 (batch, 8, time, 64)，而 attn 是 (batch, 8, time, time)，调用 x.transpose(1, 2) 把 x 变成 (batch, time, 8, 64)，然后把它变成 (batch, time, 512)，即可把 8 个 64 维的向量拼接成 512 的向量。最后使用 self.linears[-1] 对 x 进行线性变换，由于 self.linears[-1] 是 (512, 512)，因此最终的输出还是 (batch, time, 512)。我们最初构造了 4 个 (512, 512) 的矩阵，前 3 个用于对 query、key 和 value 进行变换，最后一个用于对 8 个 head 拼接后的向量再做一次变换。

多头注意力的应用：

❑ 编码器的自注意力层。query、key 和 value 都是相同的值，来自下层的输入。掩码都是 1（当然填充的不算）。

❑ 解码器的自注意力层。query、key 和 value 都是相同的值，来自下层的输入。但是掩码使得它不能访问未来的输入。

❑ 编码器 – 解码器的普通注意力层。query 来自下层的输入，而 key 和 value 相同，是编码器最后一层的输出，而掩码都是 1，query 来自下层的输入。

8.4.6　构建前馈神经网络层

除了注意子层之外，编码器和解码器中的每个层都包含一个完全连接的前馈网络（Feed Forward），该网络包括两个线性转换，中间有一个 ReLU 激活函数，具体公式为：

$$\text{FFN}(x) = \max(0, x\boldsymbol{W}_1 + \boldsymbol{b}_1)\boldsymbol{W}_2 + \boldsymbol{b}_2 \tag{8.23}$$

全连接层的输入和输出都是 d_model(512) 维的，中间隐含单元的个数是 d_ff（2048），具体代码如下：

```
class PositionwiseFeedForward(nn.Module):
    " 实现FFN函数 "
    def __init__(self, d_model, d_ff, dropout=0.1):
        super(PositionwiseFeedForward, self).__init__()
        self.w_1 = nn.Linear(d_model, d_ff)
        self.w_2 = nn.Linear(d_ff, d_model)
        self.dropout = nn.Dropout(dropout)

    def forward(self, x):
        return self.w_2(self.dropout(F.relu(self.w_1(x))))
```

8.4.7　预处理输入数据

输入的词序列都是 ID 序列，我们需要嵌入。源语言和目标语言也都需要嵌入，此外我们还需要一个线性变换把隐含变量变成输出概率，可以通过前面的类 Generator 来实现。Transformer 模型的注意力机制并没有包含位置信息，即一句话中词语在不同的位置时在 Transformer 中是没有区别的，这当然是不符合实际的。因此，在 Transformer 中引入位置信息相比 CNN、RNN 等模型有更加重要的作用。作者添加位置编码的方法是：构造一个与输入嵌入维度一样的矩阵，然后与输入嵌入相加得到多头注意力的输入。预处理输入数据的过程如图 8-45 所示。

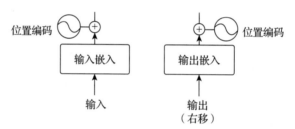

图 8-45　预处理输入数据

1）先把输入数据转换为输入嵌入，具体代码如下：

```
class Embeddings(nn.Module):
    def __init__(self, d_model, vocab):
        super(Embeddings, self).__init__()
        self.lut = nn.Embedding(vocab, d_model)
        self.d_model = d_model

    def forward(self, x):
        return self.lut(x) * math.sqrt(self.d_model)
```

2）添加位置编码。位置编码的公式如下：

$$PE(pos, 2i) = \sin(pos / 10000^{2i/d_{model}}) \qquad (8.24)$$

$$PE(pos, 2i+1) = \cos(pos / 10000^{2i/d_{model}}) \qquad (8.25)$$

具体实现代码如下：

```
class PositionalEncoding(nn.Module):
    " 实现PE函数 "
    def __init__(self, d_model, dropout, max_len=5000):
        super(PositionalEncoding, self).__init__()
```

```
        self.dropout = nn.Dropout(p=dropout)

        # 计算位置编码
        pe = torch.zeros(max_len, d_model)
        position = torch.arange(0, max_len).unsqueeze(1)
        div_term = torch.exp(torch.arange(0, d_model, 2) *
                            -(math.log(10000.0) / d_model))
        pe[:, 0::2] = torch.sin(position * div_term)
        pe[:, 1::2] = torch.cos(position * div_term)
        pe = pe.unsqueeze(0)
        self.register_buffer('pe', pe)

    def forward(self, x):
        x = x + self.pe[:, :x.size(1)].clone().detach()
        return self.dropout(x)
```

注意这里调用了 Module.register_buffer 函数。这个函数的作用是创建一个 buffer，比如把 pi 保存下来。register_buffer 通常用于保存一些模型参数之外的值，比如在 BatchNorm 中，我们需要保存 running_mean(Moving Average)，它不是模型的参数（不是通过迭代学习的参数），但是模型会修改它，而且在预测的时候也要使用它。这里也一样，pe 是一个提前计算好的常量，在构造函数里并没有把 pe 保存到 self 里，但是在 forward 函数中可以直接使用它（self.pe）。如果保存（序列化）模型到磁盘，PyTorch 框架将保存 buffer 里的数据到磁盘，这样在反序列化的时候就能恢复它们。

3）可视化位置编码。假设输入的 ID 序列长度为 10，如果输入转为嵌入之后是（10，512），那么位置编码的输出也是（10，512）。上式中 pos 就是位置（0～9），512 维的偶数维使用 sin 函数，奇数维使用 cos 函数。这种位置编码的好处是：PE 可以表示为 PE + k 式的线性函数，这样网络就能容易地学到相对位置的关系。图 8-46 是一个示例，向量的大小 d_model=20，这里画出来第 4、5、6 和 7 维（下标从零开始）的图像，最大的位置是 100。可以看到它们都是正弦（余弦）函数，而且周期越来越长。

```
## 语句长度为100，这里假设d_model=20
plt.figure(figsize=(15, 5))
pe = PositionalEncoding(20, 0)
y = pe.forward(torch.zeros(1, 100, 20))
plt.plot(np.arange(100), y[0, :, 4:8].data.numpy())
plt.legend(["dim %d"%p for p in [4,5,6,7]])
```

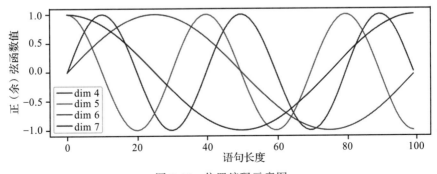

图 8-46 位置编码示意图

4）下面来看一个生成位置编码的简单示例，代码如下：

```
d_model, dropout, max_len=512,0,5000
pe = torch.zeros(max_len, d_model)
position = torch.arange(0, max_len).unsqueeze(1)
div_term = torch.exp(torch.arange(0, d_model, 2) *-(math.log(10000.0) / d_model))
pe[:, 0::2] = torch.sin(position * div_term)
pe[:, 1::2] = torch.cos(position * div_term)
print(pe.shape)
pe = pe.unsqueeze(0)
print(pe.shape)
```

8.4.8 构建完整网络

把前面创建的各网络层整合成一个完整网络。

```
def make_model(src_vocab,tgt_vocab,N=6,d_model=512, d_ff=2048, h=8, dropout=0.1):
    " 构建模型 "
    c = copy.deepcopy
    attn = MultiHeadedAttention(h, d_model)
    ff = PositionwiseFeedForward(d_model, d_ff, dropout)
    position = PositionalEncoding(d_model, dropout)
    model = EncoderDecoder(
        Encoder(EncoderLayer(d_model, c(attn), c(ff), dropout), N),
        Decoder(DecoderLayer(d_model, c(attn), c(attn),
                             c(ff), dropout), N),
        nn.Sequential(Embeddings(d_model, src_vocab), c(position)),
        nn.Sequential(Embeddings(d_model, tgt_vocab), c(position)),
        Generator(d_model, tgt_vocab))

    # 随机初始化参数, 非常重要, 这里用 Glorot/fan_avg
    for p in model.parameters():
        if p.dim() > 1:
            nn.init.xavier_uniform_(p)
    return model
```

首先把 copy.deepcopy 命名为 c，这样可以使下面的代码简洁一点。然后构造 MultiHeaded Attention、PositionwiseFeedForward 和 PositionalEncoding 对象。接着构造 EncoderDecoder 对象，它需要 5 个参数，包括 Encoder、Decoder、src-embed、tgt-embed 和 Generator。

我们先看后面 3 个简单的参数，Generator 直接构造即可，它的作用是把模型的隐含单元变成输出词的概率。而 src-embed 是一个嵌入层和一个位置编码层，tgt-embed 与此类似。

最后我们来看 Decoder（Encoder 与 Decoder 类似，这里以 Decoder 为例介绍）。Decoder 由 N 个 DecoderLayer 组成，而 DecoderLayer 需要传入 self-attn、src-attn、全连接层和 dropout。因为所有的 MultiHeadedAttention 都是一样的，因此我们直接深度复制（deepcopy）即可；同理，所有的 PositionwiseFeedForward 的结果也是一样的，我们可以深度复制而不需要再构造一个。

实例化这个类，可以看到模型包含哪些组件。

```
# 测试一个简单模型, 输入、目标语句长度分别为 10, Encoder、Decoder 各 2 层。
tmp_model = make_model(10, 10, 2)
tmp_model
```

8.4.9　训练模型

1）训练前，先介绍便于批次训练的一个 Batch 类。

```
class Batch:
    " 在训练期间，构建带有掩码的批量数据 "
    def __init__(self, src, trg=None, pad=0):
        self.src = src
        self.src_mask = (src != pad).unsqueeze(-2)
        if trg is not None:
            self.trg = trg[:, :-1]
            self.trg_y = trg[:, 1:]
            self.trg_mask = \
                self.make_std_mask(self.trg, pad)
            self.ntokens = (self.trg_y != pad).data.sum()

    @staticmethod
    def make_std_mask(tgt, pad):
        "Create a mask to hide padding and future words."
        tgt_mask = (tgt != pad).unsqueeze(-2)
        tgt_mask = tgt_mask & subsequent_mask(tgt.size(-1)).type_as(tgt_mask.data).
            clone().detach()
        return tgt_mask
```

Batch 构造函数的输入是 src、trg 和 pad，其中 trg 的默认值为 None，刚预测的时候是没有 tgt 的。上述代码是训练阶段的一个 Batch 代码，它假设 src 的维度为 (40, 20)，其中 40 是批量大小，20 是最长的句子长度，如果句子不够长，则填充为 20。trg 的维度为 (40, 25)，表示翻译后最长的句子长度是 25，不足的需要填充对齐。

src_mask 如何实现呢？注意表达式（src != pad）把 src 中大于 0 的时刻置为 1，这样表示它已在关注的范围。然后 unsqueeze(-2) 把 src_mask 变成 (40/batch, 1, 20/time)。它的用法可参考前面的 attention 函数。

对于训练来说，解码器有一个输入和一个输出。比如句子" it is a good day"，输入会变成" it is a good day"，而输出为" it is a good day"。对应到代码里，self.trg 就是输入，而 self.trg_y 就是输出。接着对输入 self.trg 进行掩码，使得自注意力不能访问未来的输入。这是通过 make_std_mask 函数实现的，这个函数会调用我们之前详细介绍过的 subsequent_mask 函数，最终得到的 trg_mask 的 shape 是 (40/batch, 24, 24)，表示 24 个时刻的掩码矩阵，这是一个对角线以及之下都是 1 的矩阵，前面已经介绍过，这里不再赘述。

注意，src_mask 的形状是 (batch, 1, time)，而 trg_mask 是 (batch, time, time)。因为 src_mask 的每一个时刻都能关注所有时刻（填充的除外），一次只需要一个向量就行了，而 trg_mask 需要一个矩阵。

2）构建训练迭代函数。

```
def run_epoch(data_iter, model, loss_compute):
    "Standard Training and Logging Function"
    start = time.time()
    total_tokens = 0
    total_loss = 0
    tokens = 0
```

```
for i, batch in enumerate(data_iter):
    out = model.forward(batch.src, batch.trg, batch.src_mask, batch.trg_mask)
    loss = loss_compute(out, batch.trg_y, batch.ntokens)
    total_loss += loss
    total_tokens += batch.ntokens
    tokens += batch.ntokens
    if i % 50 == 1:
        elapsed = time.time() - start
        print("Epoch Step: %d Loss: %f Tokens per Sec: %f" %
                (i, loss / batch.ntokens, tokens / elapsed))
        start = time.time()
        tokens = 0
return total_loss / total_tokens
```

它遍历一个 epoch 的数据，然后调用 forward 函数，接着调用 loss_compute 函数计算梯度，更新参数并且返回 loss。

3）对数据进行批量处理。

```
global max_src_in_batch, max_tgt_in_batch
def batch_size_fn(new, count, sofar):
    "Keep augmenting batch and calculate total number of tokens + padding."
    global max_src_in_batch, max_tgt_in_batch
    if count == 1:
        max_src_in_batch = 0
        max_tgt_in_batch = 0
    max_src_in_batch = max(max_src_in_batch,  len(new.src))
    max_tgt_in_batch = max(max_tgt_in_batch,  len(new.trg) + 2)
    src_elements = count * max_src_in_batch
    tgt_elements = count * max_tgt_in_batch
    return max(src_elements, tgt_elements)
```

4）定义优化器。

```
class NoamOpt:
    "包括优化学习率的优化器"
    def __init__(self, model_size, factor, warmup, optimizer):
        self.optimizer = optimizer
        self._step = 0
        self.warmup = warmup
        self.factor = factor
        self.model_size = model_size
        self._rate = 0

    def step(self):
        "更新参数及学习率"
        self._step += 1
        rate = self.rate()
        for p in self.optimizer.param_groups:
            p['lr'] = rate
        self._rate = rate
        self.optimizer.step()

    def rate(self, step = None):
        "Implement 'lrate' above"
        if step is None:
```

```
        step = self._step
        return self.factor * \
            (self.model_size ** (-0.5) *
            min(step ** (-0.5), step * self.warmup ** (-1.5)))

def get_std_opt(model):
    return NoamOpt(model.src_embed[0].d_model, 2, 4000,
            torch.optim.Adam(model.parameters(), lr=0, betas=(0.9, 0.98), eps=1e-9))
```

5）可视化在不同场景下学习率的变化情况。

```
# 超参数学习率 3 个场景 .
opts = [NoamOpt(512, 1, 4000, None),
        NoamOpt(512, 1, 8000, None),
        NoamOpt(256, 1, 4000, None)]
plt.plot(np.arange(1, 20000), [[opt.rate(i) for opt in opts] for i in range(1, 20000)])
plt.legend(["512:4000", "512:8000", "256:4000"])
```

运行结果如图 8-47 所示。

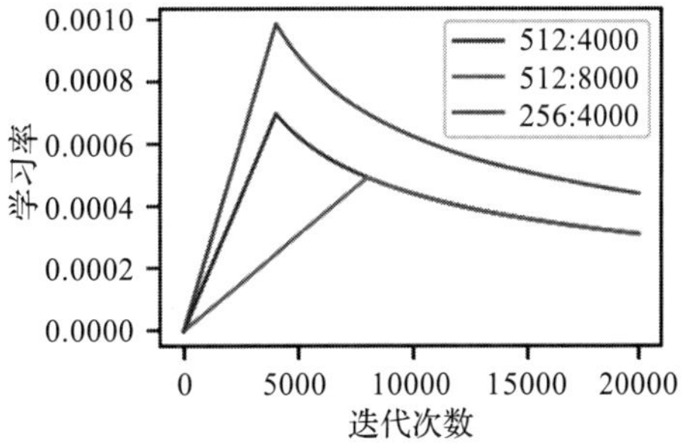

6）正则化。对标签做正则化平滑处理，这样处理有利于提高模型的准确率和 BLEU 分数。

图 8-47 不同场景下学习率的变化情况

```
class LabelSmoothing(nn.Module):
    "Implement label smoothing."
    def __init__(self, size, padding_idx,
        smoothing=0.0):
        super(LabelSmoothing, self).__init__()
        #self.criterion = nn.KLDivLoss(size_
            average=False)
        self.criterion = nn.KLDivLoss(reduction=
            'sum')
        self.padding_idx = padding_idx
        self.confidence = 1.0 - smoothing
        self.smoothing = smoothing
        self.size = size
        self.true_dist = None

    def forward(self, x, target):
        assert x.size(1) == self.size
        true_dist = x.data.clone()
        true_dist.fill_(self.smoothing / (self.size - 2))
        true_dist.scatter_(1, target.data.unsqueeze(1), self.confidence)
        true_dist[:, self.padding_idx] = 0
        mask = torch.nonzero(target.data == self.padding_idx)
        if mask.dim() > 0:
            true_dist.index_fill_(0, mask.squeeze(), 0.0)
        self.true_dist = true_dist
        return self.criterion(x, true_dist.clone().detach())
```

对标签进行平滑处理。

```
crit = LabelSmoothing(5, 0, 0.4)
predict = torch.FloatTensor([[0, 0.2, 0.7, 0.1, 0],
                            [0, 0.2, 0.7, 0.1, 0],
                            [0, 0.2, 0.7, 0.1, 0]])
```

```
v = crit(predict.log().clone().detach(), torch.LongTensor([2, 1, 0]).clone().detach())
plt.imshow(crit.true_dist)
```

运行结果如图 8-48 所示。

通过图 8-48 可以看到如何基于置信度将质量分配给单词。

```
crit = LabelSmoothing(5, 0, 0.1)
def loss(x):
    d = x + 3 * 1
    predict = torch.FloatTensor([[0, x / d, 1 / d, 1 / d, 1 / d],])
    return crit(predict.log().clone().detach(),torch.LongTensor([1]).clone().
        detach()).item()
plt.plot(np.arange(1, 100), [loss(x) for x in range(1, 100)])
```

运行结果如图 8-49 所示。

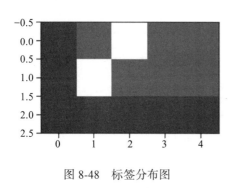

图 8-48   标签分布图   图 8-49   对标签平滑处理后的损失值的变化图

从图 8-49 可以看出，如果标签平滑化对于给定的选择非常有信心，那么标签平滑处理实际上已开始对模型造成不利影响。

8.4.10   实现一个简单实例

1）生成合成数据。

```
def data_gen(V, batch, nbatches):
    "Generate random data for a src-tgt copy task."
    for i in range(nbatches):
        # 把 torch.Embedding 的输入类型改为 LongTensor。
        data = torch.from_numpy(np.random.randint(1, V, size=(batch, 10))).long()
        data[:, 0] = 1

        src = data.clone().detach()
        tgt = data.clone().detach()
        yield Batch(src, tgt, 0)
```

2）定义损失函数。

```
class SimpleLossCompute:
    " 一个简单的计算损失的函数 ."
    def __init__(self, generator, criterion, opt=None):
        self.generator = generator
        self.criterion = criterion
```

```
        self.opt = opt

    def __call__(self, x, y, norm):
        x = self.generator(x)
        loss = self.criterion(x.contiguous().view(-1, x.size(-1)),
                            y.contiguous().view(-1)) / norm
        loss.backward()
        if self.opt is not None:
            self.opt.step()
            self.opt.optimizer.zero_grad()
        return loss.item() * norm
```

3）训练简单任务。

```
V = 11
criterion = LabelSmoothing(size=V, padding_idx=0, smoothing=0.0)
model = make_model(V, V, N=2)
model_opt = NoamOpt(model.src_embed[0].d_model, 1, 400,
        torch.optim.Adam(model.parameters(), lr=0, betas=(0.9, 0.98), eps=1e-9))

for epoch in range(10):
    model.train()
    run_epoch(data_gen(V, 30, 20), model,SimpleLossCompute(model.generator, criterion,
        model_opt))
    model.eval()
    print(run_epoch(data_gen(V, 30, 5), model,SimpleLossCompute(model.generator,
        criterion, None)))
```

运行结果（最后几次迭代的结果）如下：

```
Epoch Step: 1 Loss: 1.249925 Tokens per Sec: 1429.082397
Epoch Step: 1 Loss: 0.460243 Tokens per Sec: 1860.120972
tensor(0.3935)
Epoch Step: 1 Loss: 0.966166 Tokens per Sec: 1433.039185
Epoch Step: 1 Loss: 0.198598 Tokens per Sec: 1917.530884
tensor(0.1874)
```

4）为了简单起见，此代码使用贪婪解码来预测翻译。

```
def greedy_decode(model, src, src_mask, max_len, start_symbol):
    memory = model.encode(src, src_mask)
    ys = torch.ones(1, 1).fill_(start_symbol).type_as(src.data)
    for i in range(max_len-1):
        #add torch.tensor 202005
        out = model.decode(memory, src_mask,ys, subsequent_mask(torch.tensor(ys.size(1)).
            type_as(src.data)))
        prob = model.generator(out[:, -1])
        _, next_word = torch.max(prob, dim = 1)
        next_word = next_word.data[0]
        ys = torch.cat([ys, torch.ones(1, 1).type_as(src.data).fill_(next_word)], dim=1)
    return ys

model.eval()
src = torch.LongTensor([[1,2,3,4,5,6,7,8,9,10]])
src_mask = torch.ones(1, 1, 10)
print(greedy_decode(model, src, src_mask, max_len=10, start_symbol=1))
```

运行结果如下：

```
tensor([[ 1,  2,  3,  4,  4,  6,  7,  8,  9, 10]])
```

8.5   小结

本章首先介绍了注意力机制及其相应的一些架构，然后，介绍了以自注意力机制为核心的 Transformer 架构，最后介绍了几种基于 Transformer 架构的典型应用，如用于图像分类任务的 ViT 和用于图像分类、目标检测、语义分割等任务的 Swin-T。从这些架构的性能来看，基于 Transformer 的架构在 CV 和 NLP 领域潜力巨大，将日益受到大家的重视。

第9章

目标检测与语义分割

在第 6 章我们介绍了如何对图像进行分类。该图像分类任务涉及的图像中只有一个主要物体对象，所以可以把识别对象作为分类任务。但是，在现实生活中，一张图像往往有多个我们感兴趣的目标，我们不仅想知道它们的类别，还想知道它们在图像中的具体位置。在计算机视觉里，我们将这类任务称为目标检测（Object Detection）。

目前像素级别的图像分类任务越来越受到研究人员的重视，我们将这类任务称为语义分割，语义分割目前广泛应用于医学图像与无人驾驶等领域。

近年来，目标检测和语义分割受到越来越多的关注，作为场景理解的重要组成部分，它们广泛应用于现代生活的许多领域，如安全领域、军事领域、交通领域、医疗领域和生活领域等。

接下来，我们将介绍目标检测、语义分割的基本概念及应用，主要内容包括：

❏ 目标检测及主要挑战
❏ 优化候选框的几种算法
❏ 典型的目标检测算法
❏ 语义分割

9.1 目标检测及主要挑战

确定目标位置、对确定位置后的目标进行分类是目标检测的主要任务。如何确定目标位置？如何对目标进行分类？确定位置属于定位问题，对目标分类属于识别问题。为简便起见，我们假设图像中只有一个目标对象或两个目标对象，对这个图像进行检测的目标就是，用矩形框界定目标对象，如图 9-1 所示。

把要检测的目标用矩阵图框定，然后对框定的目标进行分类。分类就是对各矩形框进行识别，哪些属于背景，哪些属于具体对象，如猫、狗、背景等，如图 9-2 所示。

对于具体对象，一般使用矩形来作为边界框（Bounding Box）。边界框的具体表示方法将在下节介绍。

图 9-1　目标检测中的位置确定

图 9-2　目标检测中的对象识别

9.1.1　边界框的表示

前文提到，在目标检测中，我们通常使用边界框来表示对象的空间位置。边界框有两种表示方法，一种表示方法是用矩形左上角的坐标 $(x1, y1)$ 以及右下角的坐标 $(x2, y2)$ 来确定的（两点表示法）。另一种表示方法是用边界框中心坐标 (x, y) 以及边界框的宽度和高度来确定的。

第一种方法比较好定位，在使用第一种表示方法后再使用一个转换函数（box_2p_to_center），即可把它转换为第二种表示方法。矩形框用长度为 4 的张量表示，详细实现过程如下：

1）导入需要的库。

```
%matplotlib inline
import numpy as np
import torch
from utils.config import Config
from utils.data import Dataset
from utils.data import vis

from matplotlib import pyplot as plt
```

2）加载原图像。

```
img = plt.imread('../data/cat-dog.jpg')
plt.imshow(img);
```

运行结果如图 9-3 所示。

3）定义把两点表示法转换为中心及高宽表示法的转换函数。

图 9-3　原图像

```
def box_2p_to_center(boxes):
    """ 从（左上，右下）转换到（中间，宽度，高度）"""
    x1, y1, x2, y2 = boxes[:, 0], boxes[:, 1], boxes[:, 2], boxes[:, 3]
    cx = (x1 + x2) / 2
    cy = (y1 + y2) / 2
    w = x2 - x1
    h = y2 - y1
    boxes = torch.stack((cx, cy, w, h), axis=-1)
    return boxes
```

4）确定各边框的两点坐标。

```
dog_bbox, cat_bbox,bak_bbox = [9.0, 16.0, 374.0, 430.0], [378.0, 86.0, 625.0,
    447.0],[349.0, 17.0, 435.0, 71.0]
```

5）把边框转换为矩形。

```
def bbox_to_rect(bbox, color):
    # 把坐标转换为矩形的宽
    return plt.Rectangle(
        xy=(bbox[0], bbox[1]), width=bbox[2]-bbox[0], height=bbox[3]-bbox[1],
        fill=False, edgecolor=color, linewidth=2)
```

6）可视化边界框。

```
fig = plt.imshow(img)
fig.axes.add_patch(bbox_to_rect(dog_
    bbox, 'yellow'))
fig.axes.add_patch(bbox_to_rect(bak_
    bbox, 'red'))
fig.axes.add_patch(bbox_to_rect(cat_
    bbox, 'blue'));
```

运行结果如图 9-4 所示。

9.1.2 手工标注图像的真实值

图 9-4 加上边框的示意图

当然，在实际进行目标检测时，我们不能手工去画出各种边框，这里只是说明几种画边框的方法。实际上，目标检测也是有监督学习。所以在训练前，我们需要用到图像的真实值（Ground Truth）。如何手工制作图像的真实值？这里我们以图 9-3 为例展开介绍。手工标注图像的真实值，就需要确定图像中各具体类别的边界宽的左上坐标和右下坐标，并把这些信息存放在 xml 文件中，然后在相关的配置文件中添加该文件的序号，以便进行训练。具体文件及存放目录等信息如下：

1）原图像存放在 VOC2007/JPEGImages 目录下，这里假设图像文件名称为 000001.jpg。

2）xml 存放路径。新生成的 xml 文件名称为 000001.xml，存放在 VOC2007/Annotations/ 目录下，主要内容如下：

```
<annotation>
    <folder>VOC2007</folder>
    <filename>000001.jpg</filename>
    <source>
        <database>The VOC2007 Database</database>
        <annotation>PASCAL VOC2007</annotation>
        <image>flickr</image>
        <flickrid>325443404</flickrid>
    </source>
    <owner>
        <flickrid>autox4u</flickrid>
        <name>Perry Aidelbaum</name>
    </owner>
    <size>
        <width>640</width>
```

```
        <height>466</height>
        <depth>3</depth>
    </size>
    <segmented>0</segmented>
    <object>
        <name>dog</name>
        <pose>Right</pose>
        <truncated>0</truncated>
        <difficult>0</difficult>
        <bndbox>
            <xmin>9</xmin>
            <ymin>16</ymin>
            <xmax>374</xmax>
            <ymax>430</ymax>
        </bndbox>
    </object>
    <object>
        <name>cat</name>
        <pose>Left</pose>
        <truncated>0</truncated>
        <difficult>0</difficult>
        <bndbox>
            <xmin>378</xmin>
            <ymin>86</ymin>
            <xmax>625</xmax>
            <ymax>447</ymax>
        </bndbox>
    </object>
</annotation>
```

3）修改涉及训练的相关文件。为说明图像中具体类别，需要修改 ImageSets 目录下的两个文件。因为图像中有 dog 和 cat，因此需要修改两个文件。

❑ 说明文件将参与训练。

  ❍ 修改目录 VOC2007\ImageSets\Layout 下的 trainval 文件，添加一条记录（xml 文件名称）：000001。

  ❍ 修改目录 VOC2007\ImageSets\Main 下的 trainval 文件，添加一条记录：000001。

❑ 说明图像中的具体类别。

  ❍ 修改 VOC2007\ImageSets\Main 目录下的两个文件：cat_trainval 和 dog_trainval，分别添加一条记录：000001 0。

以下是用具体代码展示图像的真实值。

1）读取配置文件。读取输入数据形状及所在路径的一些配置信息。

```
config = Config()
config._parse({})
```

2）导入数据集。

```
# 导入 VOC2007 数据集
dataset = Dataset(config)

# 获取数据集中第 0 张图像（即 000001.jpg）和对应的标签等信息
img, bboxes, labels, scale = dataset[0]
```

【说明】根据 VOC2007 文件的实际路径，修改配置文件 utils/config.py。

3）说明数据集的各类别放在一个元组中。

```
# 假设数据集中有 20 种类别
VOC_BBOX_LABEL_NAMES = (
    'aeroplane', 'bicycle', 'bird', 'boat', 'bottle', 'bus', 'car', 'cat',
    'chair', 'cow', 'diningtable', 'dog', 'horse', 'motorbike', 'person',
    'pottedplant', 'sheep', 'sofa', 'train', 'tvmonitor')
```

4）显示图像的具体信息。

```
for x in (img, bboxes, labels):
    print('shape:', x.shape, 'max:', torch.max(torch.as_tensor(x)).numpy(),
        'min:', torch.min(torch.as_tensor(x)).numpy())

print(scale)
```

运行结果如下：

```
shape: torch.Size([466, 640, 3]) max: 2.64 min: -2.0494049
shape: (2, 4) max: 624.0 min: 8.0
shape: (2,) max: 11 min: 7
1.0
```

运行结果说明：

❑ img 的形状为 (466, 640, 3)，分别代表了图像的高和宽，通道数；

❑ bboxes 的类数及坐标信息，形状为 (n, 4)，这里的 n 表示该图像所包含的类别总数，最大为 20（不包括背景）。000001.jpg 图像中有狗和猫两类，故 n=2；

❑ labels 的形状为 (n,)，表示该图像所含的类别总数、类别代码，从元组 VOC_BBOX_LABEL_NAMES 可以看到，索引为 11 表示狗，索引为 7 表示猫。

5）可视化真实标注框。

```
# 可视化图像及目标位置
vis(img, bboxes, labels)
```

运行结果如图 9-5 所示。

图 9-5　可视化手工标注的真实框

9.1.3 主要挑战

上节我们用边界框界定了图像中小猫、小狗的具体位置，当然这是一种非常简单的情况，实际情况往往要复杂得多，挑战也更大，列举如下。

- ❑ 图像中的对象有不同大小。
- ❑ 对象有多种，同一种也可能有多个。
- ❑ 存在遮掩、光照等问题。

图像中的目标有大有小，对此我们可以使用不同大小的框，然后采用移动的方法框定目标。这种产生候选框的方法在理论上是可行的，但这样产生的框将很大，而且这种方法不管图像中有几个对象，都需要如此操作，效率非常低。

为解决这一问题，人们研究了很多方法，且目前还在不断更新迭代中。下面我们简单介绍几种典型方法。

在框定目标与识别目标这两个任务中，框定目标是关键。如何框定目标呢？我们先从简单的情况开始，再考虑复杂的情况。假设图像中只有一个目标，我们最先想到的方法是使用一个框，从左向右移动，直到框定目标，如图9-6所示。

这是一种非常理想的情况，即使用的框正好能框住目标。候选框确定后，我们就可以针对每个框使用分类模型计算各框为猫的概率（或得分），如图9-7所示，中间框的内容对象为猫的概率最大。框确定后，就意味着这个框的左上点的坐标(x, y)及这个框的高（h）与宽（w）也就确定了。

图9-6　用一个框从左向右移动

图9-7　不同框中对象的概率（或得分）示意图

如果遇到更复杂的情况，该如何界定图像中的对象呢？有哪些有效方法？接下来我们将介绍几种寻找图像中可能对象或候选框的方法。

9.1.4 选择性搜索

选择性搜索（Selective Search，SS）方法是如何对图像进行划分的呢？它不是通过大小网格的方式，而且通过图像中的纹理、边缘、颜色等信息对图像进行自底向上的分割，然后对分割区域进行不同尺度的合并，生成的每个区域即一个候选框，如图9-8所示。这种方法基于传统特征，速度较慢。

图 9-8　使用 SS 方法生成候选框的示意图

SS 方法的基本思想为：

1）首先通过基于图的图像分割方法将图像分割成很多小块；

2）使用贪婪策略，基于相似度（如颜色相似度、尺寸相似度、纹理相似度等）合并一些区域。

9.1.5　锚框

使用 SS 方法将产生大量重叠的候选框，提取特征时效率不高。这里介绍另一种方法，该方法以每个像素为中心，生成多个缩放比和宽高比（Ratio）不同的边界框，这些边界框被称为锚框（Anchor Box）。锚框的主要意义就在于它可以根据特征图在原图像上划分出很多大小、宽高比不相同的边界框。待边界框确定后，再利用不同算法对这些框进行一个粗略的分类（如是否存在目标对象）与回归，选取一些微调过的包含前景的正类别框以及包含背景的负类别，送入之后的网络结构参与训练。

锚框的产生过程如图 9-9 所示，主要参数分析如下。

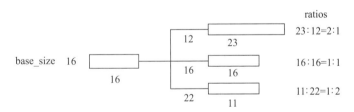

图 9-9　多种比例的锚框

1）base_size 参数代表的是网络特征提取过程中图像缩小的倍数，与网络结构有关。假设缩小倍数为 16，表明最终特征图的一个像素可以映射到原图的 16×16 区域的大小。

2）ratios 参数指的是要将 16×16 的区域，按照比例进行变换，如按照 $1:2, 1:1, 2:1$ 这 3 种比例进行变换。

3）scales 参数是要将输入区域的宽和高进行缩放的倍数，如按照 8、16、32 这 3 种倍数放大，将 16×16 的区域变成 $(16 \times 8) \times (16 \times 8) = 128 \times 128$，$(16 \times 16) \times (16 \times 16) = 256 \times 256$，$(16 \times 32) \times (16 \times 32) = 512 \times 512$ 这 3 种区域，如图 9-10 所示。

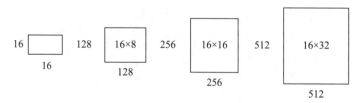

图 9-10　多种缩放比例的锚框

通过以上三个参数，针对特征图上的任意一个像素点，首先映射到原图像中一个 16×16 的区域，然后以这个区域的中心点为变换中心，将其变为 3 种宽高比的区域，再分别将这 3 种区域的面积扩大 8、16、32 倍，最终该像素点将对应到原图像的 9 个不同的矩形框，这些框就叫作锚框，如图 9-11 所示。

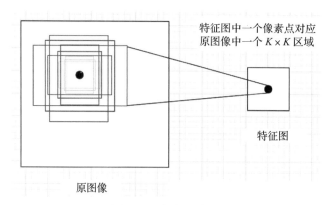

图 9-11　锚框示意图

图 9-12 是 000001.jpg 图像对应特征图中第一个像素点的 9 个锚框。

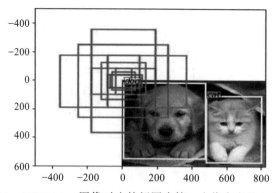

图 9-12　000001.jpg 图像对应特征图中第一个像素点的 9 个锚框

注意　将不完全在图像内部（初始化的锚框的 4 个坐标点超出图像边界）的锚框都过滤掉，一般过滤后只会有原来 1/3 左右的锚框。如果不将这部分锚框过滤掉，则会使训练过程难以收敛。

　　锚框是目标检测中的一个重要概念，通常是人为设计的一组框，作为分类和框回归的基准框。无论是单阶段检测器还是两阶段检测器，都广泛地使用了锚框。例如，两阶段检测器的第一阶段通常采用 RPN 生成候选框，是对锚框进行分类和回归的过程，即锚框→候选框→检测器；大部分单阶段检测器是直接对锚框进行分类和回归，也就是锚框→检测器。

　　常见的生成锚框的方式是滑窗（sliding window），也就是首先定义 k 个特定尺度（scale）和长宽比（aspect ratio）的锚框，然后在全图以一定的步长滑动。这种方式广泛应用在 Faster R-CNN，YOLO v2+、SSD，RetinaNet 等经典检测方法中。

9.1.6　RPN

　　SS 采用传统特征提取方法，而且非常耗时。是否有更有效方法呢？Faster R-CNN 中提出了一种基于神经网络的生成候选框的方法，那就是 RPN（Region Proposal Network，区域候选网络）。

　　RPN 层用于生成候选框，并利用 softmax 判断候选框是检测对象（或前景）还是背景，从中选取对象候选框，并利用边框回归（Bounding Box Regression）调整候选框的位置，从而得到特征子图（候选框）。RPN 架构如图 9-13 所示。

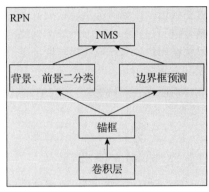

图 9-13　RPN 架构图

　　首先，经过一次 3×3 的卷积操作，得到一个通道数是 256 的特征图，尺寸和公共特征图相同，我们假设是 $256×(H×W)$。然后，经过两条支线：

　　1）上面一条支线通过 softmax 来分类锚框获得前景和背景（检测目标是前景）；

　　2）下面一条支线用于计算锚框的边框偏移量，以获得精确的候选框。

　　最后的候选框层则负责综合前景锚框（Foreground Anchor）和偏移量获取候选框，同时剔除太小和超出边界的候选框。其实整个网络到了候选框层这里，就完成了目标定位的功能。

　　由于共享特征图的大小约为 40×60，所以 RPN 生成的初始锚框的总数约为 20 000 个（40×60×9）。其实 RPN 最终就是在原图尺度上设置密密麻麻的候选锚框，进而判断锚框到底是前景还是背景，即判断这个锚框到底有没有覆盖目标，以及为属于前景的锚框进行第一次坐标修正。图 9-14 是图像经过 RPN 处理后得到的候选框，其中外部较大的框表示目标框或前景，中间较小的框表示背景框。

图 9-14　图像经过 RPN 处理后得到的候选框

9.2　优化候选框的几种算法

在进行目标检测时，往往会产生很多候选框，其中大部分是我们需要的，也有一部分是我们不需要的，所以有效过滤这些不必要的框就非常重要。这节我们介绍几种常用的优化候选框的算法。

9.2.1　交并比

通过 SS 或 RPN 等方法，最后每类选出的候选框会比较多，在这些候选框中如何选出质量较好的框？人们想到使用交并比这个度量值进行过滤。交并比（Intersection Over Union，IOU）用于计算候选框和目标实际标注边界框的重合度。假设我们要计算两个矩形框 A 和 B 的 IOU，即它们的交集与并集之比，如图 9-15 所示。

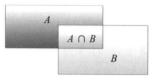

图 9-15　IOU 计算示意图

矩形框 A、B 的重合度 IOU 的计算公式为：

$$IOU = \frac{A \cap B}{A \cup B}$$

（9.1）

9.2.2　非极大值抑制

通过 SS 或 RPN 等方法产生的大量的候选框中有很多是指向同一目标（如图 9-16 所示），因此存在大量冗余的候选框。如何减少这些冗余框？非极大值抑制（Non-Maximum Suppression，NMS）算法就是一种有效方法。

图 9-16　经过 NMS 过滤后的图像

非极大值抑制算法的思想是搜索局部极大值，抑制非极大值元素。如图 9-16 所示，要定位一辆车，SS 或 RPN 会对每个目标（如图中汽车）生成一堆矩形框，而 NMS 算法会过滤掉那些多余的矩形框，找到最佳的矩形框。

非极大值抑制的基本思路分析如下。先假设有 6 个候选框，每个候选框选定的目标属于汽车的概率如图 9-17 所示。

图 9-17　带有概率的候选框的 NMS 处理过程

将这些候选框选定的目标按其属于车辆的概率从小到大排列，标记为 A、B、C、D、E、F。

1）从概率最大的矩形框（即面积最大的框）F 开始，分别判断 A～E 与 F 的重叠度是否大于某个设定的阈值。

2）假设 B、D 与 F 的重叠度超过阈值，那么就扔掉 B、D（因为超过阈值，说明 D 与 F 或者 B 与 F 有很大部分是重叠的，那么保留面积最大的 F 即可，其余小面积的 B、D 是多余的，用 F 完全可以表示一个物体），并标记 F 是我们保留下来的第一个矩形框。

3）从剩下的矩形框 A、C、E 中，选择概率最大的 E，然后判断 E 与 A、C 的重叠度，若重叠度大于阈值，那么就扔掉；并标记 E 是我们保留下来的第二个矩形框。

4）一直重复这个过程，直到找到所有被保留下来的矩形框。

9.2.3　边框回归

通过 SS 或 RPN 等方法生成的大量候选框，虽然有一部分可以通过 NMS 等方法过滤一些多余框，但仍然会存在很多质量不高的框图，如图 9-18 所示。

图 9-18　经 NMS 处理后的候选框

其中红色矩形框（内部这个框）的质量不高（该矩形框定位不准，IOU<0.5，说明它没有正确检测出飞机），需要通过边框回归进行修改。此外，训练时，我们也需要通过边框回归使预测框不断迭代，不断向真实框（又称目标框）靠近。

1. 边框回归的主要原理

如图 9-19 所示，最底下的框 A 代表生成的候选框，最上面的框 G 代表目标框。接下来我们需要基于 A 和 G 找到一种映射关系，得到一个预测框 G′，并通过迭代使 G′ 不断接近目标框 G。

这个过程用数学符号可表示为如下形式。锚框 A 的四维坐标为 $A = (A_x, A_y, A_w, A_h)$，其中 4 个值分别表示锚框 A 的中心坐标及长和宽。$G = (G_x, G_y, G_w, G_h)$，基于 A 和 G，找到一个对应关系 F

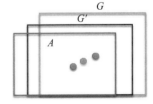

图 9-19　含候选框、目标框及预测框的示意图

使 $F(A) = G'$，其中 $G' = (G'_x, G'_y, G'_w, G'_h)$，且 $G' \approx G$。

2. 如何找到这个对应关系 F

如何通过变换 F 实现从矩形框 A 变为矩形 G' 框呢？比较简单的思路就是平移 + 放缩，具体实现步骤如下：

先平移：

$$G'_x = A_w \cdot d_x(A) + A_x \tag{9.2}$$

$$G'_y = A_h \cdot d_y(A) + A_y \tag{9.3}$$

后缩放：

$$G'_w = A_w \cdot \exp\big(d_w(A)\big) \tag{9.4}$$

$$G'_h = A_h \cdot \exp\big(d_h(A)\big) \tag{9.5}$$

这里要学习的变换是 F：$(d_x(A), d_y(A), d_w(A), d_h(A))$，当输入的锚框 A 与 G 相差较小时，可以认为 $d_*(A)$（这里的 $*$ 表示 x、y、w、h）变换是一种线性变换，如此就可以用线性回归来建模对矩形框进行微调。线性回归是指给定输入的特征向量 X，学习一组参数 W，使得经过线性回归后的值跟真实值 G 非常接近，即 $G \approx WX$。那么锚框中的输入以及输出分别是什么呢？

输入：$A = (A_x, A_y, A_w, A_h)$

这些坐标实际上对应 CNN 网络的特征图，训练阶段还包括目标框的坐标值，即 $T = (t_x, t_y, t_w, t_h)$。

输出：4 个变换，$d_x(A), d_y(A), d_w(A), d_h(A)$

输入与输出之间的关系：

$$d_*(A) = W_*^T \phi(A) \tag{9.6}$$

由此可知训练的目标就是使预测值 $d_*(A)$ 与真实值 t_* 的差最小化，用 L1 来表示：

$$\text{Loss} = \sum_{i=1}^{N} |t_*^i - W_*^T \phi(A^i)| \tag{9.7}$$

为了更好地收敛，我们实际使用 smooth-L1 作为其目标函数：

$$\hat{W}_* = \text{argmax}_{w_*} \sum_{i=1}^{N} |t_*^i - W_*^T \phi(A^i)| + \lambda \, \|W_*\| \tag{9.8}$$

3. 边框回归为何只能微调？

要使用线性回归，就要求锚框 A 与 G 相乘较小，否则这些变换可能会变成复杂的非线性变换。

4. 边框回归的主要应用

在 RPN 生成候选框的过程中，最后输出时也使用边框回归使预测框不断向目标框逼近。

5. 改进空间

YOLO v2 提出了一种直接预测位置坐标的方法。之前的坐标回归实际上回归的不是坐标点，而是需要对预测结果做一个变换才能得到坐标点，这种方法使其在充分利用目的对象的位置信息方面的效率大打折扣。为了更好地利用目标对象的位置信息，YOLO v2 采用目标对象的中心坐标及左上角的方法，具体可参考图 9-20。

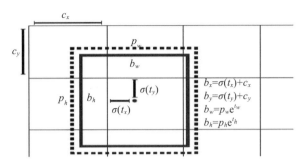

图 9-20　中心坐标与左上角坐标之间的关系

其中，p_w、p_h 为锚框的宽和高，t_x、t_y、t_w、t_h 为预测边界框的坐标值，σ 是 sigmoid 函数。C_x、C_y 是当前网格左上角到图像左上角的距离，需要将网格大小归一化，即令一个网格的宽 =1，高 =1。

9.2.4　SPP-Net

候选区域通过处理最后由全连接层进行分类或回归，而全连接层一般是固定大小的输入，为此，我们需要把候选区域的输出结果设置为固定大小，有两种固定方法：第一种方法是直接对候选区域进行缩放，不过这种方法易导致对象变形，从而影响识别效果；第二种方法是使用 SPP-Net（Spatial Pyramid Pooling Net，空间金字塔池化网络）方法或在此基础上延伸的 RoI 池化方法。SPP-Net 对每个候选框使用了不同大小（如 4×4，2×2，1×1 等）的金字塔映射。

SPP-Net 由何恺明、孙健等人提出，它的主要创新点就是 SPP（即 Spatial Pyramid Pooling，空间金字塔池化）。该方案解决了 R-CNN 中每个候选区域都要过一次 CNN 的问题，提升了效率，避免了为适应 CNN 的输入尺寸而缩放图像导致目标形状失真的问题。

SPP-Net 实际上是一种自适应的池化方法，它分别对输入的特征图（可以由不定尺寸的输入图像输入 CNN 得到，也可以由候选区域框定后输入 CNN 得到）进行多个尺度（实际上就是改变池化的大小和步幅）的池化，得到特征，并进行向量化后拼接起来，如图 9-21 所示。

与普通池化的固定大小不同（一般池化的大小和步幅相等，即每一步都不重叠），SPP-Net 固定的是池化后的尺寸，而大小则是根据尺寸计算得到的自适应数值确定。这样一来，可以保证不论输入是什么尺寸，输出的尺寸都是一致的，从而得到定长的特征向量。图 9-22 为使用 SPP-Net 把一个 4×4 RoI 使用 2×2，1×1 大小池化到固定长度的示意图。

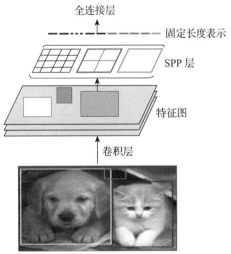

图 9-21　SPP-Net 示意图

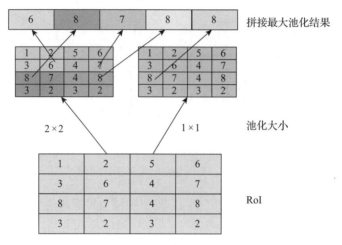

图 9-22   SPP-Net 输出固定输出向量

SPP-Net 对特征图中的候选框进行了多尺寸（如 5×5、2×2、1×1）池化，然后展平、拼接成固定长度的向量。而 RoI 池化方法对特征图中的候选框只需要下采样到一个尺寸（如 7×7，以 VGG-16 的主干网络为例），然后对各网格采用最大池化方法，得到固定长度的张量。Fast R-CNN 及 Faster R-CNN 都采用了 RoI 池化方法。

9.3   典型的目标检测算法

本节主要介绍几种典型的目标检测算法，包括 2021 年刚推出的目标检测算法。

9.3.1   R-CNN

R-CNN 算法架构如图 9-23 所示。

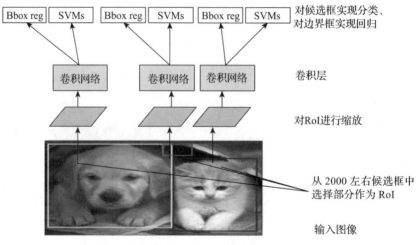

图 9-23   R-CNN 算法架构

1）首先通过选择性搜索算法，对待检测的图像搜索出 2000 个候选窗口。

2）把这 2000 个候选框的图像都缩放（通过 crop 或 warped）到 227×227，然后分别输入 CNN，为每个候选框提取出一个特征向量。

3）针对上面每个候选框的对应特征向量，利用 SVM 算法进行分类识别，使用回归算法对边界进行预测。

9.3.2　Fast R-CNN

Fast R-CNN 算法架构如图 9-24 所示。

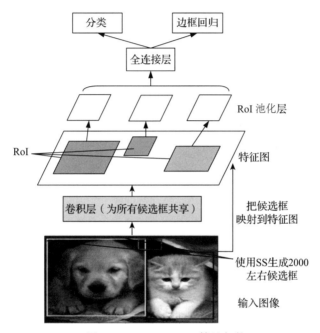

图 9-24　Fast R-CNN 算法架构

在图 9-24 中，一个输入图像和多个感兴趣区域（RoI）被输入一个完全卷积的系统中。每个 RoI 对应一个固定大小的特征图，然后通过完全连接层映射到特征向量。网络中每个 RoI 有两个输出向量：softmax 概率以及每类边框回归偏移。Fast R-CNN 架构是端到端的多任务训练。

1）在图像中确定约 1000～2000 个候选框（使用选择性搜索，即 SS 方法）。

2）将整张图像输入 CNN，得到特征图。

3）找到每个候选框在特征图上的映射块（patch），将此块作为每个候选框的卷积特征输入 RoI 池化层和之后的层。

4）对候选框中提取出的特征，使用分类器判别其是否属于一个特定类。

5）对于属于某一特征的候选框，用回归器进一步调整其位置。

9.3.3　Faster R-CNN

Faster R-CNN 算法可认为是使用 RPN 的 Fast R-CNN 算法，其架构如图 9-25 所示。

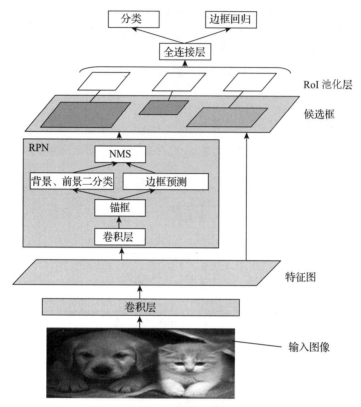

图 9-25　Faster R-CNN 算法架构图

1）将整张图像输入 CNN，得到特征图。

2）把特征图输入 RPN，生成候选框，并把候选框投影到特征图上获得相应的特征矩阵。

3）将每个特征矩阵通过 RoI 池化层缩放到相同大小的特征图。

4）把特征图展平为长度相同的向量，使用分类器判别其是否属于一个特定类。

5）对于属于某一特征的候选框，用回归器进一步调整其位置。

9.3.4　Mask R-CNN

Mask R-CNN 在 Faster R-CNN 的基础上进行了扩展，通过增加一个分支来并行进行像素级目标实例分割。该分支是一个应用于 RoI 上的全卷积网络，对每个像素进行分割，整体代价很小。它使用类似于 Faster R-CNN 的架构进行目标候选框提取，不过增加了一个与分类、回归并行的 Mask 头。此外，Mask R-CNN 使用了 RoI 对齐层，而不是 RoI 池化层，以避免由于空间量化造成的像素级错位。为了获得更好的准确性和更快的速度，该算法作者选择了带有特征金字塔网络（Feature Pyramid NetWork，FPN）的 ResNeXt-101 作为主干，其架构如图 9-26 所示。

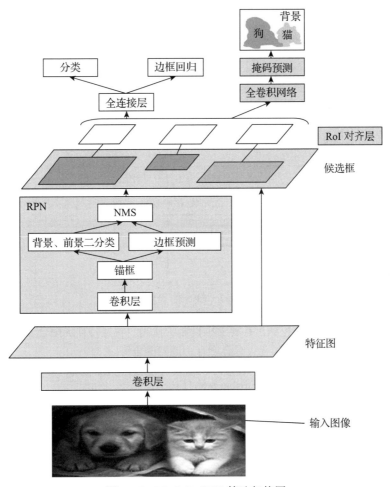

图 9-26　Mask R-CNN 算法架构图

9.3.5　YOLO

前面介绍的目标检测算法都是两阶段检测模型，这类算法将检测视为一个分类问题：需要一个模块枚举一些由网络分类为前景或背景的候选框。然而，YOLO 对检测问题进行了重构，视其为一个回归问题，把预测图像像素作为目标及其边界框属性。在 YOLO 中，输入图像被划分为 S×S 的网格（Cell），目标中心点所在的网格负责该目标的检测。一个网格预测多个边框，每个预测数组包括 5 个元素：边框的中心点 (x, y)、边框的宽高（W/H）、置信度得分。

YOLO 有 很 多 版 本，如 YOLO v1、YOLO v2（或 YOLO 9000）、YOLO v3、YOLO v4、YOLO v5 等，为提升检测小目标的性能，从 YOLO v3 开始引入特征 FPN 架构，如图 9-27 所示。

由图 9-27 可知，FPN 的块结构分为两个部分，一个是自顶向下通路（Top-Down Pathway），另一个是侧边通路（Lateral Pathway）。所谓自顶向下通路是指对上一个小尺寸的特征图（语义更高层）做 2 倍上采样，并连接到下一层。而侧边通路则是指下面的特征图（高分辨率低语义）先利用一个 1×1 的卷积核进行通道压缩，然后与上面下来的采样后结果进行合并，合并方式为逐元素相加（Element-Wise Addition），再通过一个 3×3 的卷积核对合并之后的结果进行处理，得到对应的特征图。

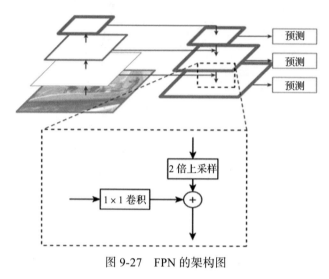

图 9-27 FPN 的架构图

FPN 高分辨率、强语义的特征，有利于小目标的检测。根据特征的融合方法，可将 FPN 分为自上而下的融合、自下而上的融合、混合融合、递归融合等。

FPN 并不是一个目标检测框架，但它可以融入其他目标检测框架中，提升检测器的性能。截至现在，FPN 已经成为目标检测框架中必备的结构了。

9.3.6 各种算法的性能比较

Transformer 架构在自然语言领域中取得了很好的成绩，在应用到视觉领域后也取得了很好的成绩。图 9-28 中的 Swin-T 就是基于 Transformer 架构的一种目标检测、语义分割算法，目前该算法位于最优位置。

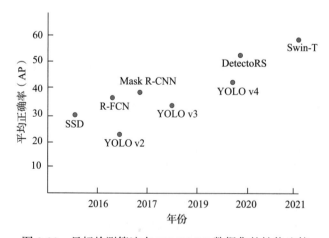

图 9-28 目标检测算法在 MS COCO 数据集的性能比较

9.4　语义分割

　　语义分割（Semantic Segmentation）是一种像素级别的图像处理方式，比目标检测更加精确。语义分割是对图像中每一个像素点进行分类，确定每个点的类别（如属于背景、人或飞机等），进而进行区域划分，如图 9-29 所示。目前，语义分割已经被广泛应用于自动驾驶、机器人技术和无人机落点判定等领域。

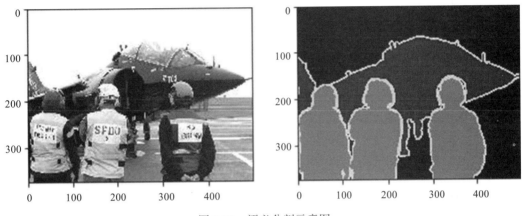

图 9-29　语义分割示意图

　　左图是真实的图像，右图是分割之后的结果。

　　在图像处理领域，CNN 已经在图像分类分面取得了巨大的成功，但是由于 CNN 在卷积和池化的过程中会丢失图像细节，如特征图逐渐变小，所以不能很好地指出物体的具体轮廓，识别每个像素具体属于哪个物体，无法做到精确分割。

　　为解决这个问题，Jonathan Long 等人提出了全卷积网络（Fully Convolutional Network，FCN）架构。自提出后，FCN 已经成为语义分割的重要架构。

　　利用卷积神经网络进行图像分类或回归任务时，通常在卷积层之后会接上若干个全连接层，将卷积层产生的特征图映射成一个固定长度的特征向量。因为它们最后都期望得到整个输入图像属于某类对象的概率值，比如 AlexNet 的 ImageNet 模型输出一个 1000 维的向量表示输入图像属于每一类的概率（经过 softmax 归一化），如图 9-30 所示。

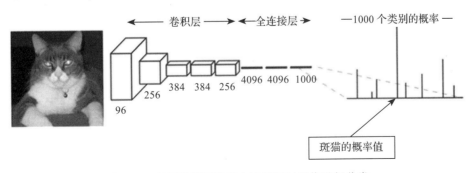

图 9-30　利用卷积网络及全连接层对图像进行分类

与通常用于分类或回归任务的卷积神经网络不同，全卷积网络可以接收任意尺寸的输入图像。把图 9-31 中的 3 个全连接层改为卷积核尺寸为 1×1，通道数为向量长度的卷积层，然后，采用转置卷积层对最后一个卷积层的特征图进行上采样，使它恢复到与输入图像相同的尺寸，从而可以对每个像素都进行了一次预测，同时保留了原始输入图像中的空间信息，接着在上采样的特征图上进行逐像素分类，最后逐个像素计算分类的损失，相当于每一个像素对应一个训练样本。这样整个网络都使用卷积层，而没有使用全连接层，这或许就是全卷积网络名称的由来。该网络的输出类别预测与输入图像在像素级别上具有一一对应关系，其通道维度的输出为该位置对应像素的类别预测，如图 9-31 所示。

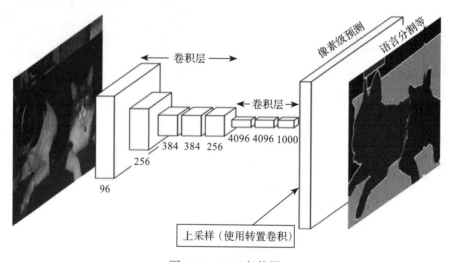

图 9-31　FCN 架构图

FCN 的卷积网络部分可以采用 VGG、GoogleNet、AlexNet、ResNet 等作为预训练模型，为了得到更加准确的像素级别分割，可以在这些预训练模型的基础上进行微调，对反卷积的结果与对应的正向特征图进行叠加输出。

9.5　小结

目标检测和语义分割是视觉处理领域的一个重要分支，随着自动驾驶在企业的广泛应用，目标检测也呈现快速发展的趋势。本章首先介绍了目标检测、语义分割的一些基本概念，以及如何确定候选框等，然后在此基础上介绍了各种优化算法。接下来我们来了解深度学习中的另外一个重要分支：生成式深度学习。

第 10 章

生成式深度学习

深度学习的优势不仅体现在其强大的学习能力,更体现在它的创新能力。我们通过构建判别模型来提升模型的学习能力,通过构建生成模型来发挥其创新能力。判别模型通常利用训练样本训练模型,然后对新样本 x 进行判别或预测。而生成模型正好相反,它根据一些规则 y 来生成新样本 x。

生成模型有很多,本章主要介绍常用的两种:变分自编码器(Variational Auto-Encoder,VAE)和生成式对抗网络(Generative Adversarial Network,GAN)及其变种。虽然两者都是生成模型,并且都通过各自的生成能力展现了其强大的创新能力,但它们在具体实现上有所不同。VAE 根植于贝叶斯推理,目的是潜在地建模,从模型中采样新的数据。GAN 基于博弈论,目的是找到达到纳什均衡的判别器网络和生成器网络。

本章具体内容如下:

❑ 用变分自编码器生成图像

❑ GAN 简介

❑ 用 GAN 生成图像

❑ VAE 与 GAN 的异同

❑ CGAN

❑ DCGAN

❑ 提升 GAN 训练效果的技巧

10.1 用变分自编码器生成图像

变分自编码器是自编码器的改进版本。自编码器是一种无监督学习,但它无法产生新的内容,而变分自编码器对其潜在空间进行了拓展,可以满足正态分布。

10.1.1 自编码器

自编码器是通过对输入 X 进行编码后得到一个低维的向量 Z,然后根据这个向量还原出输

入 $\boldsymbol{X}$。通过对比 $\boldsymbol{X}$ 与 $\tilde{\boldsymbol{X}}$ 得到二者的误差，再利用神经网络去训练模型使得误差逐渐减小，从而达到非监督学习的目的。图 10-1 为自编码器的架构图。

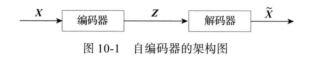

图 10-1   自编码器的架构图

自编码器不能随意产生合理的潜在变量，所以无法产生新的内容。潜在变量 $\boldsymbol{Z}$ 都是编码器从原始图像中产生的。为解决这一问题，人们对潜在空间 $\boldsymbol{Z}$（潜在变量对应的空间）增加了一些约束，使 $\boldsymbol{Z}$ 满足正态分布，由此就出现了变分自编码器（VAE）模型。VAE 对编码器添加约束，就是强迫它产生服从单位正态分布的潜在变量。正是这种约束，把 VAE 和自编码器区分开来。

10.1.2   变分自编码器

前文提到，变分自编码器最关键的一点就是增加了一个对潜在空间 $\boldsymbol{Z}$ 的正态分布约束，如何确定这个正态分布呢？要确定正态分布，只要确定其两个参数，即均值 u 和标准差 σ。那么如何确定 u、σ？可以用神经网络去拟合，不仅简单，效果也不错。图 10-2 为 VAE 的架构图。

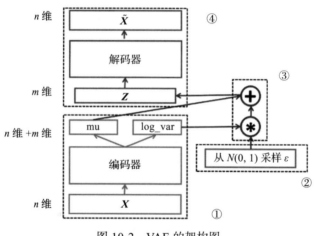

图 10-2   VAE 的架构图

在图 10-2 中，模块①的功能是把输入样本 $\boldsymbol{X}$ 通过编码器输出两个 m 维向量（mu、log_var），这两个向量是潜在空间（假设满足正态分布）的两个参数（相当于均值和方差）。那么如何从这个潜在空间抽取向量 $\boldsymbol{Z}$？

这里假设潜在正态分布能生成输入图像，从标准正态分布 $N(0, I)$ 中采样一个 ε（模块②的功能），然后使

$$\boldsymbol{Z} = \text{mu} + \exp(\text{log\_var})\varepsilon \tag{10.1}$$

这也是模块③的主要功能。

获得向量 $\boldsymbol{Z}$ 之后，通过解码器生成样本 $\tilde{\boldsymbol{X}}$，这是模块④的功能。

这里 ε 是随机采样的，用于保证潜在空间的连续性和良好的结构性。这些特性使得潜在空

间的每个方向都表示数据中有意义的变化方向。

以上这些步骤构成了整个网络的正向传播过程，那么反向传播如何进行？要确定反向传播就需要用到损失函数，它是衡量模型优劣的主要指标。这里我们需要从以下两个方面进行衡量。

1）生成的新图像与原图像的相似度；

2）隐含空间的分布与正态分布的相似度。

度量图像的相似度一般采用交叉熵（如 nn.BCELoss），度量两个分布的相似度一般采用 KL 散度（Kullback-Leibler Divergence）。这两个度量的和构成了整个模型的损失函数。

以下是损失函数的具体代码。关于 VAE 损失函数的推导过程，有兴趣的读者可参考原论文[⊖]了解更多内容。

```
# 定义重构损失函数及 KL 散度
reconst_loss = F.binary_cross_entropy(x_reconst, x, size_average=False)
kl_div = - 0.5 * torch.sum(1 + log_var - mu.pow(2) - log_var.exp())
# 两者相加得总损失
loss= reconst_loss+ kl_div
```

10.1.3　用变分自编码器生成图像实例

前面我们介绍了 VAE 的架构和原理，对 VAE 的"蓝图"有了大致了解。如何实现这个蓝图？这节我们将使用 PyTorch 实现 VAE，还会介绍一些在实现过程中需要注意的问题。为便于说明，数据集采用 MNIST。整个 VAE 网络架构如图 10-3 所示。

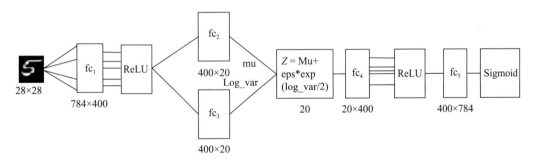

图 10-3　VAE 网络架构

首先，我们简单介绍一下实现的具体步骤，然后结合代码详细说明如何用 PyTorch 实现 VAE。具体步骤如下。

1）导入必要的包。

```
import os
import torch
import torch.nn as nn
import torch.nn.functional as F
import torchvision
from torchvision import transforms
from torchvision.utils import save_image
```

⊖　论文地址是 https://arxiv.org/pdf/1606.05908.pdf。

2）定义一些超参数。

```
image_size = 784
h_dim = 400
z_dim = 20
num_epochs = 30
batch_size = 128
learning_rate = 0.001
```

3）对数据集进行预处理，如转换为 Tensor，把数据集转换为循环、可批量加载的数据集；

```
# 下载 MNIST 训练集，这里因已下载，故 download=False
# 如果需要下载，设置 download=True 即可自动下载
dataset = torchvision.datasets.MNIST(root='data',
                                     train=True,
                                     transform=transforms.ToTensor(),
                                     download=False)


# 数据加载
data_loader = torch.utils.data.DataLoader(dataset=dataset,
                                          batch_size=batch_size,
                                          shuffle=True)
```

4）构建 VAE 模型，主要由 encode 和 decode 两部分组成；

```
# 定义 VAE 模型
class VAE(nn.Module):
    def __init__(self, image_size=784, h_dim=400, z_dim=20):
        super(VAE, self).__init__()
        self.fc1 = nn.Linear(image_size, h_dim)
        self.fc2 = nn.Linear(h_dim, z_dim)
        self.fc3 = nn.Linear(h_dim, z_dim)
        self.fc4 = nn.Linear(z_dim, h_dim)
        self.fc5 = nn.Linear(h_dim, image_size)

    def encode(self, x):
        h = F.relu(self.fc1(x))
        return self.fc2(h), self.fc3(h)

    # 用 mu、log_var 生成一个潜在空间点 z，mu、log_var 为两个统计参数，我们假设
    # 这个假设分布能生成图像
    def reparameterize(self, mu, log_var):
        std = torch.exp(log_var/2)
        eps = torch.randn_like(std)
        return mu + eps * std

    def decode(self, z):
        h = F.relu(self.fc4(z))
        return F.sigmoid(self.fc5(h))

    def forward(self, x):
        mu, log_var = self.encode(x)
        z = self.reparameterize(mu, log_var)
        x_reconst = self.decode(z)
        return x_reconst, mu, log_var
```

5）选择 GPU 及优化器。

```
# 设置 PyTorch 在哪块 GPU 上运行，这里假设使用序号为 1 的 GPU
torch.cuda.set_device(1)
device = torch.device('cuda' if torch.cuda.is_available() else 'cpu')
model = VAE().to(device)
optimizer = torch.optim.Adam(model.parameters(), lr=learning_rate)
```

6）训练模型，同时保存原图像与随机生成的图像。

```
with torch.no_grad():
        # 保存采样图像，即潜在向量 Z 通过解码器生成的新图像
        z = torch.randn(batch_size, z_dim).to(device)
        out = model.decode(z).view(-1, 1, 28, 28)
        save_image(out, os.path.join(sample_dir, 'sampled-{}.png'.format(epoch+1)))

        # 保存重构图像，即原图像通过解码器生成的图像
        out, _, _ = model(x)
        x_concat = torch.cat([x.view(-1, 1, 28, 28), out.view(-1, 1, 28, 28)], dim=3)
        save_image(x_concat, os.path.join(sample_dir, 'reconst-{}.png'.format(epoch+1)))
```

7）展示原图像及重构图像。

```
reconsPath = './ave_samples/reconst-30.png'
Image = mpimg.imread(reconsPath)
plt.imshow(Image) # 显示图像
plt.axis('off') # 不显示坐标轴
plt.show()
```

图 10-4 是迭代 30 次的结果。

在图 10-4 中，奇数列为原图像，偶数列为原图像重构的图像。从这个结果可以看出重构图像效果还不错。图 10-5 为由潜在空间通过解码器生成的新图像，这个图像效果也不错。

图 10-4　VAE 构建图像

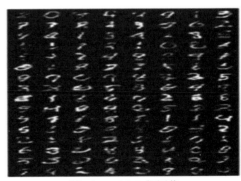

图 10-5　VAE 新图像

8）显示由潜在向量 **Z** 生成的新图像。

```
genPath = './ave_samples/sampled-30.png'
Image = mpimg.imread(genPath)
plt.imshow(Image) # 显示图像
plt.axis('off')    # 不显示坐标轴
plt.show()
```

这里主要用全连接层构建网络，有兴趣的读者可以尝试用卷积层构建网络。注意，如果编码层使用卷积层（如 nn.Conv2d），解码器需要使用反卷积层（nn. ConvTranspose2d）。接下来我们介绍生成式对抗网络（GAN），并用该网络生成新数字，其效果将优于 VAE。

10.2 GAN 简介

上节介绍了基于自编码器的 VAE，使用它可以生成新的图像。这节将介绍另一种生成式对抗网络——GAN。它是 2014 年由 Ian Goodfellow 提出的，它解决的问题是如何从训练样本中学习新样本，如训练样本是图像，则生成新的图像，如训练样本是文章，则生成新的文章等。

GAN 既不需要依赖标签来优化，也不需要根据对结果奖惩来调整参数，而是需要依据生成器和判别器之间的博弈来不断优化。举个不一定很恰当的例子，就像一台验钞机和一台制造假币的机器之间的博弈，二者不断博弈，博弈的结果是假币越来越像真币，直到验钞机无法识别一张货币是假币还是真币为止。这样说还是有点抽象，接下来我们将从多个侧面进行说明。

10.2.1 GAN 的架构

VAE 利用潜在空间可以生成连续的新图像，不过因损失函数采用像素间的距离计算，所以图像有点模糊。能否生成更清晰的新图像呢？可以，这里我们用 GAN 替换 VAE 的潜在空间，它可以使生成图像与真实图像在统计意义上合成逼真图像。

可以想象一个名画伪造者想伪造一幅达·芬奇的画作，开始时，伪造者技术不精，但他将自己画的赝品和达·芬奇的作品混在一起，请一个技术鉴赏者对每一幅画进行真实性评估，从反馈中了解哪些看起来像真迹、哪些看起来不像真迹。然后伪造者根据这些反馈，改进赝品。随着时间的推移，伪造者的技术越来越高，赝品越来越真迹。最后，他们就拥有了一些非常逼真的赝品。

这就是 GAN 的基本原理。这里有两个角色，一个是伪造者，另一个是技术鉴赏者。他们训练的目的都是打败对方。

因此，从网络的角度来看，GAN 由两部分组成。

1）生成器网络：以一个潜在空间的随机向量作为输入，并将其解码为一张合成图像。

2）判别器网络：以一张图像（真实、合成均可）作为输入，并预测该图像来自训练集还是来自生成器网络。图 10-6 为 GAN 的架构图。

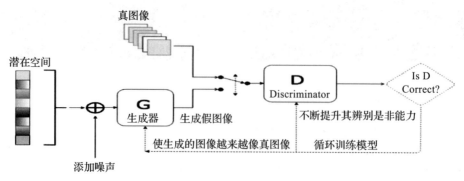

图 10-6 GAN 的架构图

如何不断提升判别器辨别是非的能力？如何使生成的图像越来越像真图像？这些都通过它们各自的损失函数来控制。

训练结束后，生成器能够将输入空间中的任何点转换为一张可信图像。与 VAE 不同的是，这个潜在空间无法保证连续性或有特殊含义的结构性。

对 GAN 的优化不像通常那样求损失函数的最小值，而是保持生成与判别两股力量的动态平衡。因此，其训练过程要比一般神经网络难很多。

10.2.2　GAN 的损失函数

从 GAN 的架构图（图 10-6）可知，控制生成器或判别器的关键是损失函数，如何定义损失函数成为整个 GAN 的关键。我们的目标很明确，既要不断提升判断器辨别是非或真假的能力，又要不断提升生成器以提升图像质量，使判别器越来越难判别。这些目标如何用程序体现？可以用损失函数充分说明。

为了达到判别器的目标，其损失函数既要考虑识别真图像的能力，又要考虑识别假图像的能力，而不能只考虑一方面，故判别器的损失函数为两者的和，具体代码如下。其中 D 表示判别器，G 为生成器，real_labels、fake_labels 分别表示真图像标签、假图像标签。images 是真图像，z 是从潜在空间随机采样的向量，通过生成器得到假图像。

```
# 定义判别器对真图像的损失函数
outputs = D(images)
d_loss_real = criterion(outputs, real_labels)
real_score = outputs

# 定义判别器对假图像（即由潜在空间生成的图像）的损失函数
z = torch.randn(batch_size, latent_size).to(device)
fake_images = G(z)
outputs = D(fake_images)
d_loss_fake = criterion(outputs, fake_labels)
fake_score = outputs
# 得到判别器的总的损失函数
d_loss = d_loss_real + d_loss_fake
```

如何定义生成器的损失函数，使其越来越向真图像靠近？以真图像为标杆或标签即可。具体代码如下：

```
z = torch.randn(batch_size, latent_size).to(device)
fake_images = G(z)
outputs = D(fake_images)

g_loss = criterion(outputs, real_labels)
```

10.3　用 GAN 生成图像

为便于说明 GAN 的关键环节，这里我们弱化了网络和数据集的复杂度。数据集使用 MNIST，网络使用全连接层。后续我们将用一些卷积层的实例来说明。

10.3.1   构建判别器

获取数据，导入模块的过程与 VAE 基本类似，这里不再赘述，详细内容大家可参考 char-10 代码模块。

定义判别器网络结构，这里使用 LeakyReLU 作为激活函数，输出一个节点、最后经过 sigmoid 后输出，用于真假二分类。

```
# 构建判别器
D = nn.Sequential(
    nn.Linear(image_size, hidden_size),
    nn.LeakyReLU(0.2),
    nn.Linear(hidden_size, hidden_size),
    nn.LeakyReLU(0.2),
    nn.Linear(hidden_size, 1),
    nn.Sigmoid())
```

10.3.2   构建生成器

GAN 的生成器与 VAE 的生成器类似，不同的是 GAN 的输出为 nn.tanh，它可以使数据分布在 [-1, 1] 之间。其输入是潜在空间的向量 z，输出的维度与真图像的维度相同。

```
# 构建生成器
G = nn.Sequential(
    nn.Linear(latent_size, hidden_size),
    nn.ReLU(),
    nn.Linear(hidden_size, hidden_size),
    nn.ReLU(),
    nn.Linear(hidden_size, image_size),
    nn.Tanh())
```

10.3.3   训练模型

把判别器与生成器组合成一个完整模型，并对该模型进行训练。

```
for epoch in range(num_epochs):
    for i, (images, _) in enumerate(data_loader):
        images = images.reshape(batch_size, -1).to(device)

        # 定义图像是真或假的标签
        real_labels = torch.ones(batch_size, 1).to(device)
        fake_labels = torch.zeros(batch_size, 1).to(device)

        # ================================================================= #
        #                        训练判别器                                   #
        # ================================================================= #

        # 定义判别器对真图像的损失函数
        outputs = D(images)
        d_loss_real = criterion(outputs, real_labels)
        real_score = outputs

        # 定义判别器对假图像（即由潜在空间点生成的图像）的损失函数
```

```
        z = torch.randn(batch_size, latent_size).to(device)
        fake_images = G(z)
        outputs = D(fake_images)
        d_loss_fake = criterion(outputs, fake_labels)
        fake_score = outputs

        # 得到判别器的总的损失函数
        d_loss = d_loss_real + d_loss_fake

        # 对生成器、判别器的梯度清零
        reset_grad()
        d_loss.backward()
        d_optimizer.step()

        # ================================================================== #
        #                          训练生成器                                 #
        # ================================================================== #

        # 定义生成器对假图像的损失函数，这里我们要求判别器生成的图像越来像真图像，
        # 故将损失函数中的标签改为真图像的标签，即希望生成的假图像越来越靠近真图像
        z = torch.randn(batch_size, latent_size).to(device)
        fake_images = G(z)
        outputs = D(fake_images)


        g_loss = criterion(outputs, real_labels)

        # 对生成器、判别器的梯度清零
        # 反向传播，运行生成器的优化器
        reset_grad()
        g_loss.backward()
        g_optimizer.step()

        if (i+1) % 200 == 0:
            print('Epoch [{}/{}], Step [{}/{}], d_loss: {:.4f}, g_loss: {:.4f},
                D(x): {:.2f}, D(G(z)): {:.2f}'
                .format(epoch, num_epochs, i+1, total_step, d_loss.item(), g_
                loss.item(),
                real_score.mean().item(), fake_score.mean().item()))

    # 保存真图像
    if (epoch+1) == 1:
        images = images.reshape(images.size(0), 1, 28, 28)
        save_image(denorm(images), os.path.join(sample_dir, 'real_images.png'))

    # 保存假图像
    fake_images = fake_images.reshape(fake_images.size(0), 1, 28, 28)
    save_image(denorm(fake_images), os.path.join(sample_dir, 'fake_images-{}.
        png'.format(epoch+1)))

# 保存模型
torch.save(G.state_dict(), 'G.ckpt')
torch.save(D.state_dict(), 'D.ckpt')
```

10.3.4　可视化结果

可视化每次由生成器得到的假图像，即潜在向量 z 通过生成器得到的图像。

```
reconsPath = './gan_samples/fake_images-200.png'
Image = mpimg.imread(reconsPath)
plt.imshow(Image)  # 显示图像
plt.axis('off')    # 不显示坐标轴
plt.show()
```

运行结果如图 10-7 所示。

图 10-7 的效果明显好于图 10-5 的效果。使用 VAE 生成的图像主要依赖原图像与新图像的交叉熵，而 GAN 不仅依赖真假图像的交叉熵，还兼顾不断提升判别器和生成器本身的性能。

10.4 VAE 与 GAN 的异同

VAE 适合学习具有良好结构的潜在空间，潜在空间有比较好的连续性，其中存在一些有特定意义的方向。VAE 能够捕捉图像的结构变化（倾斜角度、圈的位置、形状变化、表情变化等）。它有显式的分布，能够容易地可视化图像的分布，具体如图 10-8 所示。

图 10-7　GAN 的新图像

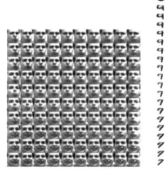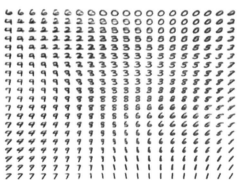

图 10-8　VAE 得到的数据流形分布图

GAN 生成的潜在空间可能没有良好的结构，但 GAN 生成的图像一般比 VAE 生成的图像更清晰。

10.5 CGAN

前文提到，VAE 和 GAN 都能基于潜在空间的随机向量 z 生成新图像，GAN 生成的图像比 VAE 生成的图像更清晰，质量更好些。不过它们生成的图像都是随机的，无法预先控制要生成哪类或哪个数。如果在生成新图像的同时，能加上一个目标控制那就太好了，如我希望生成某个数字，或者生成某个主题或类别的图像，实现按需生成的目的，这样的应用应该非常广泛。因此，CGAN（Condition GAN，基于条件的 GAN）应运而生。

10.5.1　CGAN 的架构

在 GAN 这种完全无监督的架构上加上一个标签或一点监督信息，整个网络就可看成半监督模型。CGAN 的架构与 GAN 类似，只是添加了条件 y，y 就是加入的监督信息，比如 MNIST 数据集可以提供某个数字的标签信息，人脸生成可以提供性别、是否微笑、年龄等信息，带某个主题的图像标签信息等。CGAN 的架构图如图 10-9 所示。

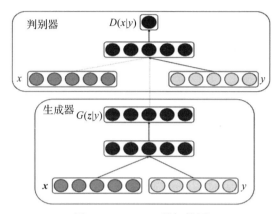

图 10-9　CGAN 的架构图

对生成器输入一个从潜在空间随机采样的向量 z 及条件 y，生成一个符合该条件的图像 $G(z/y)$。对判别器来说，输入一张图像 x 和条件 y，输出该图像在该条件下的概率 $D(x/y)$。这只是 CGAN 的一个蓝图，如何实现这个蓝图？接下来我们用 PyTorch 具体实现。

10.5.2　CGAN 的生成器

定义生成器及正向传播函数。

```python
class Generator(nn.Module):
    def __init__(self):
        super().__init__()

        self.label_emb = nn.Embedding(10, 10)

        self.model = nn.Sequential(
            nn.Linear(110, 256),
            nn.LeakyReLU(0.2, inplace=True),
            nn.Linear(256, 512),
            nn.LeakyReLU(0.2, inplace=True),
            nn.Linear(512, 1024),
            nn.LeakyReLU(0.2, inplace=True),
            nn.Linear(1024, 784),
            nn.Tanh()
        )

    def forward(self, z, labels):
        z = z.view(z.size(0), 100)
        c = self.label_emb(labels)
```

```
x = torch.cat([z, c], 1)
out = self.model(x)
return out.view(x.size(0), 28, 28)
```

10.5.3 CGAN 的判别器

定义判别器及正向传播函数。

```
class Discriminator(nn.Module):
    def __init__(self):
        super().__init__()

        self.label_emb = nn.Embedding(10, 10)

        self.model = nn.Sequential(
            nn.Linear(794, 1024),
            nn.LeakyReLU(0.2, inplace=True),
            nn.Dropout(0.4),
            nn.Linear(1024, 512),
            nn.LeakyReLU(0.2, inplace=True),
            nn.Dropout(0.4),
            nn.Linear(512, 256),
            nn.LeakyReLU(0.2, inplace=True),
            nn.Dropout(0.4),
            nn.Linear(256, 1),
            nn.Sigmoid()
        )

    def forward(self, x, labels):
        x = x.view(x.size(0), 784)
        c = self.label_emb(labels)
        x = torch.cat([x, c], 1)
        out = self.model(x)
        return out.squeeze()
```

10.5.4 CGAN 的损失函数

定义判别器对真、假图像的损失函数。

```
# 定义判别器对真图像的损失函数
real_validity = D(images, labels)
d_loss_real = criterion(real_validity, real_labels)
# 定义判别器对假图像（即由潜在空间点生成的图像）的损失函数
z = torch.randn(batch_size, 100).to(device)
fake_labels = torch.randint(0,10,(batch_size,)).to(device)
fake_images = G(z, fake_labels)
fake_validity = D(fake_images, fake_labels)
d_loss_fake = criterion(fake_validity, torch.zeros(batch_size).to(device))
#CGAN 总的损失值
d_loss = d_loss_real + d_loss_fake
```

10.5.5 CGAN 的可视化

利用网格（10×10）的形式展示指定条件下生成的图像，如图 10-10 所示。

```
from torchvision.utils import make_grid
z = torch.randn(100, 100).to(device)
labels = torch.LongTensor([i for i in range(10) for _ in range(10)]).to(device)

images = G(z, labels).unsqueeze(1)
grid = make_grid(images, nrow=10, normalize=True)
fig, ax = plt.subplots(figsize=(10,10))
ax.imshow(grid.permute(1, 2, 0).detach().cpu().numpy(), cmap='binary')
ax.axis('off')
```

运行结果如图 10-10 所示。

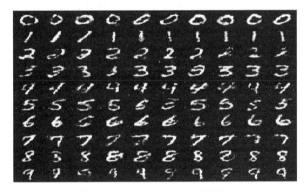

图 10-10　CGAN 生成的图像

10.5.6　查看指定标签的数据

可视化指定单个数字条件下生成的数字。

```
def generate_digit(generator, digit):
    z = torch.randn(1, 100).to(device)
    label = torch.LongTensor([digit]).to(device)
    img = generator(z, label).detach().cpu()
    img = 0.5 * img + 0.5
    return transforms.ToPILImage()(img)
generate_digit(G, 8)
```

运行结果如图 10-11 所示。

图 10-11　查看指定数字

10.5.7　可视化损失值

记录判别器、生成器的损失值代码：

```
writer.add_scalars('scalars', {'g_loss': g_loss, 'd_loss': d_loss}, step)
```

运行结果如图 10-12 所示。

由图 10-12 可知，CGAN 的训练过程不像一般神经网络的训练过程，它是判别器和生成器互相竞争的过程，最后二者达成一个平衡。

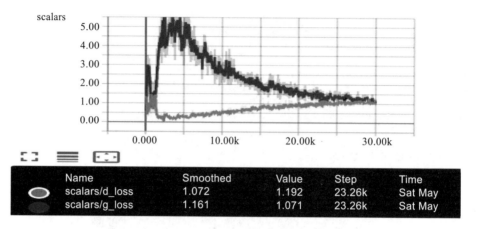

图 10-12　CGAN 损失值

10.6　DCGAN

DCGAN 在 GAN 的基础上优化了网络结构，加入了卷积层（Conv）、转置卷积层（ConvTran-spose）、批量归一化层（batch_norm）等，使得网络更容易训练。图 10-13 为使用卷积层的 DCGAN 的网络架构图。

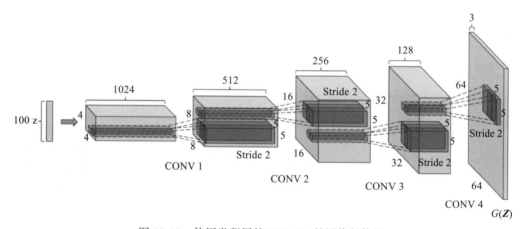

图 10-13　使用卷积层的 DCGAN 的网络架构图

本书附赠资源 pytorch-10-01 代码中含有使用卷积层的实例，有兴趣的读者可参考一下。下面是使用卷积层的判别器及使用转置卷积的生成器的具体代码。

1）使用卷积层、批量归一化层的判别器。

```
class Discriminator(nn.Module):
    def __init__(self):
        super(Discriminator, self).__init__()
        self.main = nn.Sequential(
            # 输入大致为 (nc) × 64 × 64, nc 表示通道数
```

```
        nn.Conv2d(nc, ndf, 4, 2, 1, bias=False),
        nn.LeakyReLU(0.2, inplace=True),
        # ndf 表示判别器特征图的大小
        nn.Conv2d(ndf, ndf * 2, 4, 2, 1, bias=False),
        nn.BatchNorm2d(ndf * 2),
        nn.LeakyReLU(0.2, inplace=True),
        nn.Conv2d(ndf * 2, ndf * 4, 4, 2, 1, bias=False),
        nn.BatchNorm2d(ndf * 4),
        nn.LeakyReLU(0.2, inplace=True),
        nn.Conv2d(ndf * 4, ndf * 8, 4, 2, 1, bias=False),
        nn.BatchNorm2d(ndf * 8),
        nn.LeakyReLU(0.2, inplace=True),
      nn.Conv2d(ndf * 8, 1, 4, 1, 0, bias=False),
        nn.Sigmoid()
    )

    def forward(self, input):
        return self.main(input)
```

2）使用转置卷积层、批量归一化层的生成器。

```
class Generator(nn.Module):
    def __init__(self):
        super(Generator, self).__init__()
        self.main = nn.Sequential(
            # 输入 Z, nz 表示 Z 的大小。
            nn.ConvTranspose2d( nz, ngf * 8, 4, 1, 0, bias=False),
            nn.BatchNorm2d(ngf * 8),
            nn.ReLU(True),
            # ngf 为生成器特征图大小
            nn.ConvTranspose2d(ngf * 8, ngf * 4, 4, 2, 1, bias=False),
            nn.BatchNorm2d(ngf * 4),
            nn.ReLU(True),
            # state size. (ngf*4) x 8 x 8
            nn.ConvTranspose2d( ngf * 4, ngf * 2, 4, 2, 1, bias=False),
            nn.BatchNorm2d(ngf * 2),
            nn.ReLU(True),
            # state size. (ngf*2) x 16 x 16
            nn.ConvTranspose2d( ngf * 2, ngf, 4, 2, 1, bias=False),
            nn.BatchNorm2d(ngf),
            nn.ReLU(True),
            #nc 为通道数
            nn.ConvTranspose2d( ngf, nc, 4, 2, 1, bias=False),
            nn.Tanh()
            )

    def forward(self, input):
        return self.main(input)
```

10.7　提升 GAN 训练效果的技巧

　　训练 GAN 是生成器和判别器互相竞争的动态过程，比一般的神经网络挑战更大。为了解决训练 GAN 模型的一些问题，人们从实践中总结了一些常用技巧，这些技巧在一些情况下效果不错，但不一定适合所有情况。

1）批量加载和批量归一化，有利于提升训练过程中博弈的稳定性。

2）使用 tanh 激活函数作为生成器的最后一层，将图像数据规范在 −1 和 1 之间，一般不用 sigmoid。

3）选用 LeakyReLU 作为生成器和判别器的激活函数，有利于改善梯度的稀疏性。稀疏的梯度会妨碍 GAN 的训练。

4）使用卷积层时，卷积核的大小要能被步幅整除，否则可能导致生成的图像中存在棋盘状伪影。

10.8　小结

变分自编码器和对抗式生成网络是生成式网络的两种主要网络，本章介绍了这两种网络的主要架构及原理，并用具体实例来帮助大家加深理解。此外本章还简单介绍了 GAN 的多种变种，如 CGAN、DCGAN 等，第 16 章还将介绍 GAN 的其他一些实例。

第三部分 *Part 3*

深度学习实战

第 11 章　人脸检测与识别实例
第 12 章　迁移学习实例
第 13 章　神经网络机器翻译实例
第 14 章　使用 ViT 进行图像分类
第 15 章　语义分割实例
第 16 章　生成模型实例
第 17 章　AI 新方向：对抗攻击
第 18 章　强化学习
第 19 章　深度强化学习

第 11 章

人脸检测与识别实例

目前，人脸检测与识别的应用非常广泛，如通过人脸识别进行手机支付、分析公共场所的人流量、在边境口岸甄别犯罪嫌疑人、在金融系统进行身份认证等。随着技术应用越来越广泛，其遇到的挑战也越来越多、越来越大。从单一限定场景发展到广场、火车站、地铁口等场景，人脸检测面临的挑战也越来越复杂，比如人脸的尺度多变、数量巨大、姿势多样等，也有俯拍、被帽子或口罩遮挡等情况，还有表情夸张、化妆或伪装、光照条件恶劣、分辨率低等情况。

那么如何解决这些问题呢？新问题只能用新方法来解决，其中 MTCNN（Multi-Task Cascaded Convolutional Network，多任务级联卷积神经网络）算法是人脸检测的经典方法，本章将重点介绍。此外，本章也将介绍一些其他内容，具体包括：

❑ 人脸检测与识别的一般流程
❑ 人脸检测
❑ 特征提取与人脸识别
❑ 使用 PyTorch 实现人脸检测与识别

11.1 人脸检测与识别的一般流程

广义的人脸识别包括构建人脸识别系统的一系列相关技术，如人脸图像采集、人脸检测、人脸识别预处理、特征提取、人脸识别等。而狭义的人脸识别特指通过人脸进行身份确认或者身份查找的技术或系统。

人脸识别是计算机技术研究领域中的一种生物特征识别技术，是通过对生物体（一般特指人）本身的生物特征进行识别来区分生物体个体。生物特征识别技术所研究的生物特征包括脸、指纹、手掌纹、虹膜、视网膜、声音（语音）、体形、个人习惯（例如敲击键盘的力度、频率、签字）等，因此，对应就有了人脸识别、指纹识别、掌纹识别、虹膜识别、视网膜识别、语音识别（语音识别可以进行身份识别，也可以进行语音内容的识别，但只有前者属于生物特征识别技术）、体形识别、键盘敲击识别、签字识别等技术。

人脸识别的优势在于其自然性和被测个体无察觉的特点，大家容易接受。

人脸检测与识别的一般处理流程如图 11-1 所示。

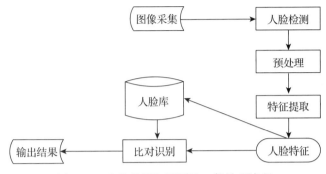

图 11-1　人脸检测与识别的一般处理流程

其中图像采集包括摄像镜头采集、将已有图像上传等方式，采集的图像包括静态图像、动态图像，以及不同位置、不同表情的图像等，当采集对象在设备的拍摄范围内时，采集设备会自动搜索并拍摄人脸图像。影响图像采集的因素有很多，主要有图像大小、图像分辨率、光照环境、模糊程度、遮挡程度、采集角度等。

人脸检测、特征提取、人脸识别等环节涉及的内容比较多，下面我们分别加以说明。

11.2　人脸检测

人脸检测是目标检测中的一种。在介绍人脸检测之前，我们先简单介绍一下目标检测，然后详细介绍人脸检测中的人脸定位、对齐及主要算法等内容。

11.2.1　目标检测

目标检测的早期框架有 Viola Jones 框架、HOG（Histogram of Oriented Gradient，方向梯度直方图）框架。加入深度学习后的框架包括 OverFeat、R-CNN、Fast R-CNN、Faster R-CNN 等。

目标检测（Object Detection）是找出图像中所有感兴趣的目标（物体），确定它们的类别和位置，这是计算机视觉领域的核心问题之一。由于各类物体有不同的外观、形状、姿态，加上成像时的光照、遮挡等因素的干扰，目标检测将面临很多挑战性的问题。

目标检测要解决的问题主要有两个：

1）确定目标的位置、形状和范围；

2）区分各种目标。

为了解决这些问题，人们研究出多种目标检测算法，具体可参考 9.3 节，这里不再赘述。

11.2.2　人脸定位

人脸检测需要解决的问题就是给定任意图像，找到其中是否存在一个或多个人脸，并返回图像中每个人脸的位置、范围及特征等。人脸检测包括定位、对齐、确定关键点等过程。

定位就是在图像中找到人脸的位置。在这个过程中输入的是一张含有人脸的图像，输出的是所有人脸的矩形框。一般来说，人脸检测应该能够检测出图像中的所有人脸，不能有漏检，更不能有错检。图 11-2 为人脸定位示意图。

图 11-2　人脸定位示意图

11.2.3　人脸对齐

同一个人在不同的图像序列中可能呈现出不同的姿态和表情，这种情况是不利于人脸识别的。所以有必要将人脸图像都变换到一个统一的角度和姿态，这就是人脸对齐。它的原理是找到人脸的若干个关键点（即基准点，如眼角、鼻尖、嘴角等），然后利用这些对应的关键点进行相似变换（如旋转、缩放和平移），转换为标准人脸。图 11-3 是一个典型的人脸对齐过程示意图。

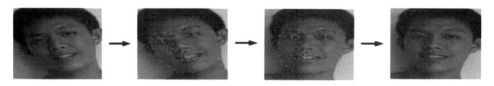

图 11-3　人脸对齐过程示意图

人脸定位和人脸对齐等任务可以使用 MTCNN 算法完成。MTCNN 算法可基于深度学习（CNN）进行人脸检测，相比于传统的算法，它的性能更好，检测速度更快。下面我们重点介绍这种算法。

11.2.4　MTCNN 算法

MTCNN 算法出自深圳先进技术研究院乔宇老师组[⊖]。MTCNN 由 3 个神经网络组成，分别是 P-Net、R-Net 和 O-Net。MTCNN 算法架构如图 11-4 所示。

MTCNN 算法实现过程大致分为以下 4 个步骤。

1）对给定的一张图像进行缩放，生成不同大小的图片，构建图像金字塔，以便适应不同尺寸的头像。

⊖　Zhang K, Zhang Z, Li Z, et al. Joint Face Detection and Alignment Using Multitask Cascaded Convolutional Networks[J]. IEEE Signal Processing Letters, 2016, 23(10):1499-1503.

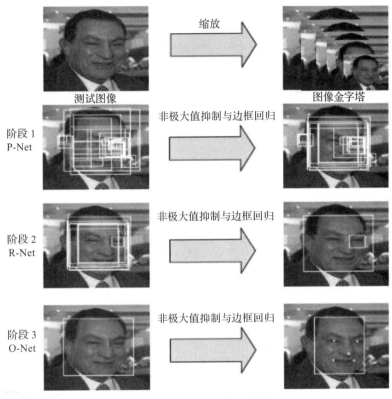

图 11-4　MTCNN 算法架构

2）利用 P-Net 网络生成候选窗口和边框回归向量，通过利用边框回归的方法来校正这些候选窗口，同时使用非极大值抑制的方法合并重叠的窗口。

3）使用 R-Net 网络改善候选窗口。将通过 P-Net 筛选的候选窗口输入 R-Net 中，去除大部分假窗口，继续使用边框回归校正窗口，并使用非极大值抑制合并窗口。

4）使用 O-Net 网络输出最终的人脸框和 5 个特征点的位置。

从 P-Net 到 R-Net，再到最后的 O-Net，网络输入的图像越来越大，卷积层的通道数越来越多，网络的深度也越来越深，因此人脸识别的准确率也越来越高。同时 P-Net 网络的运行速度较快，R-Net 次之，O-Net 运行速度最慢。之所以使用 3 个网络，是因为如果一开始直接对图像使用 O-Net 网络，速度会非常慢。实际上 MTCNN 算法的实现过程是，P-Net 先进行了一层过滤，然后将过滤后的结果交给 R-Net 再次过滤，最后将过滤后的结果交给效果最好但是速度最慢的 O-Net 进行识别。这样每一步都减少了需要判别的数量，有效地降低了计算时间，从而大大提高了运行效率。

人脸检测以后，接下来就是特征提取与人脸识别。

11.3　特征提取与人脸识别

通过人脸检测和对齐后，我们就获得了包含人脸的区域图像，然后通过深度卷积网络把输入的人脸图像转换为一个向量，这个过程就是特征提取。

特征提取是一项重要内容，在传统机器学习中往往占据人们大部分时间和精力，有时即使花了时间，效果也不一定理想。而深度学习支持自动获取特征，节省了很多资源。图 11-5 为传统机器学习与深度学习算法的一些异同，尤其是特征提取方面。

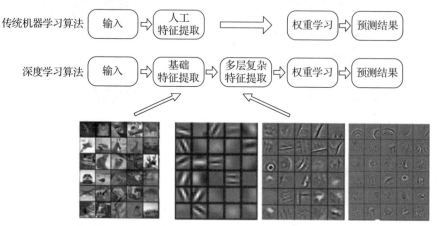

图 11-5   传统机器学习与深度学习特征提取的异同

接下来就可以进行人脸识别了。人脸识别的一个关键问题就是如何衡量人脸的相似或不同。对于分类问题，我们通过在最后一层添加 softmax 函数，把输出转换为一个概率分布，然后使用信息熵进行类别的区分。

在普通的分类任务中，网络的最后一层全连接层输出的特征只要可分就行，并不要求类内紧凑和类间分离，但这一点非常不适用于人脸识别任务。

如果人脸之间的相似程度用最后 softmax 输出的向量间的欧氏距离表示，则效果往往不会很理想。例如，使用 CNN 对 MNIST 进行分类，设计一个卷积神经网络，让最后一层输出一个二维向量（便于可视化），此时每一类对应的二维向量如图 11-6 所示。

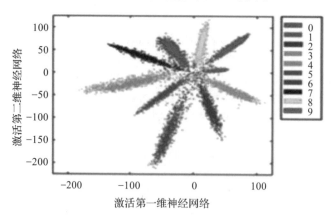

图 11-6   使用 CNN 对 MNIST 分类得到的概率分布图

从图 11-6 可以看出，同一类的点之间的欧氏距离可能较大，不同类之间的欧氏距离（如在靠近中心位置）可能很小。由此可知，通过欧氏距离来衡量两个向量（或两个人脸）的相似程度效果就不理想了。因此，如何设计一个有效的损失函数，使得学习到的深度特征具有比较强的可区分性呢？从直觉上讲，我们应该最小化类内的变化程度，同时保持类间的可区分性。为此，人们研究出很多方法，并持续改进。以下介绍几种损失函数及其优缺点。

1. softmax 损失函数

softmax 损失函数是最初的人脸识别函数，其原理是去掉最后的分类层，将特征网络导出为特征向量用于人脸识别。softmax 训练时收敛得很快，但是精度一般达到 0.9 左右就不会再上升了。这是因为作为分类网络，softmax 不能像度量学习（metric learning）一样显式地优化类间和类内距离，所以性能不会特别好。softmax 损失函数的定义如下：

$$L_s = -\frac{1}{N}\sum_{i=1}^{N}\log\frac{\mathrm{e}^{W_{y_i}^{\mathrm{T}}x_i+b_{y_i}}}{\sum_{j=1}^{n}\mathrm{e}^{W_j^{\mathrm{T}}x_i+b_j}} \tag{11.1}$$

其中，N 是批量大小，n 是类别数目。

2. 三元组损失函数

三元组损失（Triplet Loss）函数属于度量学习，它通过计算两个图像之间的相似度，使得输入图像被归入相似度大的图像类别中去，使同类样本之间的距离尽可能缩小，不同类样本之间的距离尽可能放大。其定义为：

$$L_t = \sum_{i}^{N}[\| f(x_i^a) - f(x_i^p) \|_2^2 - \| f(x_i^a) - f(x_i^n) \|_2^2 + \alpha]_+ \tag{11.2}$$

其中，N 是批量大小，x_i^a、x_i^p、x_i^n 为每次从训练数据中取出的 3 个人脸图像，前两个表示同一个人，x_i^n 为一个不同人的图像。"$\|$" 表示欧氏距离，"$+$" 表示当 [] 内的值大于 0 时，取 [] 内的值，否则取 0。

三元组损失函数可以解决人脸的特征表示问题。但在训练过程中，三元组的选择技巧性比较高，而且要求数据集比较大。这是它的不足。

3. 中心损失函数

从图 11-6 不难看出，类内距离有的时候甚至比类间距离大，这也是使用 softmax 损失函数效果不好的原因之一，softmax 具备分类能力但是不具备度量学习的特性，没法压缩为同一类别。为解决这一问题，中心损失（Center Loss）函数被提出。中心损失函数的核心是，为每一个类别提供一个类别中心，最小化每个样本与该中心的距离，其定义为：

$$L_c = \sum_{i=1}^{N}\| x_i - c_{y_i} \|_2^2 \tag{11.3}$$

其中，x_i 为一个样本，y_i 是该样本对应的类别，c_{y_i} 为该类别的中心。中心损失函数比较好地解决了同类间的内聚性。一般在利用中心损失函数时，还会加上 softmax 损失函数，以保证类间的可分性，所以最终损失函数由两部分构成：

$$L = L_s + \lambda L_c \tag{11.4}$$

其中 λ 用于平衡两个损失函数，通过中心损失函数处理后，为每个类别学习一个中心，并将每个类别的所有特征向量拉向对应类别的中心，从图 11-7 可以看出，中心损失函数的权重 λ 越大，生成的特征就会越具有内聚性。

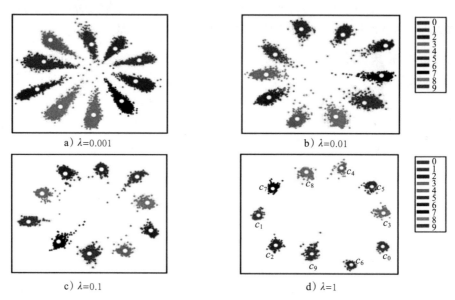

a）λ=0.001

b）λ=0.01

c）λ=0.1

d）λ=1

图 11-7　同时使用中心损失函数和 softmax 损失函数得到各类别的二维向量分布

L_t、L_c 都是基于欧氏距离的度量学习，在实际应用中也取得了不错的效果，但中心损失函数需要为每个类别保留一个类别中心，当类别数量很多（>10000）时，这个内存消耗非常可观，对 GPU 的内存要求较高。那么如何解决这个问题呢？使用 ArcFace 损失函数就是一个有效方法。

4. ArcFace 损失函数

在 softmax 损失函数中，$W_{y_i}^{\mathrm{T}} x_i$ 可以等价表示为：

$$|w_{y_i}||x_i|\cos(\theta)$$

其中，"||"表示模，θ 为权重 w_{y_i} 与特征 x_i 的夹角。对权重及特征进行归一化，可以将原来的表达式简化为 $\cos(\theta)$，这样我们就可依据 $\cos(\theta)$ 的变动来判断对识别任务的影响。由此，我们可得到 ArcFace 损失函数：

$$L_{\mathrm{arc}} = -\frac{1}{N}\sum_{i=1}^{N}\log\frac{e^{s(\cos(\theta_{y_i}+m))}}{e^{s(\cos(\theta_{y_i}+m))}+\sum_{j=1,\,j\neq y_i}^{n}e^{s\cos\theta_j}} \qquad (11.5)$$

ArcFace 损失函数不仅对权重进行了归一化，还对特征进行了归一化，同时乘上一个 scale 参数（简写为 s，作为 e 的上标），使分类映射到一个更大的超球面上，让分类更方便。图 11-8 为 ArcFace 损失函数的计算流程图。

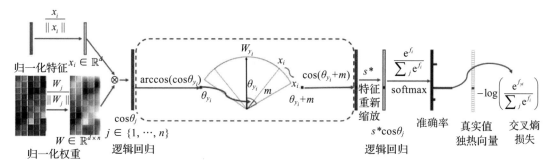

图 11-8　ArcFace 损失函数的计算流程图

总体来说，ArcFace 优于其他几种损失函数，著名的 MegaFace 竞赛，识别准确率在很长一段时间内都停留在 91% 左右，在洞见实验室使用 ArcFace 提交后，识别准确率迅速提到了 98%。在现在的实际应用中，大多使用 ArcFace 损失函数。ArcFace 的伪代码实现步骤如下：

1）对 x 进行归一化；

2）对 W 进行归一化；

3）计算 Wx 得到预测向量 y；

4）从 y 中挑出与真实值（ground truth）对应的值；

5）计算其反余弦得到角度；

6）角度加上 m；

7）从 y 中挑出与真实值对应的值所在位置的独热编码；

8）将 $\cos(\theta + m)$ 通过独热编码放回原来的位置；

9）对所有值乘上固定值。

使用 PyTorch 代码实现上述过程，具体如下。

```python
# ArcFace
class ArcMarginProduct(nn.Module):
    r"""Implement of large margin arc distance: :
        Args:
            in_features: size of each input sample
            out_features: size of each output sample
            s: norm of input feature
            m: margin

            cos(theta + m)
        """

    def __init__(self, in_features, out_features, s=30.0, m=0.50, easy_margin=False):
        super(ArcMarginProduct, self).__init__()
        self.in_features = in_features
        self.out_features = out_features
        self.s = s
        self.m = m
        # 初始化权重
        self.weight = Parameter(torch.FloatTensor(out_features, in_features))
        nn.init.xavier_uniform_(self.weight)

        self.easy_margin = easy_margin
```

```
            self.cos_m = math.cos(m)
            self.sin_m = math.sin(m)
            self.th = math.cos(math.pi - m)
            self.mm = math.sin(math.pi - m) * m

    def forward(self, input, label):
        # cos(theta) & phi(theta)
        # torch.nn.functional.linear(input, weight, bias=None)
        # y=x*W^T+b
        cosine = F.linear(F.normalize(input), F.normalize(self.weight))
        sine = torch.sqrt(1.0 - torch.pow(cosine, 2))
        # cos(a+b)=cos(a)*cos(b)-size(a)*sin(b)
        phi = cosine * self.cos_m - sine * self.sin_m
        if self.easy_margin:
            # torch.where(condition, x, y) → Tensor
            # condition (ByteTensor) - When True (nonzero), yield x, otherwise yield y
            # x (Tensor) - values selected at indices where condition is True
            # y (Tensor) - values selected at indices where condition is False
            # return:
            # A tensor of shape equal to the broadcasted shape of condition, x, y
            # cosine>0 means two class is similar, thus use the phi which make it
            phi = torch.where(cosine > 0, phi, cosine)
        else:
            phi = torch.where(cosine > self.th, phi, cosine - self.mm)
        # 将标签转换为独热编码
        # one_hot = torch.zeros(cosine.size(), requires_grad=True, device='cuda')
        # 将 cos(\theta + m) 更新到 Tensor 相应的位置中
        one_hot = torch.zeros(cosine.size(), device='cuda')
        # scatter_(dim, index, src)
        one_hot.scatter_(1, label.view(-1, 1).long(), 1)
        # torch.where(out_i = {x_i if condition_i else y_i)
        output = (one_hot * phi) + ((1.0 - one_hot) * cosine)
        output *= self.s

        return output
```

5. 人脸识别

前面介绍了人脸检测的一些方法，检测到人脸并定位面部关键特征点之后，接下来就是特征抽取。将特征作为向量提取后，基于向量之间的欧氏距离就可以进行人脸识别。人脸识别要完成人脸特征的提取，并与库存的已知人脸进行比对，完成最终的分类。

人脸识别的输入是标准化的人脸图像，之后通过特征建模得到向量化的人脸特征，最后通过分类器判别得到识别的结果。这里的关键是怎样得到可区分不同人脸的特征。通常我们在识别一个人时会看他的眉形、脸的轮廓、鼻子的形状、眼睛的类型等，人脸识别算法引擎要通过训练得到这类有区分度的特征，即具备相同人对应的特征向量间的距离小，而不同人对应的特征向量间距离大的特点。

11.4　使用 PyTorch 实现人脸检测与识别

本节将使用 PyTorch 实现一个具体的人脸检测与识别实例。使用的数据集由两部分组成：一部分是别人的图像，一部分是自己的图像。

11.4.1 验证检测代码

我们通过查看原来的图像并浏览检测大致的效果以验证检测代码。

1）查看他人的图像及检测效果。

```
from PIL import Image
from face_dect_recong.align.detector import detect_faces
from face_dect_recong.align.visualization_utils import show_results
%matplotlib inline

img = Image.open('./data/other_my_face/others/Woody_Allen/Woody_Allen_0001.jpg')
bounding_boxes, landmarks = detect_faces(img)
show_results(img, bounding_boxes, landmarks)
```

运行结果如图 11-9 所示。

2）查看自己的图像。

```
img = Image.open('./data/other_my_face/my/my/myf112.jpg')
bounding_boxes, landmarks = detect_faces(img)
show_results(img, bounding_boxes, landmarks)
```

运行结果如图 11-10 所示。

图 11-9　查看他人的图像

图 11-10　查看自己的图像

11.4.2 检测图像

1）对他人的图像进行检测。

```
%run face_dect_recong/align/face_align.py -source_root './data/other_my_face/
    others/' -dest_root './data/other_my_face_align/others' -crop_size 128
```

运行结果（部分）如下：

```
100%|          | 5745/5749 [35:37<00:01,  2.69it/s]
Processing    ./data/lfw/Joe_Gatti/Joe_Gatti_0001.jpg
Processing    ./data/lfw/Joe_Gatti/Joe_Gatti_0002.jpg
100%|          | 5747/5749 [35:37<00:00,  2.69it/s]
Processing    ./data/lfw/Alex_Wallau/Alex_Wallau_0001.jpg
Processing    ./data/lfw/Naomi_Bronstein/Naomi_Bronstein_0001.jpg
```

2）检测自己的图像。

```
# 对自己的图像进行检测
```

```
%run face_dect_recong/align/face_align.py -source_root './data/other_my_face/
    my/' -dest_root './data/other_my_face_align/my' -crop_size 128
```

11.4.3 检测后进行预处理

删除检测后头像数量小于 4 张的人。

```
# 删除头像数量小于 4 张的人
%run face_dect_recong/balance/remove_lowshot.py -root './data/other_my_face_
    align/others' -min_num 4
```

运行结果（部分）如下：

```
Class Wally_Szczerbiak has less than 4 samples, removed!
Class Win_Aung has less than 4 samples, removed!
Class William_Genego has less than 4 samples, removed!
Class Wu_Yi has less than 4 samples, removed!
Class Will_Young has less than 4 samples, removed!
```

11.4.4 查看检测后的图像

将通过检测后的图像存放在 ./data/other_my_face_align 目录下，查看检测后的图像。

1）查看他人的图像检测效果。

```
import matplotlib.pyplot as plt
from matplotlib.image import imread
%matplotlib inline

img=imread('./data/other_my_face_align/others/Woody_Allen/Woody_Allen_0002.jpg')
plt.imshow(img)
plt.show
```

运行结果如图 11-11 所示。

2）查看自己的图像检测效果。

```
import matplotlib.pyplot as plt
from matplotlib.image import imread
%matplotlib inline

img=imread('./data/other_my_face_align/others/my/myf112.jpg')
plt.imshow(img)
plt.show
```

运行结果如图 11-12 所示。

图 11-11 检测图 11-9 的结果

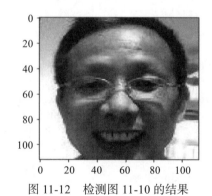

图 11-12 检测图 11-10 的结果

11.4.5 人脸识别

完成人脸检测后，就可以进行人脸识别了。这里我们采用预训练模型，网络结构为 ResNet18，测试数据为上面检测后的图像。下面是主要的代码实现部分，更多详细代码请看本书附赠资源中的 pytorch-11 代码。

1）定义并下载预训练模型。

```
model_urls = {
    'resnet18': 'https://download.pytorch.org/models/resnet18-5c106cde.pth',
    'resnet34': 'https://download.pytorch.org/models/resnet34-333f7ec4.pth'
    }

device = torch.device("cuda:0" if torch.cuda.is_available() else "cpu")
```

2）调用其他模块的主程序。

```
opt = Config()
model = resnet_face18(opt.use_se)
# 采用多 GPU 的数据并行处理机制
model = DataParallel(model)
# 装载预训练模型
model.load_state_dict(torch.load(opt.test_model_path))
model.to(device)

identity_list = get_lfw_list(opt.lfw_test_list)
img_paths = [os.path.join(opt.lfw_root, each) for each in identity_list]

model.eval()
lfw_test(model, img_paths, identity_list, opt.lfw_test_list, opt.test_batch_size)
```

运行结果如下：

准确率：100%；阈值：0.11820279。

准确率达到 100%，说明识别效果很不错。

11.5 小结

人脸检测与识别是视觉处理的重要内容之一，本章首先介绍了人脸识别的流程，主要包括人脸检测、特征提取、人脸识别等。其中，重点介绍了人脸检测算法 MTCNN，以及人脸提取方面的几种改进算法（涉及损失函数的重新定义）。本章最后通过一个完整实例把这些内容贯穿起来。

第 12 章

迁移学习实例

深度学习一般需要大数据、深网络，但有时很难同时获取这些条件。尽管如此，如果你还是想获得一个高性能的模型，该如何实现呢？这时迁移学习（Transfer Learning）将使你效率倍增！

迁移学习经常用于计算机视觉任务和自然语言处理任务中，这些模型往往需要大数据、复杂的网络结构。使用迁移学习时，可将预训练的模型作为新模型的起点，因为这些预训练的模型在开发神经网络的时候已经在大数据集上训练好了，模型设计和通用性也比较好。如果要解决的问题与这些模型的相关性较强，那么将大大提升模型的性能和泛化能力。本章介绍如何使用迁移学习来加速训练过程，具体内容包括：

❑ 迁移学习简介
❑ 特征提取
❑ 数据增强
❑ 微调实例
❑ 清除图像中的雾霾

12.1 迁移学习简介

考虑到训练词向量模型一般需要大量数据，而且耗时比较长，为了节省时间、提高效率，本实例采用迁移学习方法，即直接利用训练好的词向量模型作为输入数据，这样既可以提高模型精度，又可以节省大量训练时间。

何为迁移学习？迁移学习是一种机器学习方法，简单来说，就是把任务 A 开发的模型作为初始点，重新使用在任务 B 中，如图 12-1 所示。比如，任务 A 可以是识别图像中的车辆，而任务 B 可以是识别卡车、轿车、公交车等。合理地使用迁移学习，可以避免针对每个目标任务单独训练模型，从而极大节约计算资源。也就是说，迁移学习就是把预训练好的模型迁移到新的任务上，犹如站在巨人的肩膀上。

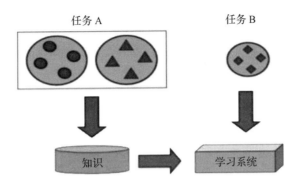

图 12-1 迁移学习示意图

神经网络中的迁移学习主要有两个应用场景：特征提取和微调。

❑ 特征提取（Feature Extraction）：冻结除了最终完全连接层之外的所有网络的权重。最后全连接层被替换为一个具有随机权重的新层，并且仅训练该层。

❑ 微调（Fine Tuning）：使用预训练网络初始化，而不是随机初始化，用新数据训练部分或整个网络。

以下我们将介绍 3 种常用的迁移学习方法，并用代码实现，同时比较它们之间的异同。

12.2 特征提取

在特征提取方法中，我们可以在预先训练好的网络结构后修改或添加一个简单的分类器，将源任务上预先训练好的网络作为另一个目标任务的特征提取器，只对最后增加的分类器参数进行重新学习即可，而不用修改或冻结预先训练好的网络参数，这样新任务在特征提取时使用的就是源任务中学习到的参数，而不用重新学习所有参数。特征提取过程如图 12-2 所示。

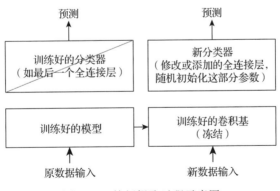

图 12-2 特征提取过程示意图

PyTorch 如何实现冻结网络部分层？本节后续将介绍。

12.2.1 PyTorch 提供的预处理模块

迁移学习需要使用对应的预训练模型。PyTorch 提供了很多现成的预训练模块，可以直接拿来使用。在 torchvision.models 模块（下文简称为 models 模块）中有很多模型，这些模型包含只有随机值参数的模型或已在大数据集训练过的模型。预训练模型可以通过设置参数 pretrained=True 来构造，表示从 torch.utils.model_zoo 中提取相关预训练模型。

models 模块中包括以下模型。

- ❏ AlexNet
- ❏ VGG
- ❏ ResNet
- ❏ SqueezeNet
- ❏ DenseNet
- ❏ Inception v3
- ❏ GoogLeNet
- ❏ ShuffleNet v2

1. 调用随机权重的模型

具体实现代码如下。

```
import torchvision.models as models
resnet18 = models.resnet18()
alexnet = models.alexnet()
vgg16 = models.vgg16()
```

2. 获取预训练模型

torch.utils.model_zoo 中提供了预训练模型，通过设置参数 pretrained=True 来构造，具体代码如下。如果设置 pretrained=False，表示只需要网络结构，不需要用预训练模型的参数来初始化。

```
import torchvision.models as models
resnet18 = models.resnet18(pretrained=True)
alexnet = models.alexnet(pretrained=True)
squeezenet = models.squeezenet1_0(pretrained=True)
vgg16 = models.vgg16(pretrained=True)
```

3. 注意不同模式

有些模型在训练和测试阶段用到了不同的模块，例如批标准化、dropout 层等。使用 model.train() 或 model.eval() 可以切换到相应的模式。

4. 规范化数据

所有的预训练模型都要求以相同的方式对输入图像进行标准化，即采用小批三通道 RGB 格式（$3 \times H \times W$），其中 H 和 W 应小于 224。在加载图像时，其像素值的范围应在 [0, 1] 内，然后通过指定 mean = [0.485, 0.456, 0.406] 和 std = [0.229, 0.224, 0.225] 进行标准化，例如：

```
normalize = transforms.Normalize(mean=[0.485, 0.456, 0.406],
                                  std=[0.229, 0.224, 0.225])
```

5. 如何冻结某些层

如果需要冻结除最后一层之外的所有网络，设置 requires_grad == False 即可，在 backward()
中不计算梯度。具体代码如下。

```
model = torchvision.models.resnet18(pretrained=True)
for param in model.parameters():
    param.requires_grad = False
```

更多细节可参考 PyTorch 官网（https://pytorch.org/docs/stable/torchvision/models.html）。

12.2.2 特征提取实例

下面用一个实例具体说明如何通过特征提取的方法进行图像分类。6.5 节在 CIFAR10 数据
集上构建了一个神经网络，对数据集中的 10 类物体进行分类，其中使用了多层卷积层和全连接
层，分类准确率在 68% 左右。这个精度显然不尽如人意。本节将使用迁移学习中的特征提取方
法来实现这个任务，预训练模型采用 RestNet 18 网络，精度可提升到 75% 左右。以下是具体代
码实现过程。

1. 导入模块

这里的导入模块的代码与 6.5 节基本相同，只增加了一些预处理功能。

```
import torch
from torch import nn
import torch.nn.functional as F
import torchvision
import torchvision.transforms as transforms
from torchvision import models
from torchvision.datasets import ImageFolder
from datetime import datetime
```

2. 加载数据

这里的数据加载也与 6.5 节基本相同，不过为了适合预训练模型，增加了一些预处理功能，
如数据标准化、对图像进行裁剪等。

```
trans_train = transforms.Compose(
    [transforms.RandomResizedCrop(224),
     transforms.RandomHorizontalFlip(),
     transforms.ToTensor(),
     transforms.Normalize(mean=[0.485, 0.456, 0.406],
                          std=[0.229, 0.224, 0.225])])

trans_valid = transforms.Compose(
    [transforms.Resize(256),
     transforms.CenterCrop(224),
     transforms.ToTensor(),
     transforms.Normalize(mean=[0.485, 0.456, 0.406],
```

```
                              std=[0.229, 0.224, 0.225])])

trainset = torchvision.datasets.CIFAR10(root='./data', train=True,
                                   download=False, transform=trans_train)
trainloader = torch.utils.data.DataLoader(trainset, batch_size=64,
                                   shuffle=True, num_workers=2)

testset = torchvision.datasets.CIFAR10(root='./data', train=False,
                                   download=False, transform=trans_valid)
testloader = torch.utils.data.DataLoader(testset, batch_size=64,
                                   shuffle=False, num_workers=2)

classes = ('plane', 'car', 'bird', 'cat',
           'deer', 'dog', 'frog', 'horse', 'ship', 'truck')
```

3. 下载预训练模型

接下来自动下载预训练模型，该模型网络架构为 RestNet 18，已经在 ImageNet 大数据集上训练好了，所以直接使用即可，该数据集有 1000 个类别。

```
# 使用预训练的模型
net = models.resnet18(pretrained=True)
```

4. 冻结模型参数

参数被冻结后，在反向传播时将不会更新。

```
for param in net.parameters():
    param.requires_grad = False
```

5. 修改最后一层的输出类别数

原来输出为 512×1000，我们把输出改为 512×10，新的数据集有 10 个类别。

```
# 将最后的全连接层改成十分类
device = torch.device("cuda:1" if torch.cuda.is_available() else "cpu")
net.fc = nn.Linear(512, 10)
```

6. 查看冻结前后的参数情况

```
# 查看总参数及训练参数
total_params = sum(p.numel() for p in net.parameters())
print('原总参数个数:{}'.format(total_params))
total_trainable_params = sum(p.numel() for p in net.parameters() if p.requires_grad)
print('需训练参数个数:{}'.format(total_trainable_params))
```

运行结果如下：

```
原总参数个数:11181642
需训练参数个数:5130
```

如果不冻结模型参数，则需要更新非常多的参数，而冻结后，只需要更新全连接层的相关参数。

7. 定义损失函数及优化器

具体实现代码如下：

```
criterion = nn.CrossEntropyLoss()
# 只需要优化最后一层的参数
optimizer = torch.optim.SGD(net.fc.parameters(), lr=1e-3,
weight_decay=1e-3,momentum=0.9)
```

8. 训练及验证模型

训练及验证模型代码如下。

```
rain(net, trainloader, testloader, 20, optimizer, criterion)
```

运行结果（后 10 个循环的结果）如下。

```
Epoch 10. Train Loss: 1.115400, Train Acc: 0.610414, Valid Loss: 0.731936, Valid
    Acc: 0.748905, Time 00:03:22
Epoch 11. Train Loss: 1.109147, Train Acc: 0.613551, Valid Loss: 0.727403, Valid
    Acc: 0.750896, Time 00:03:22
Epoch 12. Train Loss: 1.111586, Train Acc: 0.609235, Valid Loss: 0.720950, Valid
    Acc: 0.753583, Time 00:03:21
Epoch 13. Train Loss: 1.109667, Train Acc: 0.611333, Valid Loss: 0.723195, Valid
    Acc: 0.751692, Time 00:03:22
Epoch 14. Train Loss: 1.106804, Train Acc: 0.614990, Valid Loss: 0.719385, Valid
    Acc: 0.749005, Time 00:03:21
Epoch 15. Train Loss: 1.101916, Train Acc: 0.614970, Valid Loss: 0.716220, Valid
    Acc: 0.754080, Time 00:03:22
Epoch 16. Train Loss: 1.098685, Train Acc: 0.614650, Valid Loss: 0.723971, Valid
    Acc: 0.749005, Time 00:03:20
Epoch 17. Train Loss: 1.103964, Train Acc: 0.615010, Valid Loss: 0.708623, Valid
    Acc: 0.758161, Time 00:03:21
Epoch 18. Train Loss: 1.107073, Train Acc: 0.609815, Valid Loss: 0.730036, Valid
    Acc: 0.746716, Time 00:03:20
Epoch 19. Train Loss: 1.102967, Train Acc: 0.616568, Valid Loss: 0.713578, Valid
    Acc: 0.752687, Time 00:03:22
```

从结果可以看出，准确率比 6.5 节的结果提升了近 10 个百分点，达到 75% 左右。这个精度虽然有比较大的提升，但还不够理想，接下来我们将采用微调 + 数据增强方法，将精度提升到 95%！我们先来了解数据增强的一些常用方法，然后使用微调迁移学习方法，进一步提升准确率。

12.3　数据增强

提高模型泛化能力的 3 个最重要因素是数据、模型、损失函数，其中数据又是其中最重要的因素，但数据的获取往往不充分或成本比较高。是否有其他方法可以快速又便捷地增加数据量呢？在一些领域是可行的，如在图像识别领域通过对图像进行水平或垂直翻转、裁剪、色彩变换、扩展和旋转等来实现数据增强（Data Augmentation），以增加数据量。

通过数据增强技术不仅可以扩大训练数据集的规模、降低模型对某些属性的依赖，从而提高模型的泛化能力，还可以对图像进行不同方式的裁剪，使感兴趣的物体出现在不同位置，从而减轻模型对物体出现位置的依赖性，还能通过调整亮度、色彩等因素来降低模型对色彩的敏感度等。当然，对图像做这些预处理时，不宜使用会改变其类别的转换，如将手写的数字旋转 90 度，就有可能把 9 变成 6，或把 6 变为 9。

此外，把随机噪声添加到输入数据或隐藏单元中也是增加数据量的方法之一。

12.3.1　按比例缩放

随机比例缩放主要使用的是 torchvision.transforms.Resize() 函数。

1）显示原图。

```
import sys
from PIL import Image
from torchvision import transforms as trans
im = Image.open('./image/cat/cat.jpg')
im
```

运行结果如图 12-3 所示。

2）随机比例缩放。

```
# 比例缩放
print(' 原图像大小 : {}'.format(im.size))
new_im = trans.Resize((100, 200))(im)
print(' 缩放后大小 : {}'.format(new_im.size))
new_im
```

运行结果如下，效果如图 12-4 所示。

```
原图片大小：（600，600）
缩放后大小:（200，100）
```

图 12-3　小猫原图

图 12-4　缩放后的图像

12.3.2　裁剪

裁剪有两种方式：一种是在随机位置对图像进行截取，可传入裁剪大小，使用的函数为 torchvision.transforms. RandomCrop()；另一种是在中心按比例裁剪，函数为 torchvision. transforms.CenterCrop()。

```
# 随机裁剪出 200×200 的区域
random_im1 = trans.RandomCrop(200)(im)
random_im1
```

运行结果如图 12-5 所示。

图 12-5　剪辑后的图像

12.3.3　翻转

猫翻转后还是猫，不会改变其类别。通过翻转图像可以增加数据多样性，所以随机翻转也是一种非常有效的手段。在 torchvision 中，随机翻转使用的是 torchvision.transforms.RandomHorizontalFlip() 、torchvision.transforms.RandomVerticalFlip() 和 torchvision.transforms.RandomRotation() 等函数。

```
# 随机竖直翻转
v_flip = trans.RandomVerticalFlip()(im)
v_flip
```

运行结果如图 12-6 所示。

图 12-6　翻转后的图像

12.3.4　改变颜色

除了形状变化外，颜色变化又是另外一种增强方式，其中可以设置亮度变化、对比度变化和颜色变化等，在 torchvision 中，改变颜色主要是用 torchvision.transforms.ColorJitter() 来实现的。

```
# 改变颜色
color_im = trans.ColorJitter(hue=0.5)(im) # 随机从 -0.5～0.5
    中取值以改变颜色
color_im
```

运行结果如图 12-7 所示。

图 12-7　改变颜色后的图像

12.3.5　组合多种增强方法

我们可用 torchvision.trans.Compose() 函数把以上这些变化组合在一起。

```
im_aug = trans.Compose([
    tfs.Resize(200),
    tfs.RandomHorizontalFlip(),
    tfs.RandomCrop(96),
    tfs.ColorJitter(brightness=0.5, contrast=0.5, hue=0.5)
])

import matplotlib.pyplot as plt
%matplotlib inline
nrows = 3
ncols = 3
figsize = (8, 8)
_, figs = plt.subplots(nrows, ncols, figsize=figsize)
plt.axis('off')
for i in range(nrows):
    for j in range(ncols):
        figs[i][j].imshow(im_aug(im))
plt.show()
```

运行结果如图 12-8 所示。

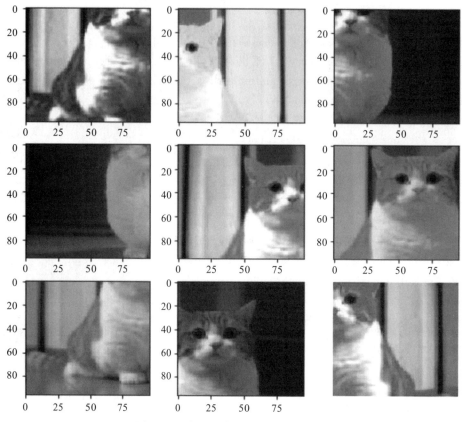

图 12-8　实现图像增强后的部分图像

12.4　微调实例

　　微调迁移方法允许修改预先训练好的网络参数来学习目标任务，所以，微调的训练时间要比特征抽取的训练时间长，但精度更高。微调的大致过程是在预先训练过的网络上添加新的随机初始化层，也会更新预先训练的网络参数，但会使用较小的学习率以防止预先训练好的参数发生较大改变。

　　常用的微调方法是固定底层的参数，调整一些顶层或具体层的参数。这样做的好处是可以减少训练参数的数量，也可以避免过拟合现象的发生。尤其是在目标任务的数据量不足够大时，该方法的实践效果更好。实际上，微调要优于特征提取，因为它能够对迁移过来的预训练网络参数进行优化，使其更加适合新的任务。

12.4.1　数据预处理

　　这里针对训练数据添加了几种数据增强方法，如图像裁剪、旋转、颜色改变等。测试数据与特征提取的测试数据一样，没有变化。

```
trans_train = transforms.Compose(
    [transforms.RandomResizedCrop(size=256, scale=(0.8, 1.0)),
     transforms.RandomRotation(degrees=15),
     transforms.ColorJitter(),
     transforms.RandomResizedCrop(224),
     transforms.RandomHorizontalFlip(),
     transforms.ToTensor(),
     transforms.Normalize(mean=[0.485, 0.456, 0.406],
                               std=[0.229, 0.224, 0.225])])
```

12.4.2　加载预训练模型

原型代码如下：

```
# 使用预训练模型
net = models.resnet18(pretrained=True)
print(net)
```

这里显示模型参数的最后一部分：

```
(1): BasicBlock(
        (conv1): Conv2d(512, 512, kernel_size=(3, 3), stride=(1, 1), padding=(1,
            1), bias=False)
        (bn1): BatchNorm2d(512, eps=1e-05, momentum=0.1, affine=True, track_
            running_stats=True)
        (relu): ReLU(inplace)
        (conv2): Conv2d(512, 512, kernel_size=(3, 3), stride=(1, 1), padding=(1,
            1), bias=False)
        (bn2): BatchNorm2d(512, eps=1e-05, momentum=0.1, affine=True, track_
            running_stats=True)
        )
    )
    (avgpool): AdaptiveAvgPool2d(output_size=(1, 1))
    (fc): Linear(in_features=512, out_features=1000, bias=True)
```

12.4.3　修改分类器

修改最后的全连接层，把类别数由原来的 1000 改为 10。

```
# 将最后的全连接层改成十分类
device = torch.device("cuda:0" if torch.cuda.is_available() else "cpu")
net.fc = nn.Linear(512, 10)
#net = torch.nn.DataParallel(net)
net.to(device)
```

12.4.4　选择损失函数及优化器

这里的学习率为 1e-3，使用微调方法训练模型时，一般选择一个稍大一点的学习率，如果选择的学习率太小，效果要差一些。

```
criterion = nn.CrossEntropyLoss()

optimizer = torch.optim.SGD(net.parameters(), lr=1e-3, weight_decay=1e-
    3,momentum=0.9)
```

12.4.5　训练及验证模型

训练及验证模型的代码如下：

```
train(net, trainloader, testloader, 20, optimizer, criterion)
```

运行结果（部分结果）如下：

```
Epoch 10. Train Loss: 0.443117, Train Acc: 0.845249, Valid Loss: 0.177874, Valid
    Acc: 0.938495, Time 00:09:15
Epoch 11. Train Loss: 0.431862, Train Acc: 0.850324, Valid Loss: 0.160684, Valid
    Acc: 0.946158, Time 00:09:13
Epoch 12. Train Loss: 0.421316, Train Acc: 0.852841, Valid Loss: 0.158540, Valid
    Acc: 0.946756, Time 00:09:13
Epoch 13. Train Loss: 0.410301, Train Acc: 0.857757, Valid Loss: 0.157539, Valid
    Acc: 0.947950, Time 00:09:12
Epoch 15. Train Loss: 0.407030, Train Acc: 0.858975, Valid Loss: 0.153207, Valid
    Acc: 0.949343, Time 00:09:20
Epoch 16. Train Loss: 0.400168, Train Acc: 0.860234, Valid Loss: 0.147240, Valid
    Acc: 0.949542, Time 00:09:17
Epoch 17. Train Loss: 0.382259, Train Acc: 0.867168, Valid Loss: 0.150277, Valid
    Acc: 0.947552, Time 00:09:15
Epoch 18. Train Loss: 0.378578, Train Acc: 0.869046, Valid Loss: 0.144924, Valid
    Acc: 0.951334, Time 00:09:16
```

由结果可知，微调的训练时间明显大于特征提取的训练时间，其一个循环需要9分钟左右，但验证准确率高达95%。注意，这里只循环了20次，如果增加循环次数，准确率还应该可再提升几个百分点。

12.5　清除图像中的雾霾

前面我们介绍了如何利用预训练模型提升性能和泛化能力，这节介绍如何利用一个预训练模型清除图像中的雾霾，使图像更清晰。

1）导入需要的模块。

```
import torch
import torch.nn as nn
import torchvision
import torch.backends.cudnn as cudnn
import torch.optim
import os
import numpy as np
from torchvision import transforms
from PIL import Image
import glob
```

2）查看原来的图像。

```
import matplotlib.pyplot as plt
from matplotlib.image import imread
%matplotlib inline
```

```
img=imread('./clean_photo/test_images/shanghai01.jpg')
plt.imshow(img)
plt.show
```

运行结果如图 12-9 所示。

图 12-9　原图像

3）定义一个神经网络。这个神经网络主要由卷积层构成，且构建在预训练模型之上。

```
# 定义一个神经网络
class model(nn.Module):
    def __init__(self):
        super(model, self).__init__()
        self.relu = nn.ReLU(inplace=True)

        self.e_conv1 = nn.Conv2d(3,3,1,1,0,bias=True)
        self.e_conv2 = nn.Conv2d(3,3,3,1,1,bias=True)
        self.e_conv3 = nn.Conv2d(6,3,5,1,2,bias=True)
        self.e_conv4 = nn.Conv2d(6,3,7,1,3,bias=True)
        self.e_conv5 = nn.Conv2d(12,3,3,1,1,bias=True)

    def forward(self, x):
        source = []
        source.append(x)

        x1 = self.relu(self.e_conv1(x))
        x2 = self.relu(self.e_conv2(x1))
        concat1 = torch.cat((x1,x2), 1)
        x3 = self.relu(self.e_conv3(concat1))

        concat2 = torch.cat((x2, x3), 1)
        x4 = self.relu(self.e_conv4(concat2))
        concat3 = torch.cat((x1,x2,x3,x4),1)
        x5 = self.relu(self.e_conv5(concat3))
        clean_image = self.relu((x5 * x) - x5 + 1)
        return clean_image
```

4）训练模型。

```
device = torch.device("cuda:0" if torch.cuda.is_available() else "cpu")

net = model().to(device)

def cl_image(image_path):
    data = Image.open(image_path)
    data = (np.asarray(data)/255.0)
    data = torch.from_numpy(data).float()
    data = data.permute(2,0,1)
    data = data.to(device).unsqueeze(0)
    # 加载预训练模型
    net.load_state_dict(torch.load('clean_photo/dehazer.pth'))

    clean_image = net.forward(data)
    torchvision.utils.save_image(torch.cat((data, clean_image),0), "clean_photo/
        results/" + image_path.split("/")[-1])

if __name__ == '__main__':
    test_list = glob.glob("clean_photo/test_images/*")

    for image in test_list:
        cl_image(image)
        print(image, "done!")
```

运行结果如下。

```
clean_photo/test_images/shanghai02.jpg done!
```

5）查看处理后的图像。将处理后的图像与原图像拼接在一起，并保存在 clean_photo /
results 目录下。

```
import matplotlib.pyplot as plt
from matplotlib.image import imread
%matplotlib inline

img=imread('clean_photo/results/shanghai01.jpg')
plt.imshow(img)
plt.show
```

运行结果如图 12-10 所示。

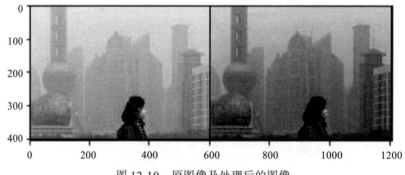

图 12-10　原图像及处理后的图像

12.6　小结

迁移学习犹如站在巨人肩膀上，利用它可以提高我们的开发效率，提升模型性能和鲁棒性。深度学习往往需要大量数据、较深的网络。如果自己去设计网络、训练模型，常常受到数据量、计算力等资源的限制。本章介绍了几种有效提升模型性能的迁移学习方法，还介绍了如何利用数据增强方法等，并通过实例来进一步说明如何根据不同场景使用迁移学习方法。

第 13 章

神经网络机器翻译实例

神经网络机器翻译（Neural Machine Translation，NMT）是最近几年提出来的一种机器翻译方法。相比传统的统计机器翻译（Statistical Machine Translation，SMT）而言，NMT 能够训练从一个序列映射到另一个序列的神经网络，其输出可以是一个变长的序列，在翻译、对话和文字概括方面已获得非常好的效果。NMT 其实是一个编码器 – 解码器系统，由编码器对源语言序列进行编码，并提取源语言中的信息，再通过解码器把这种信息转换到另一种语言即目标语言中来，从而完成对语言的翻译。

本章主要内容包括：

❑ 使用 PyTorch 实现带注意力的解码器
❑ 使用注意力机制实现中英文互译

13.1 使用 PyTorch 实现带注意力的解码器

本书 8.2 节已经简单介绍了编码器 – 解码器模型及注意力框架，本节将使用 PyTorch 来实现由 Dzmitry Bahdanau、Kyunghyun Cho 等人提出的一个用于机器翻译的注意力框架。

13.1.1 构建编码器

用 PyTorch 构建编码器比较简单，把输入句子中的每个单词用 torch.nn.Embedding(m, n) 转换为词向量，然后通过一个编码器（这里采用 GRU 网络）输出每个输入字的向量和隐含状态，并将隐含状态用于下一个输入字。编码器架构图如 13-1 所示。

使用 PyTorch 实现编码器的代码如下：

```
class EncoderRNN(nn.Module):
    def __init__(self, input_size, hidden_size):
```

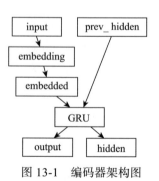

图 13-1　编码器架构图

```
        super(EncoderRNN, self).__init__()
        self.hidden_size = hidden_size

        self.embedding = nn.Embedding(input_size, hidden_size)
        self.gru = nn.GRU(hidden_size, hidden_size)

    def forward(self, input, hidden):
        embedded = self.embedding(input).view(1, 1, -1)
        output = embedded
        output, hidden = self.gru(output, hidden)
        return output, hidden

    def initHidden(self):
        return torch.zeros(1, 1, self.hidden_size, device=device)
```

13.1.2 构建解码器

构建一个简单的解码器，这个解码器只使用编码器的最后输出。最后一个输出也称为上下文向量，因为它从整个序列中编码上下文。该上下文向量将用作解码器的初始隐含状态。在解码的每一步，解码器都被赋予一个输入指令和隐含状态。初始输入指令是以字符串开始的 <SOS> 指令，第一个隐含状态是上下文向量（编码器的最后隐含状态）。解码器架构图如图 13-2 所示。

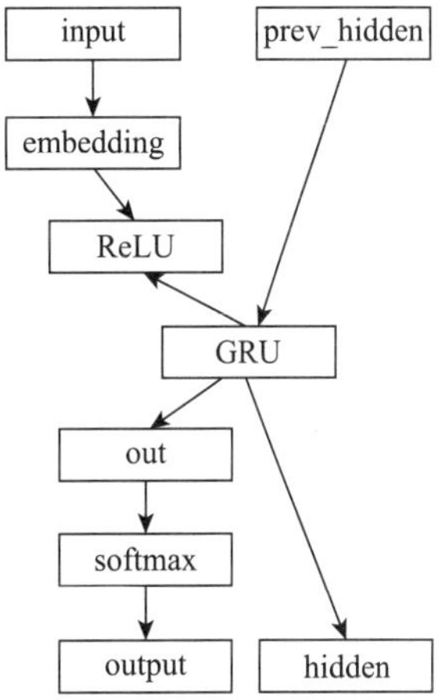

对应实现代码如下：

图 13-2 解码器架构图

```
class DecoderRNN(nn.Module):
    def __init__(self, hidden_size, output_size):
        super(DecoderRNN, self).__init__()
        self.hidden_size = hidden_size

        self.embedding = nn.Embedding(output_size, hidden_size)
        self.gru = nn.GRU(hidden_size, hidden_size)
        self.out = nn.Linear(hidden_size, output_size)
        self.softmax = nn.LogSoftmax(dim=1)

    def forward(self, input, hidden):
        output = self.embedding(input).view(1, 1, -1)
        output = F.relu(output)
        output, hidden = self.gru(output, hidden)
        output = self.softmax(self.out(output[0]))
        return output, hidden

    def initHidden(self):
        return torch.zeros(1, 1, self.hidden_size, device=device)
```

13.1.3 构建带注意力的解码器

这里以典型的 Bahdanau 注意力架构为例进行介绍，该架构主要有 4 层。嵌入层将输入字转换为矢量，计算每个编码器输出的注意力层、RNN 层和输出层。

由图 8-9 可知，解码器的输入包括循环网络最后的隐含状态 s_{i-1}、最后的输出 y_{i-1} 以及所有编码器的所有输出 h_*。

1）这些输入分别通过不同的层接收，y_{t-1} 作为嵌入层的输入。

```
embedded = embedding(last_rnn_output)
```

2）注意力层的函数 a 的输入为 s_{t-1} 和 h_j，输出为 e_{tj}，标准化处理后为 α_{tj}。

```
attn_energies[j] = attn_layer(last_hidden, encoder_outputs[j])
attn_weights = normalize(attn_energies)
```

3）向量 C_t 为编码器各输出的注意力加权平均。

```
context = sum(attn_weights * encoder_outputs)
```

4）循环层 f 的输入为 (s_{t-1}, y_{t-1}, c_t)，输出为内部隐含状态及 s_t。

```
rnn_input = concat(embedded, context)
rnn_output, rnn_hidden = rnn(rnn_input, last_hidden)
```

5）输出层 g 的输入为 (y_{t-1}, s_i, c_i)，输出为 y_i。

```
output = out(embedded, rnn_output, context)
```

6）综合以上各步，得到 Bahdanau 注意力解码器。

```python
class BahdanauAttnDecoderRNN(nn.Module):
    def __init__(self, hidden_size, output_size, n_layers=1, dropout_p=0.1):
        super(AttnDecoderRNN, self).__init__()

        # 定义参数
        self.hidden_size = hidden_size
        self.output_size = output_size
        self.n_layers = n_layers
        self.dropout_p = dropout_p
        self.max_length = max_length

        # 定义层
        self.embedding = nn.Embedding(output_size, hidden_size)
        self.dropout = nn.Dropout(dropout_p)
        self.attn = GeneralAttn(hidden_size)
        self.gru = nn.GRU(hidden_size * 2, hidden_size, n_layers, dropout=dropout_p)
        self.out = nn.Linear(hidden_size, output_size)

    def forward(self, word_input, last_hidden, encoder_outputs):
        # 正向传播每次运行一个时间步，但使用所有的编码器输出
        # 获取当前词嵌入 (last output word)
        word_embedded = self.embedding(word_input).view(1, 1, -1) # S=1 x B x N
        word_embedded = self.dropout(word_embedded)

        # 计算注意力权重并使用编码器输出
        attn_weights = self.attn(last_hidden[-1], encoder_outputs)
        context = attn_weights.bmm(encoder_outputs.transpose(0, 1)) # B x 1 x N

        # 把词嵌入与注意力 context 结合在一起，然后传入循环网络
        rnn_input = torch.cat((word_embedded, context), 2)
        output, hidden = self.gru(rnn_input, last_hidden)

        # 定义最后输出层
```

```
output = output.squeeze(0) # B × N
output = F.log_softmax(self.out(torch.cat((output, context), 1)))

# 返回最后输出、隐含状态及注意力权重
return output, hidden, attn_weights
```

13.2　使用注意力机制实现中英文互译

这个项目是基于注意力机制的 Seq2Seq 神经网络，将中文翻译成英语。数据集 eng-cmn.txt 样本如下，由两部分组成，前部分为英文，后部分为中文，中间用 tab 分割。

英文分词一般采用空格来实现，中文分词这里使用 jieba 工具来实现。

```
It's great.        真是太好了。
It's night.        是晚上了。
Just relax.        放松点吧。
Keep quiet!        保持安静!
Let him in.        让他进来。
```

以下是进行翻译的随机样例，翻译效果不错！

```
#input、target、output 分别表示输入语句（中文）、标准语句、经模型翻译后的语句
[KEY: > input, = target, < output]
> 我周日哪里也不去。
= i am not going anywhere on sunday .
< i am not going anywhere on sunday . <EOS>

> 我一点也不担心。
= i am not the least bit worried .
< i am not the least bit worried . <EOS>

> 我在家。
= i am at home .
< i am at home . <EOS>
```

13.2.1　导入需要的模块

这里涉及中文分词、中文显示、GPU 选用等功能，故需要导入 jieba、font_manager 等模块。

```
from __future__ import unicode_literals, print_function, division
from io import open
import unicodedata
import string
import re
import random
import jieba
import torch
import torch.nn as nn
from torch import optim
import torch.nn.functional as F

import matplotlib.font_manager as fm
myfont = fm.FontProperties(fname='/home/wumg/anaconda3/lib/python3.6/site-
    packages/matplotlib/mpl-data/fonts/ttf/simhei.ttf')

device = torch.device("cuda" if torch.cuda.is_available() else "cpu")
```

13.2.2　数据预处理

数据预处理的主要处理步骤如下。

- ❑ 读取 txt 文件，并按行分割，再把每一行分割成一个语句对，即 pair (Eng,Chinese)。更多数据集可访问 http://www.manythings.org/anki/。
- ❑ 过滤并处理文本信息。
- ❑ 从每个语句对中制作出中文词典和英文词典。
- ❑ 构建训练集。

以下是详细实现步骤。

1）读数据，数据存放路径为 ~/data/pytorch/eng-cmn/eng-cmn.txt。这里将标签 lang1、lang2 作为参数，可提高模块的通用性。你也可以进行多种语言的互译，修改数据文件及这两个参数即可。

```python
def readLangs(lang1, lang2, reverse=False):
    print("Reading lines...")

    # 读文件，然后分成行
    lines = open('data/pytorch-11/eng-cmn/%s-%s.txt' % (lang1, lang2),
        encoding='utf-8').\
        read().strip().split('\n')

    # 把行分成语句对，并进行规范化
    pairs = [[normalizeString(s) for s in l.split('\t')] for l in lines]

    # 判断是否需要转换语句对的次序，如将 [ 英文，中文 ] 转换为 [ 中文，英文 ]
    if reverse:
        pairs = [list(reversed(p)) for p in pairs]
        input_lang = Lang(lang2)
        output_lang = Lang(lang1)
    else:
        input_lang = Lang(lang1)
        output_lang = Lang(lang2)

    return input_lang, output_lang, pairs
```

2）过滤并处理文本信息。

```python
# 为便于数据处理，把 Unicode 字符串转换为 ASCII 编码

def unicodeToAscii(s):
    return ''.join(
        c for c in unicodedata.normalize('NFD', s)
        if unicodedata.category(c) != 'Mn'
    )

# 对英文进行转换为小写、去空格及非字母符号等处理

def normalizeString(s):
    s = unicodeToAscii(s.lower().strip())
    s = re.sub(r"([.!?])", r" \1", s)
    #s = re.sub(r"[^a-zA-Z.!?]+", r" ", s)
    return s
```

3）从每个语句对中制作出中文词典和英文词典。

```
SOS_token = 0
EOS_token = 1


class Lang:
    def __init__(self, name):
        self.name = name
        self.word2index = {}
        self.word2count = {}
        self.index2word = {0: "SOS", 1: "EOS"}
        self.n_words = 2  # Count SOS and EOS
    # 处理英文语句
    def addSentence(self, sentence):
        for word in sentence.split(' '):
            self.addWord(word)
    # 处理中文语句
    def addSentence_cn(self, sentence):
        for word in list(jieba.cut(sentence)):
            self.addWord(word)

    def addWord(self, word):
        if word not in self.word2index:
            self.word2index[word] = self.n_words
            self.word2count[word] = 1
            self.index2word[self.n_words] = word
            self.n_words += 1
        else:
            self.word2count[word] += 1
```

4）把以上数据预处理函数放在一起，实现对数据的预处理。

```
def prepareData(lang1, lang2, reverse=False):
    input_lang, output_lang, pairs = readLangs(lang1, lang2, reverse)
    print("Read %s sentence pairs" % len(pairs))
    pairs = filterPairs(pairs)
    print("Trimmed to %s sentence pairs" % len(pairs))
    print("Counting words...")
    for pair in pairs:
        input_lang.addSentence_cn(pair[0])
        output_lang.addSentence(pair[1])
    print("Counted words:")
    print(input_lang.name, input_lang.n_words)
    print(output_lang.name, output_lang.n_words)
    return input_lang, output_lang, pairs
```

5）运行预处理函数。

```
input_lang, output_lang, pairs = prepareData('eng', 'cmn',True)
print(random.choice(pairs))
```

运行结果如下。

```
Reading lines...
Read 21007 sentence pairs
Trimmed to 640 sentence pairs
Counting words...
```

```
Counted words:
cmn 1063
eng 808
[' 我不是个老师。', 'i am not a teacher .']
```

6）构建训练数据集。构建数据集分两种情况，一种是构建英文字典，一种是构建中文字典。构建中文的函数加上了 _cn 后缀，如 indexesFromSentence_cn。

```
def indexesFromSentence(lang, sentence):
    return [lang.word2index[word] for word in sentence.split(' ')]

def indexesFromSentence_cn(lang, sentence):
    return [lang.word2index[word] for word in list(jieba.cut(sentence))]

def tensorFromSentence(lang, sentence):
    indexes = indexesFromSentence(lang, sentence)
    indexes.append(EOS_token)
    return torch.tensor(indexes, dtype=torch.long, device=device).view(-1, 1)

def tensorFromSentence_cn(lang, sentence):
    indexes = indexesFromSentence_cn(lang, sentence)
    indexes.append(EOS_token)
    return torch.tensor(indexes, dtype=torch.long, device=device).view(-1, 1)

def tensorsFromPair(pair):
    input_tensor = tensorFromSentence_cn(input_lang, pair[0])
    target_tensor = tensorFromSentence(output_lang, pair[1])
    return (input_tensor, target_tensor)
```

13.2.3　构建模型

构建的模型由编码器和带注意力的解码器构成。

1）构建编码器。详细内容请参考 13.1.1 节。

2）构建带注意力的解码器。带注意力的解码器的具体原理请参考本书第 8 章，其核心原理如图 13-3 所示。

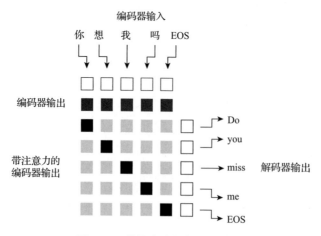

图 13-3　带注意力的解码器原理

带注意力的解码器的网络架构如图 13-4 所示。

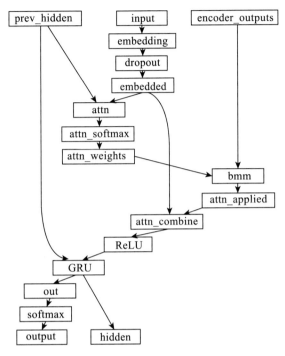

图 13-4　带注意力的解码器的网络架构

使用 PyTorch 实现带注意力的解码器的代码如下。

```
class AttnDecoderRNN(nn.Module):
    def __init__(self, hidden_size, output_size, dropout_p=0.1, max_length=MAX_LENGTH):
        super(AttnDecoderRNN, self).__init__()
        self.hidden_size = hidden_size
        self.output_size = output_size
        self.dropout_p = dropout_p
        self.max_length = max_length

        self.embedding = nn.Embedding(self.output_size, self.hidden_size)
        self.attn = nn.Linear(self.hidden_size * 2, self.max_length)
        self.attn_combine = nn.Linear(self.hidden_size * 2, self.hidden_size)
        self.dropout = nn.Dropout(self.dropout_p)
        self.gru = nn.GRU(self.hidden_size, self.hidden_size)
        self.out = nn.Linear(self.hidden_size, self.output_size)

    def forward(self, input, hidden, encoder_outputs):
        embedded = self.embedding(input).view(1, 1, -1)
        embedded = self.dropout(embedded)

        attn_weights = F.softmax(
            self.attn(torch.cat((embedded[0], hidden[0]), 1)), dim=1)
        attn_applied = torch.bmm(attn_weights.unsqueeze(0),
                                 encoder_outputs.unsqueeze(0))
```

```
        output = torch.cat((embedded[0], attn_applied[0]), 1)
        output = self.attn_combine(output).unsqueeze(0)

        output = F.relu(output)
        output, hidden = self.gru(output, hidden)

        output = F.log_softmax(self.out(output[0]), dim=1)
        return output, hidden, attn_weights

    def initHidden(self):
        return torch.zeros(1, 1, self.hidden_size, device=device)
```

13.2.4 训练模型

1）定义训练模型函数。

```
def trainIters(encoder, decoder, n_iters, print_every=1000, plot_every=100, learning_
    rate=0.01):
    start = time.time()
    plot_losses = []
    print_loss_total = 0
    plot_loss_total = 0

    encoder_optimizer = optim.SGD(encoder.parameters(), lr=learning_rate)
    decoder_optimizer = optim.SGD(decoder.parameters(), lr=learning_rate)
    training_pairs = [tensorsFromPair(random.choice(pairs))
                      for i in range(n_iters)]
    criterion = nn.NLLLoss()

    for iter in range(1, n_iters + 1):
        training_pair = training_pairs[iter - 1]
        input_tensor = training_pair[0]
        target_tensor = training_pair[1]

        loss = train(input_tensor, target_tensor, encoder,
                     decoder, encoder_optimizer, decoder_optimizer, criterion)
        print_loss_total += loss
        plot_loss_total += loss

        if iter % print_every == 0:
            print_loss_avg = print_loss_total / print_every
            print_loss_total = 0
            print('%s (%d %d%%) %.4f' % (timeSince(start, iter / n_iters),
                                         iter, iter / n_iters * 100, print_loss_avg))

        if iter % plot_every == 0:
            plot_loss_avg = plot_loss_total / plot_every
            plot_losses.append(plot_loss_avg)
            plot_loss_total = 0

    showPlot(plot_losses)
```

2）执行训练函数。

```
hidden_size = 256
encoder1 = EncoderRNN(input_lang.n_words, hidden_size).to(device)
attn_decoder1 = AttnDecoderRNN(hidden_size, output_lang.n_words, dropout_p=0.1).
```

```
    to(device)
```

```
trainIters(encoder1, attn_decoder1, 75000, print_every=5000)
```

运行结果如下。

```
3m 9s (- 44m 17s) (5000 6%) 2.6447
6m 15s (- 40m 43s) (10000 13%) 1.1074
9m 27s (- 37m 50s) (15000 20%) 0.2066
12m 38s (- 34m 45s) (20000 26%) 0.0473
15m 52s (- 31m 45s) (25000 33%) 0.0276
18m 45s (- 28m 8s) (30000 40%) 0.0195
21m 57s (- 25m 5s) (35000 46%) 0.0164
25m 7s (- 21m 58s) (40000 53%) 0.0173
28m 18s (- 18m 52s) (45000 60%) 0.0160
31m 28s (- 15m 44s) (50000 66%) 0.0140
34m 35s (- 12m 34s) (55000 73%) 0.0130
37m 38s (- 9m 24s) (60000 80%) 0.0113
40m 37s (- 6m 15s) (65000 86%) 0.0132
43m 47s (- 3m 7s) (70000 93%) 0.0123
46m 59s (- 0m 0s) (75000 100%) 0.0094
```

损失值与迭代次数的关系如图 13-5 所示。

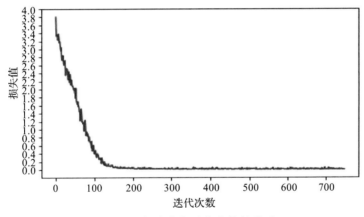

图 13-5   损失值与迭代次数的关系

13.2.5   测试模型

随机选择 10 条语句进行测试。

```
ef evaluateRandomly(encoder, decoder, n=10):
    for i in range(n):
        pair = random.choice(pairs)
        print('>', pair[0])
        print('=', pair[1])
        output_words, attentions = evaluate(encoder, decoder, pair[0])
        output_sentence = ' '.join(output_words)
        print('<', output_sentence)
        print('')
```

运行该评估函数：

```
evaluateRandomly(encoder1, attn_decoder1)
```

以下是随机抽样测试的部分结果，结果非常理想。

```
> 我周日哪里也不去。
= i am not going anywhere on sunday .
< i am not going anywhere on sunday . <EOS>

> 我一点也不担心。
= i am not the least bit worried .
< i am not the least bit worried . <EOS>

> 我在家。
= i am at home .
< i am at home . <EOS>

> 他很高。
= he is very tall .
< he is very tall . <EOS>
```

13.2.6 可视化注意力

1）定义可视化注意力函数。

```python
def showAttention(input_sentence, output_words, attentions):
    # Set up figure with colorbar
    fig = plt.figure()
    ax = fig.add_subplot(111)
    cax = ax.matshow(attentions.numpy(), cmap='bone')
    fig.colorbar(cax)

    # Set up axes
    ax.set_xticklabels([''] + list(jieba.cut(input_sentence)) +
                       ['<EOS>'], rotation=90,fontproperties=myfont)
    ax.set_yticklabels([''] + output_words)

    # Show label at every tick
    ax.xaxis.set_major_locator(ticker.MultipleLocator(1))
    ax.yaxis.set_major_locator(ticker.MultipleLocator(1))

    plt.show()
```

2）评估一条语句的注意力。

```python
def evaluateAndShowAttention(input_sentence):
    output_words, attentions = evaluate(
        encoder1, attn_decoder1, input_sentence)
    print('input =', input_sentence)
    print('output =', ' '.join(output_words))
    showAttention(input_sentence, output_words, attentions)

evaluateAndShowAttention(" 我们在严肃地谈论你的未来。")
```

运行结果如图 13-6 所示。

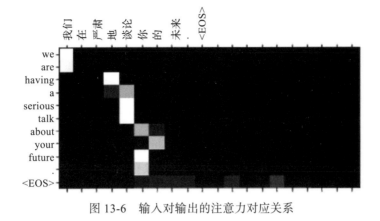

图 13-6　输入对输出的注意力对应关系

以上是把中文翻译成英文的实例，有兴趣的读者可以尝试把英文翻译成中文，或进行其他语言的翻译。

13.3　小结

本章在第 8 章的基础上主要介绍了注意力机制的一些应用，重点介绍了使用 PyTorch 实现带注意力机制的解码器，并用注意力机制实现中英文互译。接下来将采用注意力机制的改进版本——自注意力机制的应用。

第 14 章

使用 ViT 进行图像分类

一些基于 Transformer 的模型在 NLP 方面已取得目前最好的成绩，所以很多研究人员开始把 Transformer 架构应用到 CV 领域。在众多尝试探索中，Vision Transformer（ViT）可以说是开山之作，虽然它只是用来做分类任务，但它是后来的一些架构（如 Swin-Transformer）的重要基础。本章重点内容包括：

- ❑ 项目概述
- ❑ 数据预处理
- ❑ 生成输入数据
- ❑ 构建编码器模型
- ❑ 训练模型

14.1 项目概述

ViT 的详细架构请参考 8.3.8 节。整个项目的处理步骤如下。

1）导入需要的库。包括与 PyTorch 相关的库（torch），与数据处理相关的库（如 torchvision）、与张量操作相关的库（如 einops）等。

2）对数据进行预处理。使用 torchvision 导入数据集 CIFAR10，然后对数据集进行正则化、剪辑等操作，提升数据质量。

3）生成模型的输入数据。把预处理后的数据向量化，并加上位置嵌入、分类标志等信息，生成模型的输入数据。

4）构建模型。这里主要使用 Transformer 架构中的编码器。

5）训练模型。定义损失函数，选择优化器，实例化模型，然后通过多次迭代训练模型。

14.2 数据预处理

这里以 CIFAR10 为数据集，该数据集共有 10 个分类。

1）导入需要的模块。

```
import torch
import torch.nn.functional as F
import matplotlib.pyplot as plt
import torchvision
import torchvision.transforms as transforms

from torch import nn
from torch import Tensor
from PIL import Image
from torchvision.transforms import Compose, Resize, ToTensor
from einops import rearrange, reduce, repeat
from einops.layers.torch import Rearrange, Reduce
```

einops 是一个用于操作张量的库，张量可以是 Python 中的向量或矩阵，也可以是 PyTorch 和 TensorFlow 中的张量。其功能涵盖了 reshape、view、transpose 和 permute 等操作，特点是可读性强、易维护。einops 支持的框架包括 NumPy、PyTorch、TensorFlow 等。详细信息可参考本书附录 C。

2）对数据进行预处理。为提升模型的泛化能力，这里使用了多种数据增强方法。

```
# 对训练数据使用数据增强方法，以便提升模型的泛化能力
train_transform = transforms.Compose([transforms.RandomHorizontalFlip(),

transforms.RandomResizedCrop((32,32),scale=(0.8,1.0),ratio=(0.9,1.1)),
                                      transforms.ToTensor(),
                                      transforms.Normalize([0.49139968, 0.48215841,
                                      0.44653091], [0.24703223, 0.24348513, 0.26158784])
                                      ])
test_transform = transforms.Compose([transforms.ToTensor(),
                                      transforms.Normalize([0.49139968, 0.48215841,
                                      0.44653091], [0.24703223, 0.24348513, 0.26158784])
                                      ])
```

3）导入数据。

```
trainset = torchvision.datasets.CIFAR10(root='../data/', train=True,
    download=False, transform=train_transform)
trainloader = torch.utils.data.DataLoader(trainset, batch_size=128, shuffle=True,
    drop_last=True, pin_memory=True, num_workers=4)
testset = torchvision.datasets.CIFAR10(root='../data', train=False,download=False,
    transform=test_transform)
testloader = torch.utils.data.DataLoader(testset, batch_size=128, shuffle=False,
    drop_last=False, num_workers=4)

classes = ('plane', 'car', 'bird', 'cat','deer', 'dog', 'frog', 'horse', 'ship',
    'truck')
```

4）可视化数据。

```
# 随机可视化 4 张图像
NUM_IMAGES = 4
CIFAR_images = torch.stack([trainset[idx][0] for idx in range(NUM_IMAGES)], dim=0)
```

```
img_grid = torchvision.utils.make_grid(CIFAR_images, nrow=4, normalize = True, pad_
    value = 0.9)
img_grid = img_grid.permute(1, 2, 0)

plt.figure(figsize=(8,8))
plt.title("Image examples of the CIFAR10 dataset")
plt.imshow(img_grid)
plt.axis('off')
plt.show()
plt.close()
```

运行结果如图 14-1 所示。

图 14-1　随机查看 CIFAR10 数据集的 4 张图像

14.3　生成输入数据

1）将图像分解为多个切片并展平。

把一张图像分割成 4×4 大小的小块，然后把这些小块展平，整个过程如 14-2 所示。

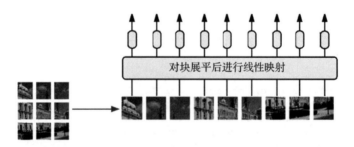

图 14-2　把图像分割并展平各小块

具体代码如下：

```
class PatchEmbedding(nn.Module):
    def __init__(self, in_channels = 3, patch_size = 4, emb_size = 256):
        self.patch_size = patch_size
        super().__init__()
        self.projection = nn.Sequential(
            # 在 s1×s2 切片中分解图像并将其平面化
            Rearrange('b c (h s1) (w s2) -> b (h w) (s1 s2 c)', s1=patch_size,
                s2=patch_size),
```

```
        nn.Linear(patch_size * patch_size * in_channels, emb_size)
    )

    def forward(self, x):
        x = self.projection(x)
        return x
```

2）添加分类标记。

这是一个分类任务，添加一个分类标记（cls_token）。分类标记是每个序列中的一个数字，是一个随机初始化的 torch 参数。在 forward 方法中，它使用 torch.cat 复制批次来实现，详细代码如下：

```
class PatchEmbedding(nn.Module):
    def __init__(self, in_channels= 3, patch_size= 4, emb_size= 256):
        self.patch_size = patch_size
        super().__init__()
        self.proj = nn.Sequential(
            # 用卷积层代替线性层，提升性能
            nn.Conv2d(in_channels, emb_size, kernel_size=patch_size, stride=patch_size),
            Rearrange('b e (h) (w) -> b (h w) e'),
        )

        self.cls_token = nn.Parameter(torch.randn(1,1, emb_size))

    def forward(self, x):
        b, _, _, _ = x.shape
        x = self.proj(x)
        cls_tokens = repeat(self.cls_token, '() n e -> b n e', b=b)
        # 在输入前添加 cls 标记
        x = torch.cat([cls_tokens, x], dim=1)
        return x
```

3）添加位置嵌入。

自注意力机制只考虑每个标记（这里指每个块）之间的相互关系，没有记录标记之间的顺序或空间关系，为此，ViT 引用了位置嵌入信息来保存各标记之间的顺序或空间关系。添加位置嵌入的具体代码如下：

```
class PatchEmbedding(nn.Module):
    def __init__(self, in_channels= 3, patch_size= 4, emb_size= 256, img_size= 32):
        self.patch_size = patch_size
        super().__init__()
        self.projection = nn.Sequential(
            # 用卷积层代替线性层，提升性能
            nn.Conv2d(in_channels, emb_size, kernel_size=patch_size, stride=patch_
                size),
            Rearrange('b e (h) (w) -> b (h w) e'),
        )
        self.cls_token = nn.Parameter(torch.randn(1,1, emb_size))
        self.positions = nn.Parameter(torch.randn((img_size // patch_size) **2+1,
            emb_size))

    def forward(self, x):
        b, _, _, _ = x.shape
```

```
x = self.projection(x)
cls_tokens = repeat(self.cls_token, '() n e -> b n e', b=b)
# 在输入前添加 cls 标记
x = torch.cat([cls_tokens, x], dim=1)
# 添加位置嵌入
x += self.positions
return x
```

添加分类标记及位置嵌入信息的示意图如图 14-3 所示。

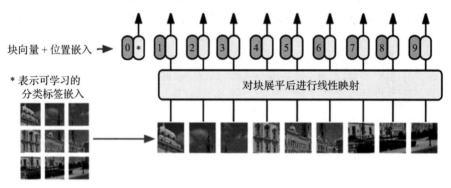

图 14-3　添加分类标记及位置嵌入信息的示意图

14.4　构建编码器模型

生成模型的输入数据后，接下来构建 Transformer 中的编码器模型。ViT 只使用了 Transformer 中的编码器，没有使用其解码器。编码器架构图如图 14-4 所示。

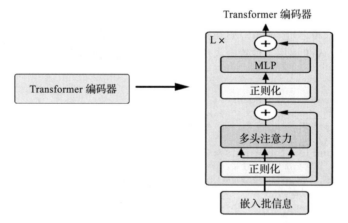

图 14-4　编码器架构图

输入数据先通过正则化，进入注意力层。注意力层需要 3 个输入，即查询、键和值，并使用查询和键计算注意力矩阵，以此来"关注"这些值。为增加注意力的表现力，像卷积网络中的多通道一样，这里使用了多头注意力。注意力输出与输入数据进行残差连接并正则化后，进入前馈网络，最后将输出与正则化前的数据进行残差连接，作为整个编码器的输出。编码器可以有多层。

1）构建多头注意力。

```
class MultiHeadAttention(nn.Module):
    def __init__(self, emb_size = 256, num_heads = 8, dropout = 0):
        super().__init__()
        self.emb_size = emb_size
        self.num_heads = num_heads
        # 将查询、键和值融合到一个矩阵中
        self.qkv = nn.Linear(emb_size, emb_size * 3)
        self.att_drop = nn.Dropout(dropout)
        self.projection = nn.Linear(emb_size, emb_size)

    def forward(self, x , mask = None):
        # 分割 num_heads 中的查询、键和值
        qkv = rearrange(self.qkv(x), "b n (h d qkv) -> (qkv) b h n d", h=self.num_
            heads, qkv=3)
        queries, keys, values = qkv[0], qkv[1], qkv[2]
        # 在最后一个轴上求和
        energy = torch.einsum('bhqd, bhkd -> bhqk', queries, keys) # batch, num_
            heads, query_len, key_len
        if mask is not None:
            fill_value = torch.finfo(torch.float32).min
            energy.mask_fill(~mask, fill_value)

        scaling = self.emb_size ** (1/2)
        att = F.softmax(energy, dim=-1) / scaling
        att = self.att_drop(att)
        # 在第三个轴上求和
        out = torch.einsum('bhal, bhlv -> bhav ', att, values)
        out = rearrange(out, "b h n d -> b n (h d)")
        out = self.projection(out)
        return out
```

2）多头注意力输出与正则化前的输入进行残差连接。

```
class ResidualAdd(nn.Module):
    def __init__(self, fn):
        super().__init__()
        self.fn = fn

    def forward(self, x, **kwargs):
        res = x
        x = self.fn(x, **kwargs)
        x += res
        return x
```

3）构建前馈网络。

```
class FeedForwardBlock(nn.Sequential):
    def __init__(self, emb_size=256, expansion= 4, drop_p= 0.):
        super().__init__(
            nn.Linear(emb_size, expansion * emb_size),
            nn.GELU(),
```

```
            nn.Dropout(drop_p),
            nn.Linear(expansion * emb_size, emb_size),
        )
```

4）构建编码器块。

```
class TransformerEncoderBlock(nn.Sequential):
    def __init__(self,
                 emb_size= 256,
                 drop_p = 0.,
                 forward_expansion = 4,
                 forward_drop_p = 0.,
                 ** kwargs):
        super().__init__(
            ResidualAdd(nn.Sequential(
                nn.LayerNorm(emb_size),
                MultiHeadAttention(emb_size, **kwargs),
                nn.Dropout(drop_p)
            )),
            ResidualAdd(nn.Sequential(
                nn.LayerNorm(emb_size),
                FeedForwardBlock(
                    emb_size, expansion=forward_expansion, drop_p=forward_drop_p),
                nn.Dropout(drop_p)
            )
        ))
```

5）构建整个编码器。

```
class TransformerEncoder(nn.Sequential):
    def __init__(self, depth: int = 12, **kwargs):
        super().__init__(*[TransformerEncoderBlock(**kwargs) for _ in range(depth)])
```

6）构建输出头。输出头由正常的全连接层构成，给出类别概率，如图 14-5 所示。

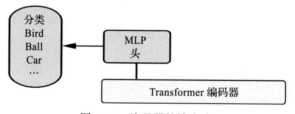

图 14-5　编码器的输出头

实现输出头的具体代码如下：

```
class ClassificationHead(nn.Sequential):
    def __init__(self, emb_size= 256, n_classes = 10):
        super().__init__(
            Reduce('b n e -> b e', reduction='mean'),
            nn.LayerNorm(emb_size),
            nn.Linear(emb_size, n_classes))
```

7）构建整个 ViT 模型。我们可以通过 PatchEmbedding、TransformerEncoder 和 Classification-Head 来构建最终的 ViT 架构。

```python
class ViT(nn.Sequential):
    def __init__(self,
                 in_channels = 3,
                 patch_size = 4,
                 emb_size = 256,
                 img_size = 32,
                 depth = 12,
                 n_classes = 10,
                 **kwargs):
        super().__init__(
            PatchEmbedding(in_channels, patch_size, emb_size, img_size),
            TransformerEncoder(depth, emb_size=emb_size, **kwargs),
            ClassificationHead(emb_size, n_classes)
        )
```

14.5　训练模型

1）实例化 ViT 类。

```python
device = torch.device("cuda:0" if torch.cuda.is_available() else "cpu")

vit = ViT()
vit=vit.to(device)
```

2）定义损失函数和优化器。

```python
import torch.optim as optim
LR=0.001

criterion = nn.CrossEntropyLoss()
optimizer = optim.AdamW(vit.parameters(), lr=0.001)
```

3）训练模型。

```python
for epoch in range(10):

    running_loss = 0.0
    for i, data in enumerate(trainloader, 0):
        # 获取训练数据
        #print(i)
        inputs, labels = data
        inputs, labels = inputs.to(device), labels.to(device)

        # 权重参数梯度清零
        optimizer.zero_grad()

        # 正向及反向传播
        outputs = vit(inputs)
        loss = criterion(outputs, labels)
        loss.backward()
        optimizer.step()

        # 显示损失值
```

```
        running_loss += loss.item()
        if i % 100 == 99:      # print every 100 mini-batches
            print('[%d, %5d] loss: %.3f' %(epoch + 1, i + 1, running_loss / 100))
            running_loss = 0.0

print('Finished Training')
```

最后 5 条运行记录如下：

```
[9,    100] loss: 1.405
[9,    200] loss: 1.411
[9,    300] loss: 1.492
[10,   100] loss: 1.429
[10,   200] loss: 1.461
[10,   300] loss: 1.377
Finished Training
```

14.6　小结

　　Transformer 架构虽说当前可解决 NLP 领域问题，但随着这些年的发展，该架构日益成为 NLP 和 CV 领域的通用架构，本章介绍了把该架构应用到 CV 领域的典型案例，即利用 Transformer 处理图像分类问题，实践表明效果非常不错，而且潜力很大。

第 15 章

语义分割实例

6.2 节详细介绍了语义分割中的一个重要架构,即全卷积网络,本章将以该架构为基础,基于数据集 VOC2012,实现一个语义分割项目。为提升模型的泛化能力,对数据集使用随机裁剪、正则化等数据增强方法,并在模型构建中加入 ResNet34 预训练模型。本章内容具体包括:
- ❏ 数据概览
- ❏ 数据预处理
- ❏ 构建模型
- ❏ 训练模型
- ❏ 测试模型
- ❏ 保存与恢复模型

15.1 数据概览

本章主要使用如下数据。
- ❏ ImageSets/Segmentation 目录下的数据,说明哪些数据用来训练,哪些数据用来测试。
- ❏ JPEGImages 目录下的数据,这里是 jpg 图像数据。
- ❏ SegmentationClass 目录下的数据,相当于标签数据。

导入需要的库。

```
# 导入需要的库
import os
import sys
import time
import copy
import torch
import numpy as np
from torch import nn,optim
import torch.nn.functional as F
```

```
from torch.utils.data import Dataset, DataLoader
from torchvision.models import resnet34
from PIL import Image
import torchvision.transforms as tfs
from datetime import datetime
from tqdm import tqdm

import matplotlib.pyplot as plt
%matplotlib inline
```

查看其中一张图像及标签信息。

```
im_show1 = Image.open('../data/VOC2012/JPEGImages/2007_000480.jpg')
label_show1 = Image.open('../data/VOC2012/SegmentationClass/2007_000480.png').
    convert('RGB')

plt.figure(num='result',figsize=(8,6))
plt.subplot(1,2,1)
plt.imshow(im_show1)
plt.subplot(1,2,2)
plt.imshow(label_show1)
```

运行结果如图 15-1 所示。

图 15-1　图像及对应语义分割标签示意图

15.2　数据预处理

定义一个读取图像的函数，具体读取哪些图像由 train.txt 和 val.txt 配置文件确定，这里先指定图像的路径，之后根据图像名称生成批量时读入图像，并进行数据预处理。

1）定义读取数据的函数。

```
voc_root = '../data/VOC2012'

def read_images(root=voc_root, train=True):
    txt_fname = root + '/ImageSets/Segmentation/' + ('train.txt' if train else
        'val.txt')
    with open(txt_fname, 'r') as f:
        images = f.read().split()
    data = [os.path.join(root, 'JPEGImages', i+'.jpg') for i in images]
    label = [os.path.join(root, 'SegmentationClass', i+'.png') for i in images]
    return data, label
```

2）使用数据增强方法。

```
def voc_random_crop(feature, label, height, width):
    """
    随机裁剪特征和标签 . 为了使裁剪的区域相同，不能直接使用 RandomCrop，
    需先获取参数，然后进行裁剪 (crop)
    """
    i,j,h,w = tfs.RandomCrop.get_params(feature, output_size=(height, width))
    feature = tfs.functional.crop(feature, i, j, h, w)
    label = tfs.functional.crop(label, i, j, h, w)
    return feature, label
```

3）浏览预处理后的一张图像及对应标签。

```
plt.figure(num='result',figsize=(8,6))
crop_im1, crop_label1 = voc_random_crop(im_show1, label_show1, 200, 300)
plt.subplot(1,2,1)
plt.imshow(crop_im1)
plt.subplot(1,2,2)
plt.imshow(crop_label1)
```

运行结果如图 15-2 所示。

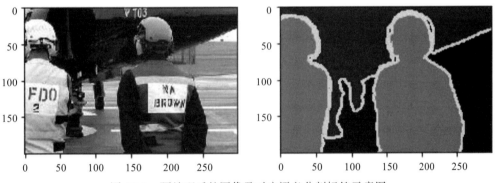

图 15-2 预处理后的图像及对应语义分割标签示意图

4）定义类别标签及对应 RGB 值。

```
# 定义 20 个类别以及背景类别标签
classes = ['background','aeroplane','bicycle','bird','boat',
           'bottle','bus','car','cat','chair','cow','diningtable',
           'dog','horse','motorbike','person','potted plant',
           'sheep','sofa','train','tv/monitor']

# 定义每个类别标签的 RGB 值
colormap = [[0,0,0],[128,0,0],[0,128,0], [128,128,0], [0,0,128],
            [128,0,128],[0,128,128],[128,128,128],[64,0,0],[192,0,0],
            [64,128,0],[192,128,0],[64,0,128],[192,0,128],
            [64,128,128],[192,128,128],[0,64,0],[128,64,0],
            [0,192,0],[128,192,0],[0,64,128]]
```

5）定义每个像素的类别标签索引。为每个像素的类别标签数字化，即将一个类别的 RGB 值对应到一个整数上，通过这种一一对应的关系能够将标签图像变成一个矩阵，矩阵和原图像

一样大，但是只有一个通道数，也就是 (h, w)，其中每个数值代表像素的类别。

```
cm2lbl = np.zeros(256**3) # 每个像素点可选择 0 ~ 255，R、G、B 3 个通道
for i,cm in enumerate(colormap):
    cm2lbl[(cm[0]*256+cm[1])*256+cm[2]] = i # 建立索引

def image2label(img):
    data = np.array(img, dtype='int32')
    idx = (data[:, :, 0] * 256 + data[:, :, 1]) * 256 + data[:, :, 2]
    return np.array(cm2lbl[idx], dtype='int64') # 根据索引得到标签矩阵
```

6）图像标签数字化实例。

```
label_im = Image.open('../data/VOC2012/SegmentationClass/2007_000480.png').
    convert('RGB')
label = image2label(label_im)
label[100:110, 190:200]
```

运行结果如下。

```
array([[0, 0, 0, 0, 0, 0, 0, 1, 1, 1],
       [0, 0, 0, 0, 0, 0, 1, 1, 1, 1],
       [0, 0, 0, 0, 1, 1, 1, 1, 1, 1],
       [0, 0, 0, 1, 1, 1, 1, 1, 1, 1],
       [0, 0, 1, 1, 1, 1, 1, 1, 1, 1],
       [0, 0, 1, 1, 1, 1, 1, 1, 1, 1],
       [0, 1, 1, 1, 1, 1, 1, 1, 1, 1],
       [0, 1, 1, 1, 1, 1, 1, 1, 1, 1],
       [0, 1, 1, 1, 1, 1, 1, 1, 1, 1],
       [0, 1, 1, 1, 1, 1, 1, 1, 1, 1]], dtype=int64)
```

由此可以看到上面的像素点由 0 和 1 构成，0 表示背景，1 表示飞机这个类别。

7）对数据进行预处理。首先随机裁剪出固定大小的区域，然后对数据进行正则化。

```
def img_transforms(img, label, height, width):
    img, label = voc_random_crop(img, label, height, width)
    img_tfs = tfs.Compose([
        tfs.ToTensor(),
        tfs.Normalize([0.485, 0.456, 0.406], [0.229, 0.224, 0.225])
    ])

    img = img_tfs(img)
    label = image2label(label)
    label = torch.from_numpy(label)
    return img, label
```

创建生成自定义训练集的函数。定义一个 VOCSegDataset 继承 torch.utils.data.Dataset，以构成自定义训练集。

```
class VOCSegDataset(Dataset):
    '''
    构建训练集
    '''
    def __init__(self, train, crop_size, transforms):
        self.crop_size = crop_size
```

```
        self.transforms = transforms
        data_list, label_list = read_images(train=train)
        self.data_list = self._filter(data_list)
        self.label_list = self._filter(label_list)
        print('Read ' + str(len(self.data_list)) + ' images')

    def _filter(self, images): # 过滤掉图像小于裁剪大小的图像
        return [im for im in images if (Image.open(im).size[1] >= self.crop_
            size[0] and
                                Image.open(im).size[0] >= self.crop_size[1])]

    def __getitem__(self, idx):
        img = self.data_list[idx]
        label = self.label_list[idx]
        img = Image.open(img)
        label = Image.open(label).convert('RGB')
        img, label = self.transforms(img, label, self.crop_size[0],self.crop_size[1])
        return img, label

    def __len__(self):
        return len(self.data_list)
```

生成自定义数据集。

```
# 实例化数据集
input_shape = (320, 480)
voc_train = VOCSegDataset(True, input_shape, img_transforms)
voc_test = VOCSegDataset(False, input_shape, img_transforms)

train_data = DataLoader(voc_train, 32, shuffle=True, num_workers=0)
valid_data = DataLoader(voc_test, 64, num_workers=0)
```

运行结果如下。

```
Read 1114 images
Read 1078 images
```

因当前是在 Windows 下运行，故这里把 num_workers 设置为 0，如果在 Linux 环境下运行，则可将该值设置为大于 0 的整数。

15.3　构建模型

构建模型的基本思路是，以全卷积网络为基础，全卷积网络前面是一个去掉全连接层的预训练 ResNet34 网络，然后去掉最后的平均池化层（AvgPool）和全连接层（FC）为 1×1 的卷积，输出与类别数目相同的通道数，比如 VOC2012 数据集是 21 分类，那么输出的通道数就是 21，然后接一个转置卷积将结果变成输入的形状大小，最后在每个像素上进行分类，用交叉熵作为损失函数。

1）初始化权重。

通常训练模型时可以随机初始化权重，但是在全卷积网络中，使用随机初始化的权重时将需要大量的时间进行训练，因此这里卷积层使用在数据集 ImageNet 上预训练的权重，使用双线

性核方法（Bilinear Kernel）初始化权重。

```python
# 使用双线性核方法初始化权重
def bilinear_kernel(in_channels, out_channels, kernel_size):
    '''
    返回初始化权重
    '''
    factor = (kernel_size + 1) // 2
    if kernel_size % 2 == 1:
        center = factor - 1
    else:
        center = factor - 0.5
    og = np.ogrid[:kernel_size, :kernel_size]
    filt = (1 - abs(og[0] - center) / factor) * (1 - abs(og[1] - center) / factor)
    weight = np.zeros((in_channels, out_channels, kernel_size, kernel_size),
        dtype='float32')
    weight[range(in_channels), range(out_channels), :, :] = filt
    return torch.from_numpy(weight)
```

2）使用 1 张图像测试权重初始化的效果。

导入图像数据。

```python
x = Image.open('../data/VOC2012/JPEGImages/2007_005210.jpg')
x = np.array(x)
plt.imshow(x)
print(x.shape)
```

运行结果如图 15-3 所示。

图 15-3　原图像

可视化初始化的图像。

```python
x = torch.from_numpy(x.astype('float32')).permute(2, 0, 1).unsqueeze(0)
# 定义转置卷积
conv_trans = nn.ConvTranspose2d(3, 3, 4, 2, 1)
# 将其定义为 bilinear kernel
conv_trans.weight.data = bilinear_kernel(3, 3, 4)

y = conv_trans(x).data.squeeze().permute(1, 2, 0).numpy()
```

```
plt.imshow(y.astype('uint8'))
print(y.shape)
```

运行结果如下。

```
(562, 1000, 3)
```

处理后的图像如图 15-4 所示。

图 15-4 处理后的图像

从图 15-4 可以看到通过双线性核进行转置卷积，图像的大小扩大了一倍，但是图像看上去仍然非常清楚，可见这种方式的上采样具有很好的效果。

3）使用预训练模型。

```
device = torch.device('cuda' if torch.cuda.is_available() else 'cpu')

num_classes = 21                          # 21 个分类，1 个背景，20 个物体
pretrained_net=resnet34(pretrained=True) # 设置为 True，表明要加载使用训练好的参数
```

4）构建全卷积网络。定义网络结构，去掉最后的平均池化层和全连接层为 1×1 的卷积，使用 list(pretrained_net.children())[:-2] 读取倒数第三层，取出最后的 3 个结果进行合并，详细代码如下：

```
class fcn(nn.Module):
    def __init__(self, num_classes):
        super(fcn, self).__init__()

        self.stage1 = nn.Sequential(*list(pretrained_net.children())[:-4]) # 第一段
        self.stage2 = list(pretrained_net.children())[-4]                 # 第二段
        self.stage3 = list(pretrained_net.children())[-3]                 # 第三段

        self.scores1 = nn.Conv2d(512, num_classes, 1)
        self.scores2 = nn.Conv2d(256, num_classes, 1)
        self.scores3 = nn.Conv2d(128, num_classes, 1)

        self.upsample_8x = nn.ConvTranspose2d(num_classes, num_classes, 16, 8, 4,
            bias=False)
        self.upsample_8x.weight.data = bilinear_kernel(num_classes, num_classes,
```

```
                16)    # 使用双线性核方法

        self.upsample_4x = nn.ConvTranspose2d(num_classes, num_classes, 4, 2, 1,
            bias=False)
        self.upsample_4x.weight.data = bilinear_kernel(num_classes, num_classes,
            4)    # 使用双线性核方法

        self.upsample_2x = nn.ConvTranspose2d(num_classes, num_classes, 4, 2, 1,
            bias=False)
        self.upsample_2x.weight.data = bilinear_kernel(num_classes, num_classes,
            4)    # 使用双线性核方法

    def forward(self, x):
        x = self.stage1(x)
        s1 = x      # 1/8

        x = self.stage2(x)
        s2 = x      # 1/16

        x = self.stage3(x)
        s3 = x      # 1/32

        s3 = self.scores1(s3)
        s3 = self.upsample_2x(s3)
        s2 = self.scores2(s2)
        s2 = s2 + s3

        s1 = self.scores3(s1)
        s2 = self.upsample_4x(s2)
        s = s1 + s2

        s = self.upsample_8x(s)
        return s
```

5）实例化模型。

```
net = fcn(num_classes)
net = net.to(device)
```

15.4　训练模型

1）定义损失函数及优化器。首先生成混淆矩阵函数。

```
def _fast_hist(label_true, label_pred, n_class):
    mask = (label_true >= 0) & (label_true < n_class)
    hist = np.bincount(
        n_class * label_true[mask].astype(int) +
        label_pred[mask], minlength=n_class ** 2).reshape(n_class, n_class)
    return hist
```

接着构建优化器。

```
class ScheduledOptim(object):
    '''A wrapper class for learning rate scheduling'''
```

```
    def __init__(self, optimizer):
        self.optimizer = optimizer
        self.lr = self.optimizer.param_groups[0]['lr']
        self.current_steps = 0

    def step(self):
        "Step by the inner optimizer"
        self.current_steps += 1
        self.optimizer.step()

    def zero_grad(self):
        "Zero out the gradients by the inner optimizer"
        self.optimizer.zero_grad()

    def set_learning_rate(self, lr):
        self.lr = lr
        for param_group in self.optimizer.param_groups:
            param_group['lr'] = lr

    @property
    def learning_rate(self):
        return self.lr
```

实例化优化器。

```
criterion = nn.NLLLoss()
basic_optim = torch.optim.SGD(net.parameters(), lr=1e-2, weight_decay=1e-4)
optimizer = ScheduledOptim(basic_optim)
```

定义一些语义分割的常用指标，比如类别平均像素准确率（Mean Pixel Accuracy），均交并比（mean IU）等。

```
def label_accuracy_score(label_trues, label_preds, n_class):
    """ 返回评估指标 .
      - 类别平均像素准确率
      - 平均交并比
    """
    hist = np.zeros((n_class, n_class))
    for lt, lp in zip(label_trues, label_preds):
        hist += _fast_hist(lt.flatten(), lp.flatten(), n_class)
    acc = np.diag(hist).sum() / hist.sum()
    acc_cls = np.diag(hist) / hist.sum(axis=1)
    acc_cls = np.nanmean(acc_cls)
    iu = np.diag(hist) / (hist.sum(axis=1) + hist.sum(axis=0) - np.diag(hist))
    mean_iu = np.nanmean(iu)

    return acc_cls, mean_iu
```

2）训练模型，具体实现代码如下。

```
for e in range(80):
    if e > 0 and e % 50 == 0:
        optimizer.set_learning_rate(optimizer.learning_rate * 0.1)
    train_loss = 0
    train_acc = 0
```

```
train_mean_iu = 0

prev_time = datetime.now()
net = net.train()
for data in train_data:
    im = data[0].to(device)
    labels = data[1].to(device)
    # 正向传播
    out = net(im)
    out = F.log_softmax(out, dim=1)  # (b, n, h, w)
    loss = criterion(out, labels)
    # 反向传播
    optimizer.zero_grad()
    loss.backward()
    optimizer.step()
    train_loss += loss.item()

    pred_labels = out.max(dim=1)[1].data.cpu().numpy()
    pred_labels = [i for i in pred_labels]

    true_labels = labels.data.cpu().numpy()
    true_labels = [i for i in true_labels]

    #eval_metrics = eval_semantic_segmentation(pred_labels, true_labels)
    acc_cls_acc,mean_iu=label_accuracy_score(true_labels, pred_labels, num_
        classes)

    train_acc += acc_cls_acc
    train_mean_iu += mean_iu

net = net.eval()
eval_loss = 0
eval_acc = 0
eval_mean_iu = 0
for data in valid_data:
    with torch.no_grad():
        im = data[0].to(device)
        labels = data[1].to(device)
        # 正向传播
        out = net(im)
        out = F.log_softmax(out, dim=1)
        loss = criterion(out, labels)
        eval_loss += loss.item()

        pred_labels = out.max(dim=1)[1].data.cpu().numpy()
        pred_labels = [i for i in pred_labels]

        true_labels = labels.data.cpu().numpy()
        true_labels = [i for i in true_labels]

        acc_cls_acc,mean_iu=label_accuracy_score(true_labels, pred_labels, num_
            classes)

eval_acc += acc_cls_acc
```

```
eval_mean_iu += mean_iu

cur_time = datetime.now()
h, remainder = divmod((cur_time - prev_time).seconds, 3600)
m, s = divmod(remainder, 60)
epoch_str = ('Epoch: {}, Train Loss: {:.5f}, Train Acc: {:.5f}, Train Mean IU:
    {:.5f}, \Valid Loss: {:.5f}, Valid Acc: {:.5f}, Valid Mean IU: {:.5f} '.format(
    e, train_loss / len(train_data), train_acc / len(train_data), train_mean_iu /
        len(train_data), eval_loss / len(valid_data), eval_acc, eval_mean_iu))
time_str = 'Time: {:.0f}:{:.0f}:{:.0f}'.format(h, m, s)
print(epoch_str + time_str + ' lr: {}'.format(optimizer.learning_rate))
```

最后 4 次的运行结果如下：

```
Epoch: 76, Train Loss: 0.16589, Train Acc: 0.78250, Train Mean IU: 0.65174,
    Valid Loss: 0.39659, Valid Acc: 0.61223, Valid Mean IU: 0.49339 Time: 0:0:47
    lr: 0.001
Epoch: 77, Train Loss: 0.16474, Train Acc: 0.78442, Train Mean IU: 0.66152,
    Valid Loss: 0.39620, Valid Acc: 0.59665, Valid Mean IU: 0.47035 Time: 0:0:44
    lr: 0.001
Epoch: 78, Train Loss: 0.16334, Train Acc: 0.77878, Train Mean IU: 0.64982,
    Valid Loss: 0.39257, Valid Acc: 0.61732, Valid Mean IU: 0.48802 Time: 0:0:44
    lr: 0.001
Epoch: 79, Train Loss: 0.16357, Train Acc: 0.78082, Train Mean IU: 0.64592,
    Valid Loss: 0.39509, Valid Acc: 0.62259, Valid Mean IU: 0.49864 Time: 0:0:44
    lr: 0.001
```

15.5　测试模型

1）定义测试模型函数。

```
net = net.eval()
cm = np.array(colormap).astype('uint8')

def predict(img, label): # 预测结果
    img = img.unsqueeze(0).to(device)
    out = net(img)
    pred = out.max(1)[1].squeeze().cpu().data.numpy()
    pred = cm[pred]
    return pred, cm[label.numpy()]
```

2）可视化预测结果。

```
_,axes=plt.subplots(4, 3, figsize=(12, 10))
for i in range(4):
    test_data, test_label = voc_test[i]
    pred, label = predict(test_data, test_label)
    axes[i][0].imshow(Image.open(voc_test.data_list[i]))
    axes[i][1].imshow(label)
    axes[i][2].imshow(pred)
```

运行结果如图 15-5 所示。

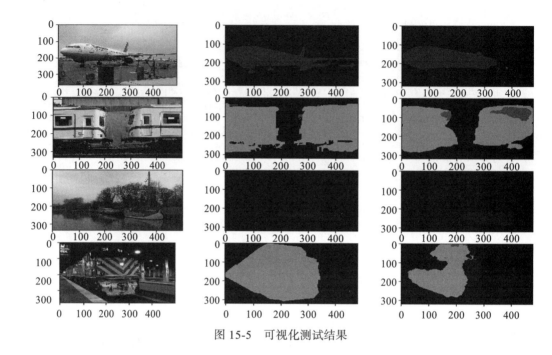

图 15-5   可视化测试结果

15.6 保存与恢复模型

1）保存模型。

```
torch.save(net.state_dict(), 'fcn_dict.pth')
```

2）恢复模型。

```
net01 = fcn(num_classes)
net01.load_state_dict(torch.load('fcn_dict.pth'))
net01.eval()
net01.to(device)
```

在进行预测之前，必须调用 model.eval() 方法来将 dropout 层和正则化层设置为验证模型，否则只会生成前后不一致的预测结果。保存与恢复模型都是采用非常直观的语法并且都只需要几行代码即可实现。具体做法是采用 Python 的 pickle 模块来保存整个模型，缺点是序列化后的数据是属于特定的类和指定的字典结构，这是因为 pickle 并没有保存模型类别，而是保存一个包含该类的文件路径，因此，在其他项目或者在恢复模型后采用时都可能出现错误。

15.7 小结

语义分割即对图像中每一个像素点进行分类，确定每个点的类别，从而进行区域划分。

本章基于典型数据集 VOC2012，使用全卷积网络实现了语义分割任务。近些年，随着深度学习的发展，语义分割领域也取得了长足发展，尤其基于 Transformer 架构的一些算法（如 Swin-T）在该领域都取得了很好的成绩。

第 16 章

生成模型实例

前面我们介绍了人工智能在目标识别方面的一些任务，如图像识别、机器翻译等，这些任务都是被动式的。本章将介绍具有创造性的生成模型方面的实例。生成模型的输入通常是图像具备的性质，而输出是性质对应的图像。使用这种生成模型，完成了图像的分布模型构建后就相当于完成了图像自动生成（采样）、图像信息补全等工作。

本章介绍基于深度学习思想的生成模型——Deep Dream 和 GAN，以及 GAN 的几种变种模型的实际应用，具体内容包括：

- ❑ Deep Dream 模型
- ❑ 风格迁移
- ❑ 使用 PyTorch 实现图像修复
- ❑ 使用 PyTorch 实现 DiscoGAN

16.1 Deep Dream 模型

卷积神经网络取得了突破性进展，效果也非常理想，但其工作过程一直像谜一样困扰大家。为了揭开卷积神经网络的神秘面纱，人们探索了多种方法，如把这些过程可视化。但是，卷积神经网络是如何学习特征的？这些特征有哪些作用？如何可视化这些特征？这正是 Deep Dream 要解决的问题。

16.1.1 Deep Dream 原理

Deep Dream 为了说明 CNN 学习到的各特征的意义，将采用放大处理的方式。具体来说就是使用梯度上升的方法来可视化网络的每一层的特征，即将一张噪声图像输入网络，在反向更新时不更新该图像的网络权重，而是更新初始图像的像素值，达到放大特征的效果以这种"训练图像"的方式来可视化网络。

Deep Dream 是如何放大图像特征的呢？这里我们先看一个简单实例。比如有一个网络学习了分类猫和狗的任务，给这个网络一张云的图像，这朵云可能比较像狗，那么机器提取的特征可能也会像狗。假设一个特征最后的输入概率为 [0.6, 0.4]，0.6 表示图像为狗的概率，0.4 表示图像为猫的概率，那么采用 $L2$ 范数可以很好地达到放大特征的效果。对于这样一个特征，$L2=x_1^2+x_2^2$，若 x_1 越大，x_2 越小，则 $L2$ 越大。所以只需要最大化 $L2$ 就能保证当 $x_1>x_2$ 时，随着迭代的次数越多，导数 x_1 越大，x_2 越小，即图像越来越像狗。每次迭代都相当于计算一次 $L2$ 范数，然后用梯度上升的方法调整图像。可见，Deep Dream 优化的不再是权重参数，而是特征值或像素点，因此在构建损失函数时，我们不再使用通常的交叉熵，而是使用最大化特征值的 $L2$ 范数，使图像经过网络处理之后提取的特征更像网络隐含的特征。

以上是 Deep Dream 的基本原理，具体实现的时候还要通过多尺度、随机移动等方法获得比较好的结果。后续在代码部分会给出详细解释。

16.1.2　Deep Dream 算法的流程

本节先来了解一下 Deep Dream 算法的流程。将基本图像输入预训练的 CNN 中，然后正向传播到特定层。为了更好地理解该层学到了什么，我们需要最大化该层的激活值。以该层输出为梯度，然后在输入图像上完成渐变上升，以最大化该层的激活值。不过，仅这样做并不能产生好的图像。为了提高训练质量，我们还需要使用一些技术让得到的图像更好。我们可以进行高斯模糊以使图像更平滑，也可以使用多尺度（又称为八度）的图像进行计算以获得更好的图像。即先连续缩小输入图像，然后再逐步放大，并将结果合并为一个图像输出。

我们把上面过程用图 16-1 来说明。

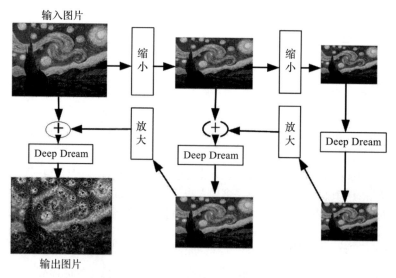

图 16-1　Deep Dream 算法流程图

先对图像连续进行两次等比例缩小，比例是 1.5 : 1。缩小图像是为了让图像的像素点调整后所得的结果图案更加平滑。缩小两次后，把图像的每个像素点当作参数，对它们求偏导，这样就可以知道如何调整图像像素点，以使给定网络层的输出受到最大化的刺激。

16.1.3 使用 PyTorch 实现 Deep Dream

使用 Deep Dream 时需要解决两个问题：如何获取有特殊含义的特征，以及如何表现这些特征。针对第一个问题，我们通常使用预训练模型，这里取 VGG19 预训练模型。针对第二个问题，可以把这些特征最大化后展示在一张普通的图像上，例如图 16-1 中的星空图像。

为了使训练更有效，我们还需要使用一点小技巧，即对图像进行不同大小的缩放，以及模糊或抖动等处理。

注意，这里需要下载预训练模型及两个函数，即 prod 和 deep_dream_vgg 函数。下面来看具体实现过程。

1）下载预训练模型。

```
# 下载预训练模型 VGG19
vgg = models.vgg19(pretrained=True)
vgg = vgg.to(device)
print(vgg)
modulelist = list(vgg.features.modules())
```

2）定义 prod 函数。

prod 函数要定义在 deep_dream 代码中。先传入输入图像，正向传播到 VGG19 的指定层（如第 8 层或第 32 层等），然后用梯度上升更新输入图像的特征值。详细代码如下：

```
def prod(image, layer, iterations, lr):
    input = preprocess(image).unsqueeze(0)
    input=input.to(device).requires_grad_(True)
    vgg.zero_grad()
    for i in range(iterations):
        out = input
        for j in range(layer):
            out = modulelist[j+1](out)
        # 以特征值的 L2 为损失值
        loss = out.norm()
        loss.backward()
        # 使梯度增大
        with torch.no_grad():
            input += lr * input.grad

    input = input.squeeze()
    # 交互维度
    input.transpose_(0,1)
    input.transpose_(1,2)
    # 使数据限制在 [0,1] 之间
    input = np.clip(deprocess(input).detach().cpu().numpy(), 0, 1)
    im = Image.fromarray(np.uint8(input*255))
    return im
```

3）定义 deep_dream_vgg 函数。

deep_dream_vgg 是一个递归函数，该函数可多次缩小图像，然后调用 prod 函数，接着放大输出结果，并按一定比例与相应图像混合在一起（见图 16-1），最终得到与输入图像相同大小的输出图像。详细代码如下：

```
def deep_dream_vgg(image, layer, iterations, lr, octave_scale=2, num_octaves=20):

    if num_octaves>0:
        image1 = image.filter(ImageFilter.GaussianBlur(2))
        if(image1.size[0]/octave_scale < 1 or image1.size[1]/octave_scale<1):
            size = image1.size

        else:
            size = (int(image1.size[0]/octave_scale), int(image1.size[1]/octave_scale))
        # 缩小图像
        image1 = image1.resize(size,Image.ANTIALIAS)
        image1 = deep_dream_vgg(image1, layer, iterations, lr, octave_scale, num_
            octaves-1)

        size = (image.size[0], image.size[1])
        # 放大图像
        image1 = image1.resize(size,Image.ANTIALIAS)
        image = ImageChops.blend(image, image1, 0.6)

    img_result = prod(image, layer, iterations, lr)
    img_result = img_result.resize(image.size)
    plt.imshow(img_result)
    return img_result
```

4）输入图像，并查看运行结果。

```
night_sky = load_image('data/starry_night.jpg')
```

运行结果如图 16-2 所示。

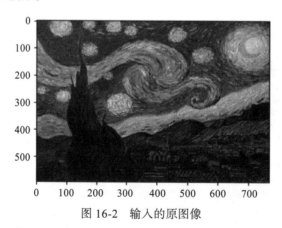

图 16-2　输入的原图像

下列代码表示使用 VGG19 的第 4 层进行学习：

```
night_sky_4 = deep_dream_vgg(night_sky, 4, 6, 0.2)
```

运行结果如图 16-3 所示。

下列代码表示使用 VGG19 的第 8 层进行学习：

```
night_sky_8 = deep_dream_vgg(night_sky, 8, 6, 0.2)
```

运行结果如图 16-4 所示。

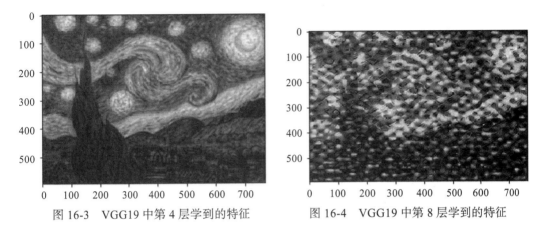

图 16-3　VGG19 中第 4 层学到的特征　　　　图 16-4　VGG19 中第 8 层学到的特征

下列代码表示使用 VGG19 的第 32 层进行学习：

```
night_sky_32 = deep_dream_vgg(night_sky, 32, 6, 0.2)
```

运行结果如图 16-5 所示。

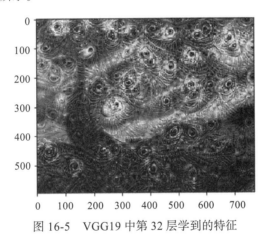

图 16-5　VGG19 中第 32 层学到的特征

　　VGG19 预训练模型是基于 ImageNet 大数据集训练的模型，该数据集共有 1000 个类别。从上面的结果可以看出，越靠近顶部的层，其激活值表现就越全面或抽象，如像某些类别（比如狗）的图案。

16.2　风格迁移

　　16.1 节已经介绍了如何利用 Deep Dream 显示一个卷积网络某一层学到的特征，这些特征从底层到顶层，其抽象程度是不一样的。实际上，这些特征还包括风格（style）等重要信息。风格迁移目前涉及 3 种风格，具体如下：

- ❑ 第一种为普通风格迁移，其特点是固定风格、固定内容，这是一种很经典的风格迁移方法。
- ❑ 第二种为快速风格迁移，其特点是固定风格、任意内容。
- ❑ 第三种是极速风格迁移，其特点是任意风格、任意内容。

本节主要介绍普通风格迁移。

基于卷积神经网络的普通图像风格迁移是德国的 Gatys 等人在 2015 年提出的，其主要原理是将参考图像的风格应用于目标图像，同时保留目标图像的内容，如图 16-6 所示。

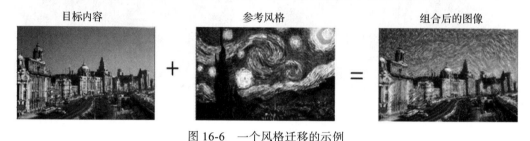

图 16-6　一个风格迁移的示例

实现风格迁移的核心思想是定义损失函数，这解决问题的关键。损失函数应该包括内容损失和风格损失，用公式来表示就是：

$$loss = distance(style(reference\_image) - style(generated\_image)) +$$
$$distance(content(original\_image) - content(generated\_image))$$

那么，如何定义内容损失和风格损失呢？这是接下来要介绍的内容。

16.2.1　内容损失

由 16.1 节 Deep Dream 的实例可知，卷积神经网络的不同层学到的图像特征是不一样的，靠近底层（或输入端）的卷积层学到的是图像比较具体、局部的特征，如位置、形状、颜色、纹理等。靠近顶部或输出端的卷积层学到的是图像更全面、更抽象的特征，但会丢失图像的一些详细信息。由此，Gatys 发现使用靠近底层但相互不能靠太近的层来衡量图像内容比较理想。图 16-7 是 Gatys 使用不同卷积层的特征值进行内容重建和风格重建的效果对比图。

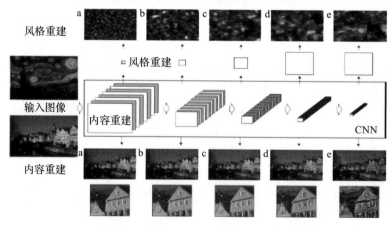

图 16-7　使用不同卷积层进行内容重建和风格重建的效果对比图

我们使用原始网络的 5 个卷积层：conv1_1(a)、conv2_1 (b)、conv3_1 (c) conv4_1 (d) 和 conv5_1(e) 进行内容重建，即图中的 a、b、c、d、e。VGG 网络主要用于内容识别，在实践中作者发现，使用前三层（a、b、c）已经能够比较好地完成内容重建工作，d、e 两层保留了一些比较高层的特征，但丢失了一些细节。

使用 PyTorch 实现内容损失函数的代码如下。

1）定义内容损失函数。

```
class ContentLoss(nn.Module):

    def __init__(self, target,):
        super(ContentLoss, self).__init__()
        # # 必须要用 detach 来分离出 target，这时候 target 不再是一个变量，
        # 这么做是为了动态计算梯度，否则 forward 函数会出错，不能向前传播
        self.target = target.detach()

    def forward(self, input):
        self.loss = F.mse_loss(input, self.target)
        return input
```

2）在卷积层上求损失值。

```
content_layers = ['conv_4']

if name in content_layers:
        # 累加内容损失
        target = model(content_img).detach()
        content_loss = ContentLoss(target)
        model.add_module("content_loss_{}".format(i), content_loss)
        content_losses.append(content_loss)
```

16.2.2　风格损失

在图 16-7 中，我们在进行内容重建时采用了 VGG 网络中靠近底层的一些卷积层的不同子集：

```
'conv1_1' (a),
'conv1_1' and 'conv2_1' (b),
'conv1_1', 'conv2_1' and 'conv3_1' (c),
'conv1_1', 'conv2_1' , 'conv3_1'and 'conv4_1' (d),
'conv1_1', 'conv2_1' , 'conv3_1', 'conv4_1'and 'conv5_1' (e)
```

靠近底层的卷积层保留了图像的很多纹理、风格信息。由图 16-7 不难发现 d、e 的效果更好些。

如何衡量风格？Gatys 采用了基于通道的格拉姆矩阵（Gram Matrix），即基于某一层的不同通道的特征图的点积运算。这个点积可以理解为该层特征之间相互关系的映射，这些关系反映了图像的纹理统计规律。格拉姆矩阵的计算过程如图 16-8 所示。

假设输入图像经过卷积后，得到的特征图为 $[ch, h, w]$，其中 ch 表示通道数，h、w 分别表示特征图的高度和宽度。经过展平和矩阵转置操作后，特征图可以变形为 $[ch, h \times w]$ 和 $[h \times w, ch]$ 的矩阵。再对两个矩阵做点积得到 $[ch, ch]$ 大小的矩阵，这就是我们所说的格拉姆矩阵，如图 16-8 中的最后一个矩阵。

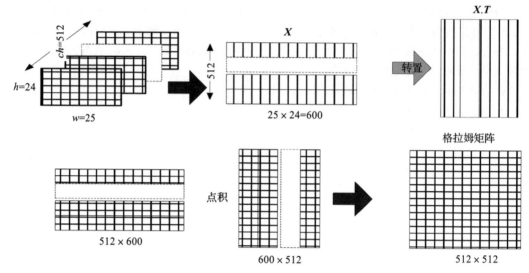

图 16-8　格拉姆矩阵的计算过程

注意，图 16-8 中没有出现批量大小（batch-size）信息，这里假设 batch-size=1，如果 batch-size 大于 1，则 **X** 矩阵的形状应该是（batch-size × ch，w × h）。

使用 PyTorch 实现风格损失函数的代码如下。

1）先计算格拉姆矩阵。

```
def gram_matrix(input):
    a, b, c, d = input.size()              # a 表示批量大小，这里 batch-size=1
    # b 是特征图的数量，(c,d) 是特征图的维度 (N=c×d)

    features = input.view(a * b, c * d)    # 对应图 16-8 中的 X 矩阵

    G = torch.mm(features, features.t())   # 计算点积

    # 对格拉姆矩阵进行标准化处理
    # 除以特征图像素总数
    return G.div(a * b * c * d)
```

2）计算风格损失。

```
class StyleLoss(nn.Module):

    def __init__(self, target_feature):
        super(StyleLoss, self).__init__()
        self.target = gram_matrix(target_feature).detach()

    def forward(self, input):
        G = gram_matrix(input)
        self.loss = F.mse_loss(G, self.target)
        return input
```

3）计算多个卷积层的累加。

```
style_layers = ['conv_1', 'conv_2', 'conv_3', 'conv_4', 'conv_5']
if name in style_layers:
            # 累加风格损失
            target_feature = model(style_img).detach()
            style_loss = StyleLoss(target_feature)
            model.add_module("style_loss_{}".format(i), style_loss)
            style_losses.append(style_loss)
```

4）计算总损失值。

```
for sl in style_losses:
            style_score += sl.loss
        for cl in content_losses:
            content_score += cl.loss

        style_score *= style_weight
        content_score *= content_weight

        loss = style_score + content_score
```

在计算总损失值时，对内容损失和风格损失是有侧重的，即需要为各自的损失值加上权重。

16.2.3　使用 PyTorch 实现神经网络风格迁移

这里使用的预训练模型还是 16.2.1 节使用的 VGG19 模型，输入数据包括一张代表内容的图像（上海外滩）和一张代表风格的图像（梵高的《星空》）。以下是主要步骤，详细代码请看本书附赠资源中编号为 pytorch-16-02 的代码。

1）导入数据，并进行预处理。

```
# 指定输出图像大小
imsize = 512 if torch.cuda.is_available() else 128  # use small size if no gpu
imsize_w=600

# 对图像进行预处理
loader = transforms.Compose([
    transforms.Resize((imsize,imsize_w)),# scale imported image
    transforms.ToTensor()])  # transform it into a torch tensor


def image_loader(image_name):
    image = Image.open(image_name)
    # 增加一个维度，其值为 1
    # 这是为了满足神经网络对输入图像的形状要求
    image = loader(image).unsqueeze(0)
    return image.to(device, torch.float)

style_img = image_loader("./data/starry-sky.jpg")
content_img = image_loader("./data/shanghai_buildings.jpg")

print("style size:",style_img.size())
print("content size:",content_img.size())
assert style_img.size() == content_img.size(), "we need to import style and
    content images of the same size"
```

2）显示图像。

```
unloader = transforms.ToPILImage()          # reconvert into PIL image

plt.ion()

def imshow(tensor, title=None):
    image = tensor.cpu().clone()             # 为避免因图像修改影响张量的值，这里采用克隆方式
    image = image.squeeze(0)                 # 去掉批量这个维度
    image = unloader(image)
    plt.imshow(image)
    if title is not None:
        plt.title(title)
    plt.pause(0.001)                         # pause a bit so that plots are updated

plt.figure()
imshow(style_img, title='Style Image')

plt.figure()
imshow(content_img, title='Content Image')
```

运行结果如图 16-9、图 16-10 所示。

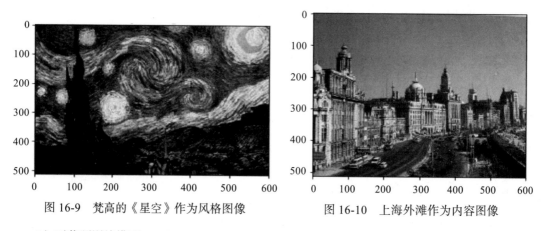

图 16-9　梵高的《星空》作为风格图像　　　图 16-10　上海外滩作为内容图像

3）下载预训练模型。

```
cnn = models.vgg19(pretrained=True).features.to(device).eval()
# 查看网络结构
print(cnn)
```

对于获取的预训练模型，我们无须更新权重，故把特征设置为 eval() 模式，而非 train()
模式。

4）选择优化器。

```
def get_input_optimizer(input_img):
    # 这里需要对输入图像进行梯度计算，故需要设置为 requires_grad_()，优化方法采用 LBFGS
    optimizer = optim.LBFGS([input_img.requires_grad_()])
    return optimizer
```

5）构建模型。

```
# 为计算内容损失和风格损失，指定使用的卷积层
content_layers_default = ['conv_4']
style_layers_default = ['conv_1', 'conv_2', 'conv_3', 'conv_4', 'conv_5']

def get_style_model_and_losses(cnn, normalization_mean, normalization_std,
                                style_img, content_img,
                                content_layers=content_layers_default,
                                style_layers=style_layers_default):
    cnn = copy.deepcopy(cnn)

    # 标准化模型
    normalization = Normalization(normalization_mean, normalization_std).to(device)

    # 初始化损失值
    content_losses = []
    style_losses = []

    # 使用 Sequential 方法构建模型
    model = nn.Sequential(normalization)

    i = 0  # 每次迭代 i 的值加 1
    for layer in cnn.children():
        if isinstance(layer, nn.Conv2d):
            i += 1
            name = 'conv_{}'.format(i)
        elif isinstance(layer, nn.ReLU):
            name = 'relu_{}'.format(i)
            layer = nn.ReLU(inplace=False)
        elif isinstance(layer, nn.MaxPool2d):
            name = 'pool_{}'.format(i)
        elif isinstance(layer, nn.BatchNorm2d):
            name = 'bn_{}'.format(i)
        else:
            raise RuntimeError('Unrecognized layer: {}'.format(layer.__class__.__
                name__))

        model.add_module(name, layer)

        if name in content_layers:
            # 累加内容损失
            target = model(content_img).detach()
            content_loss = ContentLoss(target)
            model.add_module("content_loss_{}".format(i), content_loss)
            content_losses.append(content_loss)

        if name in style_layers:
            # 累加风格损失
            target_feature = model(style_img).detach()
            style_loss = StyleLoss(target_feature)
            model.add_module("style_loss_{}".format(i), style_loss)
            style_losses.append(style_loss)

    # 我们需要对加入内容损失和风格损失之后的层进行修剪
```

```
    for i in range(len(model) - 1, -1, -1):
        if isinstance(model[i], ContentLoss) or isinstance(model[i], StyleLoss):
            break
    model = model[:(i + 1)]
    return model, style_losses, content_losses
```

6）训练模型。

```
def run_style_transfer(cnn, normalization_mean, normalization_std,
                       content_img, style_img, input_img, num_steps=300,
                       style_weight=1000000, content_weight=1):
    """Run the style transfer."""
    print('Building the style transfer model..')
    model, style_losses, content_losses = get_style_model_and_losses(cnn,
        normalization_mean, normalization_std, style_img, content_img)
    optimizer = get_input_optimizer(input_img)

    print('Optimizing..')
    run = [0]
    while run[0] <= num_steps:

        def closure():
            # correct the values of updated input image
            input_img.data.clamp_(0, 1)

            optimizer.zero_grad()
            model(input_img)
            style_score = 0
            content_score = 0

            for sl in style_losses:
                style_score += sl.loss
            for cl in content_losses:
                content_score += cl.loss

            style_score *= style_weight
            content_score *= content_weight

            loss = style_score + content_score
            loss.backward()

            run[0] += 1
            if run[0] % 50 == 0:
                print("run {}:".format(run))
                print('Style Loss : {:4f} Content Loss: {:4f}'.format(
                    style_score.item(), content_score.item()))
                print()
            return style_score + content_score

        optimizer.step(closure)
    # a last correction...
    input_img.data.clamp_(0, 1)

    return input_img
```

7）运行代码并查看结果，如图 16-11 所示。

图 16-11 经过风格迁移处理后的上海外滩图像

16.3 使用 PyTorch 实现图像修复

近些年，深度学习在图像修复领域取得重大进展，提出了很多图像修复方法，但基本原理类似。本节介绍一种基于编码器－解码器网络结构的图像修复方法。

16.3.1 网络结构

该网络结构称为上下文编码器－解码器。不过编码器与解码器之间不是通常的全连接层，而是采用与通道等宽的全连接层，利用这种网络层可大大降低参数量。此外，还有一个对抗判别器，用来区分预测值与真实值，这与生成式对抗网络的判别器功能类似。具体网络架构如图 16-12所示。

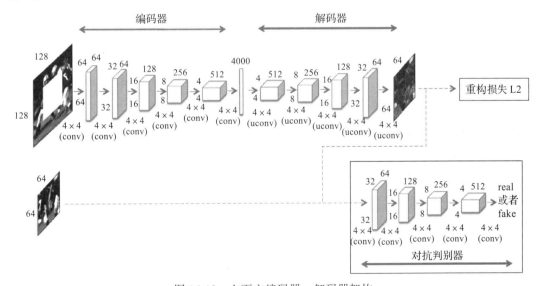

图 16-12 上下文编码器－解码器架构

其中解码器基于 AlexNet 网络，有 5 个卷积层和 1 个池化层，如果输入图像为 227×227，可以得到一个 $6 \times 6 \times 256$ 的特征图。解码器通过在 5 个卷积层的一系列操作，使图像恢复到与原图一样的大小。

该网络之所以称为上下文编码器 – 解码器，是因为它采用了语言处理中基于上下文进行预测的原理，这里采用被损坏图像周围的特征来预测被损坏的部分。如何学习到被损坏的特征呢？这就涉及下节将介绍的损失函数。

16.3.2   损失函数

整个模型的损失值由重构损失（Reconstruction Loss）与对抗损失（Adversarial Loss）组成。重构损失的计算公式为：

$$\mathcal{L}_{\text{rec}}(\chi) = \| \hat{M} \odot (\chi - F((1 - \hat{M}) \odot \chi)) \|_2^2 \qquad (16.1)$$

其中 $\odot$ 为逐元操作，$\hat{M}$ 为缺失图像的二进制掩码，1 表示缺失的部分像素，0 表示输入像素。如果只有重构损失，修复后的图像会比较模糊，为解决这个问题，可增加一个对抗损失。

我们可以从多种可能的输出模式中选择一种对抗损失，换句话说，可以进行特定模式的选择，使得预测结果看起来更真实。对抗损失的计算公式为：

$$\mathcal{L}_{\text{adv}} = \max_D E_{x \in \chi}[\log(D(x)) + \log(1 - D(F((1 - \hat{M}) \odot x)))] \qquad (16.2)$$

总的损失函数为重构损失与对抗损失的加权值。

$$\mathcal{L} = \lambda_{\text{rec}} \mathcal{L}_{\text{rec}} + \lambda_{\text{adv}} \mathcal{L}_{\text{adv}} \qquad (16.3)$$

16.3.3   图像修复实例

为了让大家有一个直观的理解，这里使用一个预训练模型来实现图像修复，该预训练模型是基于大量街道数据训练得到的。

1）定义测试模型，详细代码可参考本书附赠资源 pytorch-16-03。

```
class netG(nn.Module):
    def __init__(self, opt):
        super(netG, self).__init__()
        #ngpu 表示 GPU 个数，如果大于 1，将启用并发处理
        self.ngpu = opt.ngpu
        self.main = nn.Sequential(
            # 输入通道数为 opt.nc，输出通道数为 opt.nef
            nn.Conv2d(opt.nc,opt.nef,4,2,1, bias=False),
            nn.LeakyReLU(0.2, inplace=True),
            nn.Conv2d(opt.nef,opt.nef,4,2,1, bias=False),
            nn.BatchNorm2d(opt.nef),
            nn.LeakyReLU(0.2, inplace=True),
            nn.Conv2d(opt.nef,opt.nef*2,4,2,1, bias=False),
            nn.BatchNorm2d(opt.nef*2),
            nn.LeakyReLU(0.2, inplace=True),
            nn.Conv2d(opt.nef*2,opt.nef*4,4,2,1, bias=False),
            nn.BatchNorm2d(opt.nef*4),
            nn.LeakyReLU(0.2, inplace=True),
            nn.Conv2d(opt.nef*4,opt.nef*8,4,2,1, bias=False),
            nn.BatchNorm2d(opt.nef*8),
            nn.LeakyReLU(0.2, inplace=True),
```

```
                nn.Conv2d(opt.nef*8,opt.nBottleneck,4, bias=False),
                # tate size: (nBottleneck) x 1 x 1
                nn.BatchNorm2d(opt.nBottleneck),
                nn.LeakyReLU(0.2, inplace=True),
                # 后面采用转置卷积，opt.ngf 为该层输出通道数
                nn.ConvTranspose2d(opt.nBottleneck, opt.ngf * 8, 4, 1, 0, bias=False),
                nn.BatchNorm2d(opt.ngf * 8),
                nn.ReLU(True),
                nn.ConvTranspose2d(opt.ngf * 8, opt.ngf * 4, 4, 2, 1, bias=False),
                nn.BatchNorm2d(opt.ngf * 4),
                nn.ReLU(True),
                nn.ConvTranspose2d(opt.ngf * 4, opt.ngf * 2, 4, 2, 1, bias=False),
                nn.BatchNorm2d(opt.ngf * 2),
                nn.ReLU(True),
                nn.ConvTranspose2d(opt.ngf * 2, opt.ngf, 4, 2, 1, bias=False),
                nn.BatchNorm2d(opt.ngf),
                nn.ReLU(True),
                nn.ConvTranspose2d(opt.ngf, opt.nc, 4, 2, 1, bias=False),
                nn.Tanh()
            )

    def forward(self, input):
        if isinstance(input.data, torch.cuda.FloatTensor) and self.ngpu > 1:
            output = nn.parallel.data_parallel(self.main, input, range(self.ngpu))
        else:
            output = self.main(input)
        return output
```

2）加载数据，包括加载预训练模型及测试图像等。

```
netG = netG(opt)
# 加载预训练模型，存放在 opt.netG 中
netG.load_state_dict(torch.load(opt.netG,map_location=lambda storage, location:
    storage)['state_dict'])
netG.eval()

transform = transforms.Compose([transforms.ToTensor(),
                                 transforms.Normalize((0.5, 0.5, 0.5), (0.5, 0.5, 0.5))])

# 加载测试图像
image = load_image(opt.test_image, opt.imageSize)
image = transform(image)
image = image.repeat(1, 1, 1, 1)
```

3）保存图像。

```
save_image('val_real_samples.png',image[0])
save_image('val_cropped_samples.png',input_cropped.data[0])
save_image('val_recon_samples.png',recon_image.data[0])
print('%.4f' % errG.item())
```

4）查看修复后的图像。

```
reconsPath = 'val_recon_samples.png'
Image = mpimg.imread(reconsPath)
plt.imshow(Image)  # 显示图像
plt.axis('off')     # 不显示坐标轴
plt.show()
```

运行结果如图 16-13 所示。

图 16-13 修复后的图像

5）修复被损坏图像的过程示意图如图 16-14 所示。

图 16-14 修复被损坏图像的过程示意图

16.4 使用 PyTorch 实现 DiscoGAN

在两个有内在关系的域之间，往往无须经过监督学习就能发现二者的对应关系，如一句中文与一句翻译后的英文之间的关系，再如选择与一条裙子具有相同风格的鞋子、提包等。对机器来说，自动学习不同域的关系的挑战很大。不过 DiscoGAN（Discovery Generative Adversarial Network，探索生成式对抗网络）在这方面取得了不俗的效果。

DiscoGAN 是一种能够自动学习并发现跨域关系的生成式对抗网络。它建立了从一个领域到另一个领域的映射关系。在训练过程中，DiscoGAN 使用两个不同的图像数据集，并且这两个数据集之间没有任何显式关联的标签，也不需要预训练。

DiscoGAN 的基本思想是确保所有在域 1 内的图像都可以用域 2 里的图像进行表示，并可利用重构损失函数来衡量原图像经过两次转换（即从域 1 到域 2 再到域 1）后的重构效果。DiscoGAN 的工作原理如图 16-15 所示。

利用 DiscoGAN 学到的提包与鞋子之间的内在关系，可以实现很多有意义的应用，如帮助电商向客户推荐配套的衣服、鞋子、帽子等。

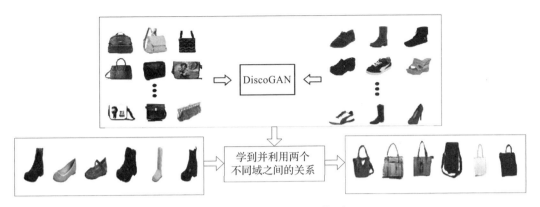

图 16-15　DiscoGAN 的工作原理

16.4.1　DiscoGAN 架构

DiscoGAN 由两个 GAN 模型组成，把一个领域中的图像作为输入，然后就可以输出另一个领域中对应的图像，其架构如图 16-16 所示。

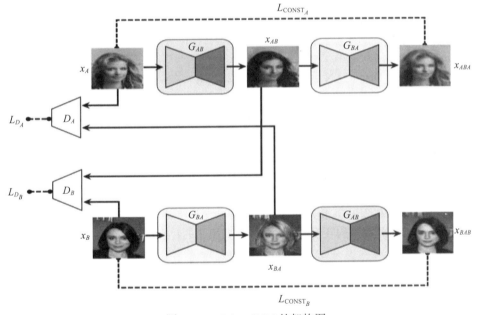

图 16-16　DiscoGAN 的架构图

注意　图 16-16～图 16-18 中的参数随内容的展开讲解会逐步告知读者，为避免读者陷于参数细节，不过多阐述。

这个架构看起来有点复杂，我们可以把它拆分一下。图 16-17 是一个标准的 GAN 架构。

在图 16-17 中，生成器 G_{AB} 是编码器－解码器架构，D_B 是判别器。在图 16-17 所示的架构中加上重构损失函数，便得到如图 16-18 所示的架构。

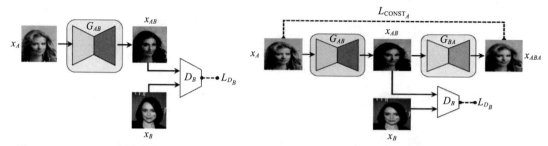

图 16-17　DiscoGAN 中的标准 GAN 架构　　　图 16-18　标准 GAN 加上重构损失函数的架构图

图 16-18 中只有从域 A 到域 B 的映射关系，如果加上从域 B 到域 A 的映射关系，就得到图 16-16。图中有很多字符，它们的具体含义如下。

- ❑ G_{AB}：生成器函数，功能是将域 A 的图像 x_A 转换为域 B 的图像 x_{AB}。
- ❑ G_{BA}：生成器函数，功能是将域 B 的图像 x_B 转换为域 A 的图像 x_{BA}。
- ❑ $G_{AB}(x_A)$：包含了在域 A 的 x_A 经过转换后属于域 B 的所有可能结果。
- ❑ $G_{BA}(x_B)$：包含了在域 B 的 x_B 经过转换后属于域 A 的所有可能结果。
- ❑ G_A：域 A 内的判别器函数。
- ❑ G_B：域 B 内的判别器函数。

16.4.2　损失函数

从图 16-16 可知，DiscoGAN 由两个带有重构损失的 GAN 组成，这两个模型同时训练，并且对应的生成器会共享权值，生成的图像分别送往各自的判别器。生成器损失是两个 GAN 损失（$L_{G_{AB}}$ 和 $L_{G_{BA}}$）和两个重构损失项（L_{CONST_A} 和 L_{CONST_B}）的和，判别器损失也是两个模型判别器损失（L_{D_A} 和 L_{D_B}）的和。具体过程如下。

1）G_{AB} 将域 A 的图像 χ_A 转换为域 B 内的图像 χ_{AB}。

2）生成的 χ_{AB} 图像被传回域 A 的 χ_{ABA}。

3）利用距离指标（如 MSE）和余弦距离来计算转换后的图像与原图像的重构损失 L_{CONST_A}。

4）将生成器生成的图像 χ_{AB} 传入判别器，得到与域 B 真实图像进行比较后的分数。

5）以上是从域 A 到域 B 的转换过程，从域 B 到域 A 的转换过程与此类似。

其中：
$$\chi_{AB} = G_{AB}(\chi_A) \tag{16.4}$$

$$\chi_{ABA} = G_{BA}(\chi_{AB}) = G_{BA} \circ G_{AB}(\chi_A) \tag{16.5}$$

$$L_{\text{CONST}_A} = \mathrm{d}(\chi_{ABA}, \chi_A) \tag{16.6}$$

$$L_{\text{GAN}_B} = -\mathbb{E}_{\chi_A \sim P_A}[\log D_B(G_{AB}(\chi_A))] \tag{16.7}$$

生成器 G_{AB} 的损失函数包括重构损失 L_{CONST_A} 和标准 GAN 损失 L_{GAN_B}。

$$L_{G_{AB}} = L_{\text{GAN}_B} + L_{\text{CONST}_A} \tag{16.8}$$

其中 L_{CONST_A} 用来衡量原图像经过域 $A \rightarrow$ 域 $B \rightarrow$ 域 A 转换后重构的效果，L_{GAN_B} 用来衡量生成图像接近域 B 的程度。

判别器 D_B 的损失函数为：

$$L_{D_B} = -\mathbb{E}_{\chi_B \sim P_B}[\log D_B(\chi_B)] - \mathbb{E}_{\chi_A \sim P_A}[\log(1 - D_B(G_{AB}(\chi_A)))] \qquad (16.9)$$

两个组合的 GAN 被同时训练，以训练 L_{CONST_A} 和 L_{CONST_B}：

$$L_G = L_{G_{AB}} + L_{G_{BA}} \qquad (16.10)$$

总的判别器损失为域 A 和域 B 的判别器损失的和：

$$L_D = L_{D_A} + L_{D_B} \qquad (16.11)$$

为了实现一对一的双射关系（见图 16-19），DiscoGAN 模型利用两个 GAN 损失和两个重构损失进行限制。

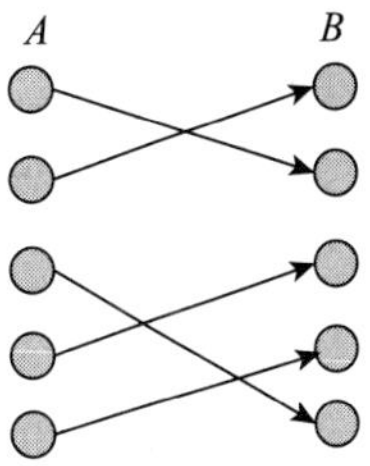

图 16-19　双射示意图

16.4.3　DiscoGAN 实现

1）定义生成器的网络架构。

```python
class GeneratorCNN(nn.Module):
    def __init__(self, input_channel, output_channel, conv_dims,
        deconv_dims, num_gpu):
        super(GeneratorCNN, self).__init__()
        self.num_gpu = num_gpu
        self.layers = []

        prev_dim = conv_dims[0]
        self.layers.append(nn.Conv2d(input_channel, prev_dim, 4, 2, 1, bias=False))
        self.layers.append(nn.LeakyReLU(0.2, inplace=True))

        for out_dim in conv_dims[1:]:
            self.layers.append(nn.Conv2d(prev_dim, out_dim, 4, 2, 1, bias=False))
            self.layers.append(nn.BatchNorm2d(out_dim))
            self.layers.append(nn.LeakyReLU(0.2, inplace=True))
            prev_dim = out_dim

        for out_dim in deconv_dims:
            self.layers.append(nn.ConvTranspose2d(prev_dim, out_dim, 4, 2, 1, bias=False))
            self.layers.append(nn.BatchNorm2d(out_dim))
            self.layers.append(nn.ReLU(True))
            prev_dim = out_dim

        self.layers.append(nn.ConvTranspose2d(prev_dim, output_channel, 4, 2, 1,
            bias=False))
        self.layers.append(nn.Tanh())

        self.layer_module = nn.ModuleList(self.layers)

    def main(self, x):
        out = x
        for layer in self.layer_module:
            out = layer(out)
        return out

    def forward(self, x):
        return self.main(x)
```

2）定义判别器的网络结构。

```
class DiscriminatorCNN(nn.Module):
    def __init__(self, input_channel, output_channel, hidden_dims, num_gpu):
        super(DiscriminatorCNN, self).__init__()
        self.num_gpu = num_gpu
        self.layers = []

        prev_dim = hidden_dims[0]
        self.layers.append(nn.Conv2d(input_channel, prev_dim, 4, 2, 1, bias=False))
        self.layers.append(nn.LeakyReLU(0.2, inplace=True))

        for out_dim in hidden_dims[1:]:
            self.layers.append(nn.Conv2d(prev_dim, out_dim, 4, 2, 1, bias=False))
            self.layers.append(nn.BatchNorm2d(out_dim))
            self.layers.append(nn.LeakyReLU(0.2, inplace=True))
            prev_dim = out_dim

        self.layers.append(nn.Conv2d(prev_dim, output_channel, 4, 1, 0,
            bias=False))
        self.layers.append(nn.Sigmoid())

        self.layer_module = nn.ModuleList(self.layers)

    def main(self, x):
        out = x
        for layer in self.layer_module:
            out = layer(out)
        return out.view(out.size(0), -1)

    def forward(self, x):
        return self.main(x)
```

16.4.4　使用 PyTorch 实现 DiscoGAN 实例

1）导入模块。

```
import torch

from DiscoGAN12.trainer import Trainer
from DiscoGAN12.config import get_config
from DiscoGAN12.data_loader import get_loader
from DiscoGAN12.utils import prepare_dirs_and_logger, save_config
```

2）定义数据导入、预处理、训练模型的主函数。

```
def main(config):
    prepare_dirs_and_logger(config)

    torch.manual_seed(config.random_seed)
    if config.num_gpu > 0:
        torch.cuda.manual_seed(config.random_seed)

    if config.is_train:
        data_path = config.data_path
        batch_size = config.batch_size
```

```
    else:
        if config.test_data_path is None:
            data_path = config.data_path
        else:
            data_path = config.test_data_path
        batch_size = config.sample_per_image

    a_data_loader, b_data_loader = get_loader(
            data_path, batch_size, config.input_scale_size,
            config.num_worker, config.skip_pix2pix_processing)

    trainer = Trainer(config, a_data_loader, b_data_loader)

    if config.is_train:
        save_config(config)
        trainer.train()
    else:
        if not config.load_path:
            raise Exception("[!] You should specify 'load_path' to load a pretrained
                model")
        trainer.test()
```

3）执行主程序。

```
config, unparsed = get_config()
main(config)
```

运行第 4800 次的日志信息：

```
53%|▉▉▉▉▉▉▉     | 4800/9000 [3:15:39<2:49:54,  2.43s/it]
[4800/9000] Loss_D: 2.5586 Loss_G: 2.3439
[4800/9000] l_d_A_real: 1.4746 l_d_A_fake: 0.0779, l_d_B_real: 0.6102, l_d_B_
    fake: 0.3958
[4800/9000] l_const_A: 0.0206 l_const_B: 0.1981, l_gan_A: 0.6585, l_gan_B: 1.4667
[*] Samples saved: logs/edges2shoes_2019-05-24_10-37-37/4800_x_AB.png
[*] Samples saved: logs/edges2shoes_2019-05-24_10-37-37/4800_x_ABA.png
[*] Samples saved: logs/edges2shoes_2019-05-24_10-37-37/4800_x_BA.png
 53%|▉▉▉▉▉▉▉     | 4801/9000 [3:15:43<3:32:46,  3.04s/it]
[*] Samples saved: logs/edges2shoes_2019-05-24_10-37-37/4800_x_BAB.png
```

4）查看测试结果。

```
plt.figure(figsize=(12,8))
reconsPath1 = 'logs/edges2shoes_2019-05-24_10-37-37/test/25_x_B.png'
Image1 = mpimg.imread(reconsPath1)
reconsPath2 = 'logs/edges2shoes_2019-05-24_10-37-37/test/25_x_BA.png'
Image2 = mpimg.imread(reconsPath2)
reconsPath3 = 'logs/edges2shoes_2019-05-24_10-37-37/test/25_x_BAB.png'
Image3 = mpimg.imread(reconsPath3)
plt.subplot(1,3,1)
plt.imshow(Image1)                # 显示图像
plt.axis('off')                   # 不显示坐标轴
plt.subplot(1,3,2)
plt.imshow(Image2)                # 显示图像
plt.axis('off')                   # 不显示坐标轴
plt.subplot(1,3,3)
```

```
plt.imshow(Image3)          # 显示图像
plt.axis('off')             # 不显示坐标轴
plt.show()
```

运行结果如图 16-20 所示。

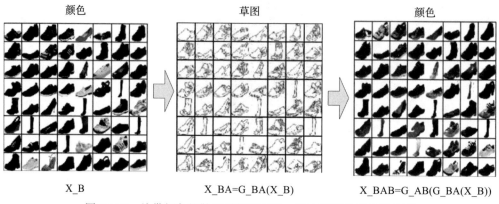

图 16-20   从带颜色的鞋子到鞋子草图，再映射到带颜色的鞋子

16.5   小结

生成式网络是深度学习中的后起之秀，它属于半监督学习，把图像生成与判别融合在一起，在视觉处理、语言处理等方面应用前景广阔。本章首先介绍了 Deep Dream，它可以把通过深度学习获取的特征进行迁移或可视化，从而产生一些具有梦幻效果的图像。然后介绍了如何定义图像的风格，并把这些风格进行迁移，以与其他图像的内容结合在一起生成新的图像。最后介绍了使用 PyTorch 实现生成图像的几个典型实例。

CHAPTER 17

第 17 章

AI 新方向：对抗攻击

网络给我们带来便利、信息、效率，同时也带来网络安全风险。人工智能也是如此。现在可以说各行各业都在进行人工智能的改造升级，但需要防范和抵抗恶意代码攻击、网络攻击等。

在人工智能带来的风险中，对抗攻击就是重要风险之一。攻击者可以通过各种手段绕过，或直接对机器学习模型进行攻击达到对抗目的，使我们的模型失效或误判。如果类似攻击发生在无人驾驶、金融 AI 领域，则将导致严重后果。所以，我们需要未雨绸缪，认识各种对抗攻击，并有效破解各种对抗攻击。

本章主要介绍对抗攻击的相关内容，具体包括：

❏ 对抗攻击简介
❏ 常见对抗样本生成方式
❏ 使用 PyTorch 实现对抗攻击
❏ 对抗攻击和防御方法

17.1 对抗攻击简介

对抗攻击最核心的手段就是制造对抗样本去迷惑模型，比如在计算机视觉领域，攻击样本就是向原始样本中添加一些人眼无法察觉的噪声，这些噪声不会影响人类识别，但却很容易迷惑机器学习模型，使它做出错误的判断。如图 17-1 所示，在雪山样本中增加一些噪声，导致分类模型将雪山识别为狗。

雪山: 94%　　　　　对抗性噪声　　　　　狗: 99%

图 17-1　对抗攻击示例

由于机器学习算法的输入是数值型向量（numeric vector），所以攻击者会通过设计一种有针对性的数值型向量让机器学习模型做出误判，这种攻击方法被称为对抗性攻击。与其他攻击不同，对抗性攻击主要发生在构造对抗性数据的时候，之后该对抗性数据就如正常数据一样输入机器学习模型并得到欺骗的识别结果。

接下来将介绍对抗攻击的几种方法，它们是在实际运用中测试防御模型效果时较为常用的攻击模式。其中，白盒攻击与黑盒攻击的概念在防御算法的论文中被反复提及。一般提出的新算法，都需经受白盒攻击与黑盒攻击两种攻击模式的测定。

17.1.1　白盒攻击与黑盒攻击

本节主要介绍白盒攻击与黑盒攻击。

1. 白盒攻击

白盒攻击是指攻击者能够获知机器学习所使用的算法，以及算法所使用的参数。攻击者能够在产生对抗性攻击数据的过程中与机器学习的系统交互。

2. 黑盒攻击

黑盒攻击是指攻击者并不知道机器学习所使用的算法和参数，但攻击者仍能与机器学习的系统有所交互，比如可以通过传入任意输入观察输出，判断输出。

你可以将经过训练的神经网络看作一组单元格，而同一单元格里的每个点（比如本文中的点就代表图像）都与同一个类相关联。不过，如果这些单元格过度线性化，就很容易对细微的变化不敏感，而攻击者恰恰是抓住了这一点。理想情况下，每次对抗攻击都对应一个经过修改的输入，其背后的原理就是为图像的每一个类进行一次细微的干扰。对抗性图像攻击是攻击者构造一张对抗性图像，使人眼和图像识别机器识别的类型不同。比如攻击者可以针对使用图像识别的无人驾驶车，构造出一个图像，在人眼看来是一个停车标志，但是在汽车看来是一个限速 60 千米 / 时的标志。

17.1.2　无目标攻击与有目标攻击

对抗攻击从有无目标角度，又可分为无目标攻击和有目标攻击。

1）无目标攻击（untargeted attack）：对于一张图像，生成一个对抗样本，使得标注系统在其上的标注与原标注无关，即只要攻击成功就好，对抗样本最终属于哪一类则不做限制。

2）有目标攻击（targeted attack）：对于一张图像和一个目标标注句子，生成一个对抗样本，使得标注系统在其上的标注与目标标注完全一致，即不仅要求攻击成功，还要求生成的对抗样本属于特定的类。

17.2　常见对抗样本生成方式

前面我们介绍了几种对抗攻击方法，这些攻击方法中的对抗样本起着非常重要的作用。那么，如何生成这些样本？可以根据不同场景选择不同算法。接下来我们将介绍两种常用算法：快速梯度符号算法和快速梯度算法。

17.2.1　快速梯度符号算法

快速梯度符号算法（Fast Gradient Sign Method，FGSM）是一种基于梯度生成对抗样本的算法，其训练目标是最大化损失函数 $J(x^*, y)$ 以获取对抗样本 x^*，其中 J 是分类算法中衡量分类误差的损失函数，通常取交叉熵损失。最大化 J 使添加噪声后的样本不再属于 y 类，由此则达到了如图 17-2 所示的目的。在整个优化过程中，需满足 $L∞$ 约束 $\|x^*-x\|_\infty \leq \varepsilon$，即原始样本与对抗样本的误差要在一定范围之内。其中 $x^* = x + \varepsilon \operatorname{sign}(\nabla_x J(x, y))$，$\operatorname{sign}()$ 是符号函数，括号里面是损失函数对 x 的偏导。

 +0.007 ×  =

x　　　　　　　　$\operatorname{sign}(\nabla_x J(\theta, x, y))$　　　　$x + \varepsilon \operatorname{sign}(\nabla_x J(\theta, x, y))$
熊猫　　　　　　　　　噪声　　　　　　　　　　长臂猿
57.7% 置信度　　　　　　8.2% 置信度　　　　　　　99.3% 置信度

图 17-2　使用快速梯度符号法攻击

如图 17-2 所示，FGSD 生成的对抗样本 $\varepsilon = 0.07$，在添加噪声之前，原始图像有 57.7% 的可能被认为是一只熊猫，而添加噪声后，这张图像有 99.3% 的可能被认为是一种长臂猿。

17.2.2　快速梯度算法

快速梯度（Fast Gradient Method，FGM）算法对 FGSD 做了推广，使其能够满足 $L2$ 约束 $\|x^*-x\|_2 \leq \varepsilon$。其中

$$x^* = x + \varepsilon \frac{\nabla_x J(x, y)}{\left\|\nabla_x J(x, y)\right\|_2}$$

类似方法还有很多，如迭代梯度符号算法（Iterative Gradient Sign Method，IFGSD），它是对 FGSD 的一种推广，是对 FGSD 算法的多次应用，以一个小的步进值 α 多次应用快速迭代法：

$$x_0^* = x,\ x_{t+1}^* = x_t^* + \alpha \operatorname{sign}(\nabla_x J(x_t^*, y))$$

为了使得到的对抗样本满足 $L∞$（或 $L2$）约束，通常将迭代步长设置为 $\alpha = \alpha/\mathrm{T}$，其中 T 为迭代次数。实验表明，在白盒攻击时，IFGSD 比 FGSD 效果好。

17.3　使用 PyTorch 实现对抗攻击

前面我们介绍了对抗攻击的概念及相关算法，接下来我们使用 PyTorch 具体实现无目标攻击和有目标攻击。

17.3.1　实现无目标攻击

这里我们使用 PyTorch 和 torchvision 包中的预训练分类器 Inception_v3 模型。

1）定义主要设置，下载预训练模型。这里通过加载文件 classe.txt 导入 1000 种类别，预训练模型 Inception_v3 就是在有 1000 种类别的大数据集上训练的。

```
device = torch.device("cuda:0" if torch.cuda.is_available() else "cpu")
classes = eval(open('pytorch-14/classes.txt').read())
trans = T.Compose([T.ToTensor(), T.Lambda(lambda t: t.unsqueeze(0))])
reverse_trans = lambda x: np.asarray(T.ToPILImage()(x))

eps = 0.025
steps = 40
step_alpha = 0.01

model = inception_v3(pretrained=True, transform_input=True).to(device)
loss = nn.CrossEntropyLoss()
model.eval()
```

这里引用了 torchvison 中的 transforms, transforms 提供了很多数据增强的方法，Compose 是统一的接口，用来方便组合各种不同数据增强方法。我们需要一个可以将 PIL（Python Imaging Library, Python 图像库）图像转换为 Torch 张量，同时还需要一个可以输出 numpy 矩阵的反向转换，让我们可以将其重新转化为一张图像。

这里用到的 transforms.ToTensor 是将 PIL.Image 或者 ndarray 转换为 tensor，并归一化到 [0, 1]。需要注意的是，归一化到 [0, 1] 是直接除以 255，如果自己的 ndarray 数据尺度有变化，则需要自行修改。

```
trans=T.Compose([T.ToTensor(),T.Lambda(lambda t:t.unsqueeze(0))])
def load_image(img_path):
    img = trans(Image.open(img_path).convert('RGB'))
    return img
```

2）定义加载图像、可视化数据等函数。定义一个 load_image 可视化函数，用于从磁盘中读取图像，并将图像转换为神经网络能够接收的格式。

```
def load_image(img_path):
    img = trans(Image.open(img_path).convert('RGB'))
    return img

def get_class(img):
    with torch.no_grad():
        x = img.to(device)
        cls = model(x).data.max(1)[1].cpu().numpy()[0]
        return classes[cls]

def draw_result(img, noise, adv_img):
    fig, ax = plt.subplots(1, 3, figsize=(15, 10))
    orig_class, attack_class = get_class(img), get_class(adv_img)
    ax[0].imshow(reverse_trans(img[0]))
    ax[0].set_title('Original image: {}'.format(orig_class.split(',')[0]))
    ax[1].imshow(60*noise[0].detach().cpu().numpy().transpose(1, 2, 0))
    ax[1].set_title('Attacking noise')
    ax[2].imshow(reverse_trans(adv_img[0]))
    ax[2].set_title('Adversarial example: {}'.format(attack_class))
    for i in range(3):
        ax[i].set_axis_off()
```

```
plt.tight_layout()
plt.show()
fig.savefig('pytorch-14/adv01.png', dpi=fig.dpi)
```

3）实现无目标攻击代码。FGSM 取决于 3 个参数：最大强度（这个不应该超过 16）、梯度步数、步长。通常不会把步长设置得太大，以避免结果不稳定，这一步与普通梯度下降是一样的。

```
def non_targeted_attack(img):
    img = img.to(device)
    img.requires_grad=True
    label = torch.zeros(1, 1).to(device)

    x, y = img, label
    for step in range(steps):
        zero_gradients(x)
        out = model(x)
        y.data = out.data.max(1)[1]
        local_loss = loss(out, y)
        local_loss.backward()
        normed_grad = step_alpha * torch.sign(x.grad.data)
        step_adv = x.data + normed_grad
        adv = step_adv - img
        adv = torch.clamp(adv, -eps, eps)
        result = img + adv
        result = torch.clamp(result, 0.0, 1.0)
        x.data = result

    return result.cpu(), adv.cpu()
```

通过这样的修改，可以让分类器越错越离谱，进而将该流程完全控制在两个"维度"中的细化程度：

❑ 用参数 eps 控制噪声的幅度，参数越小，输出图像的改动也就越小；

❑ 通过参数 step_alpha 来控制攻击的稳定，与神经网络的普通训练过程类似，如果把它设置得太高，我们很可能会找不到损失函数的极值点。

在我们的实验中，使用很小的 eps 也能带来不错的效果，即很小的改动就能让分类器分类失败。

4）执行代码。运行以下代码开始非目标攻击，产生对抗样本，并进行预测。

```
img = load_image('pytorch-14/bird.JPEG')
adv_img, noise = non_targeted_attack(img)
draw_result(img, noise, adv_img)
```

运行结果如图 17-3 所示。

Original image: junco

Attacking noise
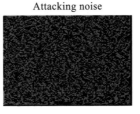

Adversarial example:
lacewing, lacewing fly

图 17-3　使用无目标攻击

17.3.2 实现有目标攻击

如果我们想要神经网络输出某个特定的类别，应该怎么办呢？对非目标攻击代码做一些小的调整即可。

1）定义目标攻击函数。

```
def targeted_attack(img, label):
    img = img.to(device)
    img.requires_grad=True
    label = torch.Tensor([label]).long().to(device)

    x, y = img, label
    for step in range(steps):
        zero_gradients(x)
        out = model(x)
        local_loss = loss(out, y)
        local_loss.backward()
        normed_grad = step_alpha * torch.sign(x.grad.data)
        step_adv = x.data - normed_grad
        adv = step_adv - img
        adv = torch.clamp(adv, -eps, eps)
        result = img + adv
        result = torch.clamp(result, 0.0, 1.0)
        x.data = result
    return result.cpu(), adv.cpu()
```

这里主要是改变梯度符号，在无目标攻击的过程中，假设目标模型几乎总是正确的，我们的目标是增大偏差。与无目标攻击不同，有目标攻击的目标是使偏差最小化。

```
step_adv = x.data - normed_grad
```

2）执行代码。

```
img = load_image('pytorch-14/bird.JPEG')
adv_img, noise = targeted_attack(img, 600)
draw_result(img, noise, adv_img)
```

运行结果如图 17-4 所示。

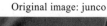

| Original image: junco | Attacking noise | Adversarial example: hook, claw |

图 17-4　使用有目标攻击

17.4　对抗攻击和防御方法

随着机器学习、人工智能不断发展，它们的应用愈来愈广泛，受到的攻击也越来越多。如何防御这些攻击也就愈加重要。本节将简单介绍几种常见的对抗攻击及防御方法。

17.4.1　对抗攻击

随着新的应用场景和新算法不断出现，对抗攻击也在不断发展，目前对抗攻击的研究已涉及很多领域。

1. 对分类网络的攻击

大多数研究都是通过将图像的像素点按照顺序或者随机一个一个改变，然后通过隐含层的梯度来计算该点的改变对整张图像的攻击显著性并选择下一个要改变的点，通过这样的训练最终可以找到最优的攻击像素。也有一些研究者利用差分进化算法的思想，通过每一次迭代不断变异然后"优胜劣汰"，最后找到足以攻击整张图像的一个像素点，这种方法属于黑盒攻击，不需要知道网络参数等任何信息。

语义分割任务的对抗攻击要比分类任务复杂很多。例如在一些研究中，语义分割的对抗样本生成利用了密集对抗样本生成（Dense Adversary Generation）的方法，通过一组像素或候选框（pixel/proposal）来优化生成对抗样本损失函数，然后用所生成的对抗样本来攻击基于深度学习的分割和检测网络。将对抗攻击的概念转换为对抗样本生成的概念，将一个攻击任务转换为生成任务，这就给我们提供了一种新的攻击思路：将这个任务转换为如何选取损失函数、如何搭建生成模型使得生成的对抗样本在攻击图像时有更好的效果。这种概念的转换使得对抗攻击不再受限于传统的 FGSM 算法，而是将更多生成模型引入进来，比如 GAN。

2. 对图的攻击

由于图结构数据可以建模现实生活中的很多问题，现在也有很多研究者在研究这种问题。以知识图谱为例，现在百度、阿里巴巴等公司都在搭建知识图谱，如果能攻击知识图谱，在图上生成一些欺骗性的结点，比如虚假交易等行为，这会给整个公司带来很大损失，所以对图结构的攻击和防御很有研究价值。

3. 还有其他领域的攻击

如强化学习、RNN、QA 系统、语音识别等领域，但这些领域目前的研究内容都比较少，这里不再展开。

17.4.2　常见防御方法分类

目前常见的防御方法大致分为以下 4 类：对抗训练、梯度掩码、随机化、去噪等。

1）对抗训练。对抗训练旨在从随机初始化的权重中训练一个鲁棒的模型，其训练集由真实数据集和加入了对抗扰动的数据集组成。

2）梯度掩码。由于当前的许多对抗样本都是基于梯度去生成的，所以如果将模型的原始梯度隐藏起来，就可以达到抵御对抗样本攻击的效果。

3）随机化。向原始模型引入随机层或者随机变量，使模型具有一定随机性，全面提高模型的鲁棒性，以及对噪声的容忍度。

4）去噪。在输入模型进行判定之前，先对当前对抗样本进行去噪，剔除其中造成扰动的信息，使其不能对模型造成攻击。

上述4类防御方法对对抗样本扰动都具有一定的防御能力，在具体使用时，可根据实际情况灵活运用。

17.5 小结

同其他机器学习算法一样，深度神经网络（DNN）也容易受到对抗样本的攻击，即通过对输入进行不可察觉的细微的扰动，可以使深度神经网络以较高的信任度输出任意想要的分类，这样的输入称为对抗样本。利用算法的这一缺陷，深度学习模型会被攻击者利用，以实现攻击者选择的特定输出和行为，构成安全威胁。比如，无人驾驶车可能使用DNN来识别交通标志，如果攻击者伪造的标志STOP导致DNN错误分类，汽车则不会停止，进而造成交通事故；网络入侵检测系统使用DNN作为分类器，若伪装成合法请求的恶意请求绕过了入侵检测系统，会使目标网络的安全性受到威胁。

对抗攻击是深度学习领域近两年的研究热点，其研究热度呈现上升趋势，如2017年NIPS会议新增了基于Kaggle平台的"对抗攻击与防御"的竞赛议程。如何高效地生成对抗样本，且让人类感官难以察觉，正是对抗样本生成算法研究领域的热点。

CHAPTER 18

第 18 章

强 化 学 习

前面我们介绍了一般神经网络、卷积神经网络、循环神经网络等，其中很多属于监督学习模型，这些模型在训练时需要依据标签或目标值来训练。如果没有标签，则无法训练。首先没有标签就无法生成代价函数，没有代价函数就谈不上通过 BP 算法来优化参数。但是现实生活中，有很多没有标签或目标值，但又需要我们去学习、创新的场景。就像企业中的创新能手，突然来到一个最前沿的领域，没有模仿对象了，更没有导师，一切都得靠自己去探索和尝试。就像当初爱迪生研究电灯泡一样，既没有现成的方案或先例，更没有模板，有的只是不断尝试或探索的结果，成功或不成功，好或不好，但是他就是凭着这些不断尝试的结果，一次比一次做得更好，最终取得巨大成功！

强化学习就像这种前无古人的学习，没有预先给定的标签或模板，只有不断尝试后的结果反馈，好或不好，成与不成等。这种学习带有创新性，比一般的模仿性机器学习确实更强大一些，这或许也是其名称来由吧。

本章介绍强化学习的一般原理及常用算法，具体内容如下：

❏ 强化学习简介
❏ Q-Learning 算法原理
❏ 使用 PyTorch 实现 Q-Learning 算法
❏ SARSA 算法

18.1 强化学习简介

强化学习是机器学习中的一种算法，如图 18-1 所示，它不像监督学习或无监督学习有大量的经验或输入数据，而是自学成才，通过不断地尝试，从错误或惩罚中学习，最后找到规律，学会了达到目的的方法。

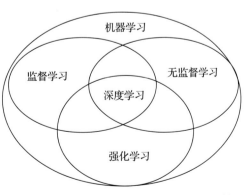

图 18-1 机器学习、监督学习、强化学习等的关系图

　　强化学习已经在游戏、机器人等领域中开花结果。各大科技公司，如中国的百度、阿里、美国的谷歌、meta、微软等更是将强化学习作为其重点发展的技术之一。可以说强化学习算法正在改变和影响着世界，掌握了这门技术就掌握了改变世界和影响世界的工具。

　　强化学习的应用非常广泛，目前主要领域有：

- ❏　游戏理论与多主体交互
- ❏　机器人
- ❏　电脑网络
- ❏　车载导航
- ❏　医学
- ❏　工业物流

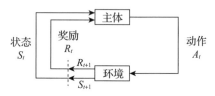

图 18-2　强化学习架构图

强化学习的架构大致如图 18-2 所示。

其中：

　　环境（environment）：其主体被"嵌入"并能够感知和行动的外部系统。本节使用的环境如图 18-3 所示。

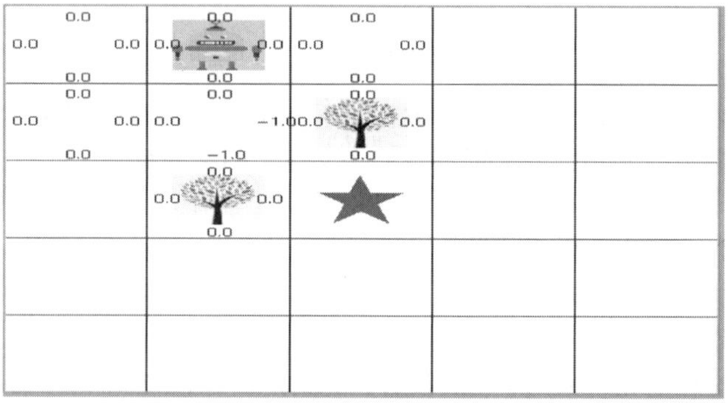

图 18-3　Q-Learning 的运行环境

　　主体（agent）：动作的行使者，例如配送货物的无人机，或者电子游戏中奔跑跳跃的超级马里奥。在图 18-3 中，小机器人就是主题。

　　状态（state）：主体的处境，也即一个特定的时间和地点，一项明确主体与工具、障碍、敌人或奖品等其他重要事物的关系的配置。图 18-3 的每一个格子就是一种状态。

　　动作（action）：其含义不难领会，但应当注意的是，主体需要在一系列潜在动作中进行选择。在电子游戏中，这一系列动作可包括向左或向右跑、不同高度的跳跃、蹲下和站着不动。在股票市场中，这一系列动作可包括购买、出售或持有一组证券及其衍生品中的任意一种。无人飞行器的动作选项则包括三维空间中许多不同的速度和加速度等。在图 18-3 中，小机器人可以有 4 种动作，如向上、向下、向左、向右。

　　奖励（reward）：用于衡量主体的动作成功与否的反馈。例如，在图 18-3 中，如果小机器人接触到五角星，他就能赢得 100 分的奖励，如果他接触到小树，则将得到 −100 的惩罚。

　　整个强化学习系统的输入是：

- ❏　state：例如迷宫的每一格是一个状态。

❏ action：在每个状态下，有什么行动。

❏ reward：进入每个状态时，能带来正面或负面的回报。

输出是：

❏ policy：在每个状态下，选择哪个行动。

具体来说就是：

❏ state 为迷宫中智能体的位置，根据图 18-2 可知，环境共有 25 个格子，即有 25 个状态，每个状态可以用一对坐标表示，例如 (0,1)，表示第 1 行第 2 列的格子。

❏ action 为迷宫中的每一格，你可以行走的方向，对应图 18-2 中的 { 上，下，左，右 }。

❏ reward 为当前的状态（current state）之下，迷宫中的一格可能有食物（+1），也可能有怪兽 (-100)。

❏ policy 为一个由状态→行动的函数，即函数对给定的每一个状态，都会给出一个行动。

增强学习的任务就是找到一个最优的策略，从而使奖励最多。

我们一开始并不知道最优的策略是什么，因此，往往从随机的策略开始，使用随机的策略进行试验，就可以得到一系列的状态、动作和反馈：

$$\{s_1, a_1, r_1, s_2, s_1, a_2, r_2, \cdots, s_t, a_t, r_t\}$$

这就是一系列的样本（Sample）。增强学习的算法就是需要根据这些样本来改进策略，从而使得到的样本中的奖励更好。

强化学习有多种算法，目前比较常用的算法有通过行为的价值来选取特定行为的方法，如 Q-Learning、SARSA，使用神经网络学习的 DQN（Deep Q Network），以及 DQN 的后续算法，还有直接输出行为的策略梯度等。接下来我们介绍强化学习中的经典算法——Q-Learning、SARSA。

18.2 Q-Learning 算法原理

Q-Learning 算法是强化学习中重要且最基础的算法，大多数现代强化学习算法都是在 Q-Learning 算法的基础上做了一些改进。Q-Learning 算法的核心是 Q-table Q 表。Q 表的行和列分别表示 state 和 action 的值，Q 表的值 $Q(s, a)$ 衡量当前状态 s 采取行动 a 的主要依据。

18.2.1 Q-Learning 算法的主要流程

Q-Learning 算法的主要流程大致如图 18-4 所示。

Q-Learning 算法的具体步骤如下。

第 1 步：初始化 Q 表（初始化为 0 或随机初始化）。

第 2 步：执行以下循环。

第 2.1 步：生成一个在 0 与 1 之间的随机数，如果该数大于预先给定的一个阈值 ε，则选择随机动作；否则基于当前状态 s 和 Q 表获取最高奖励来选择动作。

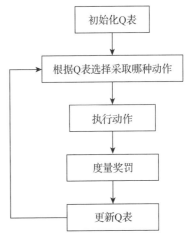

图 18-4 Q-Learning 算法流程图

第 2.2 步：依据 2.1 执行动作。

第 2.3 步：采取行动后观察奖励值 r 和新状态 s_{t+1}。

第 2.4 步：基于奖励值 r，利用式（18.1）更新 Q 表。

第 2.5 步：把 s_{t+1} 赋给 s_t。

$$Q(s_t, a_t) \leftarrow Q(s_t, a_t) + \alpha \, [r_t + \gamma_a^{\max} \, Q(s_{t+1}, a) - Q(s_t, a_t)] \qquad （18.1）$$

$$s_t \leftarrow a_{t+1} \qquad （18.2）$$

其中 α 为学习率，γ 为折扣率。

以下是使用 Python 实现 Q-Learning 算法的核心代码：

```python
def learn(self, state, action, reward, next_state):
        current_q = self.q_table[state][action]
        # 更新 Q 表
        new_q = reward + self.discount_factor * max(self.q_table[next_state])
        self.q_table[state][action] += self.learning_rate * (new_q - current_q)
```

18.2.2　Q 函数

Q-Learning 算法的核心是 $Q(s, a)$ 函数，其中 s 表示状态，a 表示行动，$Q(s, a)$ 的值是在状态 s 执行 a 动作后的最大期望奖励值。$Q(s, a)$ 函数可以看作一个表格，每一行代表一个状态，每一列代表一个动作，如表 18-1 所示。

表 18-1　$Q(s, a)$ 函数

Q-Table	a_1	a_2	a_3	a_4
s_1	$Q(s_1, a_1)$	$Q(s_1, a_2)$	$Q(s_1, a_3)$	$Q(s_1, a_4)$
s_2	$Q(s_2, a_1)$	$Q(s_2, a_2)$	$Q(s_2, a_3)$	$Q(s_2, a_4)$
s_3	$Q(s_3, a_1)$	$Q(s_3, a_2)$	$Q(s_3, a_3)$	$Q(s_3, a_4)$
…	…	…	…	

得到 Q 函数后，就可以在每个状态做出合适的决策了。如当处于 s_1 时，只需考虑 $Q(s_1, :)$ 这些值，挑选其中最大的 Q 函数值，并执行相应的动作。

18.2.3　贪婪策略

在状态 s_1 时，下一步应该采取什么行动？一般是执行满足 $\max(Q(s_1, a))$ 的动作 a。如果每次都按照这种策略选择行动就有可能局限于现有经验中，不利于发现更有价值或更新的情况。所以，除根据经验选择行动外，一般还会给主体一定机会或概率，以探索的方式选择行动。

这种平衡"经验"和"探索"的方法又称为 ε 贪婪（ε-greedy）策略。根据预先设置好的 ε 值（该值一般较小，如取 0.1），主体有 ε 的概率随机行动，有 $1-\varepsilon$ 的概率根据经验选择行动。

下列代码实现了包含 ε 贪婪策略的功能。

```python
# 从 Q 表中选取动作
    def get_action(self, state):
```

```
    if np.random.rand() < self.epsilon:
        # 贪婪策略随机探索动作
        action = np.random.choice(self.actions)
    else:
        # 从 Q 表中选择
        state_action = self.q_table[state]
        action = self.arg_max(state_action)
    return action
```

18.3　使用 PyTorch 实现 Q-Learning 算法

以下为实现 Q-Learning 的主要代码。

18.3.1　定义 Q-Learning 主函数

本节详细代码编号为 pytorch-18-01。

```
import numpy as np
import random
from collections import defaultdict

class QLearningAgent:
    def __init__(self, actions):
        # 4 种动作分别用序列表示: [0, 1, 2, 3]
        self.actions = actions
        self.learning_rate = 0.01
        self.discount_factor = 0.9
        #epsilon 贪婪策略取值
        self.epsilon = 0.1
        self.q_table = defaultdict(lambda: [0.0, 0.0, 0.0, 0.0])

    # 采样 <s, a, r, s'>
    def learn(self, state, action, reward, next_state):
        current_q = self.q_table[state][action]
        # 更新 Q 表
        new_q = reward + self.discount_factor * max(self.q_table[next_state])
        self.q_table[state][action] += self.learning_rate * (new_q - current_q)

    # 从 Q 表中选取动作
    def get_action(self, state):
        if np.random.rand() < self.epsilon:
            # 贪婪策略随机探索动作
            action = np.random.choice(self.actions)
        else:
            # 从 Q 表中选择
            state_action = self.q_table[state]
            action = self.arg_max(state_action)
        return action

    @staticmethod
    def arg_max(state_action):
        max_index_list = []
```

```
max_value = state_action[0]
for index, value in enumerate(state_action):
    if value > max_value:
        max_index_list.clear()
        max_value = value
        max_index_list.append(index)
    elif value == max_value:
        max_index_list.append(index)
return random.choice(max_index_list)
```

18.3.2　运行 Q-Learning 算法

实例化环境并运行。

```
# 环境实例化
env = Env()
agent = QLearningAgent(actions=list(range(env.n_actions)))
# 共进行 200 次游戏
for episode in range(200):
    state = env.reset()
    while True:
        env.render()
        # agent 产生动作
        action = agent.get_action(str(state))
        next_state, reward, done = env.step(action)
        # 更新 Q 表
        agent.learn(str(state), action, reward, str(next_state))
        state = next_state
        env.print_value_all(agent.q_table)
        # 当到达终点时终止游戏开始新一轮训练
        if done:
            break
```

【说明】　如果程序是运作在远程服务器上，为了看到程序运行的可视化效果，需要通过 xshell 等方式连接到远程服务器。

18.4　SARSA 算法

SARSA(State-Action-Reward-State-Action) 算法与 Q-Learning 算法非常相似，不同的是在更新 Q 值时，SARSA 的现实值取 $r + \gamma Q(s_{t+1}, a_{t+1})$，而不是 $r + \gamma \max\limits_{a} Q(s_{t+1}, a)$。

18.4.1　SARSA 算法的主要步骤

SARSA 算法更新 Q 函数的步骤为：

1）获取初始状态 s。

2）执行上一步选择的行动 a，获得奖励 r 和新状态 next_s。

3）在新状态 next_s，根据当前的 Q 表，选定要执行的下一行动 next_a。

4）用 r、next_a、next_s，更加 sarsa 逻辑更新 Q 表。

5）把 next_s 赋给 s，把 next_a 赋给 a。

18.4.2　使用 PyTorch 实现 SARSA 算法

SARSA 算法与 Q-Learning 算法基本相同，只有少部分不同，为此，只要修改实现 Q-Learning 算法中的部分代码即可。

1. 修改学习函数

具体实现代码如下：

```
# 采样 <s, a, r,a',s'>
    def learn(self, state, action, reward,next_action,next_state):
        current_q = self.q_table[state][action]
        # 更新 Q 表
        new_q = reward + self.discount_factor * (self.q_table[next_state][next_
            action])
        self.q_table[state][action] += self.learning_rate * (new_q - current_q)
```

2. 修改训练代码

这里主要修改的内容如下：

1）新增获取下一步动作的函数 next_action = agent.get_action(str(state))；

2）把 next_action 赋给 action。

具体实现代码如下：

```
env = Env()
agent = QLearningAgent(actions=list(range(env.n_actions)))
# 共进行 200 次游戏
for episode in range(200):
    state = env.reset()
    action = agent.get_action(str(state))
    while True:
        env.render()
        # 获取新的状态、奖励分数
        next_state, reward, done = env.step(action)
        # 产生新的动作
        next_action = agent.get_action(str(state))
        # 更新 Q 表，SARSA 根据新的状态及动作获取 Q 表的值
        # 而不是基于新状态对所有动作的最大值
        agent.learn(str(state), action, reward, next_action,str(next_state))
        state = next_state
        action=next_action
        env.print_value_all(agent.q_table)
        # 当到达终点时，终止游戏开始新一轮训练
        if done:
            break
```

与 Q-Learning 算法相比，SARSA 算法更"胆小"，面对陷阱（环境中的两棵树），小机器人获取 −100 的惩罚，更难找到宝藏所在地，为了尽量避免风险，SARSA 更倾向于待在原地，所以更加难以找到宝藏（即场景中的五角星）。

图 18-5 为运行一段时间后 Q 表的更新情况。

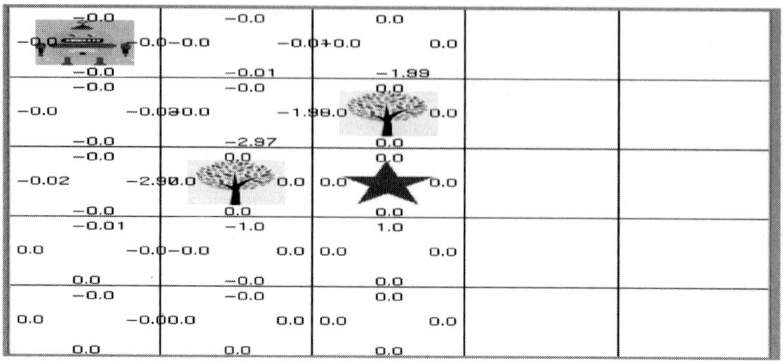

图 18-5   SARSA 算法的运行结果

从图 18-5 可以看出，利用 SARSA 算法时小机器人胆子小多了，活动空间也小很多。

18.5   小结

强化学习是机器学习中的一个重要分支，属于无监督学习。本章介绍了两种典型的强化学习算法：Q-Learning 和 SARSA，然后分别用 PyTorch 实现这两种算法。这两种算法中都没有使用深度学习算法，如果把强化学习和深度学习强强联合，强化学习将更加强大，具体内容在第 19 章将介绍。

第 19 章

深度强化学习

前面介绍的 Q-Learning 及 SARSA 算法涉及的状态和动作的集合是有限集合，且状态和动作数量较少，需要人工预先设计，同时 Q 函数值需要存储在一个二维表格中。但在实际应用中，我们面对的场景可能会很复杂，很难定义出离散有限的状态和动作。即使能够定义，数量也非常大，无法用数组存储。

对于强化学习来说，很多输入数据是高维的，如图像、声音等，算法要根据它们来选择一个动作执行以达到某一预期的目标。比如，对于自动驾驶算法，要根据当前的画面决定汽车的行驶方向和速度。如果用经典的强化学习算法如 Q-Learning 或 SARSA 等，需要列举出所有可能的情况，然后进行迭代，这显然是不可取、不可行的。那么，如何解决这些问题？

解决这些问题的核心就是如何根据输入（如状态或动作）生成这个价值函数或策略函数。对此，我们自然想到采用函数逼近的方法。而拟合函数是神经网络的强项，所以在强化学习的基础上引入深度学习来解决这个问题，就成为一种有效的解决方法。本章将主要介绍如何把深度学习融入强化学习中，从而得到深度强化学习，具体内容包括：

❑ DQN 算法原理
❑ 使用 PyTorch 实现 DQN 算法

19.1 DQN 算法原理

深度强化学习（Deep Reinforcement Learning，DRL）是深度学习与强化学习相结合的产物，它集成了深度学习在视觉等感知问题上强大的理解能力，以及强化学习的决策能力，实现了端到端学习。深度强化学习的出现使得强化学习技术真正走向实用，得以解决现实场景中的复杂问题。从 2013 年深度 Q 网络（Deep Q Network，DQN）出现至今，深度强化学习领域出现了大量的算法。DQN 是基于 Q 学习的，此外，还有基于策略梯度及基于探索与监督的深度强化学习。DQN 是深度强化学习真正意义上的开山之作，本章将重点介绍这种深度强化学习。

19.1.1　Q-Learning 方法的局限性

在 Q-Learning 方法中，当状态和动作空间是离散且维数不高时，可使用 Q 表存储每个状态动作对的 Q 值，而当状态和动作空间是高维且连续时，使用 Q 表就不现实了。如何解决这个问题？我们可以把 Q 表的更新问题变成一个函数拟合问题，如式（19.1），通过更新参数 θ 使 Q 值函数逼近最优 Q 值。

$$Q(s, a, \theta) \approx Q'(s, a) \tag{19.1}$$

函数拟合，实际上就是一个参数学习过程，参数学习正是深度学习（DL）的强项，因此，面对高维且连续的状态时可以使用深度学习来解决。

19.1.2　用深度学习处理强化学习需要解决的问题

深度学习（DL）是解决参数学习的有效方法，我们可以通过引进 DL 来解决强化学习（RL）的拟合 Q 值函数问题，不过使用 DL 需要一定的条件，列举如下：

1）DL 需要大量带标签的样本进行监督学习，但 RL 只有 reward 返回值，没有相应的标签值；

2）DL 的样本独立，但 RL 的样本前后状态相关。

3）DL 目标分布固定，但 RL 的分布一直变化。

4）过往的研究表明，使用非线性网络表示值函数时会出现不稳定等问题。

19.1.3　用 DQN 算法解决问题

前文提到，采用 DL 来解决 RL 问题时，需要先解决标签、样本独立等问题，那么如何有效解决这些问题呢？人们为此探索了很多方法，后来 Volodymyr Mnih、Koray Kavukcuoglu、David Silver 等人于 2013 年提出利用 DQN（Deep Q-Network）来解决上述问题，2015 年又对 DQN 进行了优化。DQN 算法具体使用的机制和方法如下所示。

1）通过 Q-Learning 使用 rewar 返回值来构造标签（对应问题 1）。

2）通过经验回放（experience replay）机制来解决相关性及非静态分布问题（对应问题 2、3）。

3）使用一个 CNN（当前值网络）产生当前 Q 值，使用另外一个 CNN（目标值网络）产生目标 Q 值（对应问题 4）。

19.1.4　定义损失函数

在深度学习中，参数学习通过损失函数的反向求导来实现，而构造损失函数需要预测值与目标值，那么，在 DQN 算法中如何定义预测值和目标值呢？

Q-Learning 更新公式请参考式（19.1），DQN 的更新方式与之类似，具体如下：

$$L(\theta) = E[(\text{Target } Q - Q(s, a; \theta))^2] \tag{19.2}$$

其中

$$\text{Target } Q = r + \gamma \max_{a'} Q(s', a'; \theta) \tag{19.3}$$

式（18.1）与式（19.2）意义相近，都是使当前的 Q 值逼近 Target Q 值。确定损失函数后，求 $L(\theta)$ 关于 θ 的梯度，并使用 SGD 等方法更新网络参数 θ。

19.1.5　DQN 的经验回放机制

DQN 算法的核心是经验回放机制，其将系统探索环境得到的数据存储起来，然后随机采样样本并更新深度神经网络的参数，如图 19-1 所示。

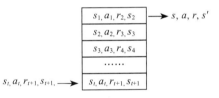

经验回放机制的动机是：深度神经网络作为有监督学习模型，要求数据满足独立同分布，但 Q-Learning 算法得到的样本前后是有关系的。所以，为了打破数据之间的关联性，经验回放机制通过存储 - 采样的方法将其打破。

图 19-1　DQN 算法更新网络参数示意图

19.1.6　目标网络

DeepMind 于 2015 年初在 Nature 上发布文章，引入了目标网络（Target Q）的概念，进一步打破了数据关联性。Target Q 的概念是通过旧的深度神经网络 θ^- 去得到目标值，下面是带有 Target Q 的 Q-Learning 的优化目标。

$$J = \min(r + \gamma \max_{a'} \hat{Q}(s', a', \theta-) - Q(s, a, \theta))^2 \qquad (19.4)$$

Q-Learning 最早是根据一张 Q 表，即各个状态动作的价值表来完成的，通过动作完成后的奖励不断迭代更新这张表来完成学习过程。然而，当状态过多或者离散时，这种方法自然会造成维度灾难，所以我们才要用一个神经网络来表达这张表，也就是 Q-Network。

19.1.7　网络模型

如图 19-2 所示，把 Q 表换为神经网络，即利用神经网络参数替代 Q 表。

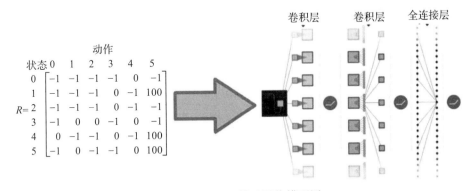

图 19-2　DQN 算法网络模型图

通过前面两个卷积层，我们完全不需要费心去理解环境中的状态和动作奖励，只需要将状态参数一股脑输入就好。当然，我们的数据特征比较简单，无须进行池化处理，所以后面两层直接使用全连接即可。

19.1.8　DQN 算法实现流程

假设迭代轮数为 M，采样的序列最大长度为 T，学习速率为 α，衰减系数为 γ，探索率为 ε，

状态集为 S，动作集为 A，回放记忆为 D，批量梯度下降时的 batch_size = m，仿真过程中记忆的大小为 N。DQN 算法的主要步骤如下。

第 1 步，初始化回放记忆（replay remember）D，可容纳的数据条数为 N。

第 2 步，利用随机权值 θ 来初始化动作 - 值函数 Q。

第 3 步，用目标网络的参数 θ 初始化当前网络的参数，即 $\theta^- = \theta$。

第 4 步，循环每次事件。

第 5 步，初始化事件的第一个状态 s_1，预处理得到状态对应的特征输入。

第 6 步，循环每个事件的每一步。

第 7 步，利用探索率 ε 选一个随机动作 a_t。

第 8 步，如果小概率事件没发生，则用贪婪策略选择当前值函数最大的那个动作。第 7 步和第 8 步是行动策略，即 ε- 贪婪策略。

第 9 步，执行动作 a_t，观测回报 r_t 以及图像 x_{t+1}。

第 10 步，设置 $s_{t+1} = s_t, a_t, x_{t+1}$，对状态进行预处理 $\phi_{t+1} = \phi(s_{t+1})$

第 11 步，将转换 $(\phi_t, a_t, r_t, \phi_{t+1})$ 存储在回放记忆 D 中。

第 12 步，从回放记忆 D 中均匀随机采样 m 个训练样本，用 $(\phi_j, a_j, r_j, \phi_{j+1})$ 来表示，其中 $j = 1, 2, 3, \cdots, m$。

第 13 步，设置训练样本标签值，判断是否是一个事件的终止状态，若是终止状态，则目标网络为 r_j，否则为 $r_t + \gamma \max\limits_{a'} \hat{Q}(\phi_{t+1}, a'; \theta^-)$。

第 14～15 步，计算损失函数，利用梯度下降算法更新神经网络参数。

第 16 步，每隔 C 步，把当前网络参数复制给目标网络。

第 17 步，结束每次事件内循环。

第 18 步，结束事件间的循环。

上述算法采用了经验回放机制，该机制会先进行反复试验并将这些试验步骤获取的样本存储在回放记忆中，每个样本是一个四元组 $(s_t, a_t, r_{t+1}, s_{t+1})$。其中 r_{t+1} 为主体采用前一状态 - 行动 (s_t, a_t) 获得的奖励。训练时通过经验回放机制对存储下来的样本进行随机采样，在一定程度上能够去除样本之间的相关性，从而更容易收敛。

19.2　使用 PyTorch 实现 DQN 算法

根据 DQN 算法流程，我们不难画出 DQN 算法的流程图，如图 19-3 所示。

定义经验回放：

```
Transition = namedtuple('Transition',
                        ('state', 'action', 'next_state', 'reward'))

class ReplayMemory(object):
    def __init__(self, capacity):
        self.capacity = capacity
        self.memory = []
```

```
        self.position = 0

    def push(self, *args):
        """Saves a transition."""
        if len(self.memory) < self.capacity:
            self.memory.append(None)
        self.memory[self.position] = Transition(*args)
        self.position = (self.position + 1) % self.capacity

    def sample(self, batch_size):
        return random.sample(self.memory, batch_size)

    def __len__(self):
        return len(self.memory)
```

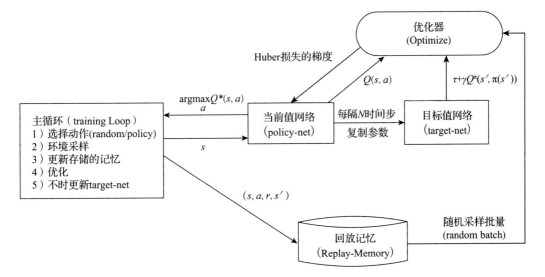

图 19-3　DQN 算法流程图

定义网络结构:

```
class DQN(nn.Module):

    def __init__(self, h, w, outputs):
        super(DQN, self).__init__()
        self.conv1 = nn.Conv2d(3, 16, kernel_size=5, stride=2)
        self.bn1 = nn.BatchNorm2d(16)
        self.conv2 = nn.Conv2d(16, 32, kernel_size=5, stride=2)
        self.bn2 = nn.BatchNorm2d(32)
        self.conv3 = nn.Conv2d(32, 32, kernel_size=5, stride=2)
        self.bn3 = nn.BatchNorm2d(32)

        # Number of Linear input connections depends on output of conv2d layers
        # and therefore the input image size, so compute it.
        def conv2d_size_out(size, kernel_size = 5, stride = 2):
            return (size - (kernel_size - 1) - 1) // stride  + 1
```

```
    convw = conv2d_size_out(conv2d_size_out(conv2d_size_out(w)))
    convh = conv2d_size_out(conv2d_size_out(conv2d_size_out(h)))
    linear_input_size = convw * convh * 32
    self.head = nn.Linear(linear_input_size, outputs)

# Called with either one element to determine next action, or a batch
# during optimization. Returns tensor([[left0exp,right0exp]...]).
def forward(self, x):
    x = F.relu(self.bn1(self.conv1(x)))
    x = F.relu(self.bn2(self.conv2(x)))
    x = F.relu(self.bn3(self.conv3(x)))
    return self.head(x.view(x.size(0), -1))
```

定义损失函数，这里使用 Huber 作为损失函数。

```
state_action_values = policy_net(state_batch).gather(1, action_batch)
next_state_values = torch.zeros(BATCH_SIZE, device=device)
    next_state_values[non_final_mask] = target_net(non_final_next_states).max(1)
        [0].detach()
    # Compute the expected Q values
    expected_state_action_values = (next_state_values * GAMMA) + reward_batch

    # Compute Huber loss
    loss = F.smooth_l1_loss(state_action_values, expected_state_action_values.
        unsqueeze(1))
```

训练模型：

```
num_episodes = 50
for i_episode in range(num_episodes):
    # Initialize the environment and state
    env.reset()
    last_screen = get_screen()
    current_screen = get_screen()
    state = current_screen - last_screen
    for t in count():
        # Select and perform an action
        action = select_action(state)
        _, reward, done, _ = env.step(action.item())
        reward = torch.tensor([reward], device=device)

        # Observe new state
        last_screen = current_screen
        current_screen = get_screen()
        if not done:
            next_state = current_screen - last_screen
        else:
            next_state = None

        # Store the transition in memory
        memory.push(state, action, next_state, reward)

        # Move to the next state
        state = next_state

        # Perform one step of the optimization (on the target network)
```

```
        optimize_model()
        if done:
            episode_durations.append(t + 1)
            plot_durations()
            break
    # Update the target network, copying all weights and biases in DQN
    if i_episode % TARGET_UPDATE == 0:
        target_net.load_state_dict(policy_net.state_dict())

print('Complete')
env.render()
env.close()
plt.ioff()
plt.show()
```

详细代码可参考 PyTorch 官网：https://pytorch.org/tutorials/intermediate/reinforcement_q_learning.html。

【说明】 如果运行 gym 报错，可尝试以下方式安装：

```
pip install gym[all]
```

19.3 小结

第 18 章我们介绍了简单环境中的强化学习，其生成 Q 值的规则比较简单，如果环境稍微复杂一些，Q 值的生成就变得非常困难。如何解决这一问题？引入深度学习的方法是非常有效的方法，DQN 就是强化学习引入深度学习的典型代表。本章先介绍 DQN 算法原理，然后介绍如何用 PyTorch 实现 DQN 算法。

APPENDIX A

附录 A

PyTorch 0.4 版本变更

A.1 概述

PyTorch 0.4 版本与之前版本变化较大，有些甚至是结构性的调整，如合并 Variable 和 Tensor、支持 scalar、弃用 volatile 标签等，主要变更可用图 A-1 来概括。

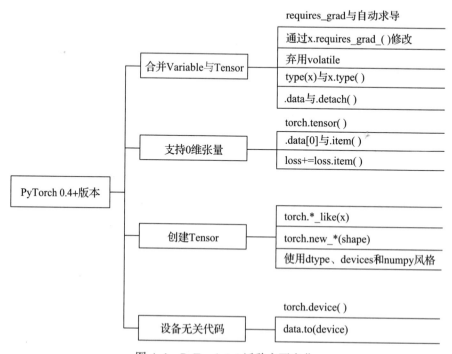

图 A-1 PyTorch 0.4 迁移主要变化

A.2 合并 Variable 和 Tensor

按照以前版本（0.1～0.3 版本），要对 Tensor 求导，需要先将其转换成 Variable。现在 Tensor 默认是 requires_grad=False 的 Variable，torch.Tensor 和 torch.autograd.Variable 是同一个类，没有本质的区别。也就是说，现在已经没有纯粹的 Tensor，只要是 Tensor，它就支持自动求导，当然也就无须把 Tensor 转换为 Variable 了。

1. Tensor 中的 type() 改变了

type() 不再反映张量的数据类型。可以使用 isinstance() 或 x.type() 替代。

```
x = torch.DoubleTensor([1, 1, 1])
print(type(x)) #<class 'torch.Tensor'>
print(x.type()) # 显示正确，torch.DoubleTensor
print(isinstance(x, torch.DoubleTensor)) # 显示为 True
```

2. autograd 何时开始自动求导?

equires_grad 是 autograd 的核心标志，现在是张量上的一个属性，当张量定义了 requires_grad=True 就可以自动求导了。

```
x = torch.ones(1)  # create a tensor with requires_grad=False (default)
x.requires_grad #False
y = torch.ones(1)
z = x + y
z.requires_grad #False
z.backward()  # 报错: RuntimeError: element 0 of tensors does not require grad
w = torch.ones(1, requires_grad=True)
total = w + z

total.requires_grad  #True
total.backward()
w.grad  #tensor([1.])
z.grad == x.grad == y.grad == None  #True
```

3. 还用 .data?

以前使用 .data 是为了拿到 Variable 中的 Tensor。但是现在二者合并了，所以 .data 返回一个新的 requires_grad=False 的 Tensor。但是，这个新的 Tensor 与以前的 Tensor 是共享内存的，所以这种方法并不安全。因此，推荐用 x.detach()，虽然它仍旧是共享内存的，也是使得 y(y=x. detach()) 的 requires_grad 为 False, 但是，如果 x 需要求导，仍可以自动求导。

4. 使用 clone().detach() 创建新的 Tensor

要复制 Tensor 结构，建议使用 sourceTensor.clone().detach()，而不是 sourceTensor.detach(). clone()。.clone() 是把 sourceTensor 在内存复制一份，属于深度复制。

5. 支持标量（scalar）

scalar 是 0 维的 Tensor，可以用 torch.tensor 创建（不是 torch.Tensor）。

```
torch.tensor(3.1416) # 用 torch.tensor 来创建 scalar
```

```
torch.tensor(3.1416).dim()  # 维度是 0
vector = torch.arange(2, 5)  # this is a vector, 其值为 tensor([2, 3, 4])
vector[2].item()  # 返回 numpy 值 4
```

6. 累加 loss

0.4 之前版本累加 loss 时一般是用 total_loss+=loss.data[0]，这里之所以使用 .data[0] 是因为 loss 是 (1,) 张量的 Variable。因 loss 是一个标量，新版本累加 loss 时是用 loss.item() 从标量中获取 Python 数字。

A.3　弃用 volatile 标签

现在 volatile 标签已经被替换成 torch.no_grad()、torch.set_grad_enable(grad_mode) 等函数。

```
x = torch.zeros(1, requires_grad=True)
with torch.no_grad():
    y = x * 2
y.requires_grad #False

is_train = False
with torch.set_grad_enabled(is_train):
    y = x * 2
y.requires_grad  #False
```

A.4　dtype、device 以及其他属性的构造函数

PyTorch 0.4 版本提出了 Tensor 属性，主要包含 torch.dtype、torch.device、torch.layout。每个 torch.Tensor 都有这些属性，PyTorch 可以使用它们管理数据类型。

1. torch.dtype

torch.dtype 是表示 torch.Tensor 的数据类型的对象，共有 8 种类型，具体如表 A-1 所示。

表 A-1　torch.dtype 类型列表

数据类型	torch.dtype 类型	Tensor 类型
32-bit floating point	torch.float32 or torch.float	torch.*.FloatTensor
64-bit floating point	torch.float64 or torch.double	torch.*.DoubleTensor
16-bit floating point	torch.float16 or torch.half	torch.*.HalfTensor
8-bit integer (unsigned)	torch.uint8	torch.*.ByteTensor
8-bit integer (signed)	torch.int8	torch.*.CharTensor
16-bit integer (signed)	torch.int16 or torch.short	torch.*.ShortTensor
32-bit integer (signed)	torch.int32 or torch.int	torch.*.IntTensor
64-bit integer (signed)	torch.int64 or torch.long	torch.*.LongTensor

可以通过 dtype 来获取 Tensor 的类型，如：

```
x = torch.Tensor([[1, 2, 3, 4, 5], [6, 7, 8, 9, 10]])
print(x.dtype)  #torch.float32
```

2. torch.device

torch.device 代表 torch.Tensor 分配到的设备对象。torch.device 包含一个设备类型（如 CPU 或 CUDA）和可选的设备序号。如果设备序号不存在，则为当前设备；例如，用设备构建 "cuda" 的结果等同于 "cuda:X"，其中 X 是 torch.cuda.current_device() 的结果。torch.Tensor 的设备可以通过 Tensor.device 访问属性。可以通过字符串 / 字符串和设备编号构造 torch.device。

```
device = torch.device("cuda:1")
x = torch.randn(3, 3, dtype=torch.float64, device=device)
print(x.get_device())      # 结果为 1
print(x.requires_grad)     # 显示结果为 False
x = torch.zeros(3, requires_grad=True)
print(x.requires_grad)     # 结果为 True
```

3. torch.layout

torch.layout 表示 torch.Tensor 内存布局的对象。目前支持 torch.strided(dense Tensors) 及 torch.sparse_coo (sparse tensors with COO format)。

4. 创建张量

创建一个张量，可以使用 dtype、device、layout 和 requires_grad 选项来指定张量属性。

5. torch.*like

可以创建与输入具有相同属性的张量，包括形状、数据类型等属性，或者重新定义。

```
x = torch.randn(3, dtype=torch.float64)
y=torch.zeros_like(x)
print(y.shape)  #torch.Size([3])
print(y.dtype)  #torch.float64
torch.zeros_like(x, dtype=torch.int)
#tensor([0, 0, 0], dtype=torch.int32)
```

6. tensor.new_*

创建与输入数据类型一致，但是形状不相同的张量。

```
x.new_ones([2,3])              # 属性一致，但 shape 与 x 不一致
#tensor([[1., 1., 1.],
#        [1., 1., 1.]], dtype=torch.float64)
```

A.5　迁移实例比较

下面来看两个不同版本的代码，读者可自行体会二者的差别。

1.0.3 版（旧版本）的代码如下。

```
model = MyRNN()
if use_cuda:
    model = model.cuda()
```

```
# 训练
total_loss = 0
for input, target in train_loader:
    input, target = Variable(input), Variable(target)
    hidden = Variable(torch.zeros(*h_shape))       # 初始化隐含变量
    if use_cuda:
        input, target, hidden = input.cuda(), target.cuda(), hidden.cuda()
    ...  # 得到损失函数及优化器
    total_loss += loss.data[0]

# 评估
for input, target in test_loader:
    input = Variable(input, volatile=True)
    if use_cuda:
        ...
    ...
```

2.0.4 版（新版本）的代码如下：

```
# 定义 device 对象，有 GPU 则使用 GPU，没有则使用 CPU
device = torch.device("cuda" if use_cuda else "cpu")

model = MyRNN().to(device)

# 训练
total_loss = 0
for input, target in train_loader:
    input, target = input.to(device), target.to(device)
    hidden = input.new_zeros(*h_shape)        # 与输入 input 有相同的 device 及 dtype
    ...  # get loss and optimize
    total_loss += loss.item()                 # 把 0 维张量转换为 Python number

# 评估
with torch.no_grad():                         # 不跟踪历史信息
    for input, target in test_loader:
        ...
```

附录 B

AI 在各行业的最新应用

现在 AI 正在快速融入各行各业，并促进各行各业逐渐转型升级。这里我们简单列举 AI 在 9 个典型行业的最新应用。

B.1 AI+ 电商

1. 广告设计

阿里巴巴公司代号为"鲁班"的人工智能，其图形、广告设计水平已经达到了高级设计师的水准。

2. 机器翻译

机器翻译致力于"让商业没有语言障碍"，只需要商家提供一个版本、一个语言的信息，即可自动为他转化成其他语言，为商家吸引来更多用户，带来潜在的商机。

3. 智能推荐

除了智能翻译和作图外，人工智能还被广泛应用在电商的其他环节，例如智能推荐符合客户个性特点的衣服、包、鞋等，人工智能客服，快递的自动分拣甚至配送等，把人从相对基础的岗位中解放出来，从事更有价值的工作。

B.2 AI+ 金融

1. 智能风控

运用多种人工智能技术，全面提升风控的效率与精度。风险作为金融行业的固有特性，与金融业务相伴而生，风险防控是传统金融机构面临的核心问题。智能风控主要得益于近年来以人工智能中机器学习、深度学习为代表的新兴技术的快速发展，在信贷、反欺诈、异常交易监测等领域得到广泛应用。

2. 智能支付

以生物识别技术为载体，提供多元化消费场景解决方案。在海量消费数据累积与多元化消费场景叠加的影响下，手环支付、扫码支付、NFC 近场支付等传统数字化支付手段已无法满足现实消费需求，以人脸识别、指纹识别、虹膜识别、声纹识别等生物识别载体为主要手段的智能支付逐渐兴起，科技公司纷纷针对商户和企业提供多样化的场景解决方案，全方位提高商家的收单效率，并减少顾客的等待时间。

3. 智能理赔

简化处理流程，减少运营成本，提升用户满意度。传统理赔过程好比人海战术，往往需要经过多道人工流程才能完成，会耗费大量时间和其他成本。智能理赔主要是利用人工智能等相关技术代替传统的劳动密集型作业方式，明显简化理赔处理过程。以车险智能理赔为例，通过综合运用声纹识别、图像识别、机器学习等核心技术，经过快速核身、精准识别、一键定损、自动定价、科学推荐、智能支付这 6 个主要环节实现车险理赔的快速处理，克服了以往理赔过程中出现的欺诈骗保、理赔时间长、赔付纠纷多等问题。根据统计，智能理赔可以为整个车险行业带来 40% 以上的运营效能提升，减少 50% 的查勘定损人员工作量，将理赔时效从过去的 3 天缩短至 30 分钟，大大提升了用户满意度。

4. 智能客服

构建知识管理体系，为客户提供自然高效的交互体验方式。银行、保险、互联网金融等领域的售前电销、售后客户咨询及反馈服务频次较高，对呼叫中心的产品效率、质量把控以及数据安全提出严格要求。智能客服可基于大规模知识管理系统，面向金融行业构建企业级的客户接待、管理及服务智能化解决方案。

5. 智能投研

克服传统投研模式弊端，快速处理数据并提高分析效率。当前，中国资产管理市场规模已超过 150 万亿元，发展前景广阔，同时也对投资研究、资产管理等金融服务的效率与质量提出了更高要求。智能投研以数据为基础、以算法逻辑为核心，利用人工智能技术由机器完成投资信息获取、数据处理、量化分析、研究报告撰写及风险提示，辅助金融分析师、投资人、基金经理等专业人员进行投资研究。

6. 智能反洗钱

中信银行研究出来跨境资金网络可疑交易的一套 AI 模型，这套模型结合知识图谱，由感知模型提升为认知模型，并成功应用于反洗钱。使用该模型后，每年的可疑交易预警量从 50 万份下降到 10 万份，减少 80% 的人工甄别的工作量，同时把结果的准确率提升了 80%。

B.3　AI+ 医疗

1. 智能诊断

2019 年 6 月，华为与金域医学联合宣布，双方合作研发的 AI 辅助宫颈癌筛查模型在排阴率高于60%的基础上，实现阴性片判读的正确率高于99%，阳性病变的检出率也超过99.9%。这是目前国际已公布的国内外AI辅助宫颈癌筛查的最高水平。

DeepMind还在Nature Medicine上发表了一项里程碑式的医疗AI研究成果，它的AI系统能够对常规临床实践中的眼球扫描结果进行快速诊断，可识别50余种眼部疾病，准确率与眼科专家一样出色，甚至更好。

2. 医疗器人

目前实践中的医疗机器人主要有两种：

1）能够读取人体神经信号的可穿戴型机器人，也称为"智能外骨骼"；

2）能够承担手术或具备医疗保健功能的机器人，以IBM开发的达·芬奇手术系统为典型代表。

3. 智能药物研发

智能药物研发是指将人工智能中的深度学习技术应用于药物研究，通过大数据分析等技术手段快速、准确地挖掘和筛选出合适的化合物或生物，达到缩短新药研发周期、降低新药研发成本、提高新药研发成功率的目的。

4. 智能诊疗与健康管理

智能诊疗就是将人工智能技术用于辅助诊疗中，让计算机"学习"专家医生的医疗知识，模拟医生的思维和诊断推理，从而给出可靠诊断和治疗方案。智能诊疗场景是人工智能在医疗领域最重要、也最核心的应用场景。

5. 智能影像识别

智能医学影像是将人工智能技术应用在医学影像的诊断上。人工智能在医学影像应用主要分为两部分：

1）图像识别，应用于感知环节，其主要目的是对影像进行分析，获取一些有意义的信息；

2）深度学习，应用于学习和分析环节，通过大量的影像数据和诊断数据，不断对神经元网络进行深度学习训练，促使其掌握诊断能力。

B.4　AI+零售

AI技术在新零售行业的应用主要体现在智慧门店、智能买手、智能仓储与物流、智能营销与体验、智能客服等各环节场景中。在具体应用中，AI能通过视觉模块、AI大数据分析等实现图像识别、动作语义识别和人脸识别技术的最终集合与升级，从而为传统零售业态插上智慧的翅膀。

未来，自助售货机、便利店等，每一种小业态的年增长量都将呈爆发式增长。而无人零售的目的就在于提升效率、降低成本，其最终目标也是运用人、货、场的数据，撬动整个产业链。

B.5　AI+投行

1. 智能财务

在德勤财务机器人的H5界面里，我们可以看到它具备以下功能：

- ❏ 可替代财务流程中的手工操作（特别是高重复的）；
- ❏ 管理和监控各自动化财务流程；
- ❏ 录入信息，合并数据，汇总统计；
- ❏ 根据既定业务逻辑进行判断；
- ❏ 识别财务流程中的优化点；
- ❏ 部分合规和审计工作将有可能实现"全查"而非"抽查"；
- ❏ 机器人精准度高于人工，7×24 小时不间断工作；
- ❏ 机器人完成任务的每个步骤可被监控和记录，从而可作为审计证据以满足合规要求；
- ❏ 机器人流程自动化技术的投资回收期短，可在现有系统基础上进行低成本集成。

2. 智能投融资

摩根大通家的 AI 软件将 36 万小时的工作缩至秒级。曾经汇聚全球顶尖金融人才的华尔街可能率先被人工智能攻陷。据外媒报道，摩根大通利用 AI 开发了一款金融合同解析软件。经测试，原先律师和贷款人员每年需要 360 000 小时才能完成的工作，用这款软件只需几秒就能完成。不仅错误率大大降低，而且，更重要的是它还从不放假。

B.6　AI+ 制造

互联网＋ 5G ＋人工智能的应用，最终将服务于以下 3 种场景。

1. 产品注智

从软件和硬件对制造业进行升级，通过互联网将信息注入，为产品提供人工智能算法，促成制造业新一代产品的智能升级。如谷歌开发的专用于大规模机器学习的智能芯片 TPU，腾讯 AI 对外提供计算机视觉 AI 能力的开放平台均是如此。

2. 服务注智

通过人工智能和互联网的结合，为制造企业提供精准增值服务。售前营销阶段通过人工智能对用户需求进行分析，实现精准投放。在售后服务方面，以物联网、大数据和人工智能算法，实现产品检测和管理，同时为可能出现的风险进行预警，进一步加强对售后的管理。在此方面比较好的一个例子就是三一重工结合腾讯云，把分布全球的 30 万台设备接入平台，利用大数据和智能算法，远程管理庞大设备群，这样的方式大大提升了设备运营效率，同时降低了运营成本。

3. 生产注智

通过互联网将人工智能技术注入生产流程，使机器能够应对多种复杂情况的生产，进一步提升生产效率。这种方式目前多用于工艺优化，通过使机器学习健康的产品模型，完成质检、视觉识别等功能。

B.7　AI+IT 服务

1. 智能维护

人工智能驱动的预测分析通过利用数据、复杂的算法和机器学习技术来基于历史数据预测未来的结果，给 IT 服务商提供更好的服务。

2. 虚拟助手

沃达丰推出了新的聊天机器人 TOBi 来处理一系列客户服务的问题。聊天机器人对简单的客户查询进行分级响应，从而满足客户的速度需求。诺基亚的虚拟助手 MIKA 提出了解决网络问题的方案，使首次解决率从 20% 提高到 40%。

3. 机器处理自动化

服务商都有大量的客户和无穷无尽的日常事务，而每个事务都容易出现人为错误。机器处理自动化（RPA）是一种基于 AI 的业务处理自动化技术。RPA 让服务商可以更容易地管理其后台操作和大量重复的、基于规则的处理任务，让工作更高效。

B.8　AI+ 汽车

1. AI 重新定义驾驶

在国内，汽车企业也开始争先在这一领域布局。北汽首款 AI 智能汽车绅宝智行正式上市，北汽也借此开启智能化转型道路；长安汽车发布首款搭载腾讯车联生态系统的车型 CS35 PLUS，将 AI 打造成为核心卖点；东风风神发布其人工智能车机系统 WindLink3.0，该系统由东风风神、百度、博泰三方共同开发；等等。

在国外，特斯拉推出 ROADSTER、Model S 和 Model X 等多款具备自动驾驶 L2 级别的轿车，车辆具备半自动驾驶能力；AI 芯片巨头英伟达于 2017 年底推出面向自动驾驶应用的人工智能超级计算机 Drive PX Pegasus，该平台能够赋予车辆半自动驾驶能力；谷歌母公司 Alphabet 旗下自动驾驶公司 Waymo 也推出了商业化无人驾驶网约车业务。

2. 全面升级传统产业

除了自动驾驶的应用外，在汽车产业的上下游，也用到了人工智能。

一个典型的例子就是智能工厂。在汽车生产制造和物流方面，人工智能有着天然的优势。以往汽车制造业属于劳动密集型产业，经过智能化改造后的生产线几乎可以实现全自动化。新京报记者此前在北京奔驰制造工厂参观时发现，车间内几乎实现无人化生产，只有技术人员进行必要的检修操作，生产效率大大提升。

B.9　AI+ 公共安全

1. 犯罪侦查智能化

依托安防行业的信息化基础以及积累的专业知识，犯罪侦查成为人工智能在公共安全领域最先落地的场景。各大安防巨头和人工智能独角兽企业纷纷在该方向上进行智能化布局，相关产品涌现，大致可分为 3 类：

- ❑ 身份核验类产品
- ❑ 智能视频监控类产品

□　视频结构化类产品

2. 交通监控场景智能化

人工智能在交通监控的应用主要有两类产品：一是交通疏导类。该类型产品利用获取的路口路段车流量、饱和度、占有率等交通数据，通过优化灯控路口信号灯时长，以达到缓解交通拥堵的目的。如，山东青岛公安交警部门通过布设的1200余台高清摄像机，4000处微波、超声波、电子警察检测点，组建智能交通系统，实时优化城市主干道、高速公路及国省道的红绿灯情况，使得整体路网平均速度提高9.71%，通行时间缩短25%，高峰持续时间减少11.08%。二是违法行为监测类。一些智能交通系统可利用视频检测、跟踪、识别等技术，根据车辆特征、驾乘人员姿态等图像数据，有效识别违法行为。特别是针对"假牌""套牌""车内不系安全带""开车打电话"等需要人工甄别的违法行为，这些智能交通系统不仅事半功倍，而且有效减少了人工投入，大幅提升了工作效率。

3. 自然灾害监测智能化

英国邓迪大学的研究人员利用自然语言理解等人工智能技术，通过分析在Twitter中提取的社交数据，来判断洪水灾害侵袭的重点区域和受灾程度，为政府救灾部门提供支持。

附录 C

einops 及 einsum 简介

C.1　einops 简介

张量（Tensor）操作是机器学习、深度学习中的常用操作，这些操作在 NumPy、TensorFlow、PyTorch、MXnet、Paddle 等框架都有相应的函数。比如 PyTorch 中的 review、transpose、permute 等。

einops 是提供常用张量操作的 Python 包，支持 NumPy、TensorFlow、PyTorch 等框架，可以与这些框架无缝连接。其功能涵盖了 reshape、view、transpose 和 permute 等函数。其特点是可读性强、易维护，如变更轴的顺序的操作。

```
# 用传统方法
y = x.transpose(0, 2, 3, 1)
# 这个功能用 einops 实现
y = rearrange(x, 'b c h w -> b h w c')
```

einops 可用 pip 安装。

```
pip install eniops
```

einops 的常用函数包括 rearrange、reduce、repeat。

C.1.1　rearrange

rearrange 只改变形状，不改变元素总个数，其功能涵盖 transpose、reshape、stack、concatenate、squeeze 和 expand_dims 等。

1）导入需要的库。

```
import numpy as np
from einops import rearrange, reduce, repeat

from PIL.Image import fromarray
from IPython import get_ipython
```

```
# 定义一个函数，用于自动可视化 arrays 数组
def display_np_arrays_as_images():
    def np_to_png(a):
        if 2 <= len(a.shape) <= 3:
            return fromarray(np.array(np.clip(a, 0, 1) * 255, dtype='uint8'))._
                repr_png_()
        else:
            return fromarray(np.zeros([1, 1], dtype='uint8'))._repr_png_()

    def np_to_text(obj, p, cycle):
        if len(obj.shape) < 2:
            print(repr(obj))
        if 2 <= len(obj.shape) <= 3:
            pass
        else:
            print('<array of shape {}>'.format(obj.shape))

    get_ipython().display_formatter.formatters['image/png'].for_type(np.ndarray,
        np_to_png)

get_ipython().display_formatter.formatters['text/plain'].for_type(np.ndarray,
    np_to_text)
```

2）自动可视化 arrays 数据。

```
# 以图像方式显示 arrays
display_np_arrays_as_images()
```

3）导入测试数据。

```
ims = np.load('../data/test_images.npy', allow_pickle=False)
# 共有 6 张图，形状为 96×96×3
print(ims.shape, ims.dtype)  # (6, 96, 96, 3) float64
```

测试数据：

```
# 显示第 1 张图
ims[0]
```

运行结果如图 C-1 所示。
显示第 2 张图。

```
# 显示第 2 张图
ims[1]
```

运行结果如图 C-2 所示。

4）交互维度。

```
## 交互宽和高维度
rearrange(ims[0], 'h w c -> w h c')
```

5）轴的拼接。

```
## 沿 w 方向，把原图堆叠成一个 3 维张量
rearrange(ims, 'b h w c -> h (b w) c')
```

运行结果如图 C-3 所示。

图 C-1   第一张图

图 C-2   第 2 张图

图 C-3　文件中的 6 个字母图

6）轴的拆分。

拆分 batch 轴：

```
# 把 batch=6 分解为 b1=2 和 b2=3，变成一个 5 维张量
rearrange(ims, '(b1 b2) h w c -> b1 b2 h w c ', b1=2).shape
```

拆分与拼接：

```
# 同时利用轴的拼接与拆分
rearrange(ims, '(b1 b2) h w c -> (b1 h) (b2 w) c ', b1=2)
```

运行结果如图 C-4 所示。

对 width 轴进行拆分：

```
# 把一部分 width 维度上的值移到 height 维度上
rearrange(ims, 'b h (w w2) c -> (h w2) (b w) c', w2=2)
```

运行结果如图 C-5 所示。

图 C-4　对图 C-3 先拆分再拼接

图 C-5　把图 C-4 中 width 维度上的值移到 height 维度上

7）重新拼接轴。

```
rearrange(ims, 'b h w c -> h (b w) c')
```

运行结果如图 C-6 所示。

图 C-6　重新拼接 batch 和 width 轴

8）沿轴增加或减少一个维度。覆盖这些函数的功能包括降维和升维（squeeze 和 unsqueeze）。

```
x = rearrange(ims, 'b h w c -> b 1 h w 1 c') # 等价于numpy.expand_dims
print(x.shape)
print(rearrange(x, 'b 1 h w 1 c -> b h w c').shape) # 等价于 numpy.squeeze
```

运行结果如下。

```
(6, 1, 96, 96, 1, 3)
(6, 96, 96, 3)
```

C.1.2   reduce

沿轴求平均值、最大值、最小值等。

```
# 沿batch轴进行平均,等价于 ims.mean(axis=0),但 reduce 可读性更好
reduce(ims, 'b h w c -> h w c', 'mean')
# 把图像分成2×2大小的块,然后对每块求平均,其输出形状为: 48×(6×48)×3
# 也可把 mean 改为 max 或 min
reduce(ims, 'b (h h2) (w w2) c -> h (b w) c', 'mean', h2=2, w2=2)
```

C.1.3   repeat

在某轴上重复 n 次。

```
# 沿width维度重复n次
repeat(ims[0], 'h w c -> h (repeat w) c', repeat=3)
```

运行结果如图 C-7 所示。

```
# 沿height及width维度复制多个元素
repeat(ims[0], 'h w c -> (2 h) (2 w) c')
```

运行结果如图 C-8 所示。

图 C-7   重复第一字符 3 次

图 C-8   沿不同维度进行复制

C.2   作为 PyTorch 的 layer 来使用

Rearrange 是 nn.module 的子类,可以直接当作 PyTorch 网络层放到模型中。

C.2.1 展平

利用 Rearrange 实现展平功能：

```
from torch.nn import Sequential, Conv2d, MaxPool2d, Linear, ReLU
from einops.layers.torch import Rearrange
from einops.layers.torch import Reduce

model = Sequential(
    Conv2d(3, 6, kernel_size=5),
    MaxPool2d(kernel_size=2),
    Conv2d(6, 16, kernel_size=5),
    MaxPool2d(kernel_size=2),
    #展平
    Rearrange('b c h w -> b (c h w)'),
    Linear(16*5*5, 120),
    ReLU(),
    Linear(120, 10),
)
```

上述代码与以下代码等价。

```
model01 = Sequential(
    Conv2d(3, 6, kernel_size=5),
    MaxPool2d(kernel_size=2),
    Conv2d(6, 16, kernel_size=5),
    #最大池化并展平
    Reduce('b c (h 2) (w 2) -> b (c h w)', 'max'),
    Linear(16*5*5, 120),
    ReLU(),
    Linear(120, 10),
)
```

C.2.2 使用 einops 简化 PyTorch 代码

1）构建模型。

```
import torch
import torch.nn as nn
import torch.nn.functional as F
import numpy as np
import math

from einops import rearrange, reduce, asnumpy, parse_shape
from einops.layers.torch import Rearrange, Reduce

class Net(nn.Module):
    def __init__(self):
        super(Net, self).__init__()
        self.conv1 = nn.Conv2d(1, 10, kernel_size=5)
        self.conv2 = nn.Conv2d(10, 20, kernel_size=5)
        self.conv2_drop = nn.Dropout2d()
        self.fc1 = nn.Linear(320, 50)
        self.fc2 = nn.Linear(50, 10)

    def forward(self, x):
```

```
        x = F.relu(F.max_pool2d(self.conv1(x), 2))
        x = F.relu(F.max_pool2d(self.conv2_drop(self.conv2(x)), 2))
        x = x.view(-1, 320)
        x = F.relu(self.fc1(x))
        x = F.dropout(x, training=self.training)
        x = self.fc2(x)
        return F.log_softmax(x, dim=1)

conv_net_old = Net()
```

2）上述代码与下面这些代码等价。

```
conv_net_new = nn.Sequential(
    nn.Conv2d(1, 10, kernel_size=5),
    nn.MaxPool2d(kernel_size=2),
    nn.ReLU(),
    nn.Conv2d(10, 20, kernel_size=5),
    nn.MaxPool2d(kernel_size=2),
    nn.ReLU(),
    nn.Dropout2d(),
    Rearrange('b c h w -> b (c h w)'),
    nn.Linear(320, 50),
    nn.ReLU(),
    nn.Dropout(),
    nn.Linear(50, 10),
    nn.LogSoftmax(dim=1)
)
```

C.2.3   构建注意力模型

使用 PyTorch 构建注意力模型。

```
class Attention(nn.Module):
    def __init__(self):
        super(Attention, self).__init__()

    def forward(self, K, V, Q):
        A = torch.bmm(K.transpose(1,2), Q) / np.sqrt(Q.shape[1])
        A = F.softmax(A, 1)
        R = torch.bmm(V, A)
        return torch.cat((R, Q), dim=1)
```

这段代码与下列代码等价。

```
def attention(K, V, Q):
    _, n_channels, _ = K.shape
    A = torch.einsum('bct,bcl->btl', [K, Q])
    A = F.softmax(A * n_channels ** (-0.5), 1)
    R = torch.einsum('bct,btl->bcl', [V, A])
    return torch.cat((R, Q), dim=1)
```

C.3   einsum 简介

einsum（Einstein summation convention，爱因斯坦求和约定），又称为爱因斯坦标记法，是

爱因斯坦在 1916 年提出的一种标记约定。einsum 可以使 PyTorch/TensorFlow 中的计算点积、外积、转置、矩阵—向量乘法、矩阵—矩阵乘法等运算更简单明了。下面通过实例进行说明。

1）转置。

```
import torch
a = torch.arange(6).reshape(2, 3)
# 对 a 进行转置
torch.einsum('ij->ji', [a])
```

2）沿行或列求和。

$$b = \sum_i \sum_j A_{ij}$$

```
a = torch.arange(6).reshape(2, 3)
# 对矩阵 a 进行求和
torch.einsum('ij->', [a])
```

3）按列求和。

$$b_j = \sum_i A_{ij}$$

```
# 对矩阵按列求和，即对下标 j 进行求和
torch.einsum('ij->j', [a])
```

4）向量与矩阵相乘。

```
a = torch.arange(6).reshape(2, 3)
b = torch.arange(3)
#a 与 b 的内积，a 乘以 b 的转置
torch.einsum('ik,k->i', [a, b])
```

5）矩阵与矩阵相乘。

$$C_{ij} = \sum_k A_{ik} B_{kj}$$

```
a = torch.arange(6).reshape(2, 3)
b = torch.arange(15).reshape(3, 5)
torch.einsum('ik,kj->ij', [a, b])
```

6）阿达马积（遂元遂元乘积）。同阶矩阵相乘：

$$C_{ij} = A_{ij} B_{ij}$$

```
a = torch.arange(6).reshape(2, 3)
b = torch.arange(6,12).reshape(2, 3)
torch.einsum('ij,ij->ij', [a, b])
```

7）矩阵批量相乘。

$$C_{ijl} = \sum_k A_{ijk} B_{ikl}$$

```
a = torch.randn(3,2,5)
b = torch.randn(3,5,3)
torch.einsum('ijk,ikl->ijl', [a, b])
```

C.4   使用 einops 及 einsum 实现自注意力

自注意力的计算公式如下：

$$\text{Attention}(\boldsymbol{Q},\, \boldsymbol{K},\, \boldsymbol{V}) = \text{softmax}\left(\frac{\boldsymbol{QK}^{\text{T}}}{\sqrt{d}}\right)\boldsymbol{V}$$

根据输入 $\boldsymbol{X}$，得到注意力的整个计算过程，如 C-9 所示。

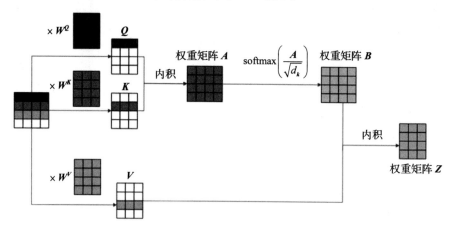

图 C-9   自注意力计算过程

使用 PyTorch 实现图 C-9 的具体代码如下。

1）构建模型。

```python
import numpy as np
import torch
from einops import rearrange
from torch import nn


class SelfAttentionAISummer(nn.Module):
    """
    使用 einsum 生成自注意力
    """
    def __init__(self, dim):
        """
        参数说明：
            dim: 嵌入向量维度
            输入 x 假设为三维向量（如 b, h, w）
        """
        super().__init__()
        # 利用全连接层生成 Q、K、V 这 3 个 4×3 矩阵
        self.to_qvk = nn.Linear(4, dim * 3, bias=False)
        # 得到 dim（即 d）的根号的倒数值
        self.scale_factor = dim ** -0.5    # 1/np.sqrt(dim)

    def forward(self, x, mask=None):
        assert x.dim() == 3, '3D tensor must be provided'
```

```
# 生成 qkv
qkv = self.to_qvk(x)   # [batch, tokens, dim*3 ]

# 把 qkv 拆分成 q,v,k
# rearrange tensor to [3, batch, tokens, dim] and cast to tuple
q, k, v = tuple(rearrange(qkv, 'b t (d k) -> k b t d ', k=3))

# 生成结果的形状为：[batch, tokens, tokens]
scaled_dot_prod = torch.einsum('b i d , b j d -> b i j', q, k) * self.scale_factor

if mask is not None:
    assert mask.shape == scaled_dot_prod.shape[1:]
    scaled_dot_prod = scaled_dot_prod.masked_fill(mask, -np.inf)

attention = torch.softmax(scaled_dot_prod, dim=-1)

# 返回查询 Q 对各关键字的权重（即 attention）与 V 相乘的结果
return torch.einsum('b i j , b j d -> b i d', attention, v)
```

2）实例化模型。

```
# 输入 dim=3
attention=SelfAttentionAISummer(3)
```

3）构建输入 **x**。

```
# 假设输入 x 为 1×4×4 矩阵（共 4 个 token）
x = torch.rand(1,4,4)
```

4）测试注意力计算过程。

```
attention(x)
```

运行结果如下：

```
tensor([[[-0.3127,  0.4551, -0.0695],
         [-0.3176,  0.4594, -0.0715],
         [-0.3133,  0.4551, -0.0703],
         [-0.3116,  0.4531, -0.0702]]], grad_fn=<ViewBackward>)
```

推荐阅读

推荐阅读

机器学习与深度学习：通过C语言模拟

作者：[日] 小高知宏 译者：申富饶 于僙 ISBN：978-7-111-59994-4

本书以深度学习为关键字讲述机器学习与深度学习的相关知识，对基本理论的讲述通俗易懂，不涉及复杂的数学理论，适用于对机器学习与深度学习感兴趣的初学者。当前机器学习的书籍一般只讲述理论，没有具体的程序实例。有些以实例为主的机器学习书籍则依赖于一些函数库或工具，无法理解其内部算法原理。本书没有使用任何外部函数库或工具，通过C语言程序来实现机器学习和深度学习算法，读者不太理解相关理论时，可以通过C语言程序代码来进行学习。

本书从强化学习、蚁群最优化方法、神经网络、深度学习等出发，分阶段介绍机器学习的各种算法，通过分析C语言程序代码，实际执行C语言程序，使读者能快速步入机器学习和深度学习殿堂。

自然语言处理与深度学习：通过C语言模拟

作者：[日] 小高知宏 译者：申富饶 于僙 ISBN：978-7-111-58657-9

本书详细介绍了将深度学习应用于自然语言处理的方法，并概述了自然语言处理的一般概念，通过具体实例说明了如何提取自然语言文本的特征以及如何考虑上下文关系来生成文本。书中自然语言文本的特征提取是通过卷积神经网络来实现的，而根据上下文关系来生成文本则利用了循环神经网络。这两个网络是深度学习领域中常用的基础技术。

本书通过实现C语言程序来具体讲解自然语言处理与深度学习的相关技术。本书给出的程序都能在普通个人电脑上执行。通过实际执行这些C语言程序，确认其运行过程，并根据需要对程序进行修改，读者能够更深刻地理解自然语言处理与深度学习技术。

推 荐 阅 读

边做边学深度强化学习：PyTorch程序设计实践

作者：[日] 小川雄太郎　书号：978-7-111-65014-0　定价：69.00元

　　PyTorch是基于Python的张量和动态神经网络，作为近年来较为火爆的深度学习框架，它使用强大的GPU能力，提供极高的灵活性和速度。

　　本书面向普通大众，指导读者以PyTorch为工具，在Python中实践深度强化学习。读者只需要具备一些基本的编程经验和基本的线性代数知识即可读懂书中内容，通过实现具体程序来掌握深度强化学习的相关知识。

　　本书内容：

　　·介绍监督学习、非监督学习和强化学习的基本知识。

　　·通过走迷宫任务介绍三种不同的算法（策略梯度法、Sarsa和Q学习）。

　　·使用Anaconda设置本地PC，在倒立摆任务中实现强化学习。

　　·使用PyTorch实现MNIST手写数字分类任务。

　　·实现深度强化学习的最基本算法DQN。

　　·解释继DQN之后提出的新的深度强化学习技术（DDQN、Dueling Network、优先经验回放和A2C等）。

　　·使用GPU与AWS构建深度学习环境，采用A2C再现消砖块游戏。